SOLIDWORKS Electrical 机电协同设计实用教程

主　编　杨　强　王　强　严海军

参　编　林毅书　马　营　裘武涛　冉　昆

孙海锟　王　阳　陈　鑫

主　审　窦　强　丁　立

机械工业出版社

SOLIDWORKS Electrical 是一款专业的电气辅助设计软件。本书主要介绍其基本操作及项目应用，力求以电气相关行业标准为主线，讲解如何生成符合标准的电气图纸及配套的技术文档，并通过与SOLIDWORKS 的结合生成合理的三维空间布线。为方便理解，书中配套了应用案例及操作视频，可辅助读者透彻地学习该软件，以期达到会操作、能应用的目的。

本书可作为理工类本科、高职在校学生的教材，也可作为SOLIDWORKS Electrical 爱好者技能提升的参考资料。

图书在版编目（CIP）数据

SOLIDWORKS Electrical 机电协同设计实用教程 / 杨强，王强，严海军主编 . —北京：机械工业出版社，2024.2（2025.1 重印）
ISBN 978-7-111-74607-2

Ⅰ . ① S… Ⅱ . ①杨… ②王… ③严… Ⅲ . ①电气制图 – 计算机辅助设计 Ⅳ . ① TM02-39

中国国家版本馆 CIP 数据核字（2024）第 011024 号

机械工业出版社（北京市百万庄大街 22 号 邮政编码 100037）
策划编辑：张雁茹 责任编辑：张雁茹
责任校对：张晓蓉 陈 越 封面设计：张 静
责任印制：李 昂
北京中科印刷有限公司印刷
2025 年 1 月第 1 版第 2 次印刷
184mm × 260mm · 16 印张 · 380 千字
标准书号：ISBN 978-7-111-74607-2
定价：55.00 元

电话服务 网络服务
客服电话：010-88361066 机 工 官 网：www.cmpbook.com
010-88379833 机 工 官 博：weibo.com/cmp1952
010-68326294 金 书 网：www.golden-book.com

机工教育服务网：www.cmpedu.com

前　言

SOLIDWORKS 软件是世界上第一款基于 Windows 开发的三维 CAD 系统，从第一个版本的推出到现在 20 多年的时间里一直在优化；凭借其功能强大、易学易用、技术创新三大特点成为最为主流的三维机械设计软件之一。SOLIDWORKS Electrical 是 SOLIDWORKS 的设计和仿真解决方案中不可或缺的一部分，与 SOLIDWORKS 完全集成，提供强大、直观的电气设计功能，使得电气工程师可以快速进行复杂电气系统的设计，并与结构工程师的设计进行同步协作，是目前唯一能在二维电气原理图与三维结构模型之间提供实时、双向连接的电气设计软件。

电气设计与通用的三维设计不同的是其对规范有着相当高的要求，有错一点全盘错的说法，在设计过程中从第一根线开始就要遵循既定的规范与要求。为强化这种观念，本书从标准开始介绍，以深化规范的重要性。同时本书以功能加实例的方式进行讲解，包括项目、原理图、宏、线束、PLC、报表、部件、布局、3D 布线等知识点。注意，在学习部件、3D 布线时，读者需要具备一定的 SOLIDWORKS 三维建模方面的基础知识，并会基本的三维操作。三维基本操作不在本书的讲解范围内，读者可参考机械工业出版社出版的《SOLIDWORKS 参数化建模教程》等相关教材。

电气课程有很强的实操要求，在用软件绘制原理图后，通过在软件中对元器件采用不同的布置方式并生成各自的 3D 布线，然后结合学校的实训环节，对照比较并思考不同接线方式的优劣，将是一种非常好的学习方式，这也是使用 SOLIDWORKS Electrical 软件进行设计所带来的巨大优势。专业的设计工具能有效地提升设计效率，直观的接线模式能有效地降低出错率。希望读者从本书中学到的不仅仅是一种软件的操作技能，更多的是一种电气设计的理念，并形成规范的观念。

本书力求通过简短的语言与更多的软件截图相结合的方式描述操作过程，使教学思路变得更为直观、通俗易懂，引领读者进一步了解 SOLIDWORKS Electrical 电气设计的基本方法，切实帮助读者提高软件使用与电气设计能力。书中所有实例模型和教学 PPT 均可在机械工业出版社教育服务网（http://www.cmpedu.com）下载，也可添加微信 13218787308 索取相关资料。操作视频可扫描书中二维码免费观看。注意，本书的实例模型文件夹以“Lesson+ 章节序号”命名，读者在进行每一章的练习前，需要使用【电气工程管理】/【解压缩】来解压缩文件“Lesson+ 章节序号 +Start.proj.tewzip”，文件夹中的“Lesson+ 章节序号 +END.proj.tewzip”为完成后的文件，可作为参考。

本书由 DS SOLIDWORKS 公司授权编写，杨强负责章节规划，严海军负责统稿。第 1 章由杨强编写，第 2 章由马营编写，第 3 章由严海军编写，第 4、5 章由裘武涛编写，第 6、7、9 章由冉昆编写，第 8、10 章由陈鑫编写，第 11、12 章由王强编写，第 13、14 章由林毅书编写，孙海锟和王阳对书中案例进行了验证测试，各章节 PPT 和操作视频由对应编写人员进行制作。

本书以 SOLIDWORKS Electrical 2022 为蓝本，如使用不同版本的软件，在实际操作过程中会有所出入，请操作时加以注意。本书在编写过程中得到了昆明涛鹏科技有限公司、上海瓴沃科技有限公司的大力支持，在此表示感谢。

本书是 DS SOLIDWORKS 中国官方授权编写的第一本 SOLIDWORKS Electrical 教材，书中如有疏漏与不足之处，恳请各位读者批评指正，有任何意见与建议可发邮件至 js.yhj@126.com。

编　者

目　录

第 7 章 设备及部件

第 8 章 宏

第 9 章 PLC 设计

第 10 章 线束与连接器

第 11 章 SOLIDWORKS Electrical 2D 机柜布局

第 12 章 报表

第 13 章 SOLIDWORKS Electrical 3D 布局

第 14 章 SOLIDWORKS Electrical 3D 自动布线

参考文献

第 1 章 电气设计标准

学习目标

1. 了解电气设计的标准。
2. 熟悉常用的设计规范标准。
3. 理解不同标准间的差异。

1.1 电气设计标准的概念

什么是电气设计标准？我们首先需要明白什么是标准。标准是行业内通用的规范，标准不是法规，而是行业的最佳实践。如同通用的语言一样，标准是帮助不同国家、不同公司、不同部门、不同专业的人互相理解的准绳。由于标准是实践经验的积累和总结，为我们提供了一系列可以复用的解决方案，从而让产品的安全和质量得到了保障。那么，电气设计标准就是电气行业的通用语言。

1.2 电气设计标准的范畴

国际上有 IEC 和 ISO 两大知名组织。IEC 全称为国际电工委员会（International Electrotechnical Commission），成立于 1906 年，覆盖 173 个国家和地区，负责有关电气工程和电子工程领域中的国际标准化工作；ISO 全称为国际标准化组织（International Organization for Standardization），成立于 1947 年，现有 165 个成员，主要从事除电工标准、通信技术标准以外的各技术领域的标准化活动。

除此之外，还有一些国家级的标准，见表 1-1。

表 1-1 相关国家标准

国　家	标　准	图　标
中国	GB（国家标准）	GB
德国	DIN（德国标准化学会）	DIN Deutsches Institut für Normung
美国	ANSI（美国国家标准学会）	ANSI American National Standards Institute

（续）

国　家	标　准	图　标
日本	JIS（日本工业标准）	
俄罗斯	GOST-R（俄罗斯国家标准）	

因此，不同的企业需要根据自己的产品特性、设计流程、订单方式等条件选择适合自己的标准，甚至一些特殊的行业还会有自己的特殊规范。

1.3 电气设计标准规范

1.3.1 电气涉及的内容

在电气设计过程中，涉及的内容非常多，因此会有很多细化的分类标准。以 GB 为例，相关标准见表 1-2。

表 1-2　电气制图及图形符号国家标准清单

序号	标准编号	标准名称	实施日期
1	电气技术用文件编制标准		
1.1	GB/T 6988.1—2008	电气技术用文件的编制　第 1 部分：规则	2008.11
1.2	GB/T 6988.5—2006	电气技术用文件的编制　第 5 部分：索引	2007.1
1.3	GB/T 21654—2008	顺序功能表图用 GRAFCET 规范语言	2008.11
2	电气简图用图形符号标准		
2.1	GB/T 4728.1—2018	电气简图用图形符号　第 1 部分：一般要求	2019.2
2.2	GB/T 4728.2—2018	电气简图用图形符号　第 2 部分：符号要素、限定符号和其他常用符号	2019.2
2.3	GB/T 4728.3—2018	电气简图用图形符号　第 3 部分：导体和连接件	2019.2
2.4	GB/T 4728.4—2018	电气简图用图形符号　第 4 部分：基本无源元件	2019.2
2.5	GB/T 4728.5—2018	电气简图用图形符号　第 5 部分：半导体管和电子管	2019.2
2.6	GB/T 4728.6—2022	电气简图用图形符号　第 6 部分：电能的发生与转换	2023.5
2.7	GB/T 4728.7—2022	电气简图用图形符号　第 7 部分：开关、控制和保护器件	2023.5
2.8	GB/T 4728.8—2022	电气简图用图形符号　第 8 部分：测量仪表、灯和信号器件	2023.5
2.9	GB/T 4728.9—2022	电气简图用图形符号　第 9 部分：电信：交换和外围设备	2023.5
2.10	GB/T 4728.10—2022	电气简图用图形符号　第 10 部分：电信：传输	2023.5
2.11	GB/T 4728.11—2022	电气简图用图形符号　第 11 部分：建筑安装平面布置图	2023.5
2.12	GB/T 4728.12—2022	电气简图用图形符号　第 12 部分：二进制逻辑元件	2023.5
2.13	GB/T 4728.13—2022	电气简图用图形符号　第 13 部分：模拟元件	2023.5
3	电气设备用图形符号标准		
3.1	GB/T 5465.1—2009	电气设备用图形符号　第 1 部分：概述与分类	2009.11
3.2	GB/T 5465.2—2008	电气设备用图形符号　第 2 部分：图形符号	2009.1

（续）

序号	标准编号	标准名称	实施日期
4		相关标志	
4.1	GB/T 5094.1—2018	工业系统、装置与设备以及工业产品　结构原则与参照代号　第 1 部分：基本规则	2019.2
4.2	GB/T 5094.2—2018	工业系统、装置与设备以及工业产品　结构原则与参照代号　第 2 部分：项目的分类与分类码	2019.2
4.3	GB/T 5094.3—2005	工业系统、装置与设备以及工业产品　结构原则与参照代号　第 3 部分：应用指南	2005.12
4.4	GB/T 5094.4—2005	工业系统、装置与设备以及工业产品　结构原则与参照代号　第 4 部分：概念的说明	2005.8
4.5	GB/T 4026—2019	人机界面标志标识的基本和安全规则　设备端子、导体终端和导体的标识	2020.1
4.6	GB/T 4884—1985	绝缘导线的标记	1985.9

这些标准从各个方面对电气设计进行了规范，从而使电气专业的工程师更加容易识别、理解图样。

虽然不同标准的命名和归类有一些差异，但是其主要内容大体是一样的，涉及项目的结构、电气符号、文字线型、图框、报表、标识表示、制图规范等。

1.3.2　不同标准之间的差异

不同的国家、不同的企业选择的标准可能是不一样的。它们之间有什么样的差别呢？不同标准之间的差异主要有以下几个方面：

（1）符号的差异　主要是图例样式和大小的差异。例如，GB 的符号开模数为 2.5mm，那么会导致将来的线间距是 2.5 的倍数。

（2）图框和表格的差异　不同标准的图纸的尺寸大小、图纸的内容、布置位置以及表格的样式要求都不尽相同。

（3）项目结构的差异　在阐述一个项目或设备的时候，是以功能为主来区分还是以位置为主来区分。

（4）代号标识的差异　主要规范符号的标识代号、端子引脚标识、命名规则、电线标注、电线颜色等。

（5）制图规范的差异　不同标准对图纸布局、图纸上显示的内容、图纸上放置的元素、元素显示的属性都有不同的要求。

总而言之，标准就是为了让项目相关人员能够清楚、明白地理解图样。更加详细的内容请查阅相关标准。

第 2 章 SOLIDWORKS Electrical 介绍

| 学习目标 |

1. 了解 SOLIDWORKS Electrical。
2. 了解机电一体协同设计平台的含义。
3. 熟悉系统初始化操作。

2.1 什么是 SOLIDWORKS Electrical

SOLIDWORKS Electrical 是一款专业电气设计软件，提供工业电气及自动化工程设计解决方案。基于标准的 Windows 操作界面，其强大的数据管理库可帮助设计师在更短的时间内完成更出色、更准确的设计。SOLIDWORKS Electrical 帮助工程师在项目初期利用布线图工具，在绘制原理图前提前形成项目设计思路，掌握项目整体规划，并且与 SOLIDWORKS 集成实现三维机柜设计，智能生成布线。

SOLIDWORKS Electrical 的设计不再是用直线和圆圈表述一个符号或产品的概念，而是一个基于计算机的强大、方便的设计和管理工具。其元件符号选取都是基于数据库，想要在图上选用某一个元器件，直接从库里拖拽到图上就可以了，十分方便，使用起来得心应手，还避免了制图不整齐、元件对不正等细节问题。其强大的自动制图的功能，节省了设计人员大量的时间。现在只要把系统的原理图设计出来，后面相应的端子图、元器件图等一系列图表都可以由 SOLIDWORKS Electrical 自动生成，另外还可以自动生成报表。之前这些工作都要由设计人员逐项去完成，既花费时间，又浪费精力。SOLIDWORKS Electrical 的另一个好处在于，它专业独特的设计可以自动判别原理图是否出现基本错误，减少设计人员出错的机会，从而节省了事后检查、核对的时间。对于效率的提升问题，以前由于开发平台的限制，设计人员不得不把大量的精力花在绘图和校正工作上，往往用于统计的时间比设计原理图的时间更长，这样一来，留给完善系统、改进技术的时间就很有限了。人们一直希望能改变这种局面，把主要精力集中在设计方面；而 SOLIDWORKS Electrical 刚好提供了这样一种平台，把设计人员从烦琐的工作中解脱出来。以前很多细节要考虑，现在都不用考虑了；画的图表和元件，以前还要用人力反复检查，现在因为是直接从库里调用的，肯定不会出错。由于现在摆脱了上面这些烦冗的工作，设计人员有了更多的精力，开始更多关注设计原理上的问题，产品的调试工作也更加从容了。据某客户统计，使用 SOLIDWORKS Electrical 后，设计部分的工作效率提高了 30% ~ 50%，很好地达到甚至超越了预计的效果。

2.2 SOLIDWORKS Electrical 的发展历程

SOLIDWORKS Electrical 基于 elecworks 技术，将 2D 电气设计与 3D 机械设计完美无缝集成，优化项目设计。elecworks 是世界知名工业自动化设计与管理解决方案供应商 Trace Software International（TSI）公司于 2009 年推出的专业电气设计软件，以功能强大及易用性深受广大电气工程师欢迎。2010 年，elecworks 获得 SOLIDWORKS 黄金合作伙伴产品认证，成功开发出无缝集成的 SOLIDWORKS 3D 模块，为 SOLIDWORKS 用户提供专业的机电协同设计平台解决方案，开启机电一体化设计时代。2012 年 8 月，达索系统（Dassault Systèmes）SOLIDWORKS 与 TSI 签署重要合作协议，elecworks 将作为 SOLIDWORKS 品牌下的 SOLIDWORKS Electrical 产品面向 SOLIDWORKS 用户提供服务。2019 年 2 月 28 日，达索系统宣布将从 TSI 收购其 elecworks 电气与自动化设计软件产品，正式并入 SOLIDWORKS 整体解决方案产品线。

2.3 机电一体协同设计平台的含义

电气、气动液压、三维机械设计，甚至 ERP/PDM/PLM 整合到一起是一种大趋势。这种整合不是单纯的软件整合，而是设计流程的大融合，是设计管理的一种变革。从目前已知的需求来看，整合的原因有以下几点：

（1）三维布局　原理图设计好以后，后续生产时是需要装柜的，元器件能否放得下，前后之间（尤其是门上的元件与柜内元件之间）是否干涉，元件的布局是否合理（考虑散热与热流动），这些内容在原理图设计时是无法考虑的（准确讲，应该是工艺设计的范畴）。将原理图中的设备快速地布局到控制柜中，以直观的形式检查设计的合理性，这是当前最多的需求。

（2）布管布线　元器件布置完毕后，一般都会有布线（电气系统）和布管（气动液压系统）的需求。一方面是空间的考虑，另一方面是生产的考虑。例如，自动计算管线的长度，便于采购与加工。

（3）安装板开孔　有些元器件装在门板上（如按钮、指示灯、指示仪表），有些元器件装在侧板或顶板上（如风扇），有些元器件装在安装板上。布局完成后，底板上需要多少孔、多大的孔，这些都需要考虑。也就是说，最好能自动生成安装板打孔图。

（4）与机床衔接　例如自动生成的线缆列表，能够直接提供给线缆机切线、剥线、压端子、打线号；将打孔图直接提供给数控加工中心加工；将标签数据提供给标签打印机。这些自动化的设备可以大大提高加工的效率，减少材料浪费。

（5）数字化样机　现在有些大型企业在实施数字化样机，就是电气和机械的工程师一同完成一个项目设计。例如电气原理图上增加了相应设备，在机械软件的一个导航窗口中会有新增部件出现，将其拖放到机械软件中即可；反之亦然。初次设计比较复杂的设备时，这种方法能够减少部件被遗漏，尤其是减少一些附件被忽略。

所有的这些需求，最终需要各专业在一个统一的平台上，实现高效准确的原理图设计、设备空间或控制柜内的布线、大装配的快速处理、电气 / 机械数据的实时双向更新，这样才能达到真正的机电一体化设计。

2.4 系统初始化

SOLIDWORKS Electrical 安装包分为 SOLIDWORKS Electrical Schematic 与 SOLIDWORKS Electrical 3D。SOLIDWORKS Electrical Schematic 是用于创建电气原理图等资料的二维平台。SOLIDWORKS Electrical 3D 为 SOLIDWORKS 插件，需要当前计算机上已安装 SOLIDWORKS（可同时安装）；如果没有，则不会安装该模块。

SOLIDWORKS Electrical 是基于数据库的软件，需要有相应的数据库软件支撑（推荐 Microsoft SQL Server）。如果当前计算机上已安装该数据库，则无须额外安装。

软件安装完成后第一次使用时，需要根据提示对系统进行初始化。

打开软件后弹出如图 2-1 所示的【授权协议】对话框。查看协议条款，选择【我接受】后单击【确定】接受协议条款信息。

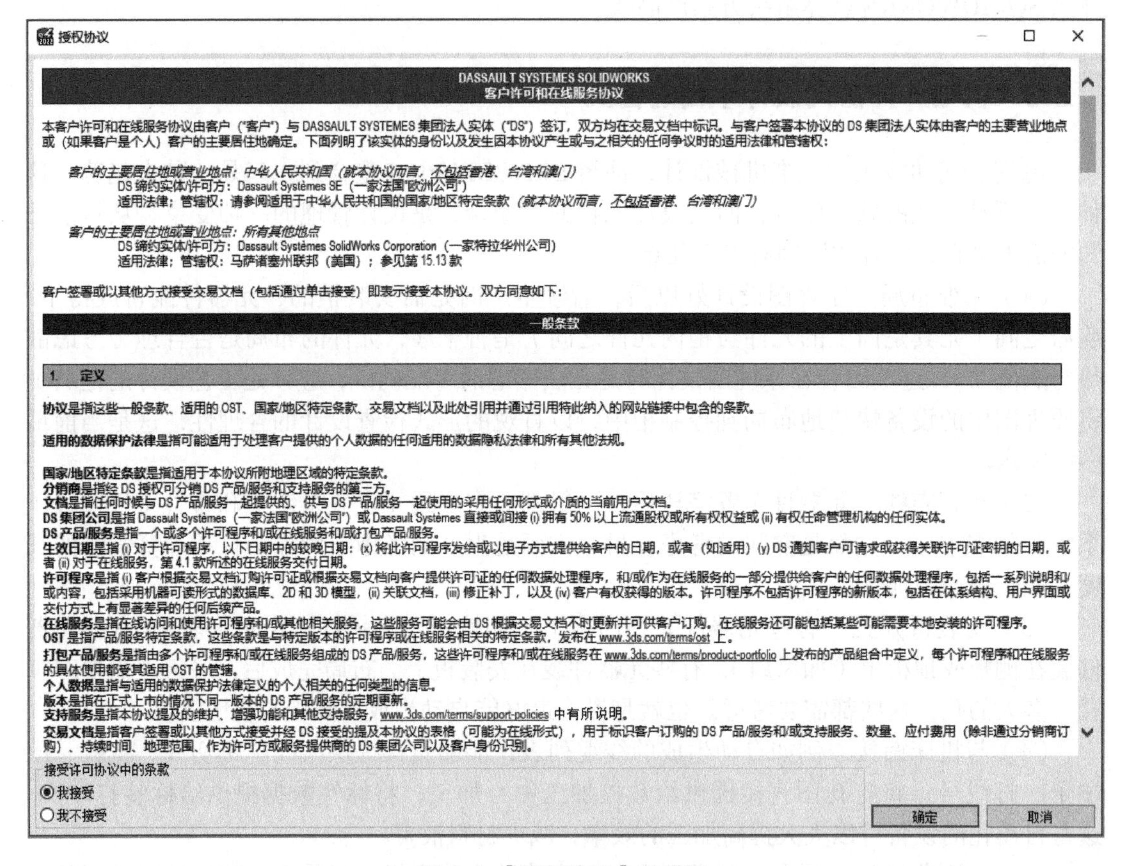

图 2-1 【授权协议】对话框

系统弹出如图 2-2 所示的【更新数据】欢迎界面。

单击【向后】，弹出如图 2-3 所示的选择数据界面。初始化时，默认选择所有数据。

单击【向后】，系统连接安装时的初始数据库进行应用程序初始化，弹出如图 2-4 所示进度条。

更新完成后弹出如图 2-5 所示的更新数据（报表）界面。单击【完成】，系统初始化完成。

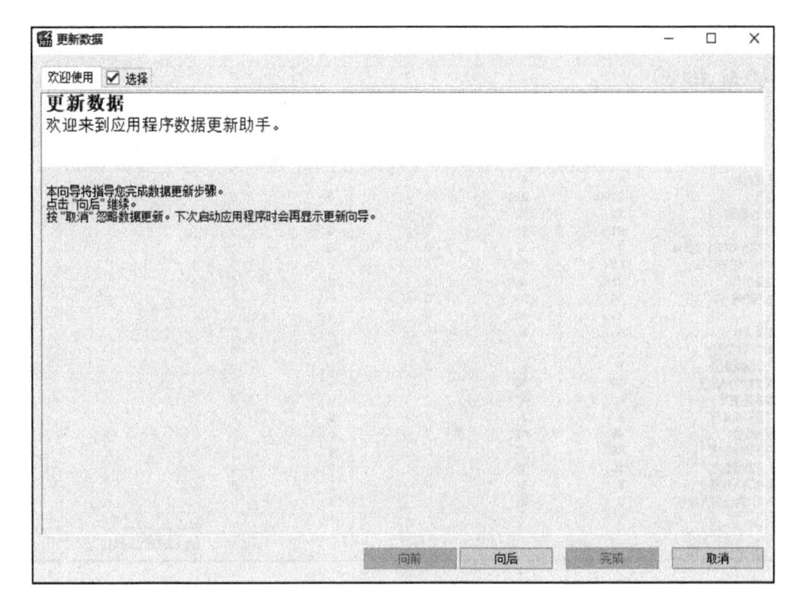

图 2-2　欢迎界面

图 2-3　选择数据

图 2-4　连接数据库

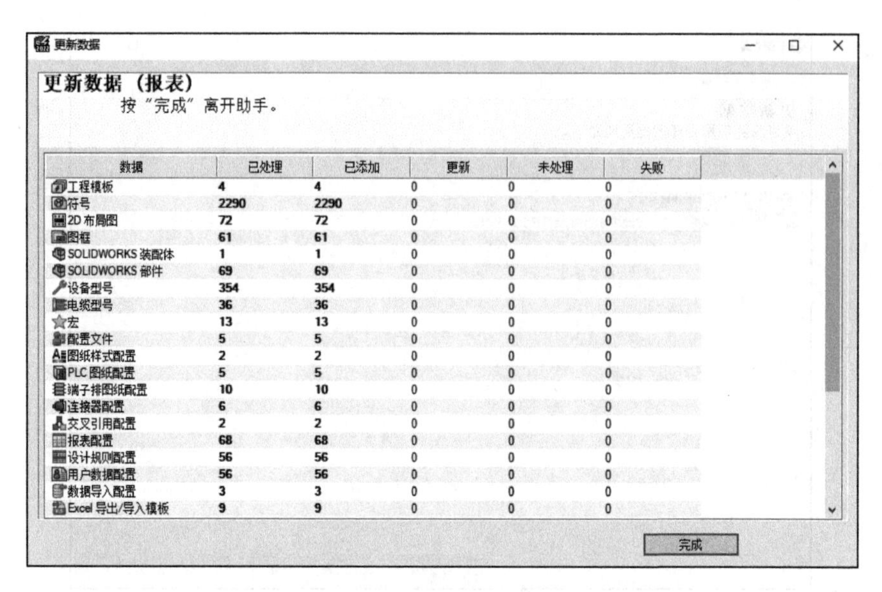

图 2-5　完成系统初始化

系统初始化是 SOLIDWORKS Electrical 开始使用时的必需操作。一旦初始化成功，后续使用时将不再需要进行该操作。

第 3 章 项目管理

学习目标

1. 了解项目的基本定义及包含的内容。
2. 熟悉项目的创建、项目配置。
3. 熟悉 SOLIDWORKS Electrical 的基本操作环境。
4. 理解环境的定义并熟悉环境的压缩及解压缩。

3.1 新建项目

单击【主页】/【电气工程】，弹出如图 3-1 所示的对话框。

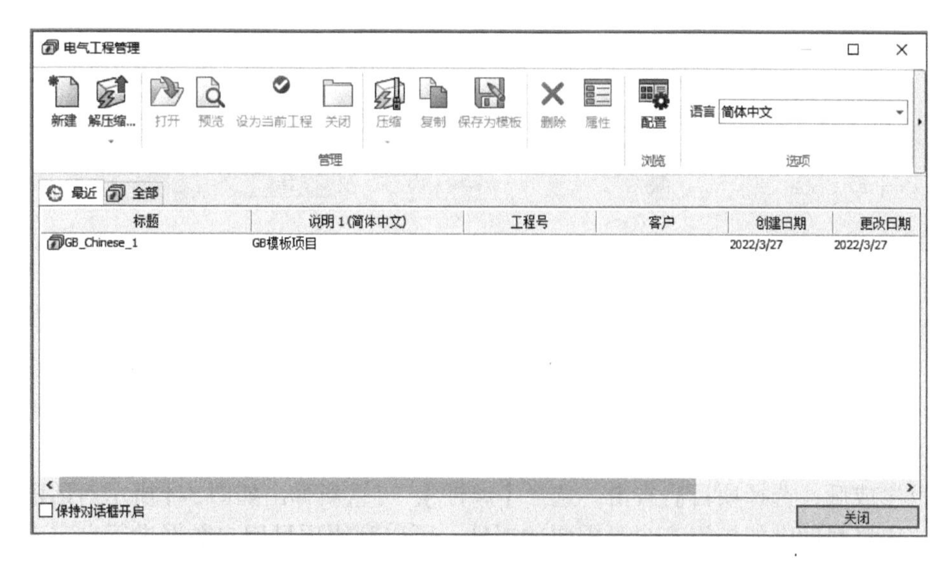

图 3-1　进入【电气工程管理】

单击【电气工程管理】对话框中的【新建】，弹出如图 3-2 所示对话框。通过下拉列表选择所需的工程模板，在这里选择【GB_Chinese】。

单击【确定】后，弹出如图 3-3 所示的【工程语言】对话框，默认为【简体中文】，可根据需要进行切换。

单击【确定】，弹出如图 3-4 所示的工程属性对话框。在【标题】栏中输入项目名称“Start_Lesson_03”，项目信息根据实际情况填写，也可在新建项目时留空不填。

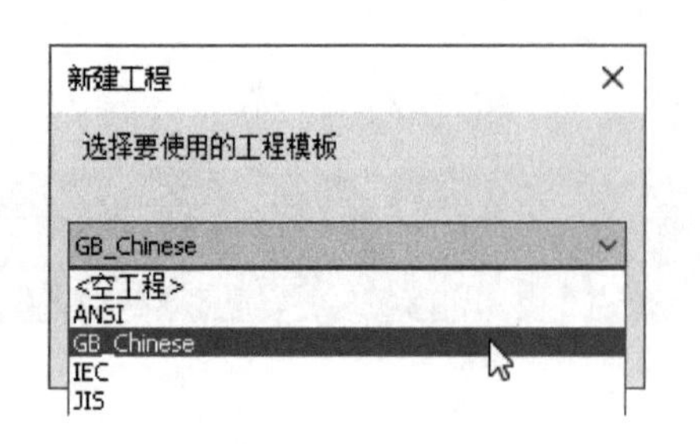

图 3-2　新建工程

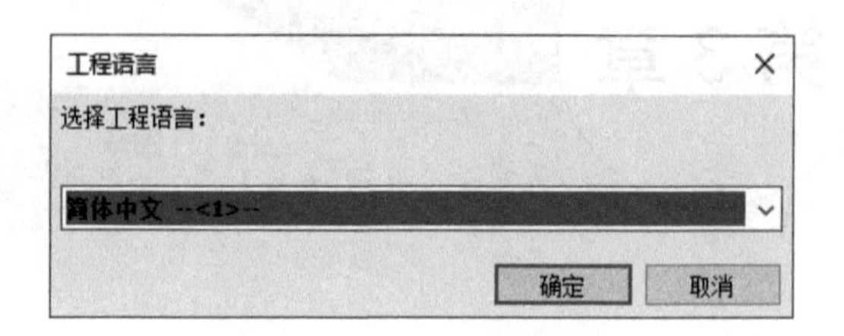

图 3-3　选择工程语言

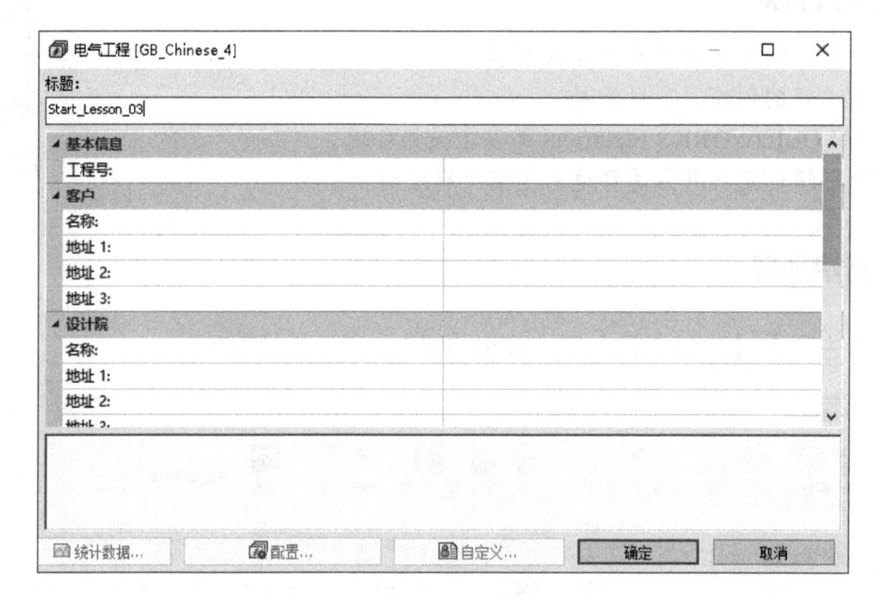

图 3-4　设置工程属性

单击【确定】，系统将根据所选的模板 GB_Chinese 进行数据库的生成，并打开生成的项目。

提示：所生成的项目数据默认保存在 C:\ProgramData\SOLIDWORKS Electrical\Project 目录中，也可通过【工具】/【应用程序设置】中的【数据库】更改保存位置。

项目生成后，选择项目后右击，选择【属性】，可重新弹出如图 3-4 所示对话框进行编辑修改。项目属性中如果没有自己需要的属性，可以利用项目用户数据进行自定义。在属性页面中单击【自定义】，弹出如图 3-5 所示【用户数据自定义】对话框，单击【插入用户数据】可输入新属性名称。在【简体中文】项中输入属性“测试环境”，如存在多语言需要，可输入相应的语言文字。

添加完成后单击【确定】，所添加的属性显示在属性页面的【用户数据】项中，如图 3-6 所示。

注意：用户数据中每类元素都有自己的用户数据，最大数量为 99 个。在调用用户数据时，要注意区分。

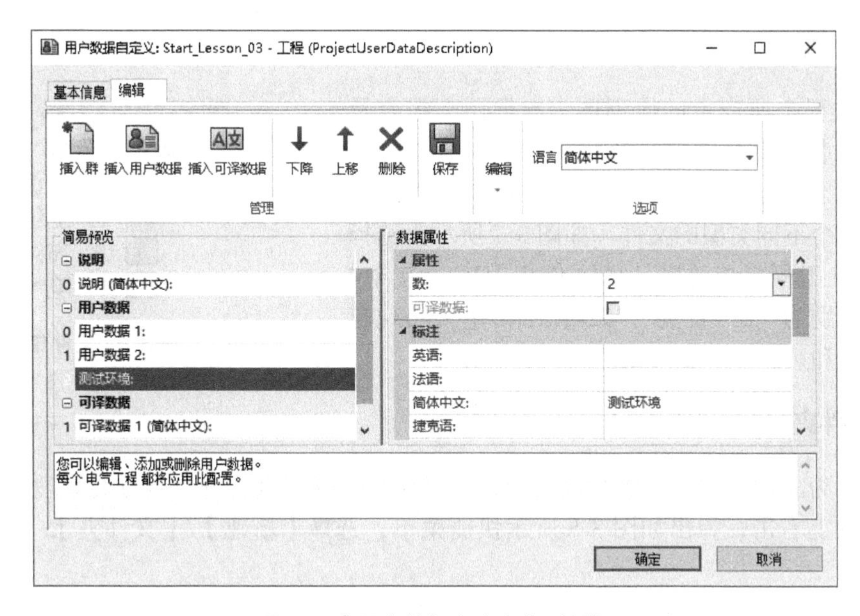

图 3-5 【用户数据自定义】对话框

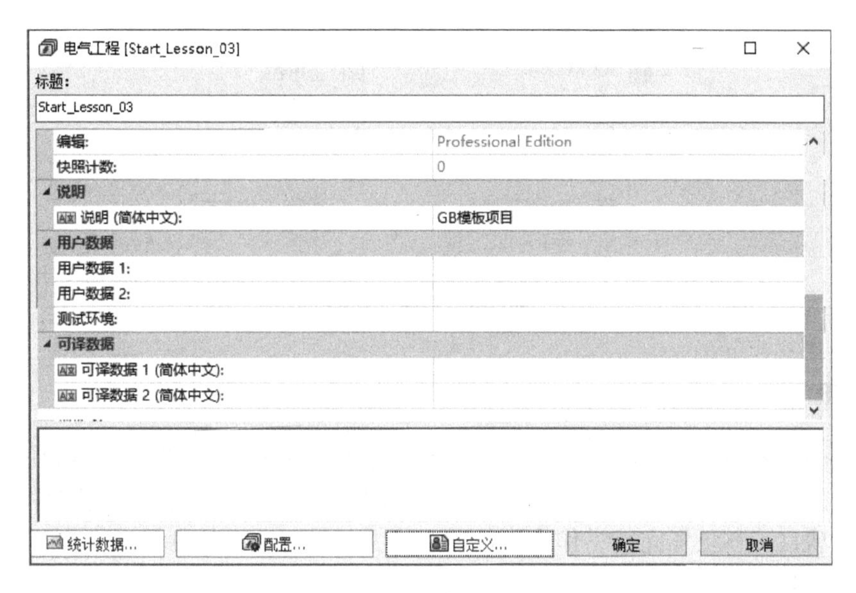

图 3-6 显示自定义属性

3.2 项目

3.2.1 项目的定义

电气项目是电气工程设计过程中组织管理各种设计数据的集合，所有的设计数据均集合在项目中进行便捷、有效的管理。这对复杂的电气工程设计尤为重要。

3.2.2 文件集

设计过程中所产生的原理图、方框图、报表及各类设计附件均归集在文件集中进行统一管理。一个项目可以包含一个或多个文件集，每个文件集中可以包含多个不同类型的文件。如图 3-7 所示为选择 GB_Chinese 工程模板时默认的文件集内容，包含 4 个文件，分别为“01- 首页”“02- 图纸清单”“03- 布线方框图”和“04- 电气原理图”。

图 3-7　文件集

3.2.3 文件夹

文件夹为文件集的下一级管理目录，可以对细分数据进行进一步分类管理。在“1- 文件集”节点上右击，弹出如图 3-8 所示快捷菜单，选择【新建】/【文件夹】，可以生成新的文件夹。

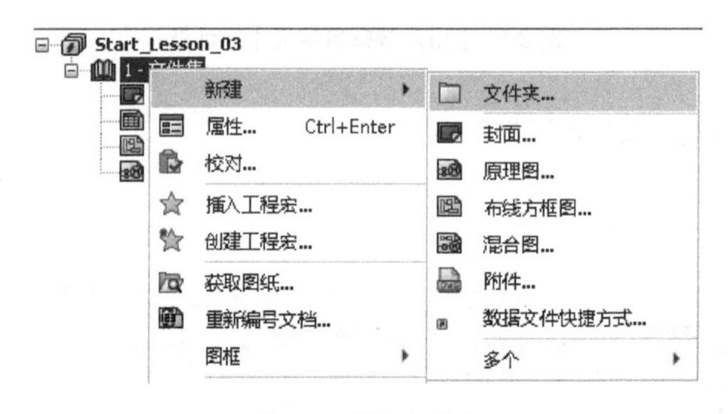

图 3-8　新建文件夹

3.2.4 图纸

图纸为一系列不同类型的文件的统称，包括封面、原理图、方框图、混合图纸、2D 布局图、线束平展图、端子排图、报表等。允许以附件形式添加任何类型的文件作为图纸的一部分，让项目资料更加完整；作为附件插入的文件，可以在软件界面中打开查看，但无法直接使用 SOLIDWORKS Electrical 进行编辑修改。

当图纸处于打开状态时，对应的图纸名称为蓝色；如果打开且处于激活状态，则图纸名称为蓝色且加粗显示，如图 3-9 所示。

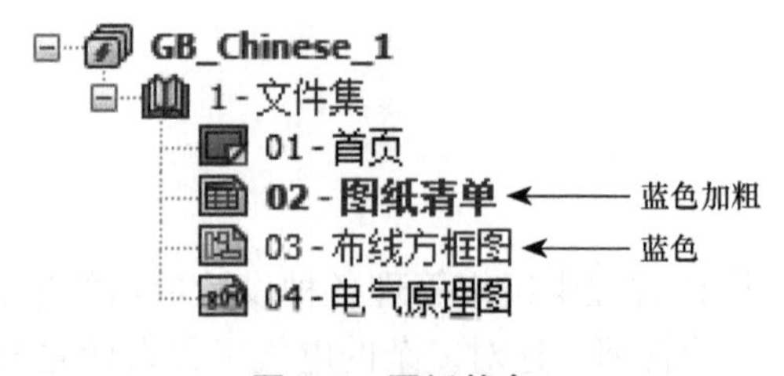

图 3-9　图纸状态

3.3 操作界面

SOLIDWORKS Electrical 编辑不同的文件对象时，其功能菜单并不相同，本节以电气原理图为例介绍基本的操作界面。在上一节生成的项目中，双击“04- 电气原理图”，界面如图 3-10 所示。

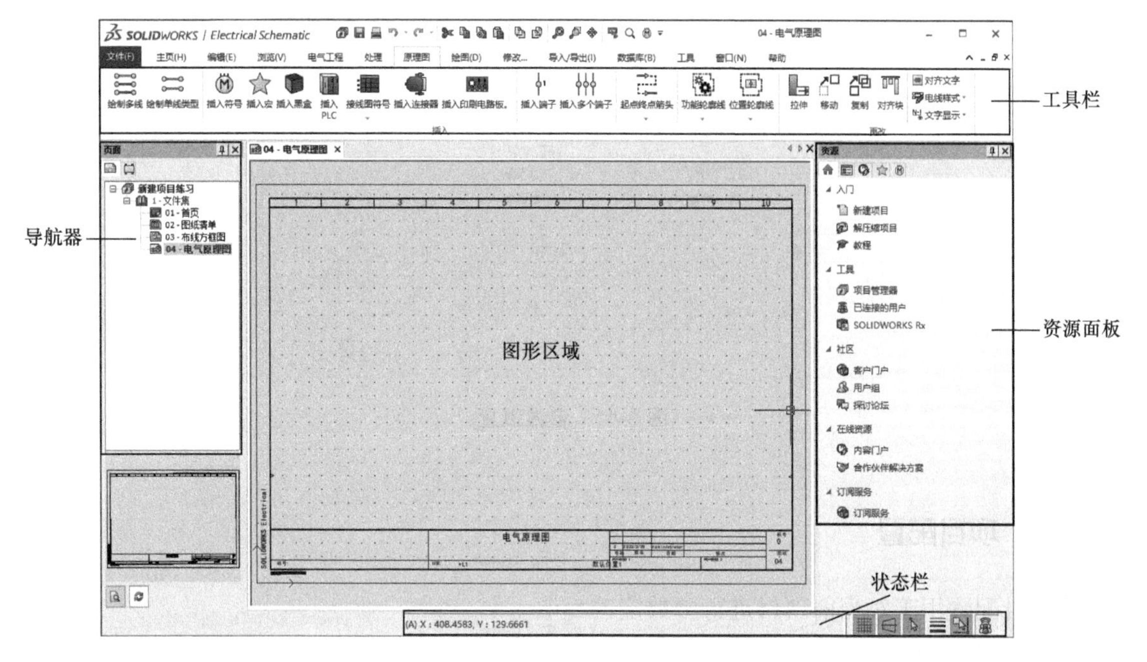

图 3-10　电气原理图界面

（1）工具栏　工具栏中集成了 SOLIDWORKS Electrical 的命令，根据当前激活的页面，对应的命令组会自动显示或隐藏，以匹配当前编辑的页面。

（2）导航器　可显示包括页面浏览器、设备浏览器、接线符号浏览器、命令选项在内的导航信息。可在菜单【浏览】/【可停靠面板】中选择需显示或关闭的相应浏览器。命令选项是当前命令的相应的参数。

（3）图形区域　用于显示所选的图纸。可同时打开多个不同的图纸，但当前编辑的只能有一个。当前编辑的图纸的标题加粗显示，单击相应的标题可进行图纸间的切换。

（4）资源面板　资源面板显示多个资源选项卡，默认的有【资源】、【属性】、【符号】和【宏】。【属性】是其中使用最频繁的一个选项卡，在图形区域选择对象后，所选对象的属性均在此处显示。可在菜单【浏览】/【可停靠面板】中选择需显示或关闭的相应选项卡。

（5）状态栏　显示图形区域与图纸状态的相关信息。左侧用于显示当前光标的坐标值；右侧的参数栏可以更改相应参数。【栅格】可以在图纸中显示或隐藏网格；【正交】用于打开或关闭正交功能；【捕捉】用于打开或关闭捕捉功能；【线宽】用于打开或关闭线宽显示；【对象捕捉】用于打开或关闭对象捕捉。在任意一个参数图标上右击可以弹出参数设置对话框，如图 3-11 所示，可对各项参数进行调整，以适应当前绘图需求。

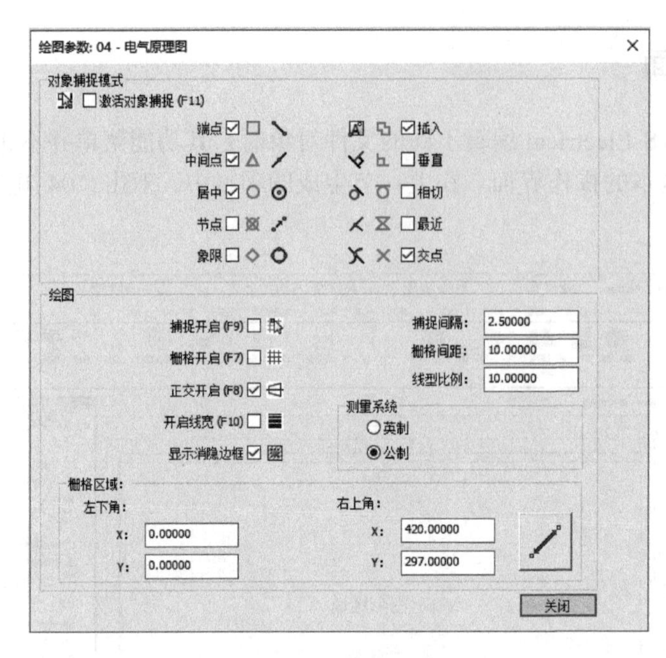

图 3-11　参数设置

3.4 项目配置

项目配置用于对当前项目进行参数定义，配置的初始值来源于创建项目时所选择的模板。需要配置时，在当前项目上右击，如图 3-12 所示，选择【配置】/【电气工程】，弹出如图 3-13 所示的项目配置界面。

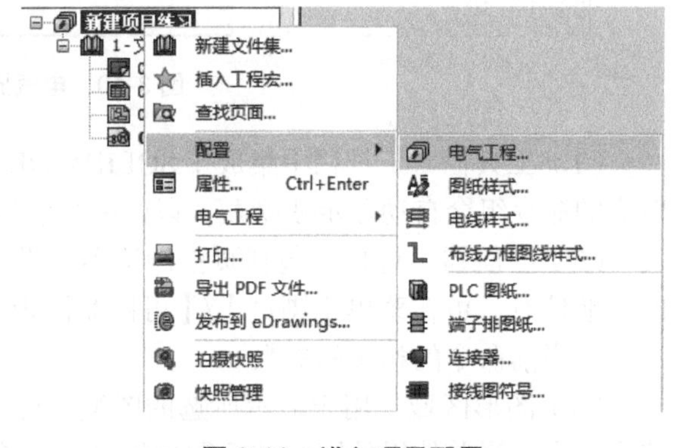

图 3-12　进入项目配置

项目配置中包含了【基本信息】、【图表】、【符号】、【属性】、【文字】、【标注】、【图框】、【数据库和控制面板】等配置内容。

（1）基本信息　包含工程语言、单位、日期显示格式、PLC 图纸、端子排等配置信息。

（2）图表　用于设定设备连接点、线型、节点指示器等配置信息。

（3）符号　用于定义电线、电位、电缆、位置的手动显示标注形式。可以打开已有的标注定义形式，也可以对当前所选的标注形式进行编辑修改。

（4）属性　用于定义标注内容的格式。可以是自定义标注，也可以是符号或图框的已有标注，其中【图纸样式】用于对图层、线型、文本样式、引线样式进行定义。一旦定义，该项目中所有的相关标注均会自动更新。

（5）文字　定义自动化标注时的字体、高度、颜色等属性。

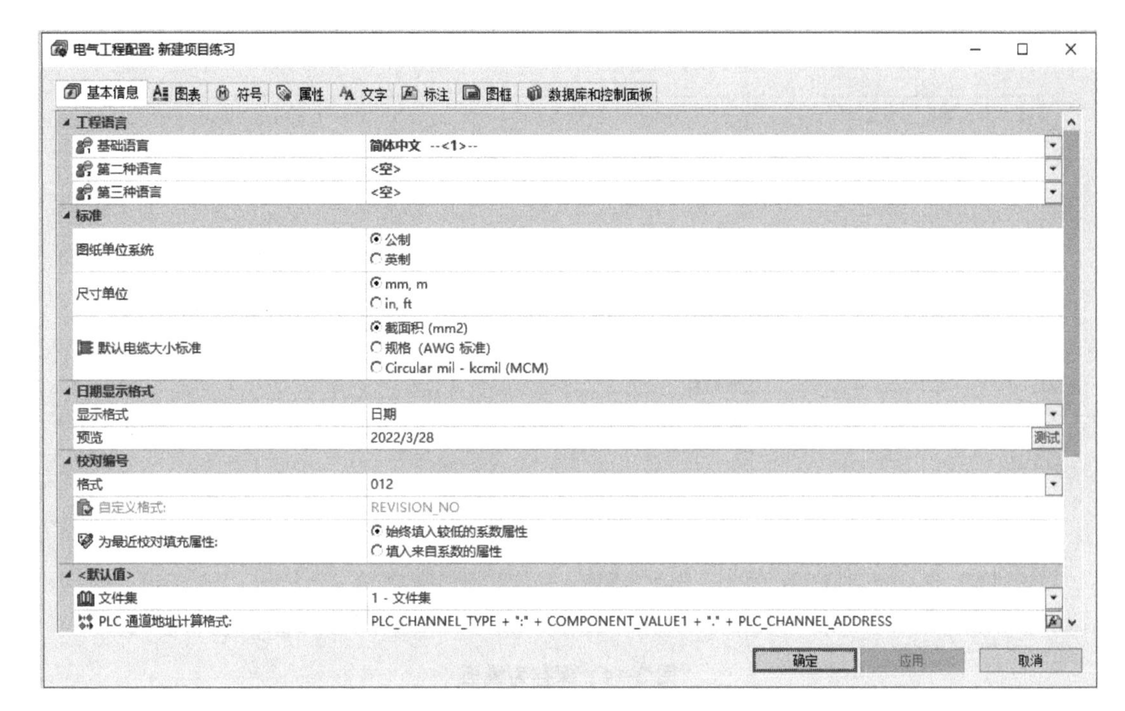

图 3-13　项目配置界面

（6）标注　为工程对象设置自动标注的规则。

（7）图框　为各种图纸类型定义默认的图框。可以选择已有的图框，也可以对已有的图框进行编辑。

（8）数据库和控制面板　用于选择与符号、图框、宏、设备型号相关联的数据库，选中的数据库中包含的元素将可以在项目中选用。

3.5　项目模板

为了规范企业图纸的标准化设计，统一使用习惯，使完成的项目能符合相应的设计规范和标准，需要定义统一的规范。SOLIDWORKS Electrical 通过项目模板进行统一的规范管理。项目模板中包含了所需的基础数据，包括符号、图框、表格、设备命名方式、线型、字体、颜色、数据库等。创建工程时可以选择对应的工程模板，直接提取已有的工程配置、线型定义、报表模板等，从“源”上保证所有电气工程师的数据的一致性。

SOLIDWORKS Electrical 默认提供了 4 个工程模板，分别为 ANSI、GB_Chinese、IEC 和 JIS，新建工程时在弹出的对话框中根据需要选择模板即可。实际应用时，可以在系统提供模板的基础上建立自己的标准并保存为新的工程模板。

按上一节的操作方法对项目进行配置，更改项目基本属性，并对文件集及默认的图纸进行调整，这些调整修改将作为模板的默认数据。调整完成后在当前项目上右击，选择【关闭】，关闭当前项目。单击【主页】/【电气工程】，弹出【电气工程管理】界面，选择刚关闭的项目名称，单击【保存为模板】，弹出如图 3-14 所示对话框，输入模板名称并单击【确定】。

图 3-14 保存为模板

注意：项目处于打开状态时，无法保存为模板，必须关闭项目后再保存为模板。

模板保存完成后，在新建项目时即可选择该模板。

3.6 环境压缩及解压缩

3.6.1 环境压缩

SOLIDWORKS Electrical 可以通过【环境压缩】功能将系统的所有数据进行打包，以对数据进行备份、转移和传递等。单击【主页】/【环境压缩】，将打开如图 3-15 所示的压缩向导。

（1）排除工程 选择此选项时，所有项目工程将不包含在压缩环境中。

（2）自定义 根据需要定义打包压缩的对象。此时右侧将列出所有数据类型，可根据需要进行选择。

（3）所有工程 包含所有电气工程项目及必要的数据类型。

（4）所有对象 所有数据类型不再需要选择，将全部包含在压缩文件中。

（5）来自选定库的对象 将会出现数据库选择对话框，如图 3-16 所示。在该对话框中选择需要选定的对象，在需要压缩的对象的【动作】栏下拉列表中选择【添加】。

（6）用户修改的对象 只压缩用户修改过的元素。

（7）用户曾修改的对象 下方的两个选项变为可选状态，选择相应的时间以界定压缩的范围。

（8）提醒我在以下天数后执行定期存档 在下方输入提醒的时间，到期后将会提醒操作者执行定期压缩备份。

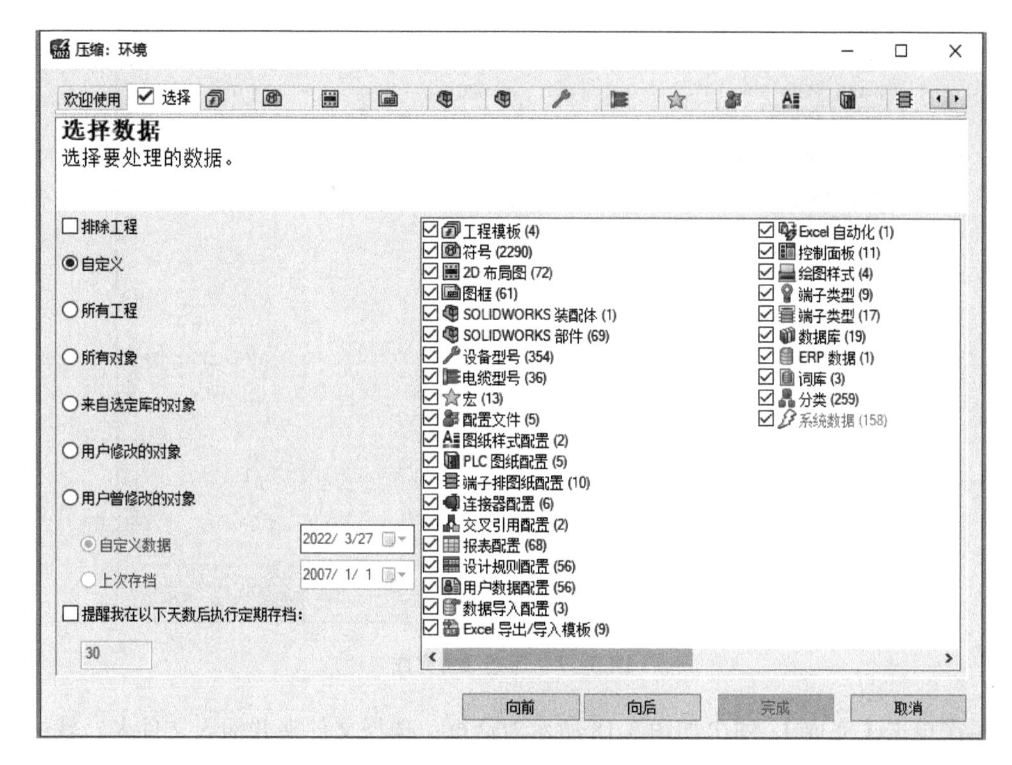

图 3-15　压缩向导

图 3-16　选择库

选择完所需压缩的内容后单击【完成】，弹出如图 3-17 所示界面，列出了所有压缩的元素。

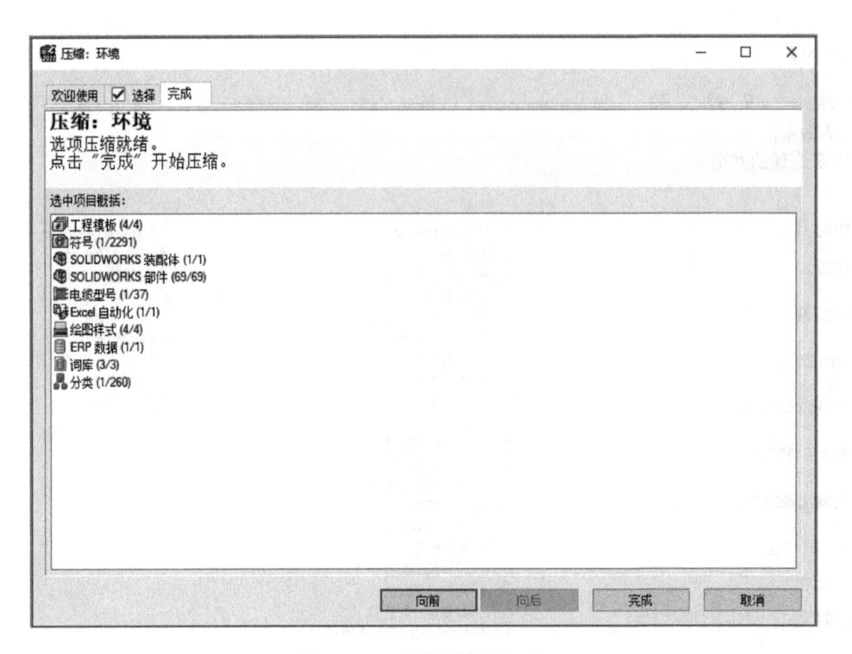

图 3-17　压缩准备完成

再次单击【完成】，弹出如图 3-18 所示对话框，选择文件夹并输入文件名，默认的环境压缩的扩展名为“.tewzip”。

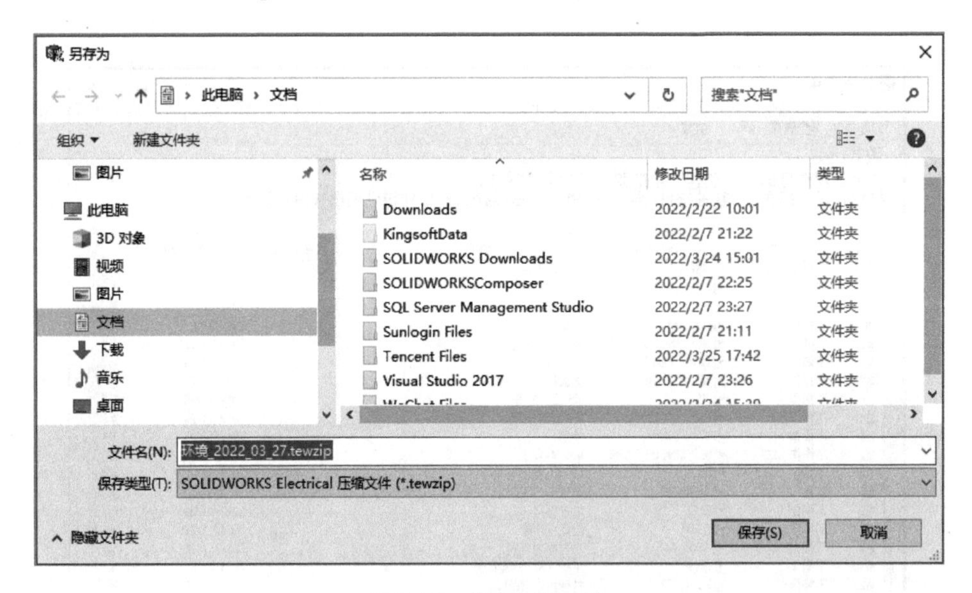

图 3-18　保存压缩文件

保存完成后，弹出如图 3-19 所示对话框，列出了本次压缩环境的处理报表。

除了可对整个环境按需进行压缩存档外，系统还为不同的对象提供了专门的【压缩】功能。在菜单【数据库】中选择相应的数据库，打开数据库后再选择所需压缩的对象就可激活该命令。如图 3-20 所示为【符号管理】数据库管理界面，其中包含了【压缩】与【解压缩】命令。

压缩：环境

压缩：环境（报表）

按"完成"离开助手。

数据	已处理	未处理	失败
工程模板	4	0	0
符号	1	2290	0
2D 布局图	0	72	0
图框	0	61	0
SOLIDWORKS 装配体	1	0	0
SOLIDWORKS 部件	69	0	0
设备型号	0	0	0
电缆型号	1	0	0
宏	0	13	0
配置文件	0	5	0
组	0	0	0
用户	0	0	0
图纸样式配置	0	2	0
PLC 图纸配置	0	5	0
端子排图纸配置	0	10	0
连接器配置	0	6	0
交叉引用配置	0	2	0
报表配置	0	68	0
设计规则配置	0	56	0
用户数据配置	56	0	0

完成

图 3-19　压缩报表

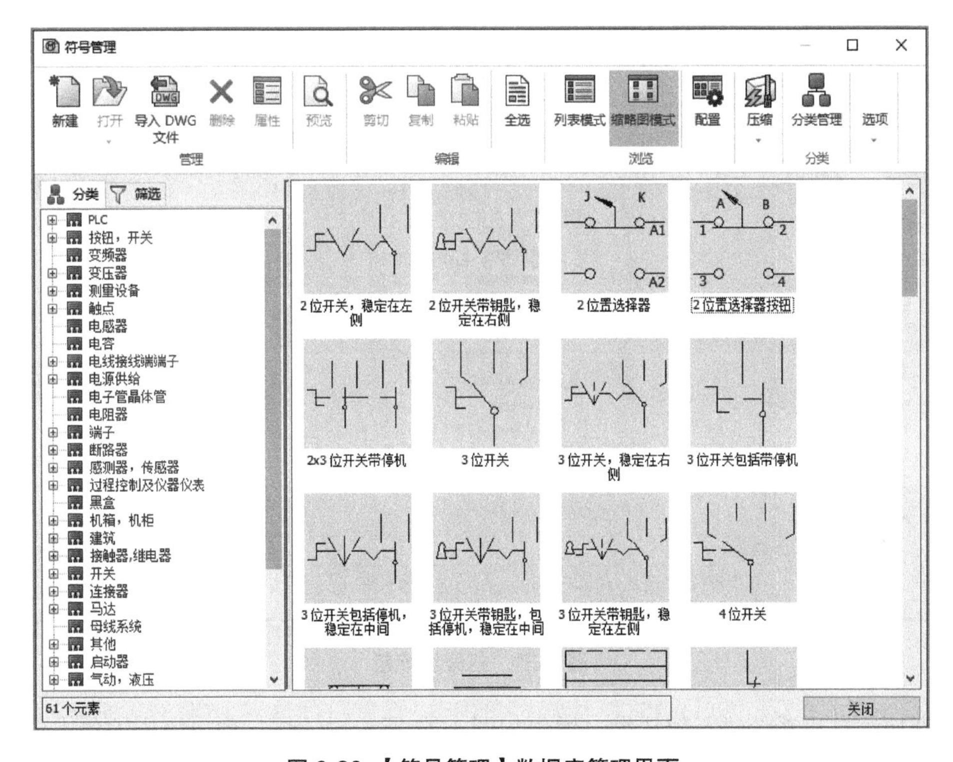

图 3-20 【符号管理】数据库管理界面

在对数据库内容进行单独压缩时，其存档文件的扩展名也因数据库的不同而不同，见表 3-1。

表 3-1　数据库压缩扩展名

序号	压缩对象	扩展名
1	环境压缩	.tewzip
2	电气工程压缩	.proj. tewzip
3	符号压缩	.symb. tewzip
4	图框压缩	.title. tewzip
5	宏压缩	.macro. tewzip
6	制造商零件压缩	.parts. tewzip
7	电缆型号压缩	.cable. tewzip
8	配置压缩	.conig. tewzip

注意：在对软件进行更新或重新安装前，一定要压缩所有的有效电气工程并保存成文件。请勿直接卸载软件，否则可能会造成数据丢失。也可以直接安装新版本的程序，在安装过程中系统会检测软件的当前状态并给出相应的建议。

3.6.2　环境解压缩

【环境解压缩】用于从压缩包中提取数据，其与【环境压缩】功能对应。单击【主页】/【环境解压缩】，弹出如图 3-21 所示的【打开】对话框，选择需要解压缩的文件。所有的数据库压缩包均可使用该命令进行打开。

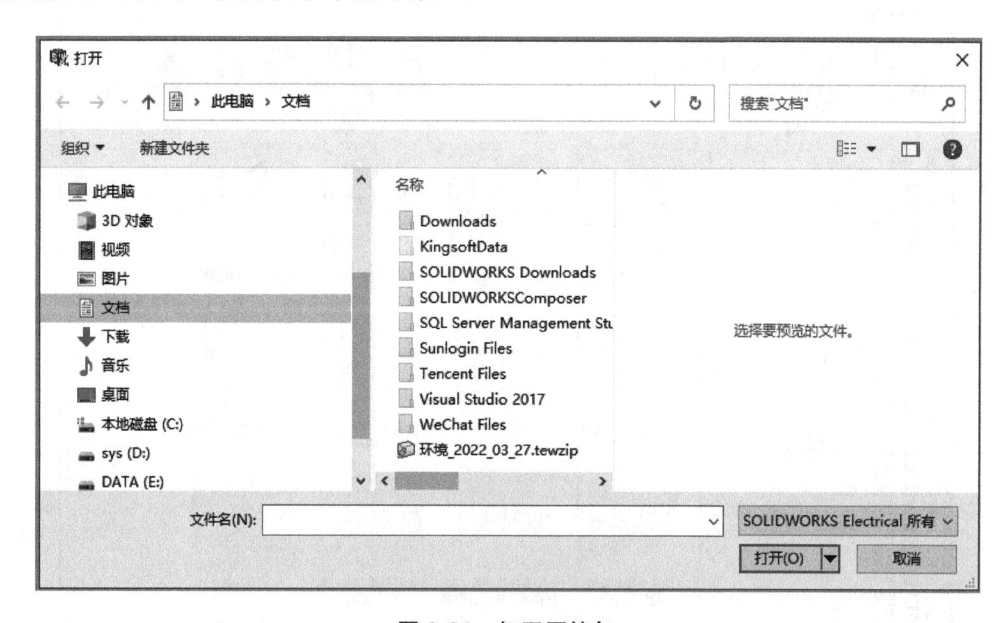

图 3-21　打开压缩包

选择压缩包后系统进行解压缩，弹出如图 3-22 所示对话框，列出该压缩包中包含的所有数据。

单击【向后】可以对每一组数据的操作进行选择，在如图 3-23 所示的【动作】栏下拉列表中选择所需的操作。对于新数据，选择【添加】；对于现有系统已有的数据要慎重，如果确需用压缩包的数据替换现有数据，则选择【替换】。

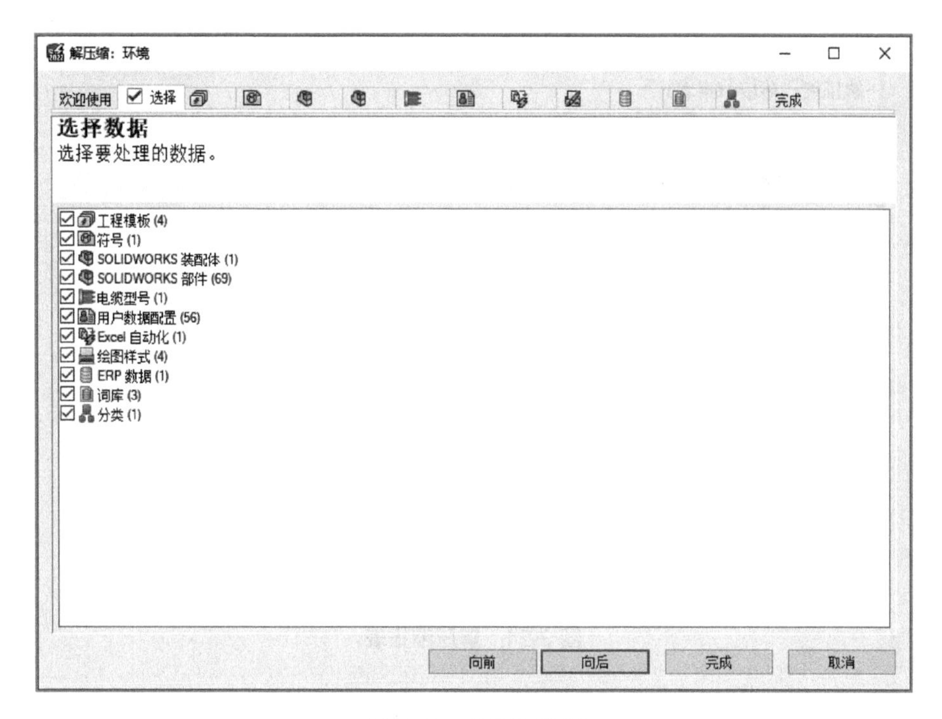

图 3-22 解压缩数据

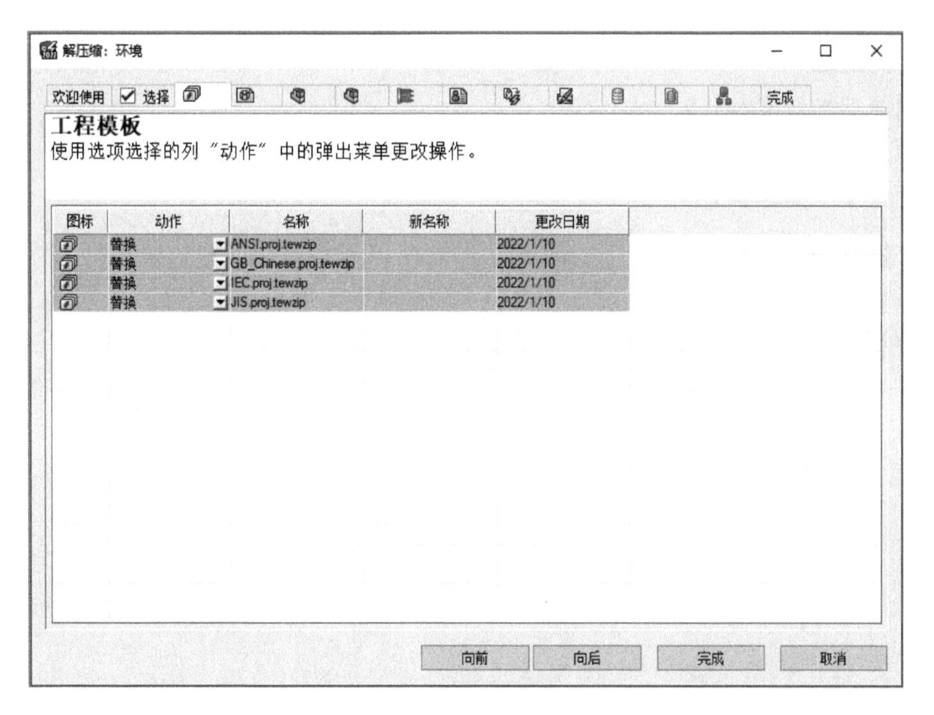

图 3-23 选择动作

所有数据的“动作”选择完成后，单击【完成】，系统根据所选的“动作”对数据进行处理，处理完成后弹出处理报表界面。报表中列出了处理的结果清单，如图 3-24 所示。

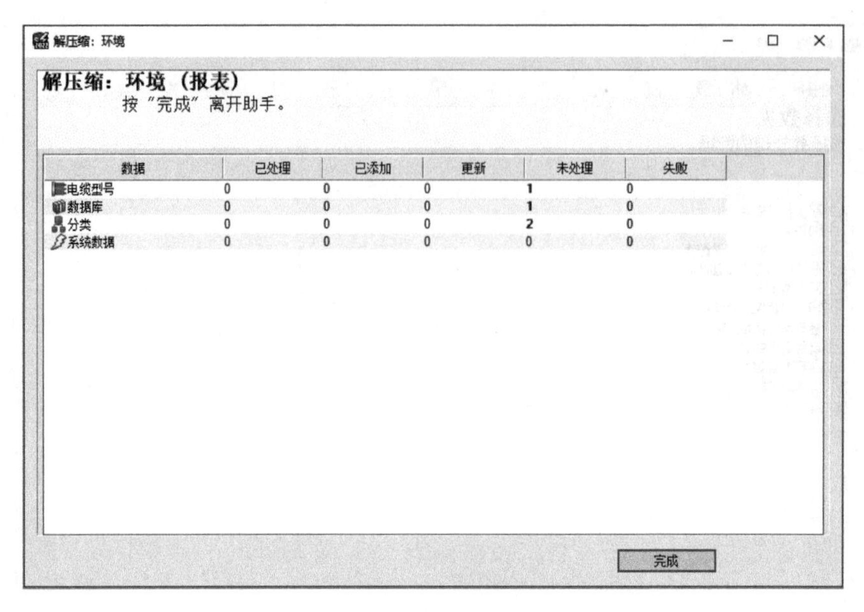

图 3-24　解压缩报表

练习

一、简答题

1. 简述项目的基本定义。
2. 项目通常包含哪些对象？
3. 描述【环境压缩】的作用。

二、操作题

1. 熟练地进行项目的创建。
2. 根据老师给定的基本信息自定义项目模板。
3. 将自己计算机的环境进行压缩，并在另一计算机上进行该压缩文件的解压缩。

第 4 章 单线原理图

| 学习目标 |

1. 了解单线原理图的基本定义及包含的内容。
2. 熟悉单线符号的创建和符号配置。
3. 对电缆和电缆芯进行自定义。
4. 熟悉复制和特定粘贴。
5. 熟悉从布线方框图到原理图布线的基本操作。

扫码看视频

4.1 单线原理图的定义及设计流程

4.1.1 单线原理图的定义

单线原理图是指设备之间的逻辑使用一根或多根电缆进行连接。在 SOLIDWORKS Electrical 中有多种方法可以实现设备之间的电缆连接。无论哪种方法，都可以定义点与点之间的电缆连接。本章将会介绍如何在布线方框图中使用【详细布线】，在原理图中使用【关联电缆芯】，在【端子编辑器】中关联电缆。

提示：电缆也可通过【接线方向】命令实现应用。

【关联电缆芯】是在原理图中对符号之间连接的电线进行操作，因此可以提供很多的连接信息。【详细布线】获取电缆连接信息，不需要完成任何原理图接线，可以先于原理图的设计，如图 4-1 所示。不管用哪种方法，信息均会在整个工程中自动应用到图样内。

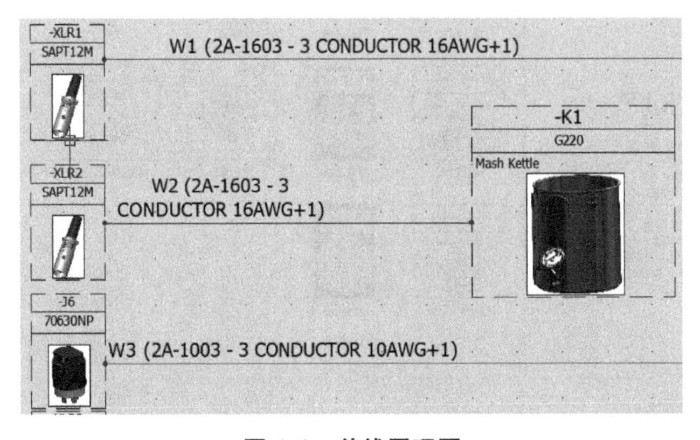

图 4-1 单线原理图

当完成单线原理图后，接线关系不再是一根线条了。接线信息将会添加到符号和电缆上，同时也会传递到原理图中。

4.1.2 设计流程

单线原理图的设计流程如下：

1）选择电缆。根据设计需要，通过电缆库选择电缆或在草图中创建电缆。

2）详细布线。详细布线需要选择电缆，连接两个设备。

3）添加设备型号。从设备库中为关联的符号选择设备型号。

4）复制和粘贴。已有的图形中带有智能特性，可以备用。

注意：在开始本章的学习前，使用【电气工程管理】/【解压缩】打开并解压缩文件“Lesson 04 Start.proj.tewzip”，文件位于“Lesson 04”文件夹内。创建新电缆，添加设备型号，并在方框图中使用详细布线应用数据。

4.2 单线符号

系统提供了大量的方框图符号，可通过【符号选择器】进行选择。这些符号通过分类方式进行呈现，用户可通过多种方法从符号库中复制符号到页面内使用。

4.2.1 添加符号

添加符号的方法如下：

（1）方法一　单击工具栏【布线方框图】/【插入符号】Ⓜ，弹出如图 4-2 所示的【符号选择器】对话框。如果已选择过符号，则会默认选择上一次选择的符号，如图 4-3 所示。此时若需要更改符号，可单击【其他符号】，系统将再次弹出【符号选择器】供选择。

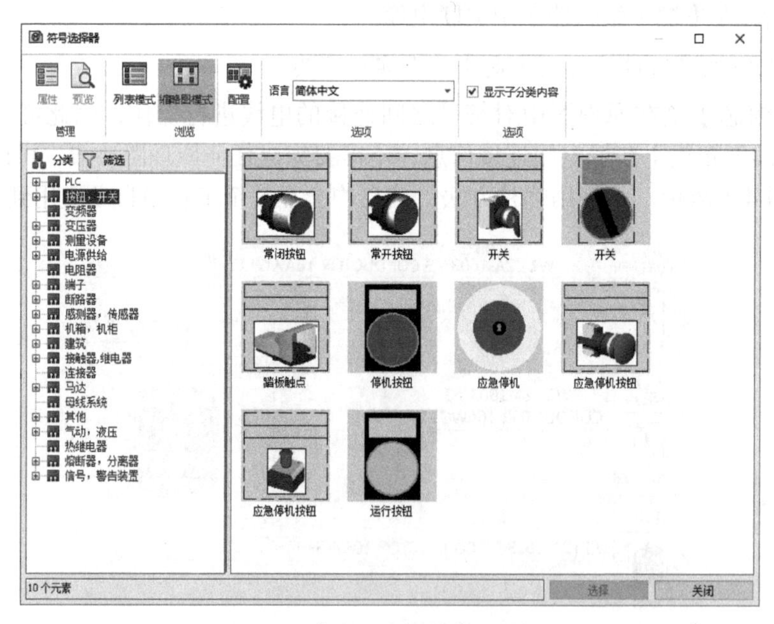

图 4-2 【符号选择器】对话框

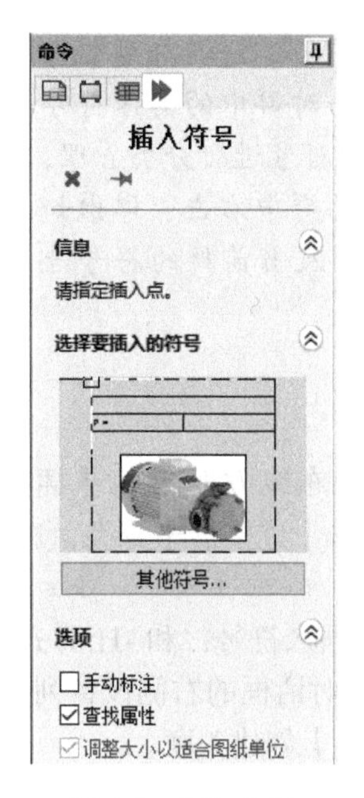

图 4-3　插入符号

（2）方法二　展开资源面板中的【符号】浏览器，如图 4-4a 所示，选择符号后会显示所选符号的名称等信息，将所需的符号拖放至图形区域即可使用。【符号】浏览器还提供了快速查找功能，展开【查找】，如图 4-4b 所示，输入需查找的名称，单击【查找】，系统将列出符合要求的所有符号，根据需要拖放选用即可。

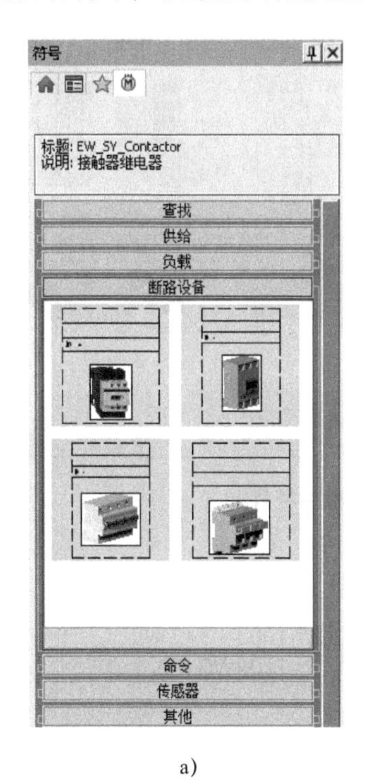

a)

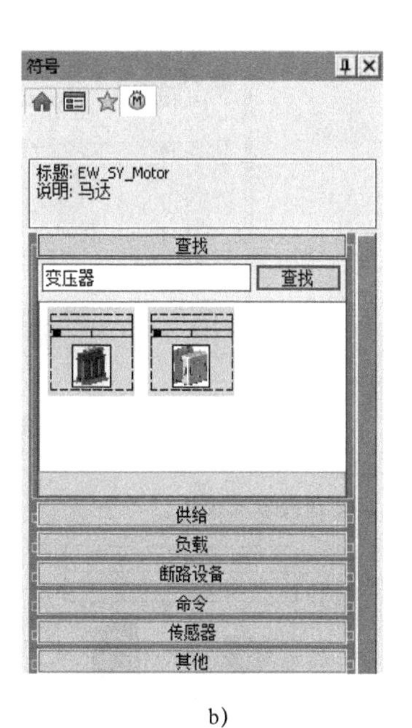

b)

图 4-4 【符号】浏览器

提示:【符号】浏览器中通过“群”进行分类，可以根据需要增加、减少群，并对群中的具体符号进行增减，这样可以将常用的符号进行分类管理，便于快速选择。在任一已有的群中右击，弹出如图 4-5 所示快捷菜单，可对群及当前群的符号进行管理。

图 4-5　群管理

4.2.2　符号关联

（1）选择方框图符号　单击【布线方框图】/【插入符号】，单击【其他符号】，弹出【符号选择器】，如图4-6所示，单击【连接器】分类，选择【[Power_Plug]】，单击【选择】返回页面。

（2）插入符号　在 -J1 的右侧插入符号，和 -J1 对齐，如图 4-7 所示。

（3）符号与设备关联　在弹出对话框的右侧设备列表中选择“=F2-J9- 加热元件电源连接器”，如图 4-8 所示。单击【确定】创建关联。

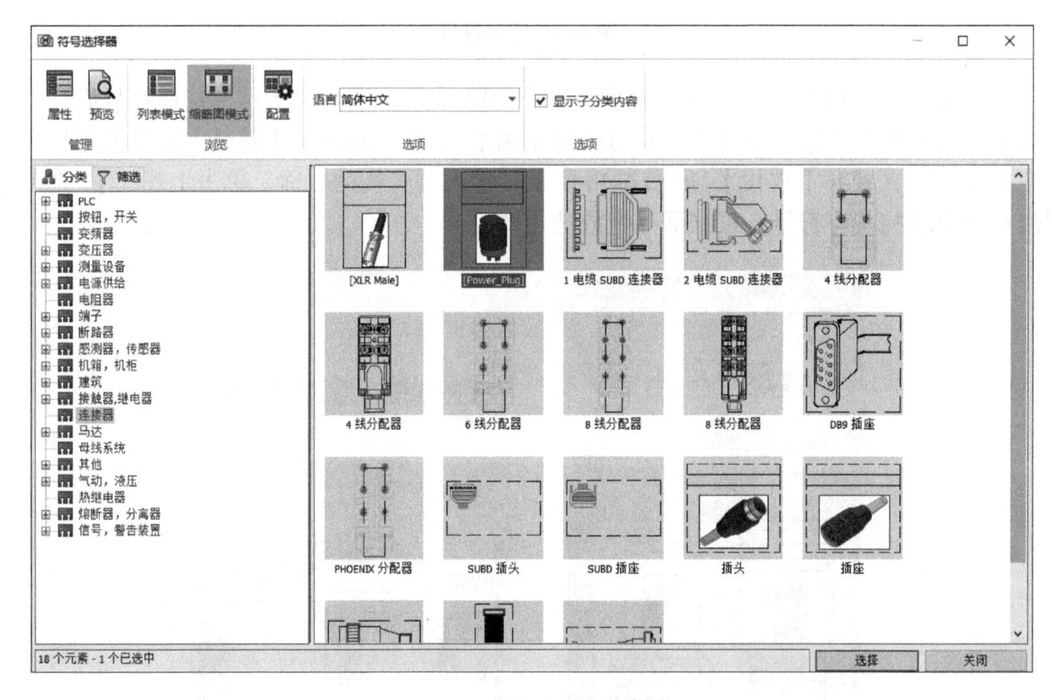

图 4-6　选择方框图符号

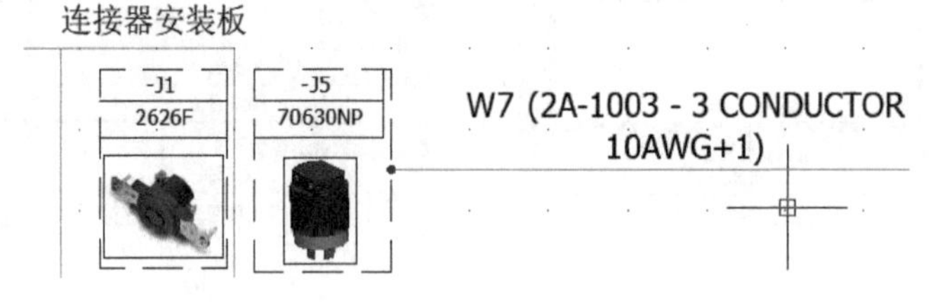

图 4-7　插入符号

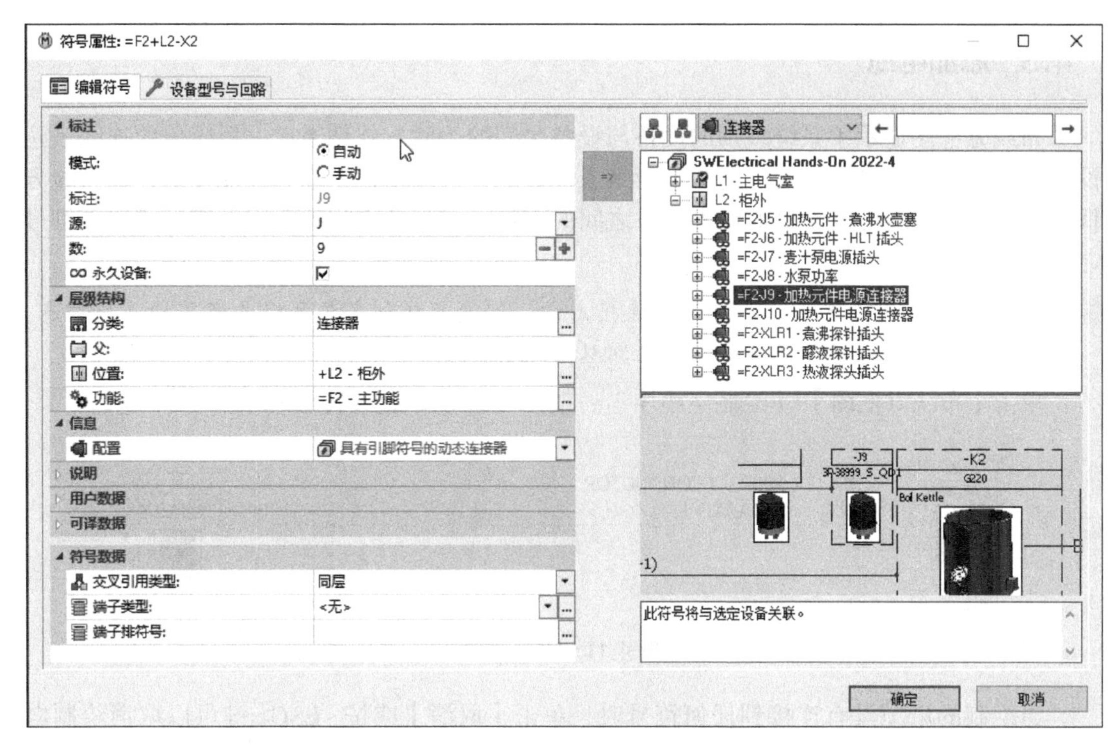

图 4-8　符号与设备关联

提示：选择工程中已经存在的设备，则符号会关联到设备。一个设备可以由多个在不同页面中的图形符号共同表达，而设备本身是一个需要购买和安装的物理器件。

（4）设备导航器　在设备导航器中展开位置“=F2-J8”和“=F2-J9”，如图 4-9 所示。

（5）插入设备符号　选择设备“=F2-J9”，右击，选择【插入符号】。使用同样的方法，添加【端子】分类中的“=F2-J10”，选中后返回页面，如图 4-10 所示。

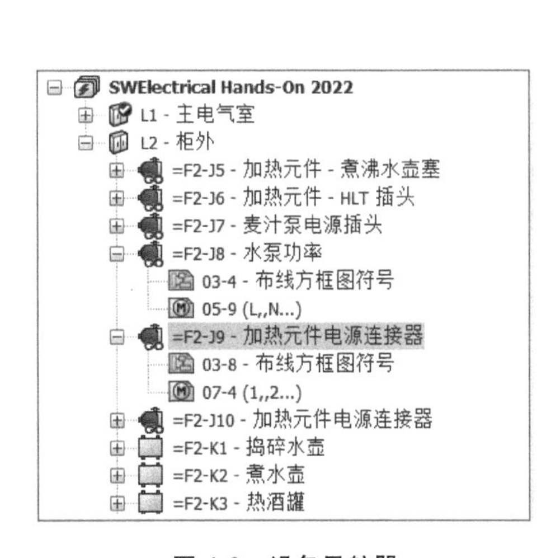

图 4-9　设备导航器

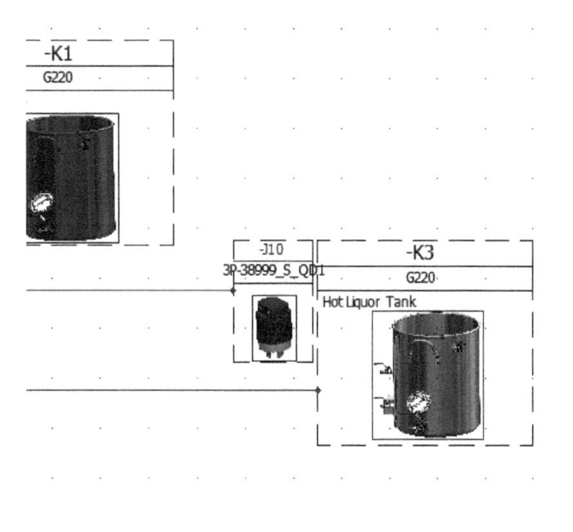

图 4-10　插入设备符号

4.3 添加电缆

布线方框图显示了系统级别的设备与设备之间的关联，软件通过一根简单的连线表达设备与设备之间的电缆连接。电缆包含组成设备的一根或多根电缆芯或连接器，在布线方框图中，此种连线可以简单地代表设备之间的连接，或设备之间的备用电缆，或定义符号之间的详细接线。

提示：电缆用于表示设备之间的连接走向，但没有详细定义每根电缆芯的连接信息。电缆信息可以在原理图与方框图之间双向更新。

单击【布线方框图】/【绘制电缆】，按图 4-11 所示连接符号。

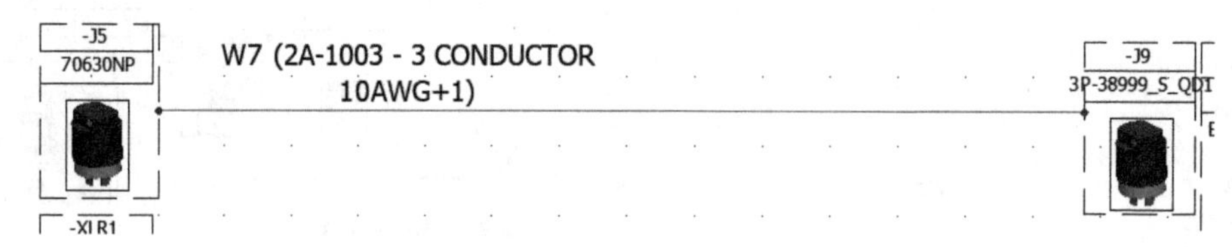

图 4-11　绘制电缆

当绘制的电缆没有连接到任何符号时，单击【取消】或按 <ESC> 键可以取消绘制电缆，如图 4-12 所示。

重复以上操作，绘制其他电缆，如图 4-13 所示。

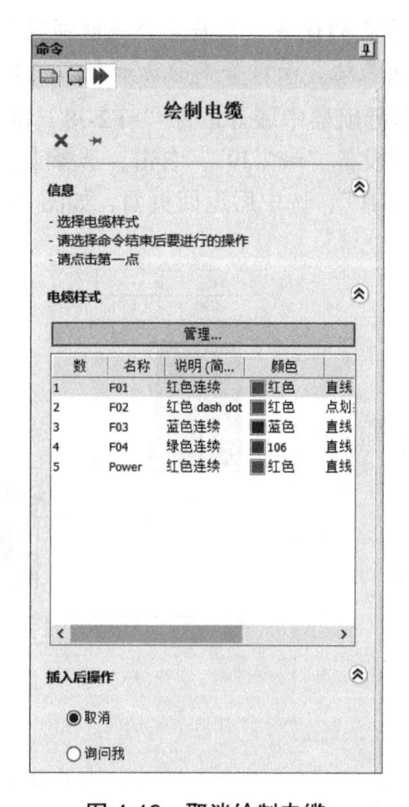

图 4-12　取消绘制电缆

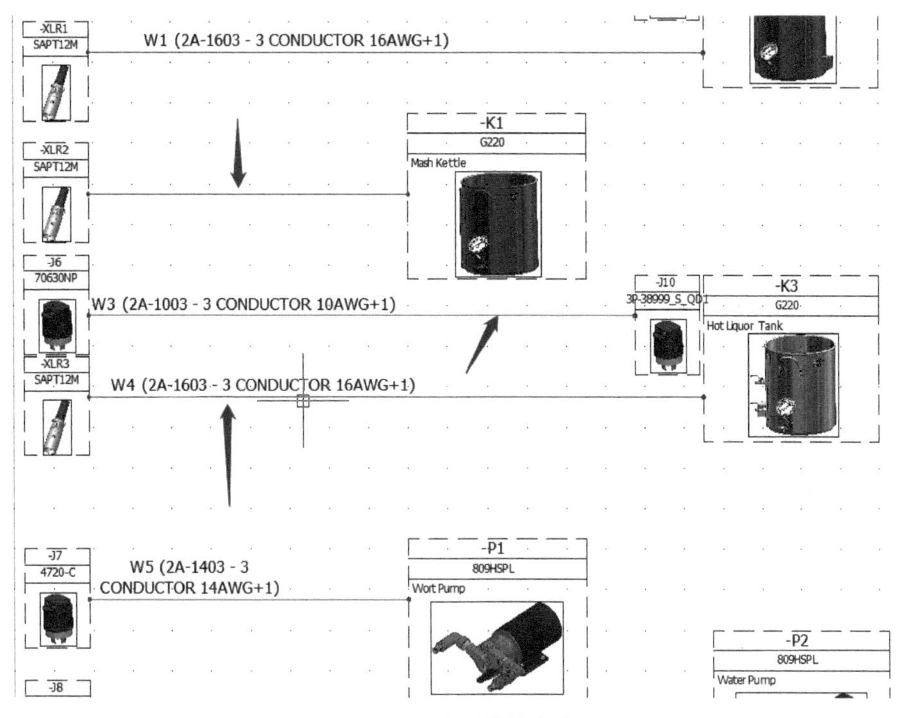

图 4-13　绘制其他电缆

4.4　详细布线

布线方框图中的符号在【详细布线】对话框中直接对应了两个符号，也被标记为【源设备】和【目标设备】，但两者还未连接。下面将会定义设备之间的电缆，如图 4-14 所示。

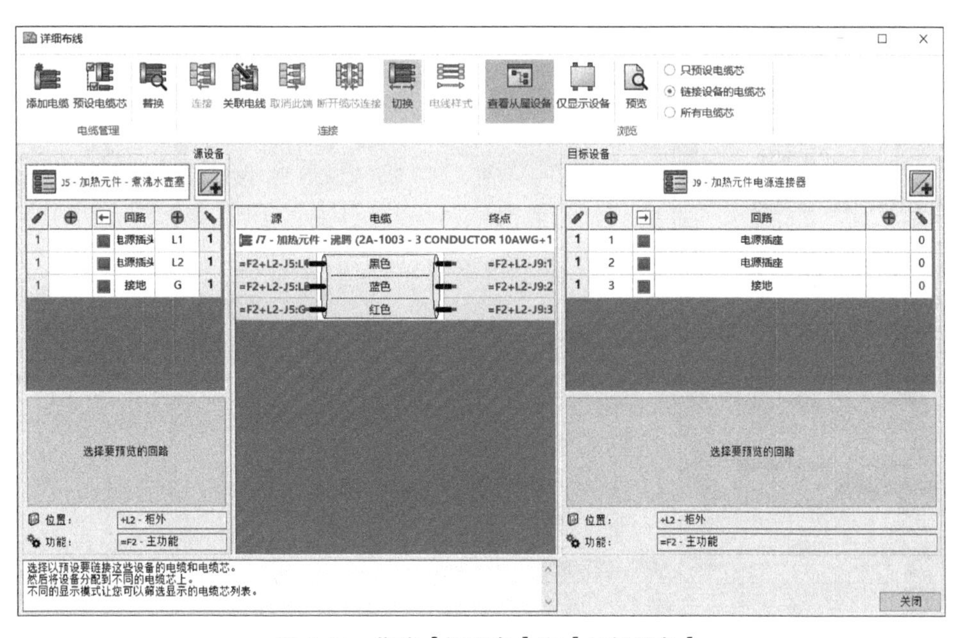

图 4-14　指定【源设备】和【目标设备】

（1）预设电缆　单击【电气工程】/【电缆】，弹出如图 4-15 所示对话框。

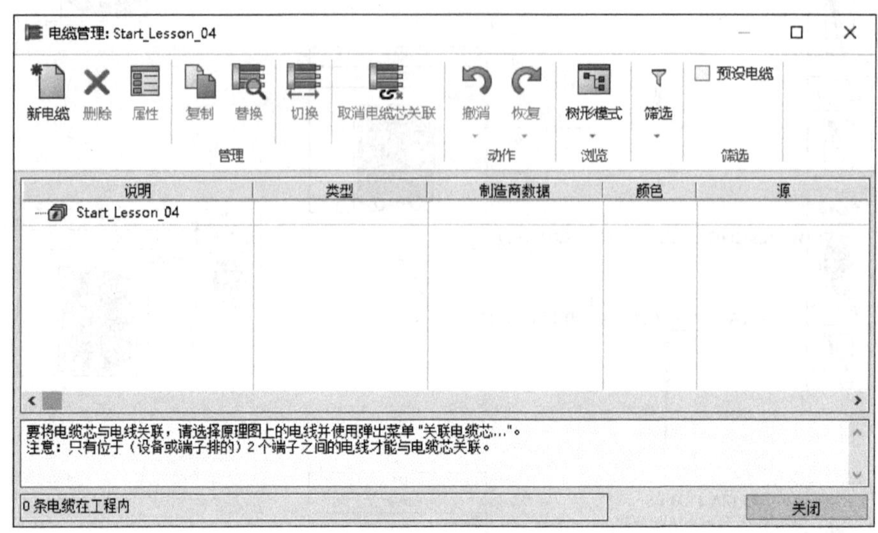

图 4-15　电缆管理

（2）选择电缆　单击【新电缆】，在弹出对话框的【筛选】选项卡中单击【删除筛选器】，设置以下筛选条件：

- 大小标准：规格（AWG 标准）。
- 规格（AWG 标准）：14。

筛选后的电缆只有一项“2ZN-1437-37 CONDUCTOR 14AWG”，如图 4-16 所示，选择该电缆。

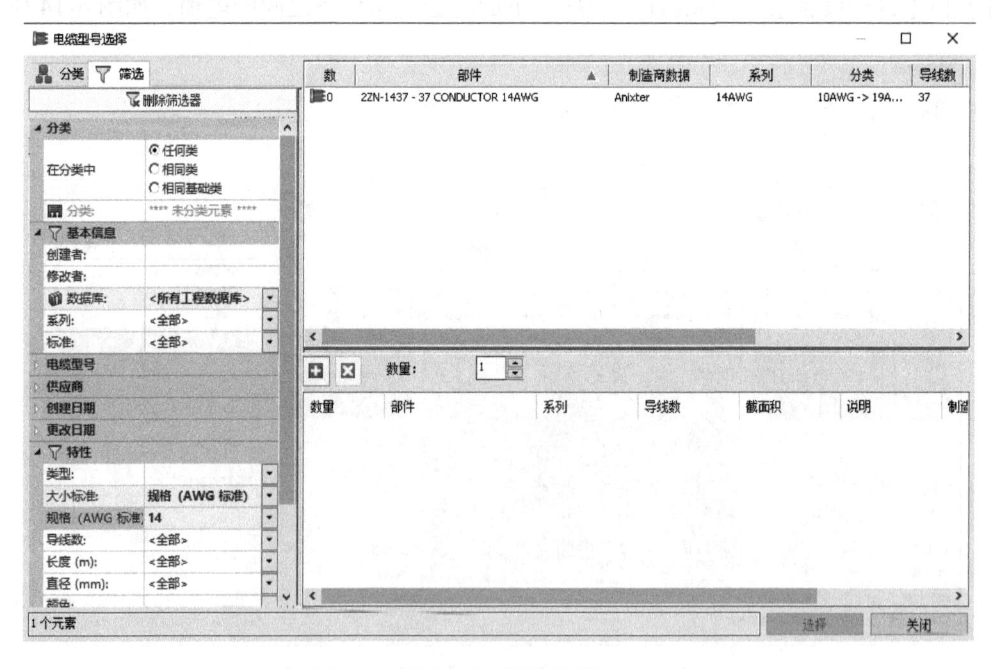

图 4-16　选择电缆

（3）添加电缆　单击【添加】，将选择的电缆添加到当前工程中，如图 4-17 所示，单击【选择】。

图 4-17　添加电缆

（4）设置电缆属性　此时所选电缆出现在【电缆管理】列表中，如图 4-18 所示。

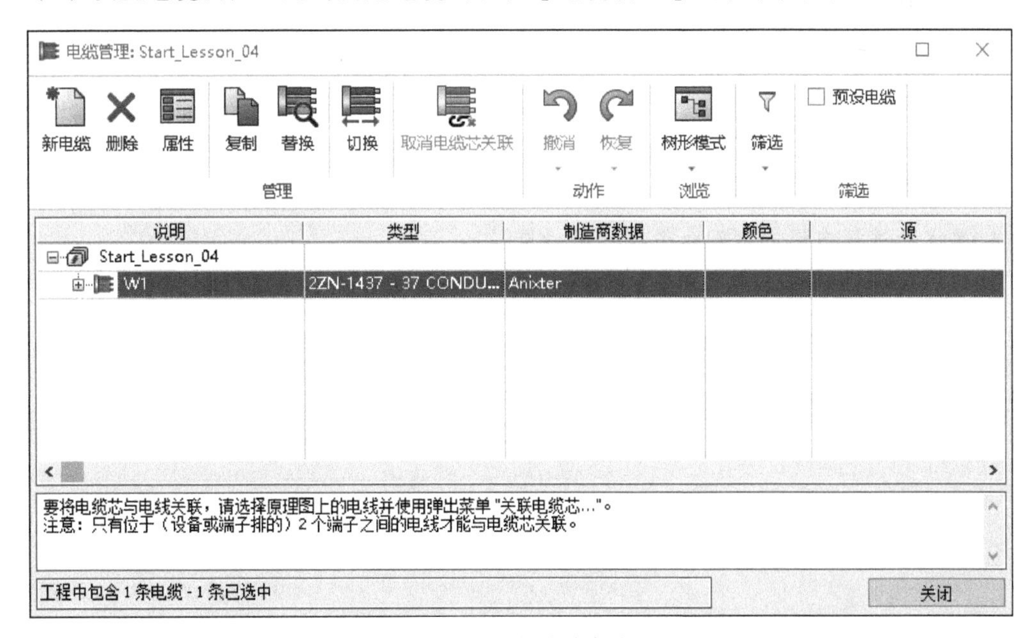

图 4-18　新建的电缆

注意：该过程将会创建预设电缆，定义完成设备之间的连接后就可以创建电缆。如果位置设置不同，则电缆将会自动隐藏部分选择。

（5）启用电缆　打开页面“03-Power”，右击图 4-19 所示电缆，选择【详细布线】。

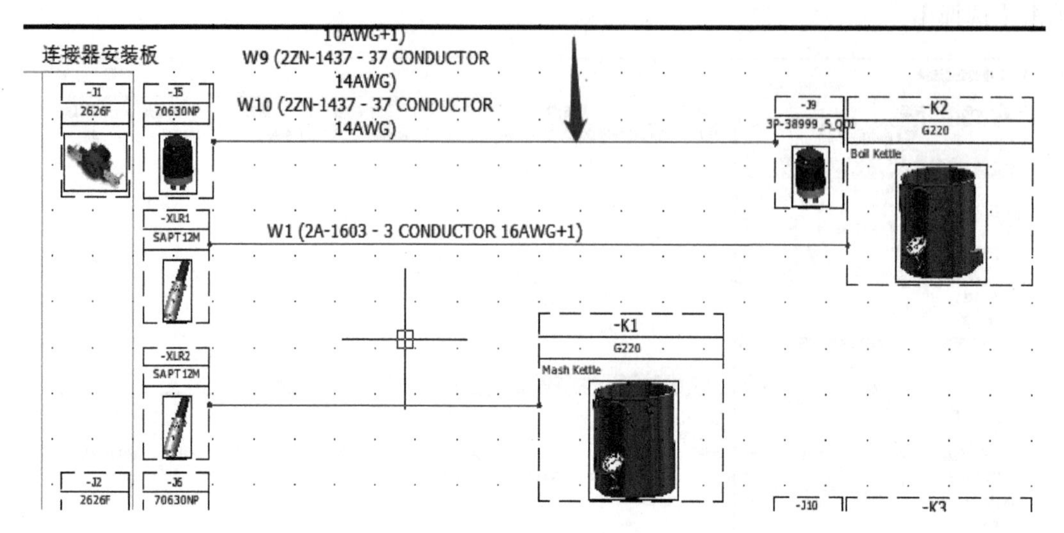

图 4-19　启用电缆

提示：双击电缆也可以启动【详细布线】。

练习

一、简答题

1. 简述单线原理图的基本定义。
2. 简述布线方框图符号的创建方法。
3. 如何设置布线方框图符号的属性?

二、操作题

1. 熟练地进行布线方框图电缆属性的设置。
2. 熟练地进行关联符号至设备的操作。
3. 根据老师给定的基本信息自定义布线方框图的电缆连接。

第 5 章 多线原理图

| 学习目标 |

1. 了解多线原理图的基本定义及包含的内容。
2. 熟悉原理图符号的创建和符号配置。
3. 绘制多线原理图。
4. 插入原理图符号。
5. 定义符号和设备属性。

5.1 什么是多线原理图

5.1.1 多线原理图的定义

多线原理图用于显示电气设备和详细的电气连接，图 5-1 所示为一个示例。多线原理图可能会出现在工程的一个或多个文件集中。打开多线原理图后，工具栏会出现只用于多

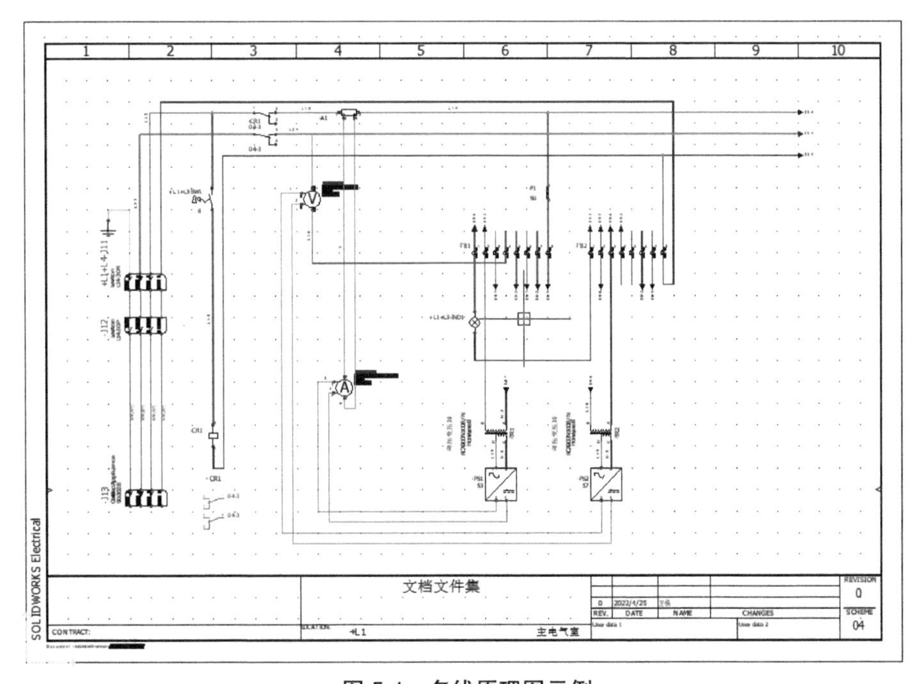

图 5-1 多线原理图示例

线原理图设计的工具。当插入符号时可以使用筛选命令，以确保排除一些数据，如方框图或者布局图符号。

注意：如果页面“04-power”显示图标为 -，则表示会出现在文件列表中。

5.1.2 效率工具

在绘制原理图时有一些很有效的工具，可以让设计和修改更连贯、更便捷。

（1）捕捉　所有的符号都是基于 2.5mm/0.125in（1in=25.4mm）的栅格系统创建的，利用【捕捉】工具可以确保符号在插入、移动、拉伸时能够很容易地与电线连接。【捕捉】工具可以通过状态栏的图标打开或关闭，也可通过键盘 <F9> 键打开或关闭。

（2）正交　保持正交状态，可以确保绘制的线是水平线或铅垂线。【正交】工具可以通过状态栏的图标打开或关闭，也可通过键盘 <F8> 键打开或关闭。

（3）选择窗口　用鼠标拖动一个矩形窗口是选择多个元素最有效的方法。从左到右或从右到左拖动一个矩形，对于选择的效果是不同的。

从右到左拖动一个矩形，获取的是在矩形内部或与矩形相交部分的内容，图 5-2 中的符号和相连的电线都将被选中，因为它们是在矩形内部或者与矩形相交。当使用这种方式时，矩形以虚线显示。从左到右拖动一个矩形，获取的只是矩形内部的内容，图 5-2 中只有符号被选中，因为连接的电线并没有被完全包含在矩形内部。当使用这种方式时，矩形以实线显示。

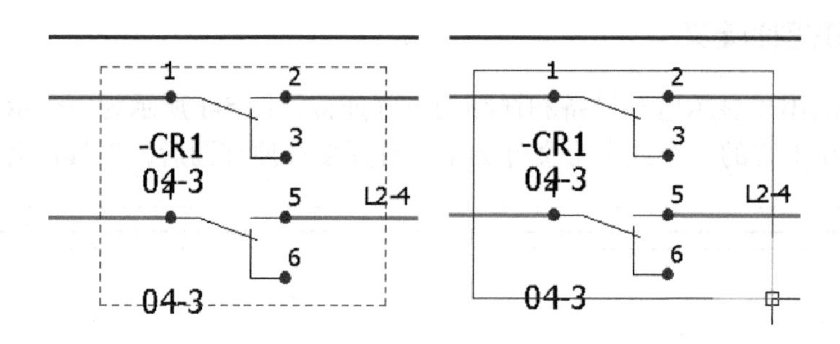

图 5-2　选择窗口

（4）浏览　工具栏的【浏览】工具中包含大量的选项，包括侧边状态栏的开启或关闭等。根据操作习惯进行自定义可以有效提高操作效率。

5.2 原理图符号

【符号选择器】储存了大量的图形符号。按照不同的分类，原理图符号储存在【分类】的文件夹及子文件夹中，如图 5-3 所示。符号本身是一个普通的块，包含图形信息和属性参数，属性参数会在设计过程中自动添加值。此外，符号也可以选择储存在 SQL 数据库中。如果【符号选择器】中没有所需符号，也可以自行创建添加。

注意：尽管原理图符号和方框图符号储存在同一个符号库中，但是原理图符号和方框图符号不同。

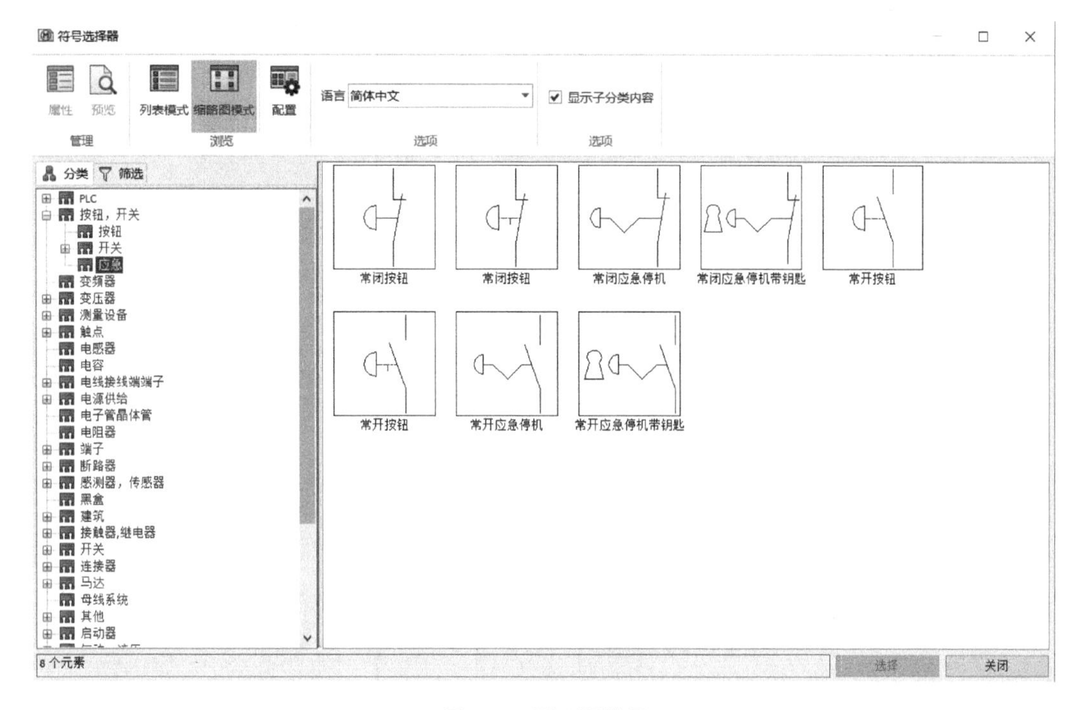

图 5-3　原理图符号

单击【原理图】/【插入符号】Ⓜ，选择【其他符号】，弹出如图 5-4 所示对话框。选择【开关】，在【开关】分类中选择“[TR-BT014_1]”，单击【选择】，将符号放置在“-CR1”上方，结果如图 5-5 所示。

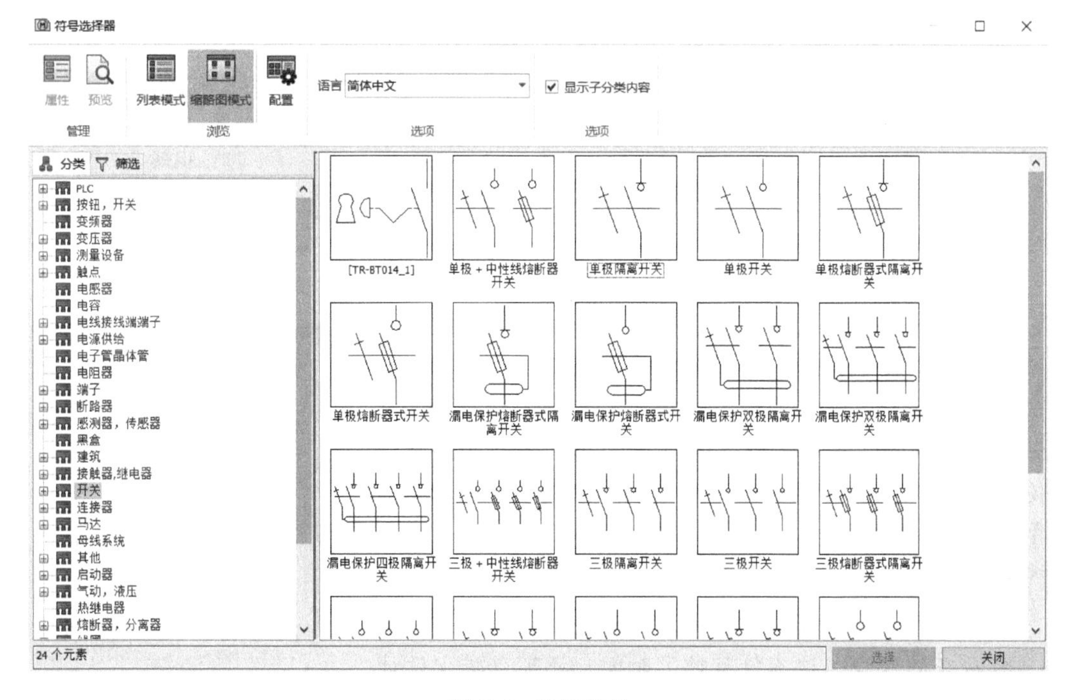

图 5-4　选择符号

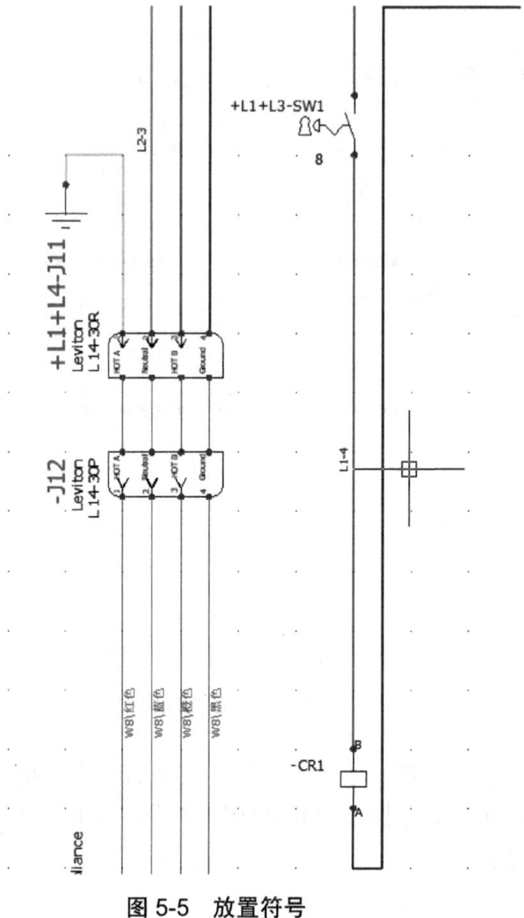

图 5-5　放置符号

5.3　电线连接

原理图中使用多线与单线进行电线绘制，接下来通过多线命令与原理图符号完成电源原理图的绘制。

（1）打开原理图　打开页面“04- 电源分配”。

（2）选择命令　单击【原理图】/【绘制多线】☰。取消勾选【中性电线】和【3 相】复选框，选择剩下的 3 相，如图 5-6 所示。

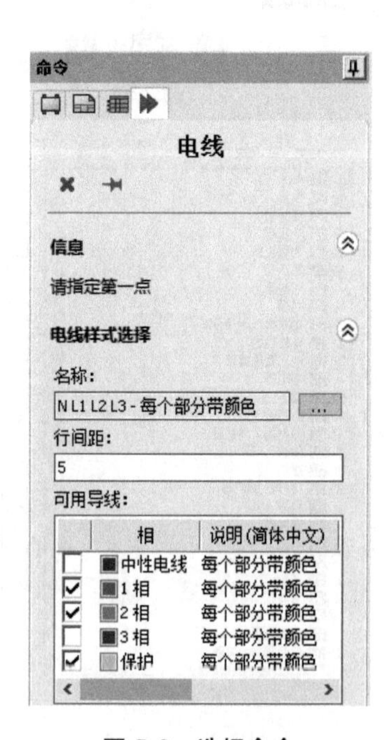

图 5-6　选择命令

（3）绘制多线　单击第 1 根电线，向下移动光标至合适位置后单击，完成电线的绘制，如图 5-7 所示。单击【确定】✔，结束命令。

提示：如果在已经存在的线型上绘制了不正确的线型，程序会自动校正线型为正确的线型，然后匹配已经存在的线型。这不仅节约了时间，还可以减少设计错误。

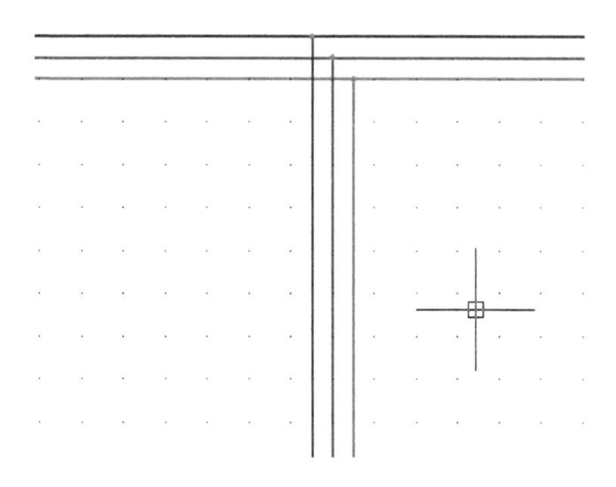

图 5-7　完成电线的绘制

5.4　符号属性

【符号属性】对话框用于设置各种参数，例如制造商数据和交叉引用设置等。对于任何一个符号，同时存在【符号属性】和【设备属性】，两种类型都含有制造商数据和回路配置。

在已有符号上右击，选择【符号属性】或【设备属性】，可进入相应的属性编辑对话框。

【符号属性】包含【编辑符号】和【设备型号与回路】两个选项卡，如图 5-8 所示。【编辑符号】包含所有的文本属性数据，可用的设备列表在右侧，设备列表可用于设置交叉引用。

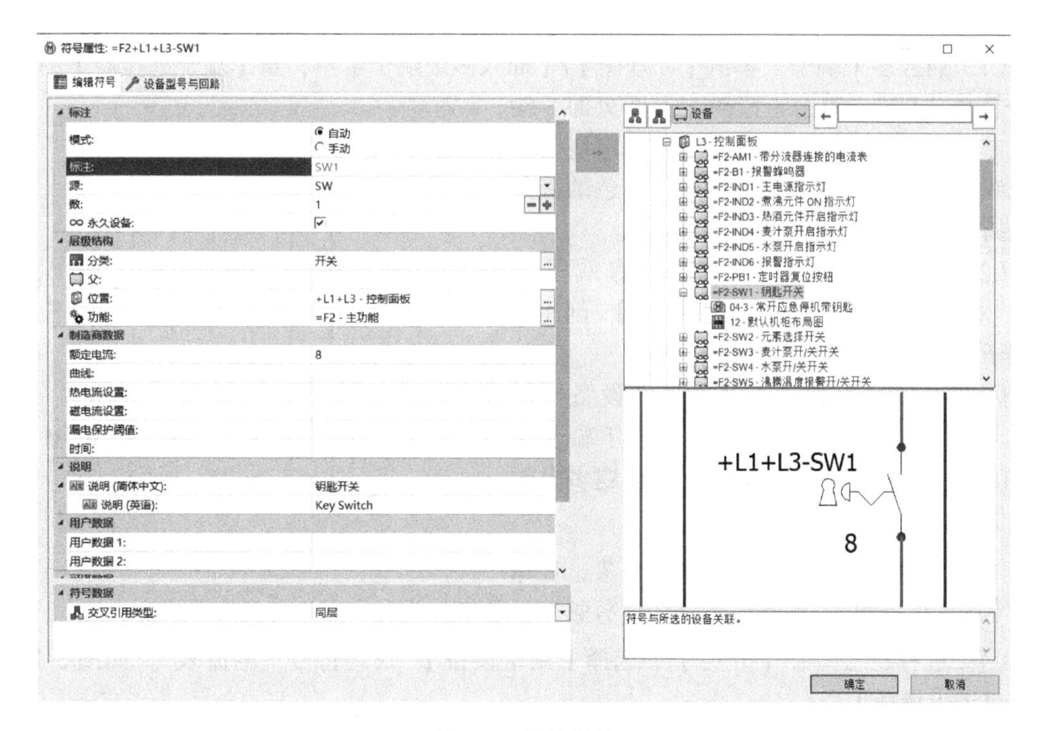

图 5-8　符号属性

【设备属性】包含【标注和数据】和【设备型号与回路】两个选项卡，如图 5-9 所示。【标注和数据】选项卡的下方包含该符号的标注及唯一性定义。

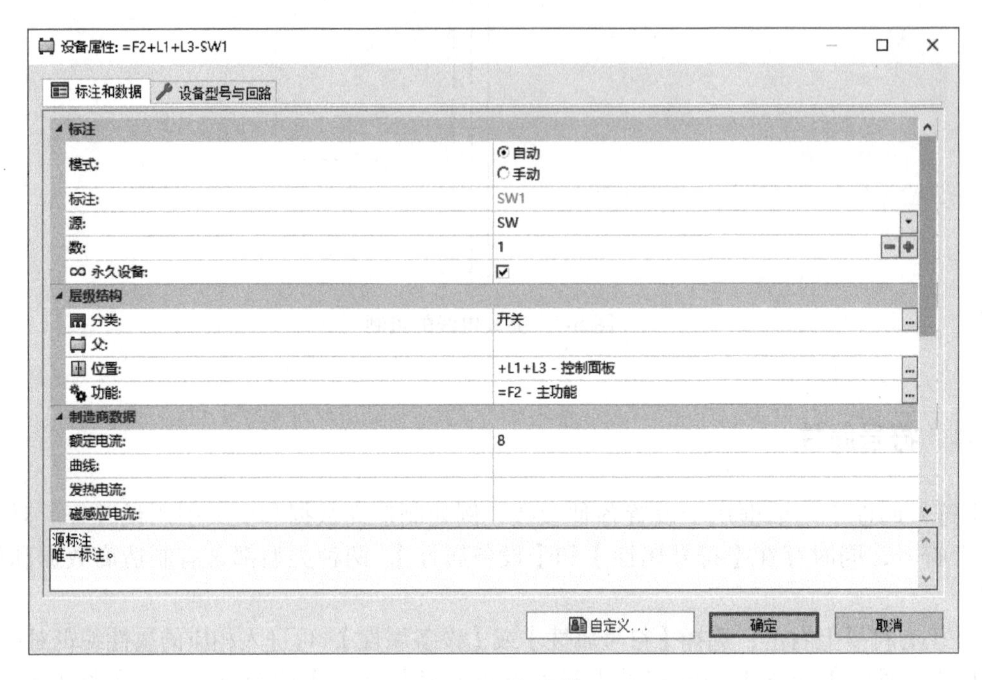

图 5-9　设备属性

接触器的触点和线圈在不同位置出现时代表的是同一个设备，需要将触点关联到已存在的设备上。

（1）插入多个端子　单击【原理图】/【插入多个端子】，从【端子选择器】中选择端子符号“TB”，单击【选择】返回页面。绘制从左到右的水平线，与 -K1 下方的电线交叉在轴线上，通过上下移动鼠标确保红色的三角箭头指向页面的下方，放置端子符号。

（2）关联所有端子　选择已有端子排“=F1-X1”，单击【确定（所有端子）】，创建多个端子的关联，如图 5-10 所示。

（3）设备的原理图符号　打开设备导航器，展开位置“F2-TB1”。选择已有端子排“TB1- 火线总线”，单击【确定】，创建多个端子的关联，如图 5-11 所示。

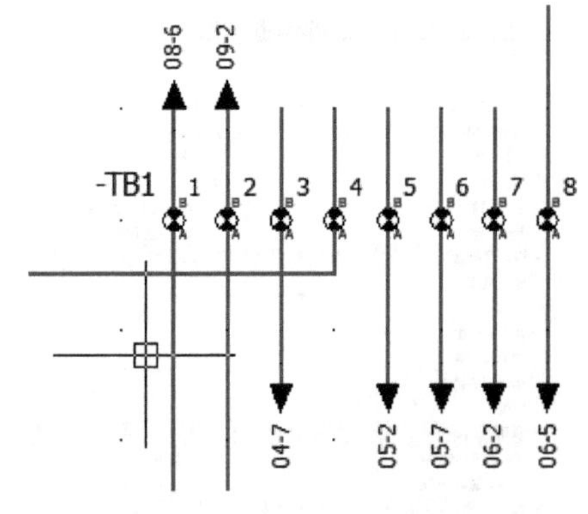

图 5-10　关联所有端子

提示：在设备导航器上右击文件集，选择【显示设备树】。设备树可以通过功能或位置组合两种方式浏览所有设备。

（4）选择符号　在【分类】下选择【测量设备】，找到符号“电流表”，如图 5-12 所示，单击【选择】。

（5）放置符号　返回页面后将符号放在端子下方的电线上，如图 5-13 所示。

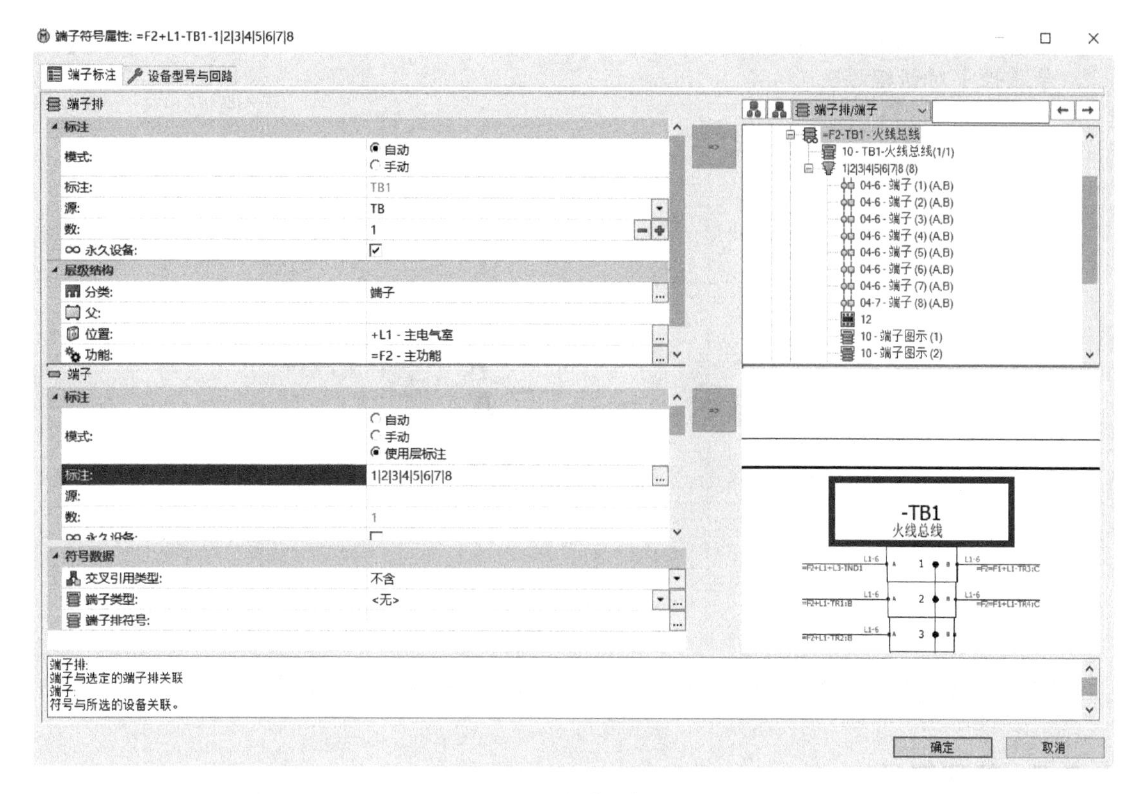

图 5-11　关联所有端子

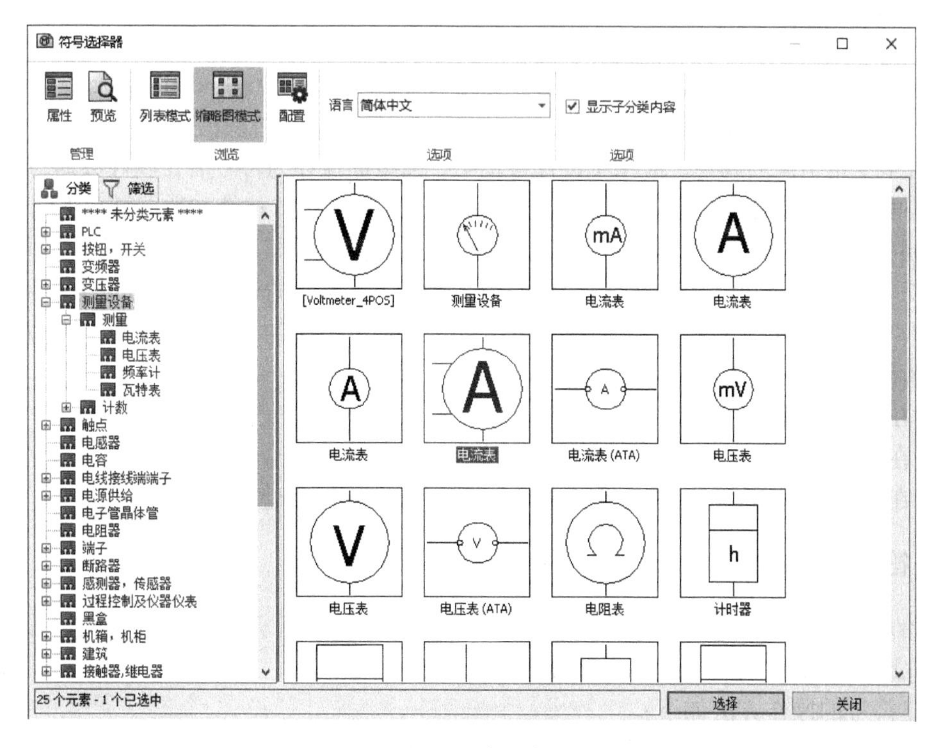

图 5-12　选择符号

注意：由于插入的符号关联到设备，符号会自动获得设备的属性，所以不再出现【符号属性】对话框。

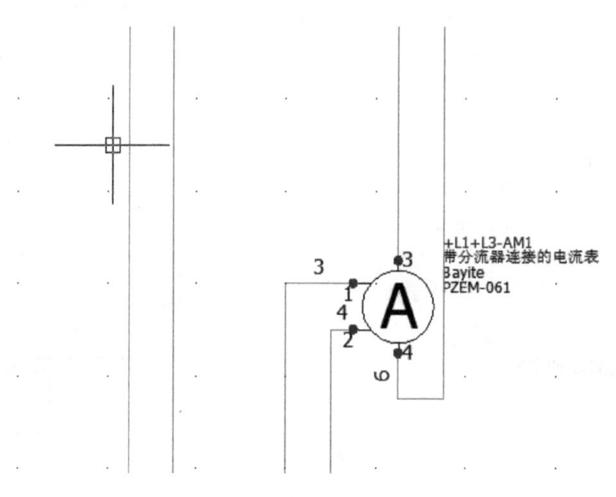

图 5-13 放置符号

（6）关闭工程 在文件导航器上右击工程名称，选择【关闭工程】。

5.5 新建符号

5.5.1 符号和标准

SOLIDWORKS Electrical 原理图使用了智能电气符号、P&ID 和一般的图纸。使用符号代表电气、液压、气动、仪表及过程设备。符号基于 DWG 格式通过块的方式插入图纸中。智能符号包含了变量信息的属性，应用于设计过程中。当页面保存为符号后，属性数据写入 SQL，用于报表的提取。符号应符合不同国家、地区的标准（因为设计传统和数据继承不同）。

不同标准对设备采用不同的表达方式，例如不同标准中熔断器的图形符号不同。鉴于大量的工业设计需求，SOLIDWORKS Electrical 提供了不同的符号标准，也为设计人员提供了根据本地化需求创建符号的方案，符号的创建非常快捷和方便。创建符号的方法主要有以下 3 种：

1）在符号管理器中创建符号。

2）在符号管理器中基于已有符号创建符号。

3）在布线方框图、原理图、混合图中，基于已有符号创建符号。

5.5.2 符号的创建

开始后续操作前，使用【电气工程管理】/【解压缩】打开并解压缩文件“Lesson 05 Start.proj.tewzip”，文件位于“Lesson 05”文件夹中。

创建符号的操作方法如下：

（1）打开页面 双击页面“04-Power”，缩放到“3 极熔断器 -F1”。

假设当前的熔断器符号是正确的，但是需要添加一个图形。此时与其修改已使用的符号，不如另外创建一个新符号，以便于后续使用。

注意：数据库中拥有不同的管理器，可以创建或编辑符号、图框、2D 布局图符号（应用在 2D 机柜布局图）等。

（2）创建符号　单击【数据库】/【符号管理】，弹出如图 5-14 所示对话框。单击【新建】，创建新符号。

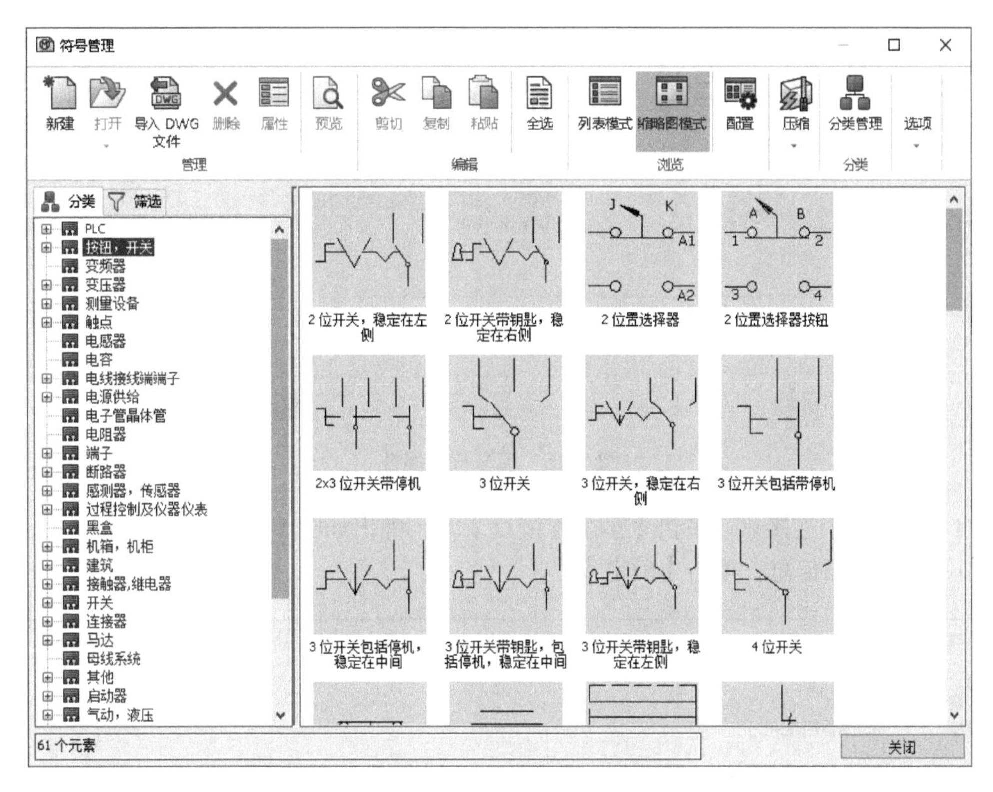

图 5-14 【符号管理】对话框

（3）填写符号属性　按图 5-15 所示填写信息后，单击【确定】。

提示：符号属性的数据可以根据其使用位置、默认应用的信息、与其他符号的关联关系等产生。主要特性如下：

【标题】：DWG 文件的名称。

【说明】：以缩略图形式浏览行号时的默认显示值。如果为空，则默认显示符号名称。

【分类】：关联符号的分类，制造商设备型号也具有相同的分类。

【符号类型】：定义符号的类型，例如插入符号时默认给出原理图符号。

【图纸单位系统】：公制或英制，设置符号绘制时的单位系统，这会影响符号插入的尺寸。

【数据库】：通过数据库筛选来限制符号显示的内容。

【制造商数据】：插入符号时，制造商和设备型号将会自动应用到符号。

【标注源】：关联到符号的标注源（如果为空，则参考符号分类设置）。

【交叉引用类型】：定义符号是否及如何关联到其他符号。

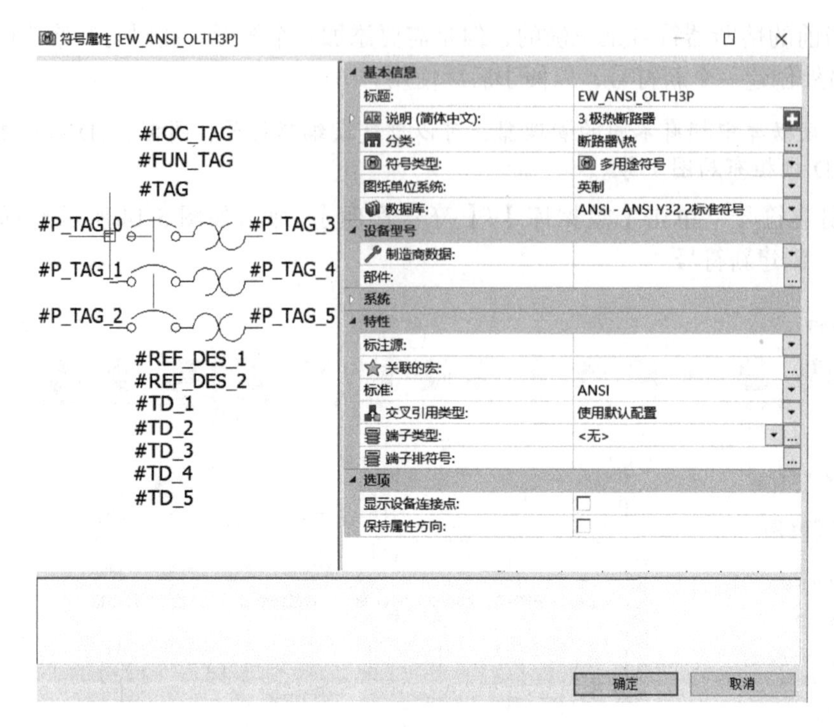

图 5-15　填写符号属性

（4）插入多个连接点　单击【多个连接点】，弹出如图 5-16 所示对话框。单击【添加】，设置回路信息，单击【确定】。

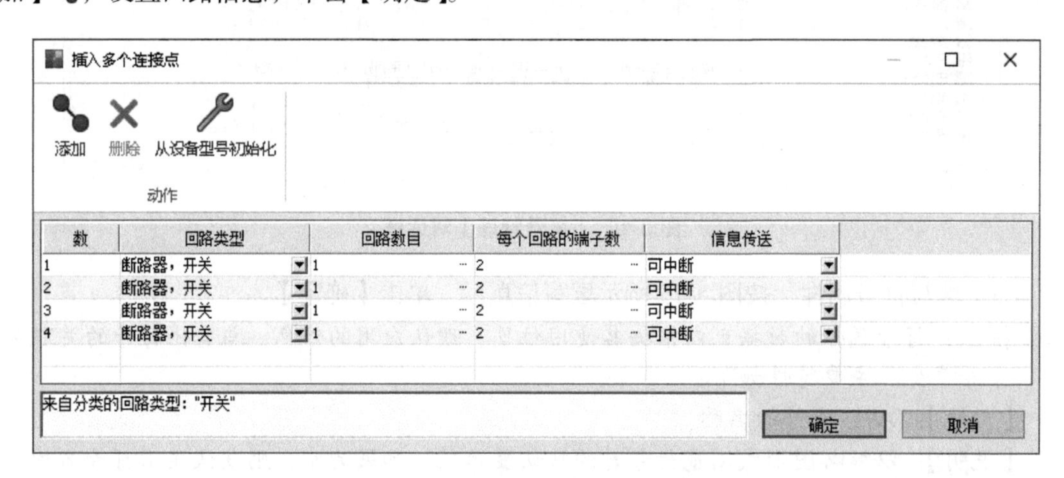

图 5-16　【插入多个连接点】对话框

提示：将连接点放置在符号上，可用于在原理图中自动切断电位或导线。切断方式与连接点的插入方向（0°、90°、180° 和 270°）有关。插入点是实心圆点，连接电位或导线，如图 5-17 所示。

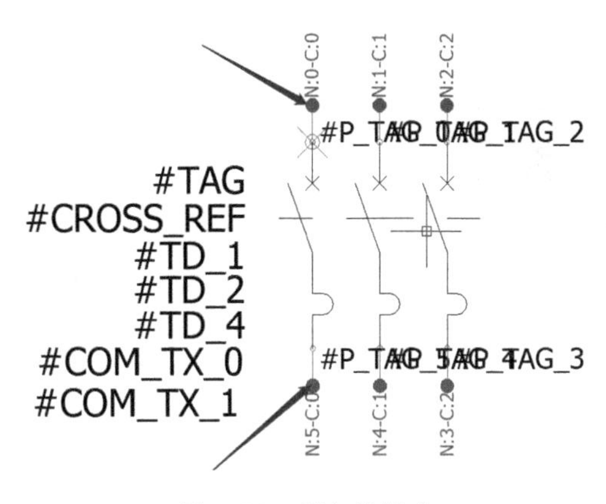

图 5-17　插入连接点

练习

一、简答题

1. 简述符号包含的主要属性信息。
2. 绘制电线的方法有哪些?
3. 如何创建端子的关联?
4. 简述多线原理图的基本定义及包含的内容。

二、操作题

1. 创建新的三极隔离开关符号。
2. 使用不同方法插入原理图符号。
3. 创建一个带热断路器、单相电动机、工作指示灯的控制原理图。

第 6 章 中断转移与关联参考

| 学习目标 |

1. 了解中断转移和关联参考。
2. 掌握中断转移的应用。
3. 掌握关联参考的应用。

6.1 什么是中断转移

中断转移，用于多张原理图中不同图纸之间的电位的延续或信号的跳转，通过中断转移跳转符号来表达不同图纸间同电位或信号的连接逻辑，在原理图的绘制过程中应用广泛。在一些大型项目中，图纸的逻辑功能及位置层级较多的情况下，利用中断转移可简化图纸；图纸整合时，中断转移使得各张图纸衔接整合良好，让图纸的可读性更高。

关联参考，有中断点的关联参考，也有设备的关联参考。中断点的关联参考信息直观地表达在图纸上，可对关联参考的显示文本信息进行格式编辑自定义，使其所关联的相关信息自动生成，并按自定义的格式显示出来。

6.2 中断转移跳转符号的应用

不同图纸间信号或电位的转移延续，可通过跳转符号衔接。

在图 6-1 所示图纸中，有“加热电源控制”“加热电源回路”和“水泵电源回路”三组功能逻辑电路。每一组控制逻辑自上向下，逻辑连线已完整绘制完成，但“加热电源回路”的起始电位为空，即信号暂未标注来源。“加热电源控制”和“水泵电源回路”的信号源均已标注引用了中断转移符号，说明这两路的信号是从第几张图纸中的第几列转至的。

现将“加热电源回路”的信号源进行中断转移标注。单击工具栏中的【原理图】/【起点终点箭头】，打开【起点 - 终点管理】对话框，如图 6-2 所示。

在当前对话框下可对不同图纸间的电位或信号进行跳转连接。单击【插入单个】，鼠标指针移至两张不同图纸上时，会自动捕捉图纸上的电位点并出现绿色圆标。通过选择【更换图纸 1 或 2】/【向前】或【向后】或【选择器】选出需要电位转移或信号跳转的两张图纸，绿色圆标分别去选择需要转移的两个电位。

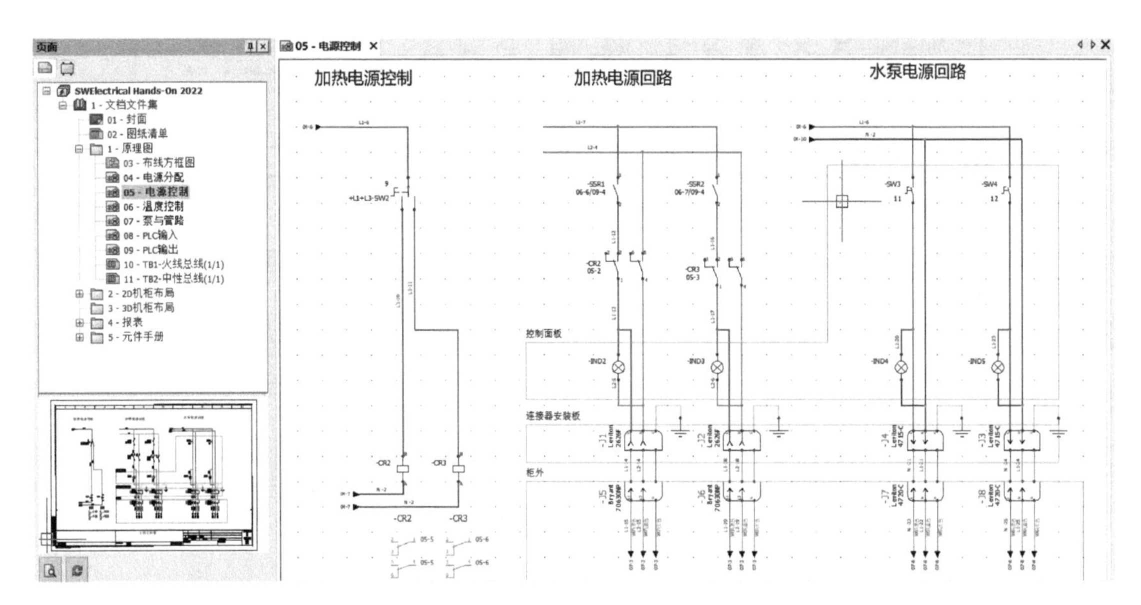

图 6-1　示例图纸

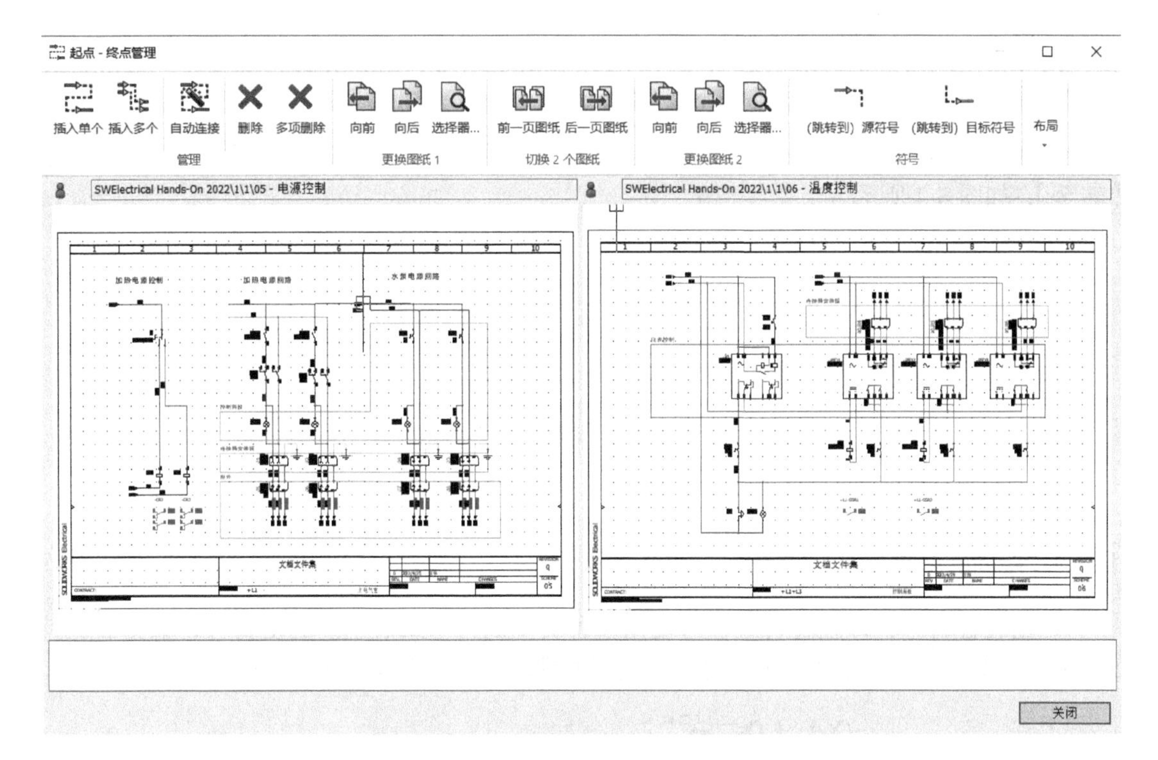

图 6-2 【起点 - 终点管理】对话框

此例中，将图纸编号为 4 号的“电源分配”图纸中第 10 列的两个起始电位点，分别跳转至图纸编号为 5 号的“电源控制”图纸中第 4 列的“加热电源回路”中的两个电源供电的电位点上，如图 6-3 所示。

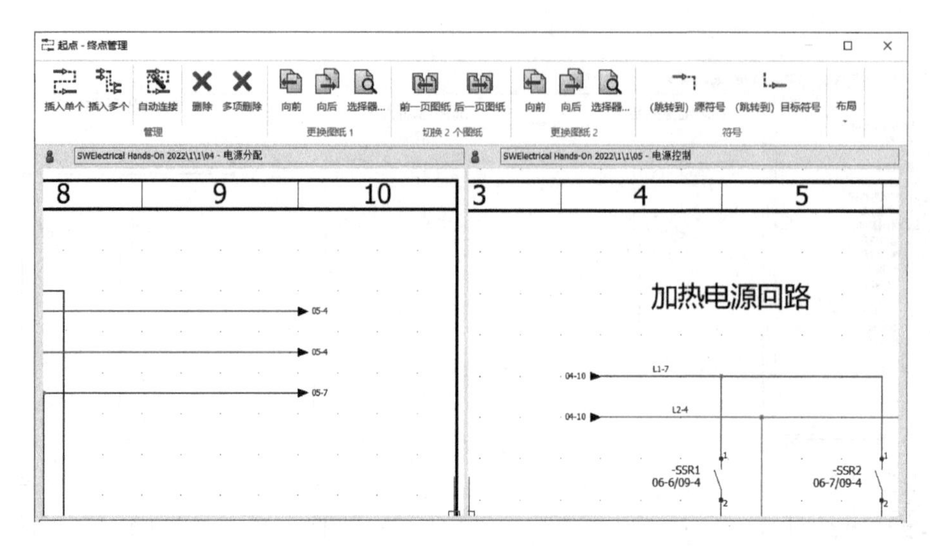

图 6-3　添加跳转

注意：在不同的原理图中，以活动的绿色圆标选中起始电位后，光标将变为固定的红色圆标。鼠标指针移至另一张图纸中时，仍然通过活动的绿色圆标去选择不同图纸的等电位点。此时软件会自动识别等电位点，直到选中逻辑相符的等电位点后，圆标消失，两张图纸中的跳转等电位点均变更为跳转符号，所以在进行跳转时，活动的绿色圆标是不可跳转至非等电位点上的。

双击跳转符号，可在不同图纸间快速跳转；也可以右击，在弹出的快捷菜单中选择【转至】，如图 6-4 所示。

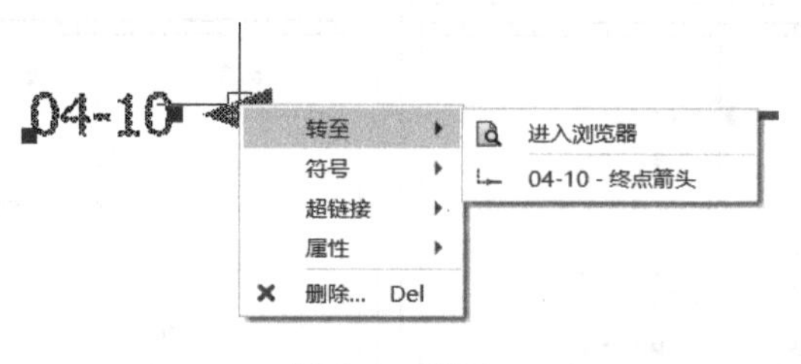

图 6-4　转至

6.2.1　中断转移跳转符号的替换

中断转移符号，即跳转符号，可使用多种类型的符号来表达。右击符号，如图 6-5 所示，【符号】选项中的【替换】可将当前应用的跳转符号替换为其他跳转符号。

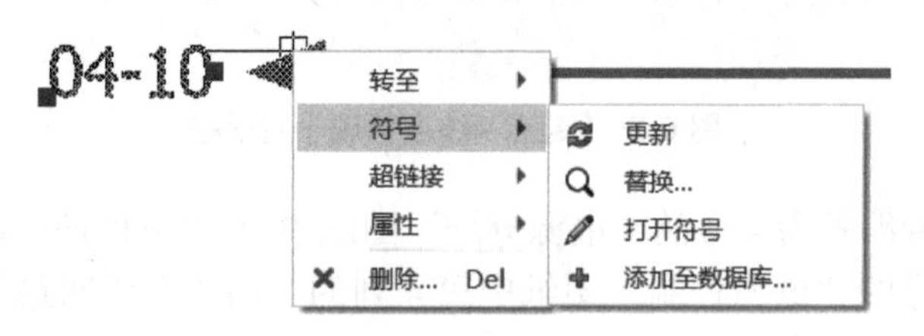

图 6-5　符号替换

单击【替换】，弹出如图 6-6 所示对话框，可选择替换符号应用的范围。可单个替换，也可批量按图纸或工程同类替换。

（1）仅已选　选择当前某个跳转符号进行替换，只针对选中的跳转符号，其他相同的符号不更新。

（2）当前图纸中相同符号　选择当前图纸中所有相同的符号，进行该张图纸中相同符号的批量替换操作。

（3）当前工程中相同符号　选择当前工程中所有相同的符号，进行整个工程中相同符号的批量替换操作。

（4）取消　取消替换操作。

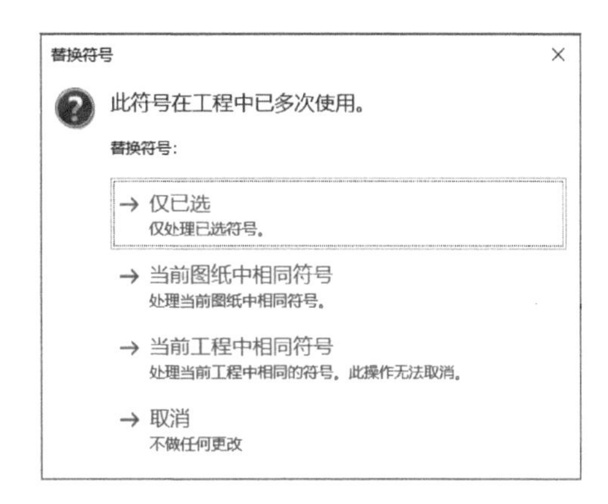

图 6-6　选择替换范围

当工程中统一跳转的源符号及目标符号，使用固定的跳转符号进行批量跳转时，可单击【起点 - 终点管理】/【符号】/【（跳转到）源符号】或【（跳转到）目标符号】，在弹出的【源符号选项】中批量更改不同的跳转符号，如图 6-7 所示。

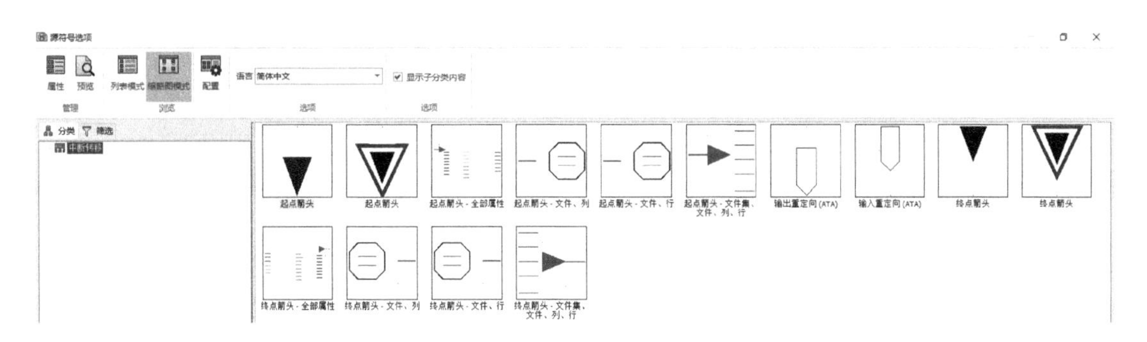

图 6-7　分类替换

6.2.2　中断转移跳转符号的编辑

每一个中断转移跳转符号，均可打开进行自定义编辑。可根据工程图纸的表达要求，自定义符号的属性及关联参考的变量信息。

在符号上右击，选择【符号】/【打开符号】，可打开当前跳转符号进入如图 6-8 所示编辑界面。

可自定义标注变量来引用需要显示的文本信息。单击【插入标注】，打开如图 6-9 所示的【标注管理】对话框。

从【标注管理】中选择需要显示的文本信息关联的标注变量。例如增加“电位号”，可勾选前面的复选框，并放置在跳转符号合适的显示位置，保存后退出，返回到图纸中，在右键快捷菜单中选择该跳转符号，单击【更新】，会弹出如图 6-10 所示对话框，选择所需的更新方式。

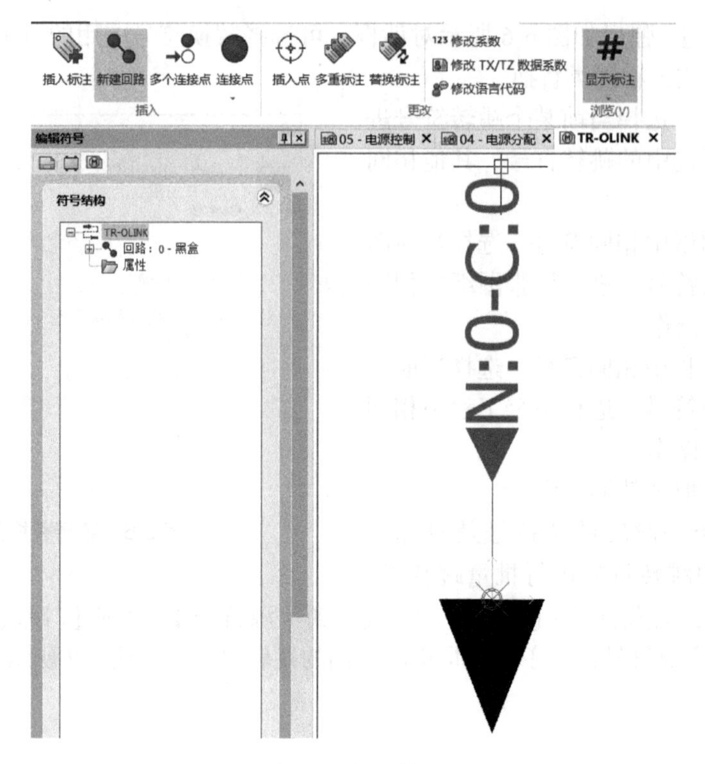

图 6-8　打开符号

图 6-9 【标注管理】对话框

（1）仅已选符号　选择当前某个跳转符号进行更新，只针对选中的跳转符号，其他相同的符号不更新。

（2）当前图纸中相同符号　选择当前图纸中所有相同的符号，进行该张图纸中相同符号的批量更新操作。

（3）当前工程中相同符号　选择当前工程中所有相同的符号，进行整个工程中相同符号的批量更新操作。

（4）取消　取消当前的更新操作。

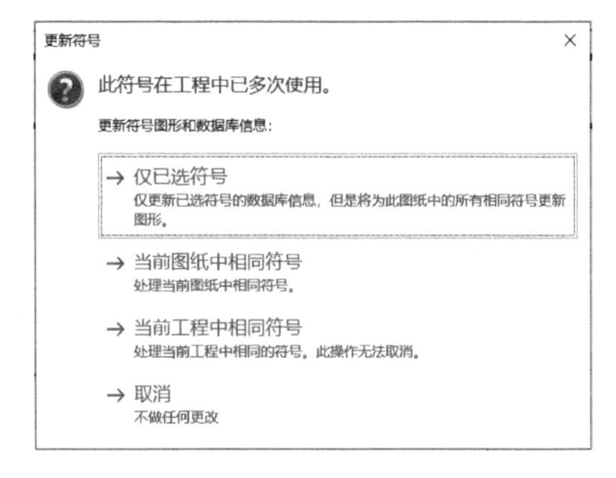

图 6-10　选择更新方式

针对当前所选的跳转符号进行更新操作，更新之后跳转符号会自动显示出电位编号的文本信息，如图 6-11 所示。

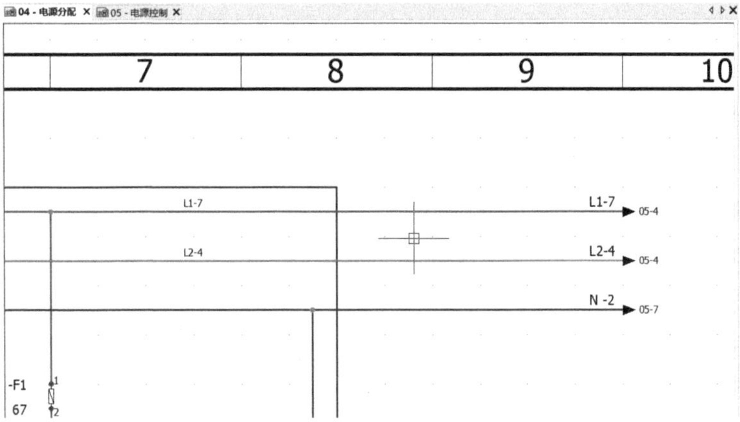

图 6-11　显示电位号

依照同样的方法，可根据图纸显示表达要求，自定义不同的文本信息自动显示。也可在【编辑符号】界面下，通过【绘图】和【修改】自定义新符号进行引用。

6.2.3　中断点关联参考的文本格式自定义

中断点关联参考自动显示的文本信息可选择关联的编辑标注变量进行自定义，同样自动显示的文本的格式也可根据显示表达要求进行自定义。

单击工具栏【电气工程】/【配置】/【工程】，弹出【电气工程配置】对话框，切换至【标注】选项卡，在【起点 - 终点和交叉引用】中进行显示文本格式的统一定义，如图 6-12 所示。

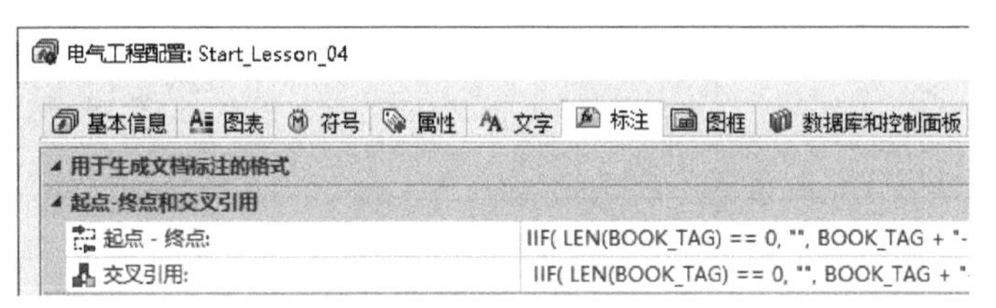

图 6-12　标注更改

单击【起点-终点】对应最右侧的【格式管理】，弹出如图6-13所示的【格式管理：起点-终点标注】对话框，可在此进行统一格式的自定义。

图 6-13　格式管理

单击【预定义格式】，软件中预选了几种统一的自定义格式，可选择替换当前所用的格式。如要将当前“文件标注-列标注-行标注”格式替换为“位置标注：图纸序号（2位）-列标注”格式，可选中后单击【替换格式】，再回到【电气工程配置】对话框，单击【应用】，图纸中所有中断点关联参考的文本信息显示格式便统一变更为最新的格式，如图6-14所示。

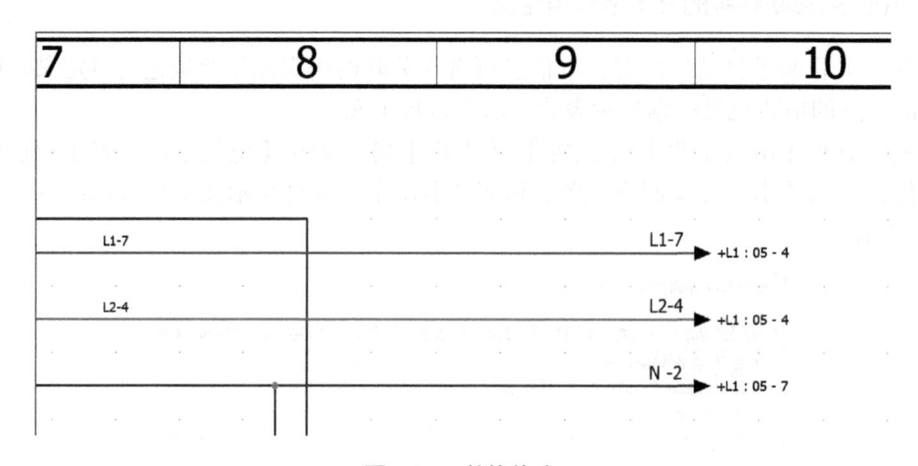

图 6-14　替换格式

也可自定义任一种格式进行统一编辑。

单击【变量和简单格式】，可在预设的格式中选择不同的变量进行组合编写，如图 6-15 所示。

格式管理: 起点-终点标注

预定义格式　最近格式　变量和简单格式　功能

简单格式	说明	类型
BOOK_TAG	文件集标注	字符串
STRZ(VAL(BOOK_ORDERNO), 2, 0)	文件集序号（2 位）。	字符串
LOCATION_TAG	位置标注	字符串
FOLDER_TAG	文件夹标注	字符串
FOLDER_ORDERNO	序号	整数
STRZ(VAL(FOLDER_ORDERNO), 2, 0)	文件夹序号（2 位）。	字符串
STRZ(VAL(FOLDER_ORDERNO), 3, 0)	文件夹序号（3 位）。	字符串
FILE_TAG	文件标注	字符串
FILE_ORDERNO	文件序号	整数
STRZ(VAL(FILE_ORDERNO), 2, 0)	图纸序号（2 位）	字符串
STRZ(VAL(FILE_ORDERNO), 3, 0)	图纸序号（3 位）	字符串
IS_ORIGIN_ARROW	为输出符号	布尔值
IS_DESTINATION_ARROW	为输入符号	布尔值
EQUIPOTENTIAL_COLOR	颜色	字符串
EQUIPOTENTIAL_COLOR_TRA	颜色转换代码	字符串
EQUIPOTENTIAL_ORDERNO	电位计数器	整数
EQUIPOTENTIAL_SIGNAL	信号	字符串
EQUIPOTENTIAL_TAG	电位标注	字符串
位置		
ROW_ORDERNO	行号	整数
COLUMN_ORDERNO	列号	整数
ROW_TAG	行标注	字符串
COLUMN_TAG	列标注	字符串

添加简单格式

格式: 起点-终点标注

```
LOCATION_TAG + " : " + STRZ(VAL(FILE_ORDERNO), 2, 0) + " - " + COLUMN_TAG
```

确定　取消

图 6-15　默认变量和格式

变量之间的分隔符可输入英文格式下的分隔符。如将关联参考文本信息自定义为“文件标注 - 图纸标注 - 列标注 - 行标注”的“ - ”中间分隔符定义为“ : ”，可自行编写增加分隔符。定义完成之后，单击【添加简单格式】确定保存、应用，图纸中跳转符号文本显示信息的格式便会更新，如图 6-16 所示。更新后的跳转符号即表达 01 号文件夹下的 05 号图纸中的第 4 列第 4 行。

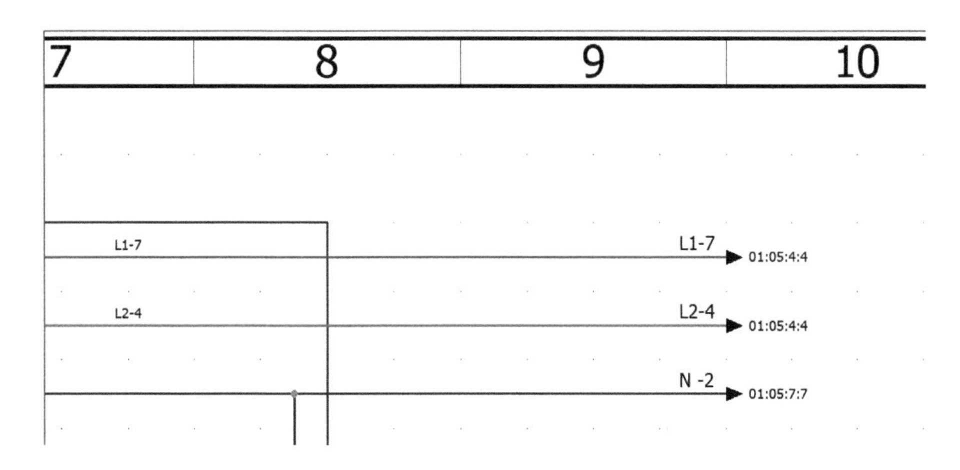

图 6-16　自定义格式

中断点关联参考的文本格式统一定义是针对全局的统一编辑，更改后工程中所有跳转符号的文本格式都将自动变更。自定义的文本格式保存后，可在【预定义格式】和【最近格式】栏中查看，方便随时调用。

6.2.4 中断点关联参考的文本字体的编辑

中断点关联参考的文本字体样式在【电气工程配置】对话框的【文字】选项卡下，在【起点 - 终点】中可对文本的字体、高度、粗体、颜色等进行全局的统一编辑，如图 6-17 所示。

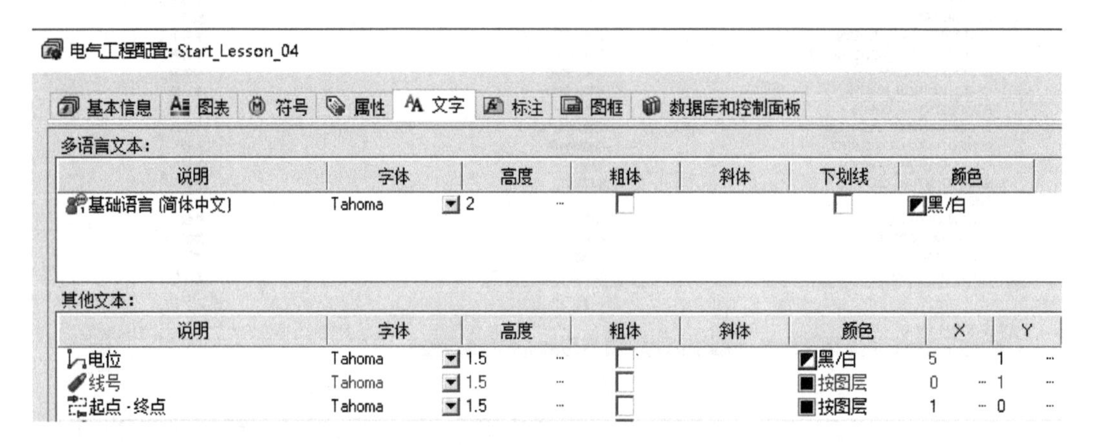

图 6-17 文本字体样式

如将文本的【高度】改为 2.0，勾选【粗体】复选框，【颜色】改为高亮红色，更改之后，文字显示如图 6-18 所示，跳转符号的文本显示也更加明显。

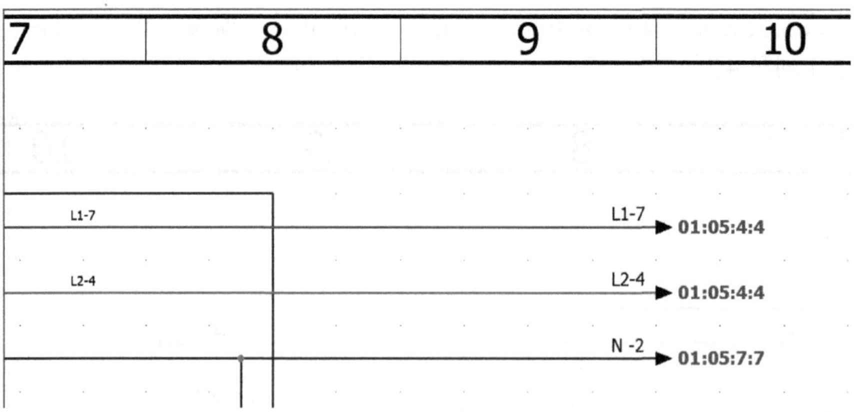

图 6-18 更改后文本显示

在【文字】/【起点 - 终点】/【格式 Fx】下的菜单中，也可对文本的显示格式进行自定义，操作方法同上。

6.3 设备的关联参考

设备的关联参考，表示一个电气设备的主功能和辅助功能表达的不同符号之间的关联参考，又称交叉引用关联参考信息。

6.3.1 设备关联参考的应用

如图 6-19 所示，L1 位置下的继电器线圈 SSR1 和 SSR2 下方对应的交叉引用信息分别为各自继电器的辅助触点的引用状态显示，关联参考信息分别显示为 05 号图纸的第 5 列和第 6 列的常开触点与常闭触点以及触点的引脚号。常开触点为绿色，表示已正确关联部件选型并已使用；常闭触点为蓝色，表示已正确关联部件选型但未使用，处于预留状态。

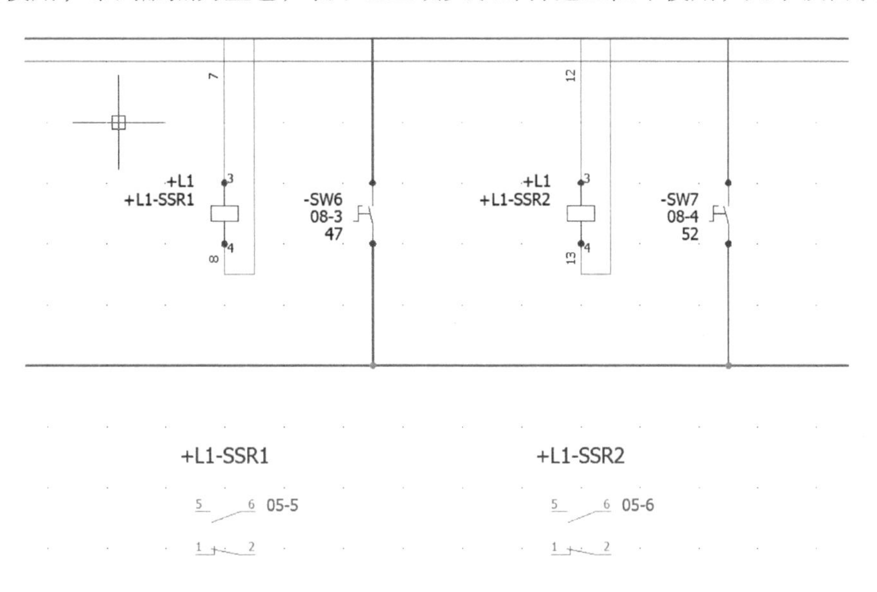

图 6-19　关联参考

右击 SSR1/SSR2 继电器线圈，在弹出的快捷菜单中选择【转至】，下一级菜单中列出了该继电器所关联的线圈和辅助触点，以及布线方框图或 2D 机柜布局图所关联的符号，可直接跳转至关联符号所在的其他原理图的位置，如图 6-20 所示。

也可右击交叉引用信息，通过【转至】菜单中的选项，可跳转至与其关联的符号查看相关交叉引用信息，如图 6-21 所示。

从【转至】菜单中可以看到，继电器 SSR1 和 SSR2 的关联参考分别在 05 号图纸第 5 列的辅助触点（见图 6-22）和 09 号图纸第 4 列的线圈（见图 6-23），以及 12 号图纸中关联的该继电器设备的 2D 机柜布局图符号（见图 6-24）。

不管是原理图、布线方框图或是 2D 机柜布局图，所打开的每一张图纸的左下方都会有一个“▷”图标。此图标下方的图纸行区域用于自动生成设备关联参考的交叉引用信息。另外此区域并非只用于显示交叉引用信息，也将图纸绘制在此区域。由于交叉引用信息会自动生成在对应符号的正下方，所以绘图时需注意相互之间的布局，如图 6-25 所示。

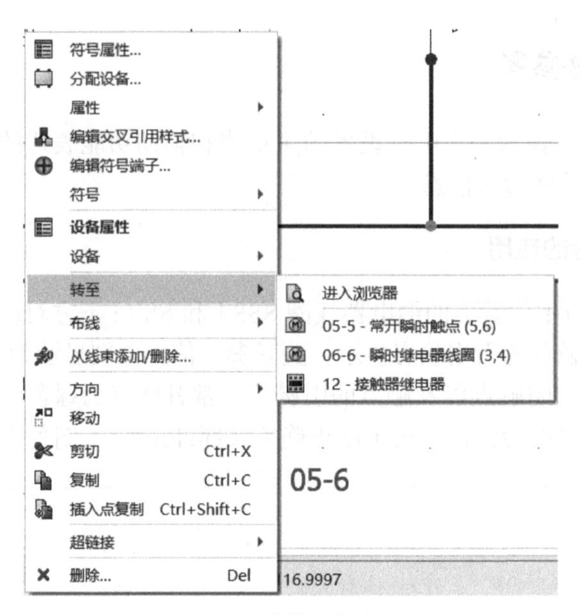

图 6-20 【转至】菜单

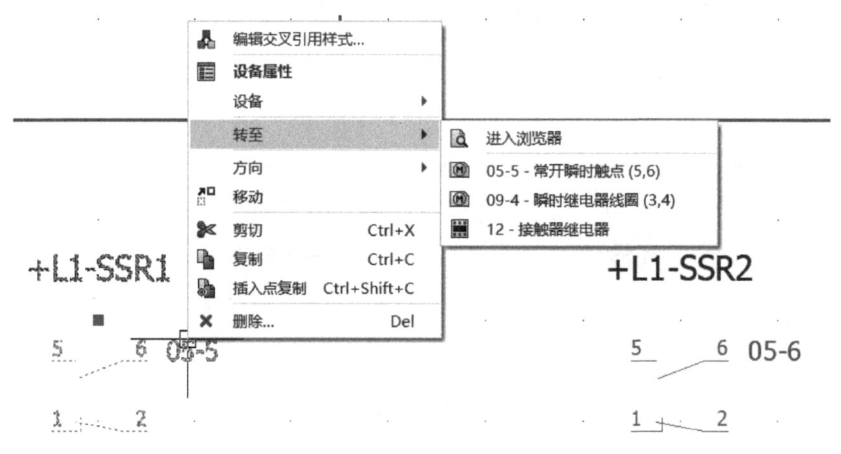

图 6-21 在交叉引用信息上操作

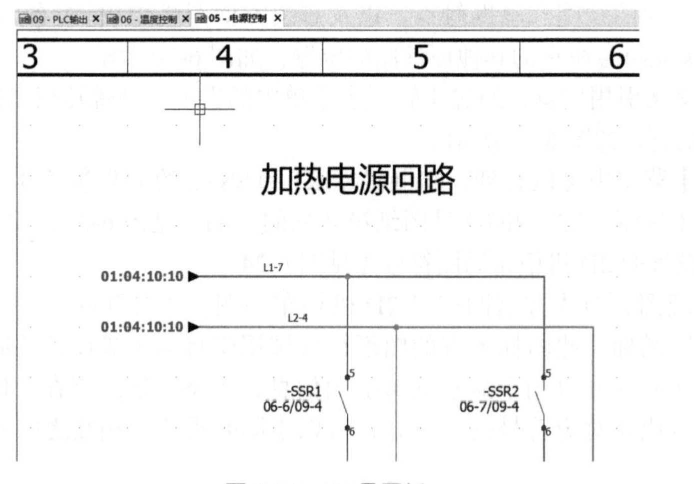

图 6-22 05 号图纸

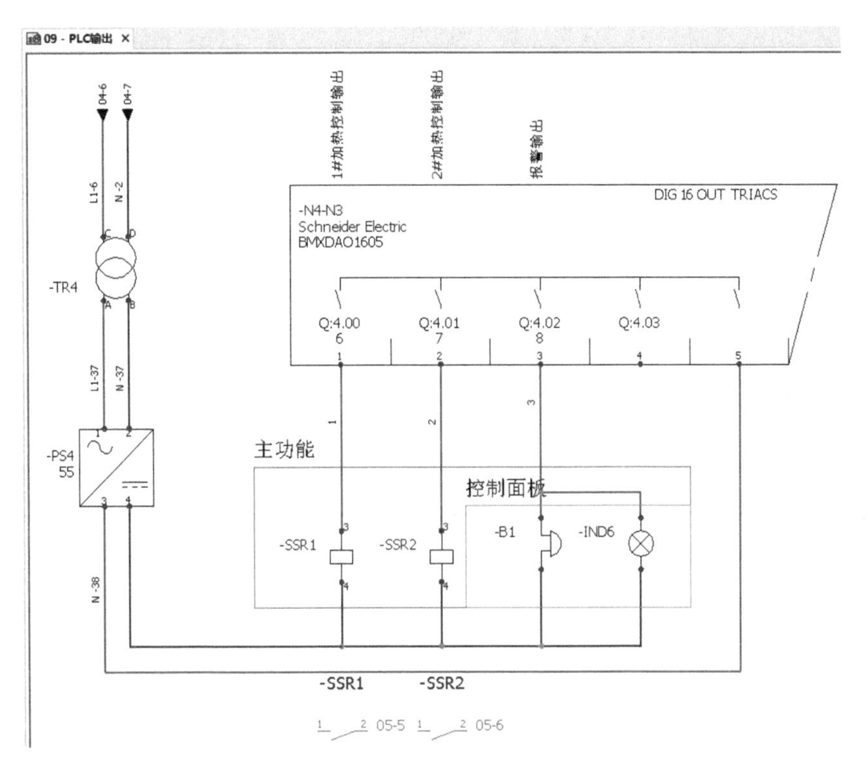

图 6-23　09 号图纸

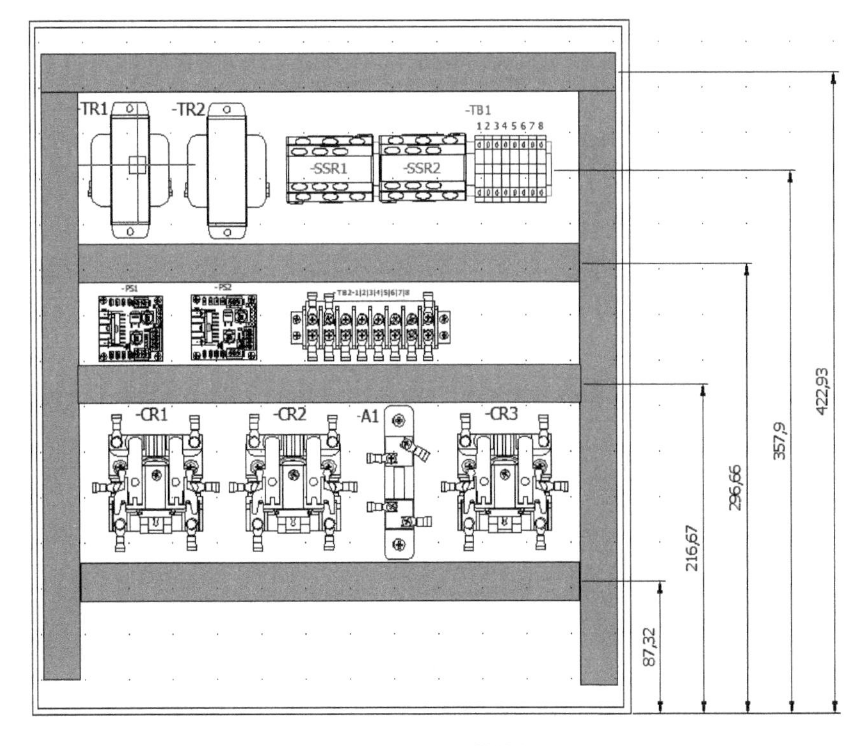

图 6-24　12 号图纸

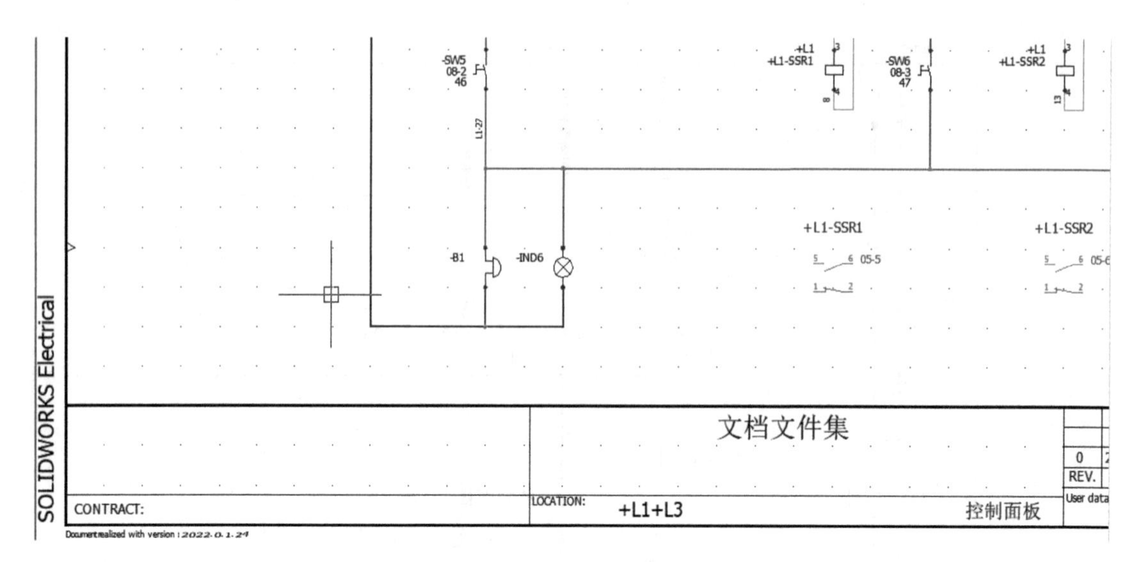

图 6-25　图标标记

6.3.2　交叉引用样式的编辑

交叉引用的样式及文本信息可自定义。右击交叉引用信息列表，在弹出的快捷菜单中选择【编辑交叉引用样式】，弹出【交叉引用图纸配置】对话框，在此进行显示样式的编辑。

单击【样式】，可对交叉引用的回路信息进行回路显示样式、图示、回路类型可见性、交叉引用文本格式的编辑，如图 6-26 所示。

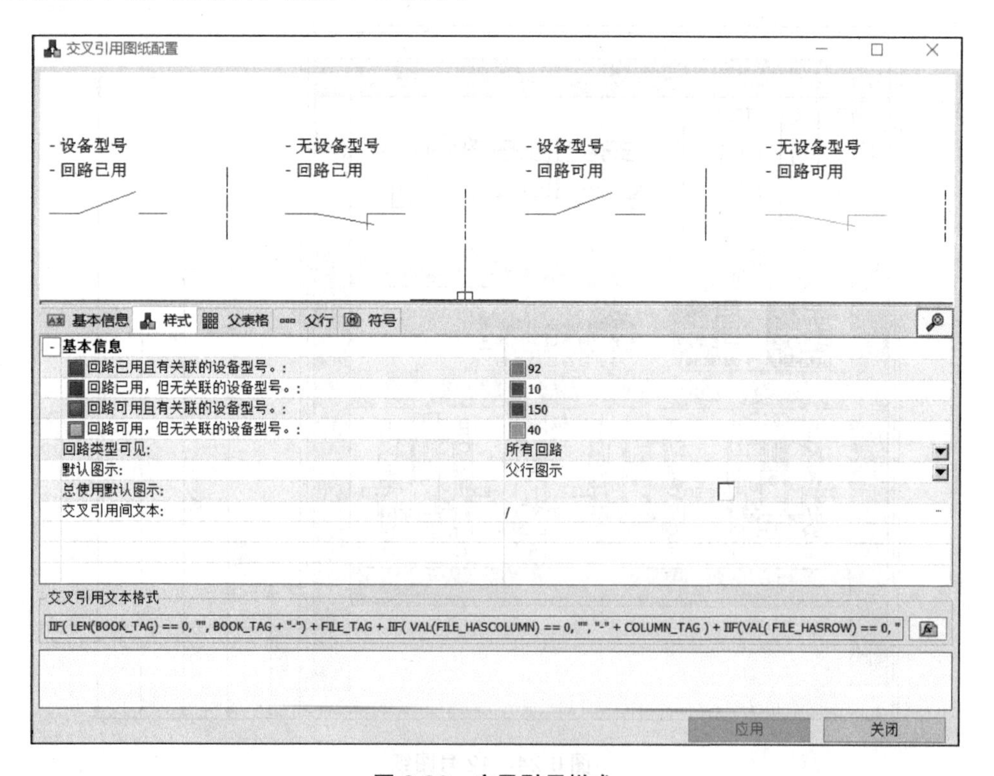

图 6-26　交叉引用样式

【父表格】及【父行】可分别对关联信息进行编辑，在每一项上方的预览框中可查看编辑结果，如图 6-27 所示。

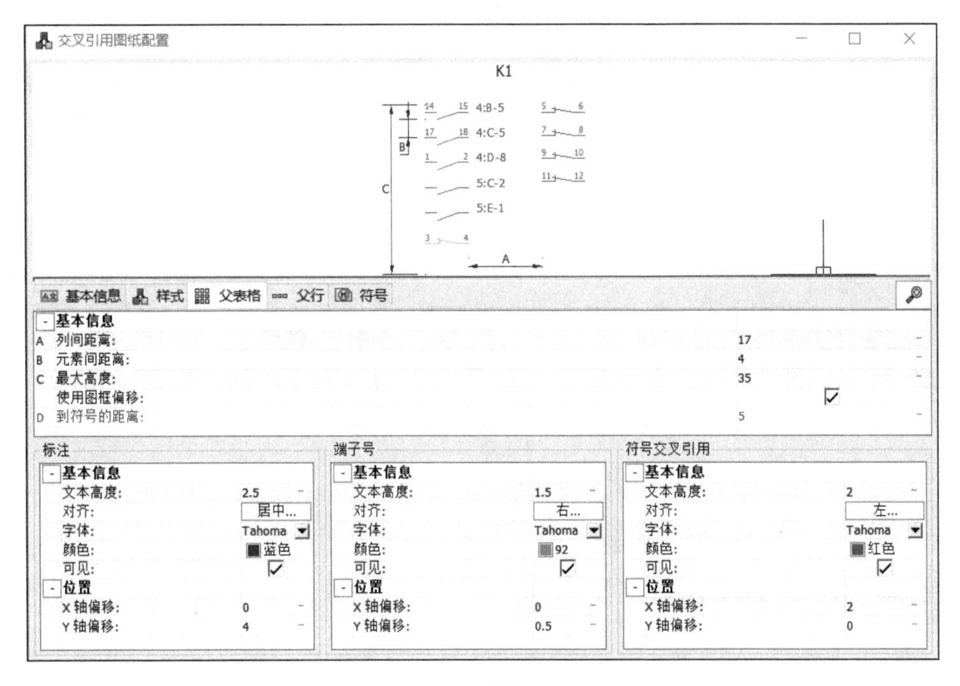

a) 父表格

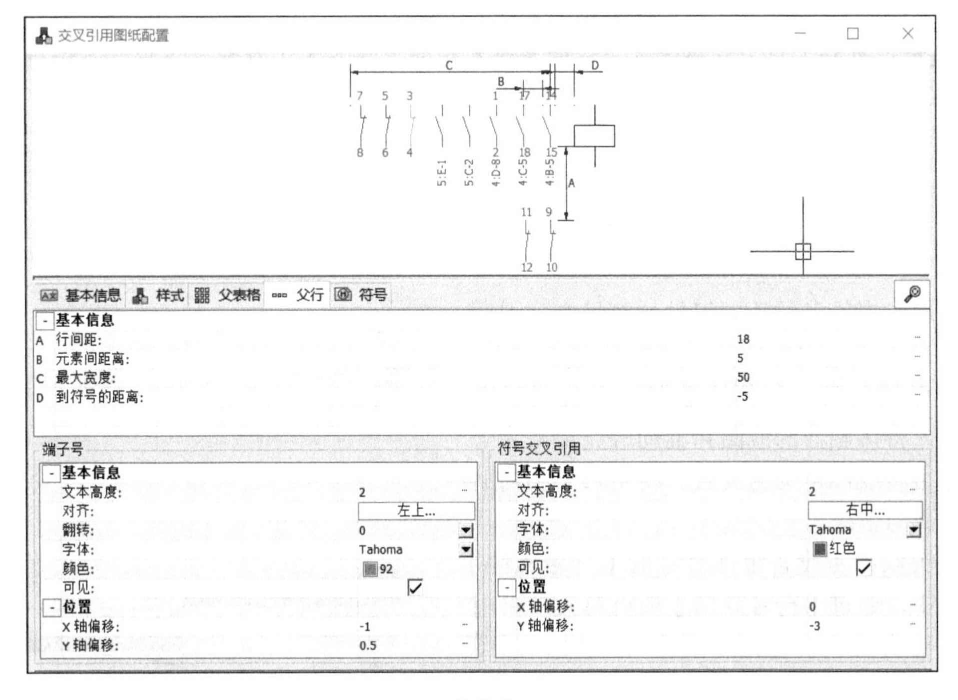

b) 父行

图 6-27 【父表格】与【父行】

6.3.3 交叉引用配置管理

交叉引用的编辑也可通过配置保存，并可压缩出该配置，可用于此配置的单独备份，或导出解压到其他软件中，使用相同的配置。

单击菜单栏【电气工程】/【配置】/【交叉引用】，弹出【交叉引用配置管理】对话框，如图 6-28 所示。

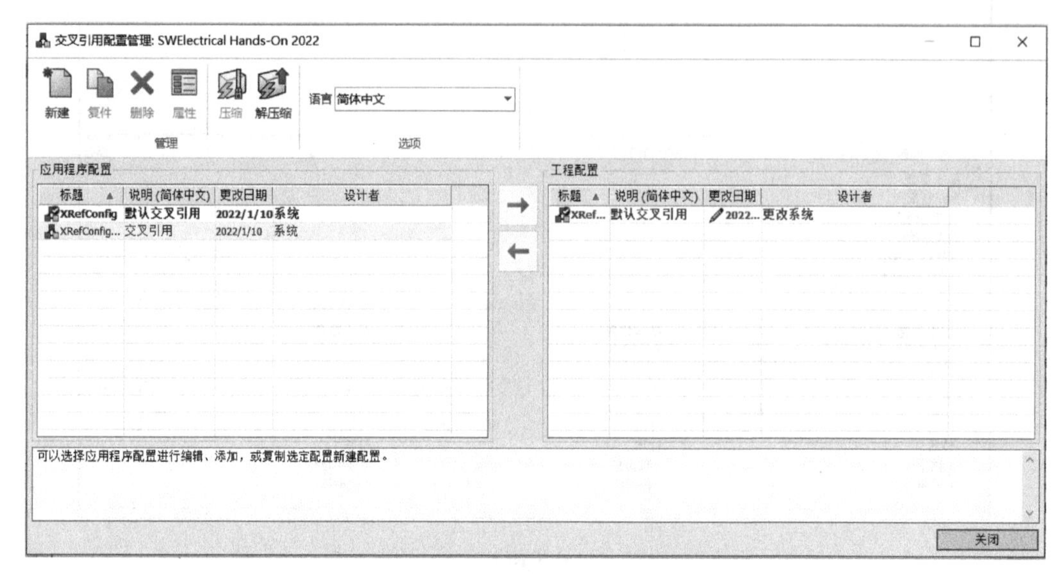

图 6-28 【交叉引用配置管理】对话框

提示：可将【应用程序配置】中的系统默认配置导入【工程配置】中，再进行编辑定义，以保留系统默认配置的初始状态。

选中导入的工程配置，单击【属性】，可如上例一样对交叉引用的样式进行编辑。

6.3.4 关联参考符号的交叉引用类型

关联参考设备的不同组件的符号交叉引用时，可自定义不同组件符号的关联父子关系。例如接触器设备，可将接触器的主触头定义为父级，将接触器的线圈和辅助触点定义为子级；也可将线圈定义为父级，将主触头和辅助触头定义为子级。

在关联参考设备组件符号的【符号属性】对话框中，通过【符号数据】项可对交叉引用类型进行自定义，如图 6-29 所示。可根据图纸表达要求进行自定义，更改子父级后，需考虑自动生成的交叉引用信息的布局位置，防止与绘制区域的重叠。

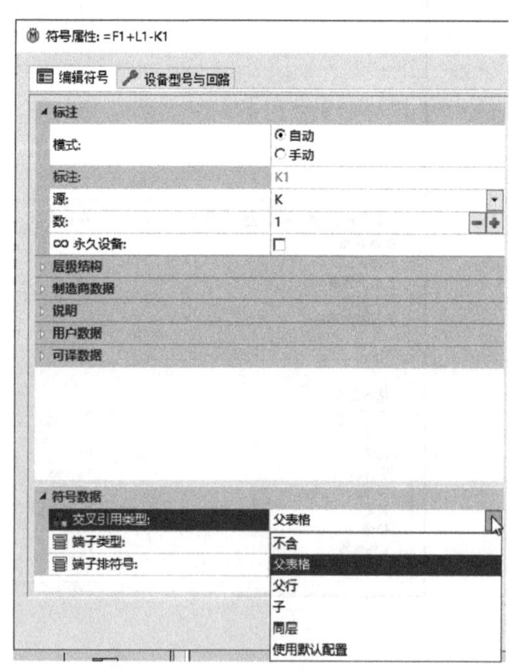

图 6-29 自定义交叉引用类型

6.4 交叉引用配置的备份及加载应用

交叉引用的自定义配置文件可单独复制备份，如图 6-28 所示，通过【复件】可对自定义的配置文件进行复制并在此基础上进行更改。

也可通过【压缩】将自定义的配置文件备份至本地磁盘指定的存储路径中。除工程模板的整体定义备份方案外，单独进行备份的方式可将此项的自定义配置数据直接加载到软件的新工程或其他工程中；同时也可以作为工程模板出现异常无法打开时的补充备份方案。

【解压缩】可将做好的自定义备份配置文件加载到软件的新工程或其他工程中直接应用。

练习

一、简答题

1. 中断转移符号如何替换?
2. 如何查看符号的关联?
3. 如何统一更改中断转移关联参考的字体样式？
4. 如何单独备份交叉引用的自定义配置？

二、操作题

1. 创建两张原理图，分别绘制两组含等电位点的逻辑电路。
2. 通过中断转移跳转符号将两张图纸的等电位进行逻辑连接。
3. 更改中断点的关联参考文本信息的显示格式。

第 7 章 设备及部件

学习目标

1. 理解设备与部件的区别。
2. 掌握部件库的新建及编辑。
3. 掌握电缆库的新建及编辑。
4. 掌握设备选型。
5. 掌握导航器设备结构树及附件部件的选型。
6. 掌握设备位置与功能的应用。

7.1 什么是设备与部件

设备与部件有着不同的含义。电气部件是电气设备厂商提供的电气设备的数据集合，如名称、规格型号、制造商信息、尺寸、技术参数等各种数据集成。

电气设备一般是由电气符号和电气部件构成的。电气符号是电气设备的一种图形表达，用来传递控制系统的设计逻辑，是广大电气工程师之间交流的工程语言。将设计逻辑体现出来的就是电气工程图纸。SOLIDWORKS Electrical 的符号放在符号库中方便设计者调用。对于一个符号，如断路器符号，可以分配西门子的断路器，也可以分配施耐德的断路器；同样，对于一个部件，由于电气设计标准不同，原理图中呈现的图形也不同，同样的部件可以分配 IEC 中的符号，也可以分配 ANSI 中的符号。虽然符号不同，但部件是同一个部件。由此可见，符号和部件传递的是不同的信息，所以在一个电气设计项目中，符号 + 部件 = 设备。原理图上的一个电气元件经过选型（即分配部件），它就成为一个设备，既有图形表达，又有数据信息，所以符号和部件是基础的两大数据类型。

7.2 部件库

SOLIDWORKS Electrical 中自带部件库，统一存储于软件集成的数据库中，在进行电气项目设计时可通过菜单直接调用设计数据，如符号、部件、电缆、宏等基础数据库。而设计项目所产生的项目数据以工程包的方式统一集中在工程管理器中。

不管是符号、部件还是电缆，均可在工具栏的【数据库】中打开直接调用，并分别在【符号管理】、【设备型号管理】及【电缆型号管理】中集中存储、分类管理，所以【设备型号管理】和【电缆型号管理】即为软件的部件库。

7.3 设备型号管理器

打开工具栏中的【数据库】，软件自带的所有符号、部件、电缆、宏、图框等各类数据均存储在当前数据库下。单击【设备型号管理】，弹出如图 7-1 所示对话框，可在此查找及调取部件数据；同样，编辑、新增或导入部件数据也在【设备型号管理】中完成。

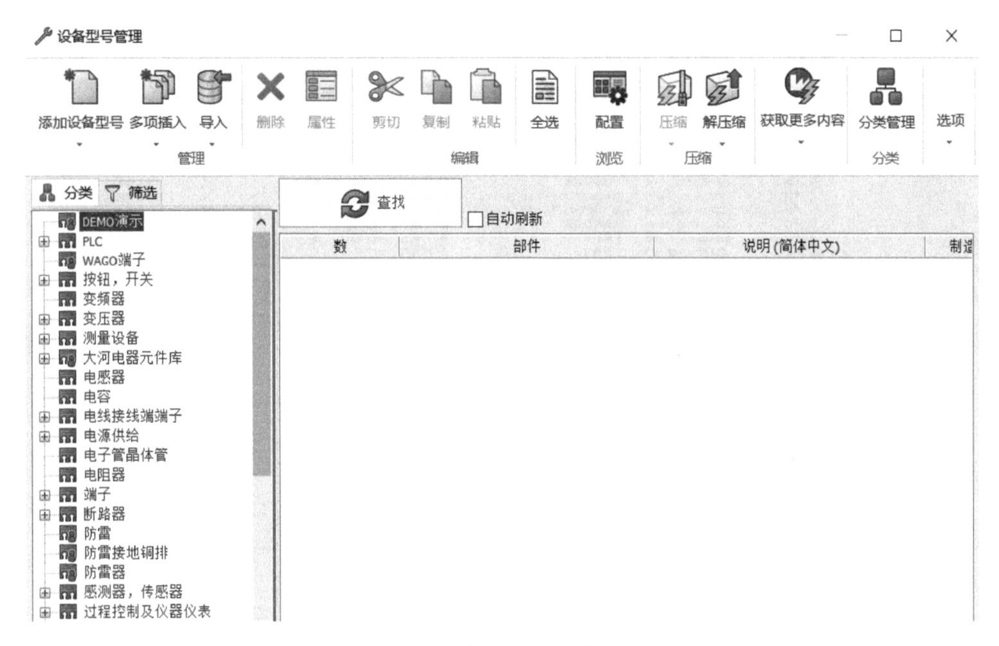

图 7-1 【设备型号管理】对话框

7.3.1 部件查找

部件数据统一存放在【设备型号管理】中。【设备型号管理】左侧边栏有【分类】和【筛选】两个选项卡，【分类】按电气设备大类进行分类，方便查找调取部件数据。单击相应分类，再单击【查找】，如图 7-2 所示，系统将对应分类的部件数据全部呈现出来。

7.3.2 部件筛选

在【筛选】中可进一步按详细数据进行快速筛选查找，如图 7-3 所示，可按分类、基本信息、设备型号、供应商、创建日期、回路、尺寸等相关信息进行筛选，每项属性可展开查看详细信息，快速、精准地查找需调用的数据。

7.3.3 部件添加

SOLIDWORKS Electrical 的数据库是一个开放的数据库，部件库支持新增和编辑数据。可通过【设备型号管理】/【添加设备型号】新建部件来新增数据；也可通过【导入】将第三方数据导入部件库中；同样支持复制现有数据再编辑生成新的数据并另存在部件库中；还可通过【解压缩】将外部同格式的数据压缩至本机部件库，如图 7-4 所示。

设备型号管理
添加设备型号
多项插入
导入
删除
属性
管理
压缩
解压缩
压缩
Electrical content portal
更新合约
下载 2D 布局图
下载 SOLIDWORKS 3D 零件
获取更多内容
分类管理
分类
语言
简体中文
尺寸单位
mm, m
选项
查找设备型号
显示符合选定筛选条件的设备型号列表
查找
自动刷新
分类
筛选
1099 个元素
关闭

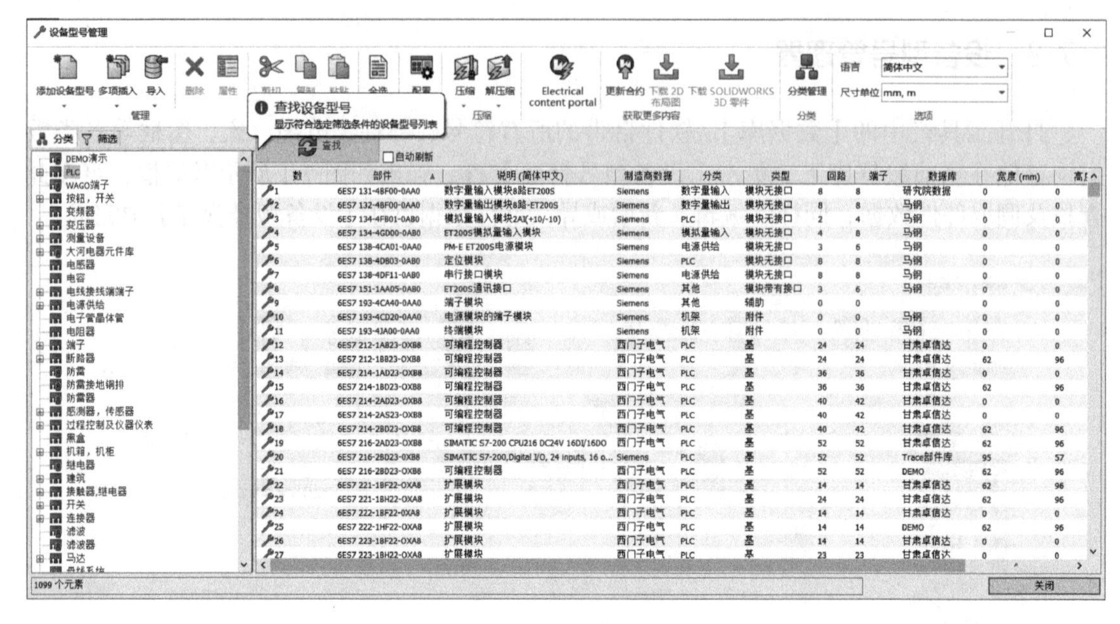

图 7-2　查找分类设备

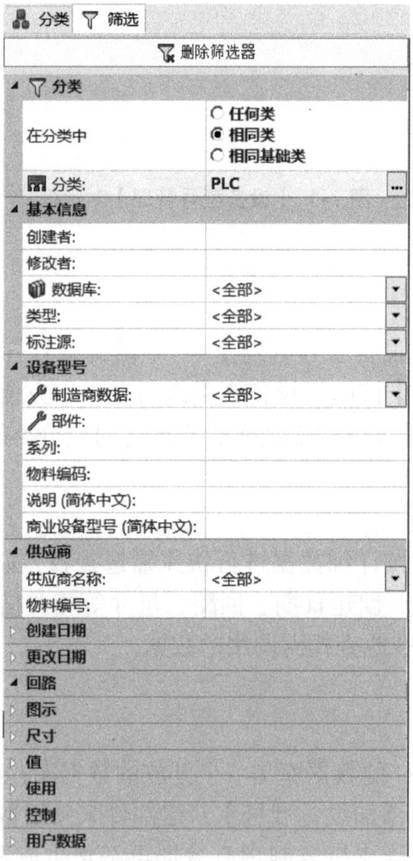

分类
筛选
删除筛选器
分类
在分类中
任何类
相同类
相同基础类
分类:
PLC
基本信息
创建者:
修改者:
数据库:
<全部>
类型:
<全部>
标注源:
<全部>
设备型号
制造商数据:
<全部>
部件:
系列:
物料编码:
说明 (简体中文):
商业设备型号 (简体中文):
供应商
供应商名称:
<全部>
物料编号:
创建日期
更改日期
回路
图示
尺寸
值
使用
控制
用户数据

图 7-3　部件筛选

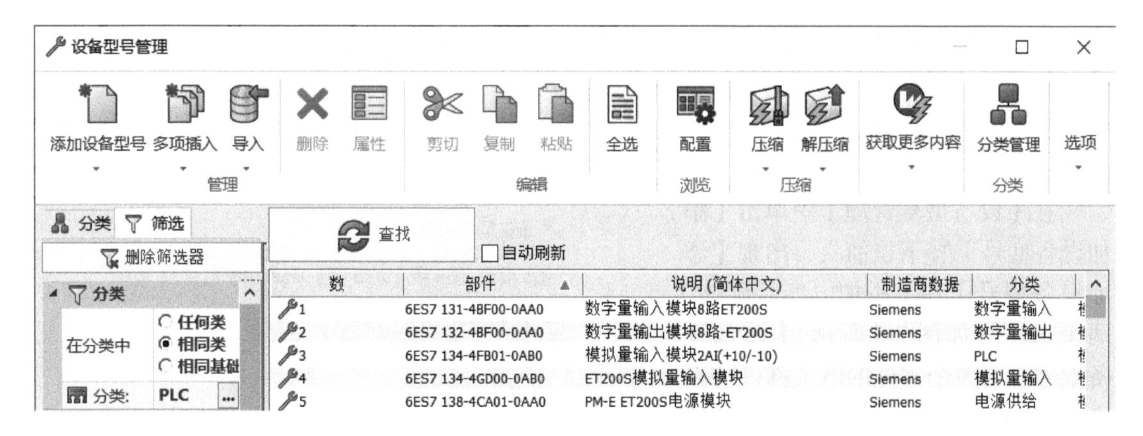

图 7-4　部件添加

除此之外，还可通过【获取更多内容】登录达索 ECP（Electrical content portal），如图 7-5 所示。通过正版授权许可，在登录界面注册新的账户，通过更新合约，免费下载部件并存放在本机数据库中。

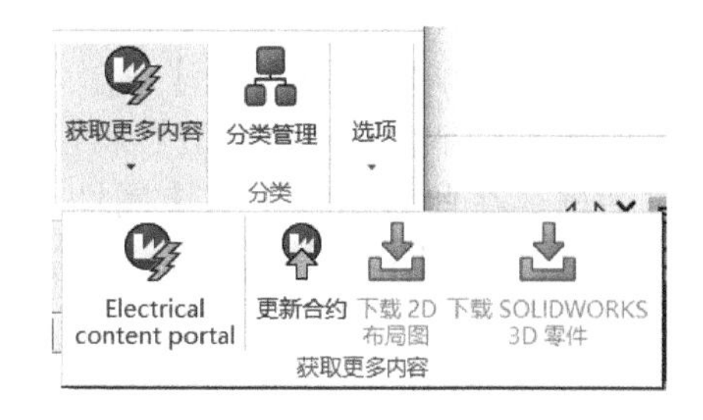

图 7-5　Electrical content portal

软件集成 ECP 快捷登录窗口。在工具栏【浏览】的【可停靠面板】中单击图标激活 ECP，ECP 将会显示在主界面右侧资源区域，登录账号后可进行下载，如图 7-6 所示。

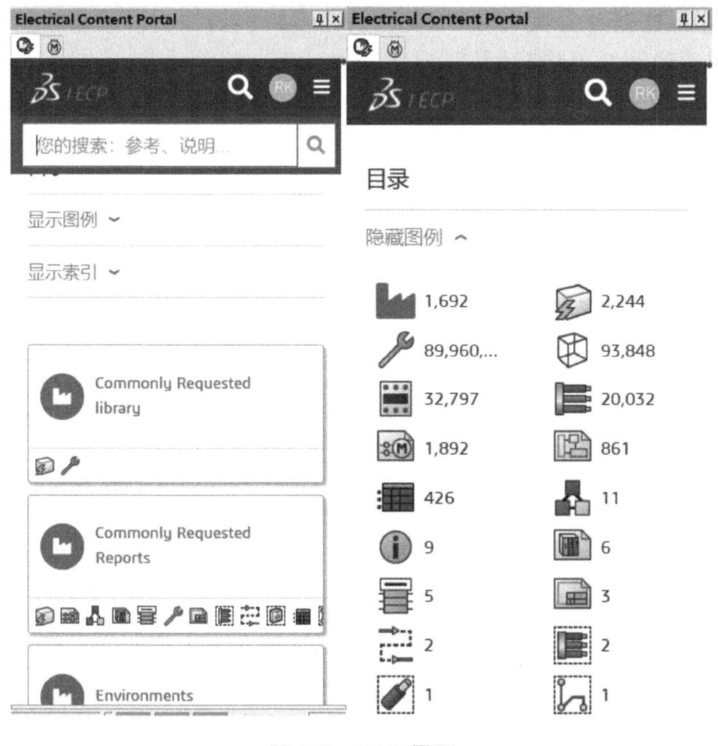

图 7-6　ECP 界面

登录后可查看符号、部件及模型等各类数据，可直接按品牌或规格型号搜索所需的数据，免费下载至本机并压缩至软件数据库中。

7.3.4 部件的新建及编辑

在【设备型号管理】中单击【添加设备型号】下拉箭头，出现【添加设备型号】和【添加电气装配体】两个选项，如图 7-7 所示。【添加设备型号】为单个零件的电气部件的新增，【添加电气装配体】为多个零件的电气部件的新增，可根据需要新增相应的部件数据。

单击【添加设备型号】，弹出如图 7-8 所示的【设备型号属性】对话框。在此对话框上有【属性】、【用户数据】、【回路 / 端子】三个选项卡。

（1）【属性】选项卡　其中包括基本信息、供应商、信息、图示、尺寸、使用、控制几大类参数项，包括部件、制造商数据、分类、数据库、物料编码、说明、外形尺寸、电压、频率等空白属性，可根据设备出厂的技术文档手册中的相关电气技术参数填写上相应的信息。

图 7-7　添加设备型号

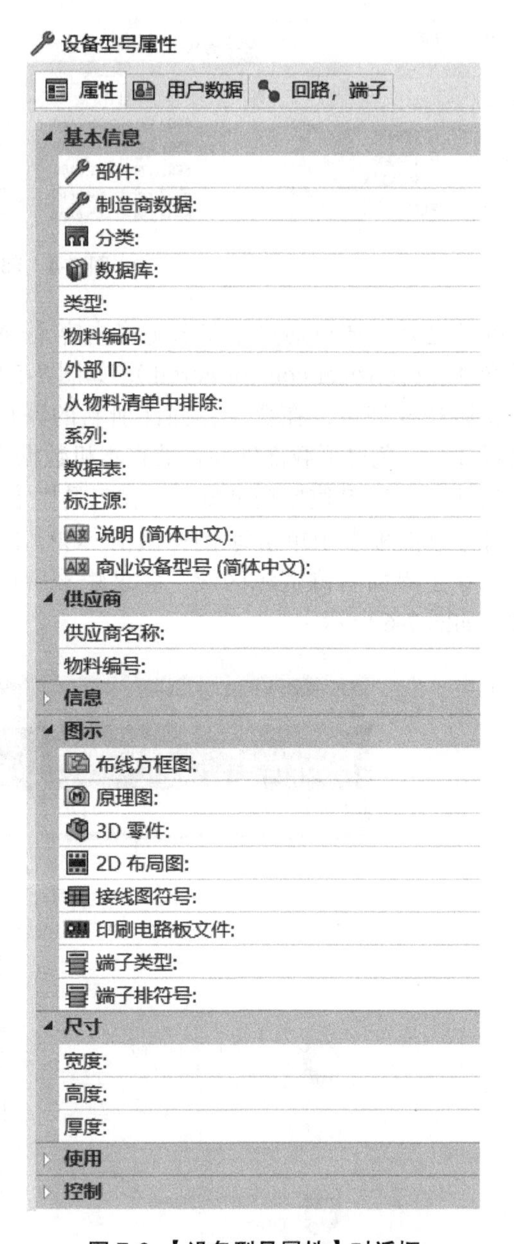

图 7-8 【设备型号属性】对话框

（2）【用户数据】选项卡　如图 7-9 所示，该选项卡用于增加用户数据。可根据设计需要在【自定义】中增加用户自定义变量属性，以扩充对设备的描述信息。

（3）【回路，端子】选项卡　如图 7-10 所示，可根据设备出厂的实物回路和接线引脚定义，输入部件相关的回路信息和引脚信息。

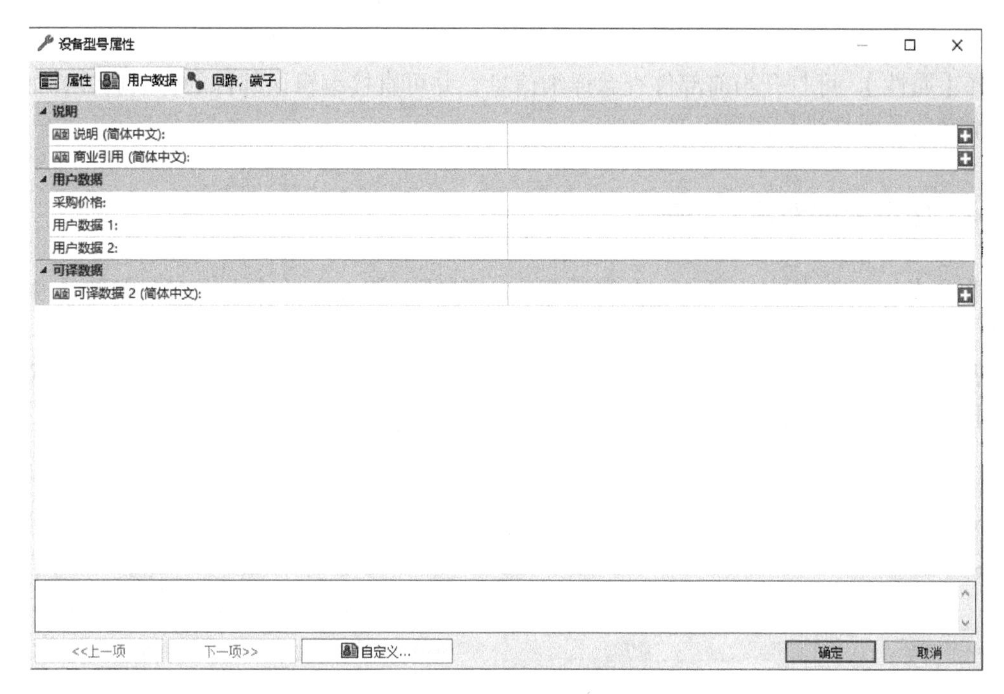

图 7-9 【用户数据】选项卡

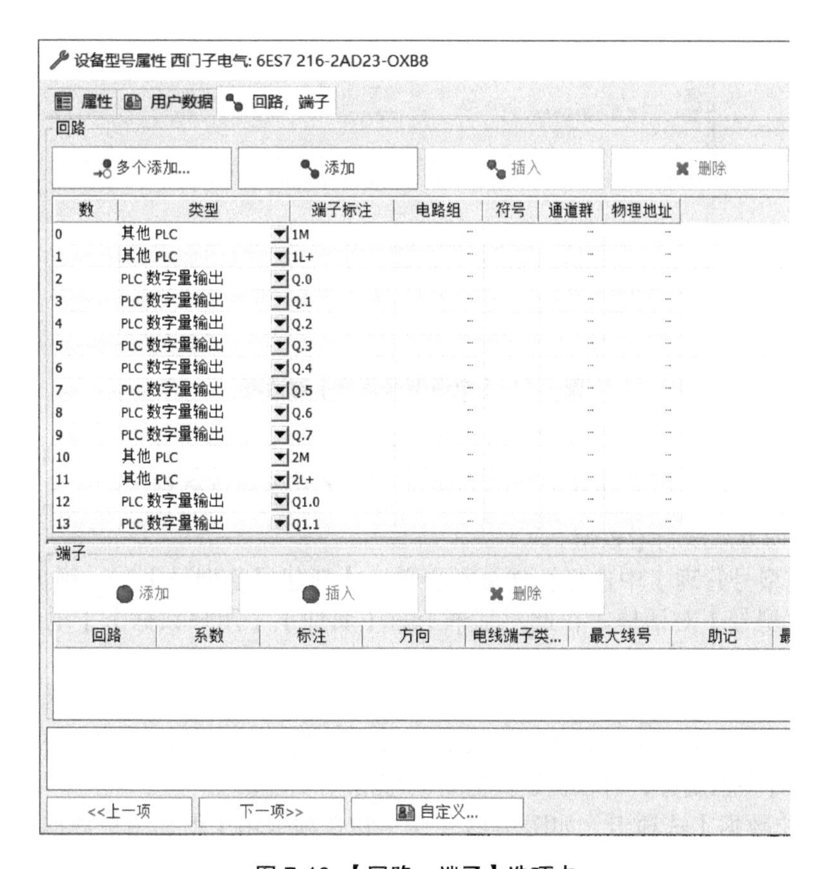

图 7-10 【回路，端子】选项卡

编辑部件时，在【设备型号管理】中列出的所有部件数据中选取任一部件，双击或右击选择【属性】，可打开当前部件查看详细信息，并可直接编辑该部件的各项属性，如对设备技术参数及属性进行编辑定义。

7.4 电缆库的新建及编辑

电缆库为部件库的一部分，电缆数据统一存储在部件库的【电缆型号管理】中集中管理。

展开主菜单【数据库】中的【电缆型号管理】，弹出如图 7-11 所示对话框，可调出所有电缆数据。所有电缆的部件均按不同的线规选项分类存储，并集中在此管理。

图 7-11 【电缆型号管理】对话框

电缆数据也和部件数据一样，可通过【电缆型号管理】新建部件来新增数据，也支持复制现有数据再编辑生成新的数据。除此之外，在【电缆型号管理】中还可通过外部数据导入、解压缩的方式来新增数据。

在【电缆型号管理】中选择线规分类再单击【新建设备型号】，弹出如图 7-12 所示【新建电缆型号】对话框，在此对话框上有【属性】、【用户数据】、【电缆芯】三个选项卡。

（1）【属性】选项卡　其中包括基本信息、供应商、信息和特性几类参数项，包括部件、制造商数据、分类、物料编码、数据库、说明、类型、导线截面积、直径、颜色、弯曲半径和压降等空白属性，可根据设计需要填写相应的信息。

（2）【用户数据】选项卡　如图 7-13 所示，该选项卡用于增加用户数据。可根据设计需要在【自定义】中增加用户自定义变量属性，以扩充对电缆的描述信息。

图 7-12 【新建电缆型号】对话框

图 7-13 【用户数据】选项卡

（3）【电缆芯】选项卡　该选项卡用于填写相应规格的线芯信息，如图 7-14 所示。单击【添加】可新增一个线芯，可按电缆出厂实物信息填写相应属性，例如 4 芯 ×1.5mm^2 的电缆。

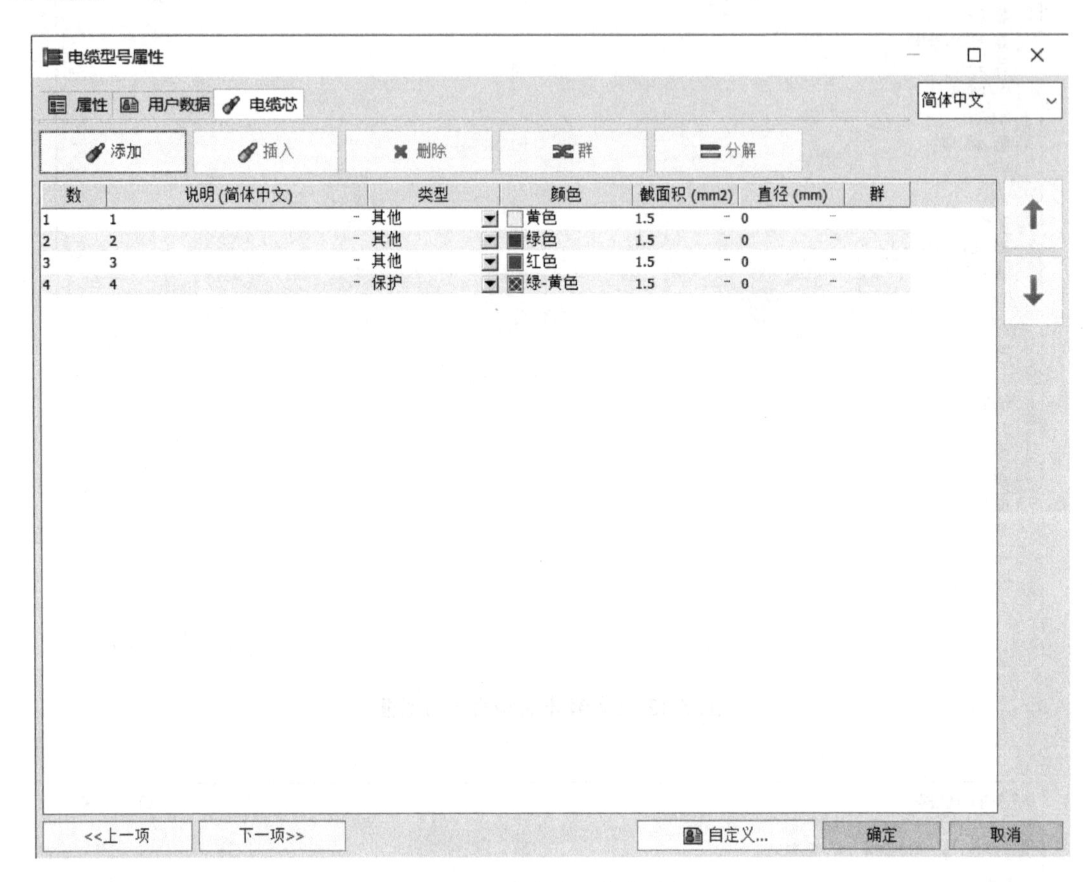

图 7-14 【电缆芯】选项卡

编辑电缆库时，只需要将上述属性信息作变更修改，单击【确定】即可快速完成电缆的编辑。

7.5　设备选型

设备选型即给原理图中的符号关联部件，使其成为实体化的电气设备；也可通过设备浏览器选中该设备，使用右键快捷菜单选型。设备选型之后，接线表或明细表才可根据选型的属性信息自动生成设备接线图或明细表清单。

7.5.1　原理图中的设备选型

在原理图中选中待选型设备的符号，如图 7-15a 所示，右击符号后，在弹出的快捷菜单中选择【设备属性】，可打开如图 7-15b 所示的【设备属性】对话框。

提示：双击符号也可打开【设备属性】对话框。

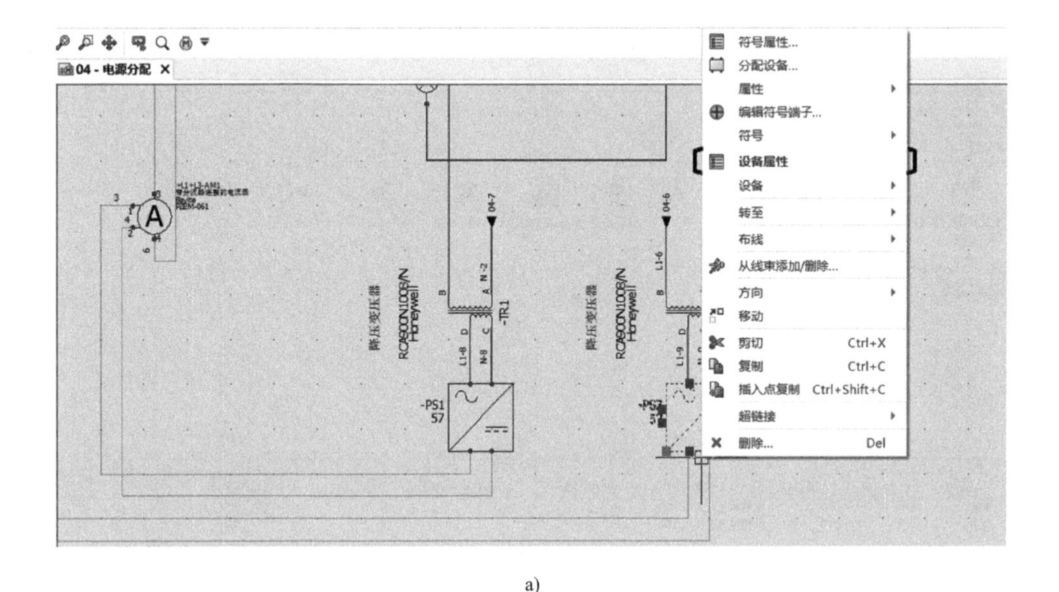

a)

设备属性: =F2+L1+L5-PS2

标注和数据　设备型号与回路

标注	
模式:	● 自动 ○ 手动
标注:	PS2
源:	PS
数:	2
永久设备:	☑
层级结构	
分类:	电源供给
父:	
位置:	+L1+L5 - 仪表供电
功能:	=F2 - 主功能

b)

图 7-15　设备属性

单击【设备属性】对话框中的【设备型号与回路】选项卡，查看 PS2 设备的部件信息，如图 7-16 所示。

可以看到该设备的部件信息仅有回路信息，且为红色标识，【设备型号】一栏为空白，说明该符号还未做选型。可单击对话框中的【搜索】，弹出【选择设备型号】对话框，如图 7-17 所示。

提示：回路信息中的红色标识的意思是，所选符号未做选型或未正确匹配回路类型的选型。

可根据部件选型分类选择设备或直接筛选关键项信息。单击【查找】，列表中显示出待选部件，选择匹配的部件，如图 7-18 所示。输入所需设备的数量后单击【添加】，系统默认数量为 1。

提示：添加完成后选择列表中的设备，可通过【上移】↑和【下移】↓更改设备的位置。

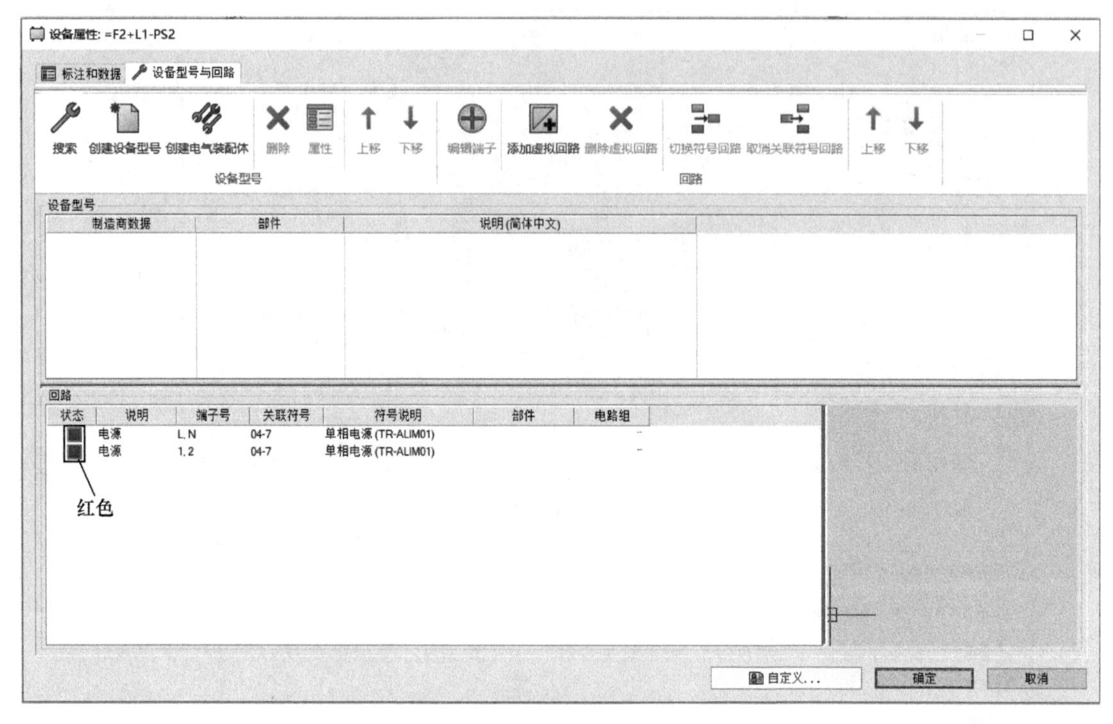

图 7-16 【设备型号与回路】选项卡

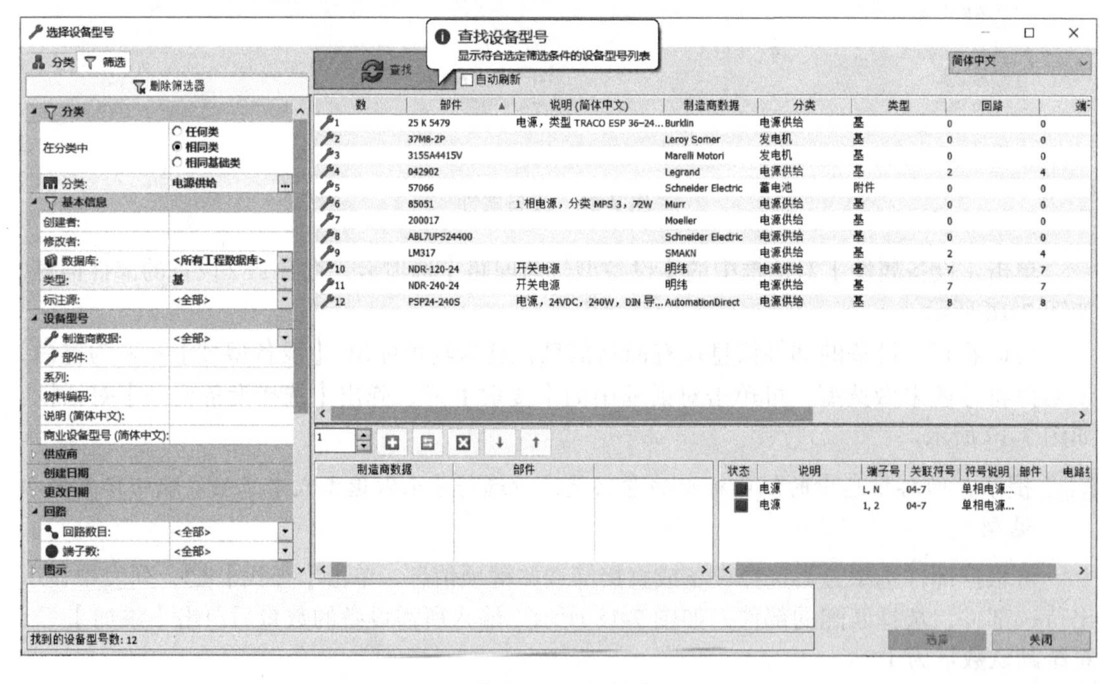

图 7-17 【选择设备型号】对话框

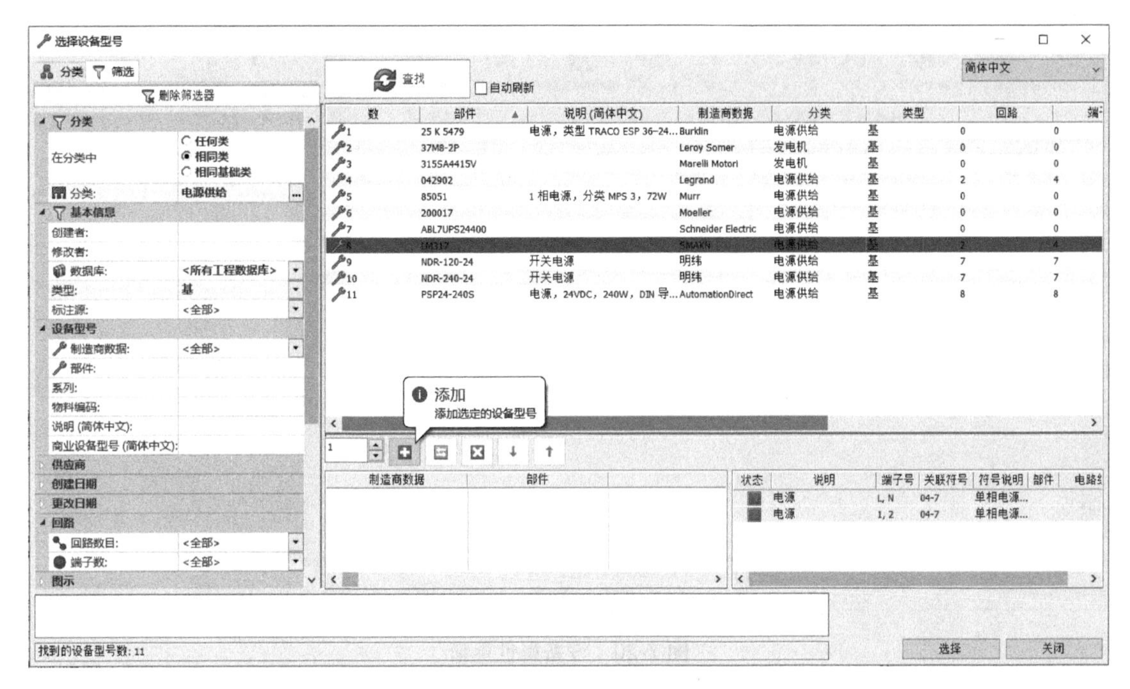

图 7-18　添加设备

选择设备后，【制造商数据】及【部件】项下会出现已选部件信息，同时右侧回路信息栏中原红色标识自动更新为绿色标识，如图 7-19 所示。

提示： 回路信息中的绿色标识的意思是，所选符号已做选型且已正确匹配回路类型的部件。

制造商数据	部件
SMAKN	LM317

状态	说明	端子号	关联符号	符号说明	部件	电路组
绿色	电源	L, N	04-7	单相电源...	LM317	
绿色	电源	1, 2	04-7	单相电源...	LM317	

图 7-19　信息更新

单击右下角的【选择】，回到【设备属性】对话框。此时【设备型号】栏中出现了新增的部件，同时【回路】栏中的红色标识也自动更新为绿色标识，表示已完成设备选型，并正确匹配相应的部件，如图 7-20 所示。

单击【确定】完成属性编辑，回到原理图界面，可以看到已选型符号的连线引脚号会随着选型的完成自动显示出来；而对于左侧同样的符号，由于未做选型，所以接线端上是没有任何引脚信息的，仅仅显示连线逻辑，如图 7-21 所示。

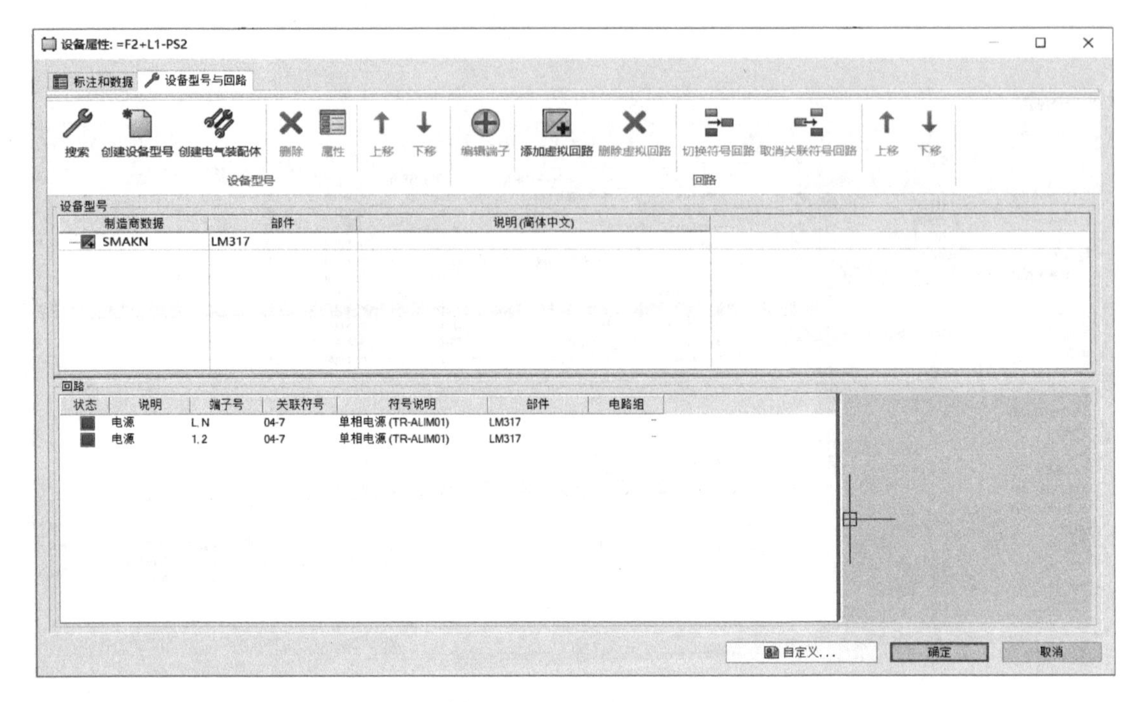

图 7-20　设备属性更新

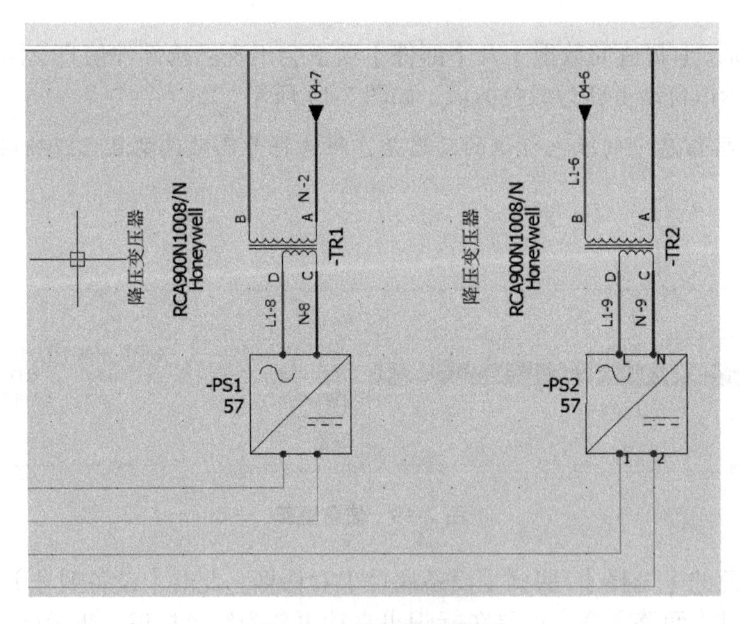

图 7-21　符号信息更新

7.5.2　设备结构树

设备结构树是根据原理图中对相应部件位置属性的定义，在导航器中自动生成的一个具有位置架构层级的结构树。该结构树集成于软件左侧的导航器面板中。

如图 7-22 所示，单击软件左侧导航器面板中的【设备】，系统会根据原理图的绘制及设备位置属性的定义自动搭建一个设备结构树。在此结构树下的列表中，系统根据该符号在原理图中的位置属性定义，在结构树中相应的位置层级下自动生成一个设备。

在当前工程下，会自动生成一个项目设备浏览器，项目下有两个子结构，分别为“L1- 主电气室”和“L2- 柜外”。L1 子结构下又包含 L3 和 L4 两个子结构，每一个层级下包含若干设备，这些设备在原理图绘制时，通过符号的位置属性定义在了相应的层级结构下。

在“L1- 主电气室”的位置层级下，可查找到 PS1 设备和 PS2 设备，选择设备下的相应符号，双击或使用右键快捷菜单便可通过设备结构树直接跳转至图纸中该符号所在的位置，如图 7-23 所示。

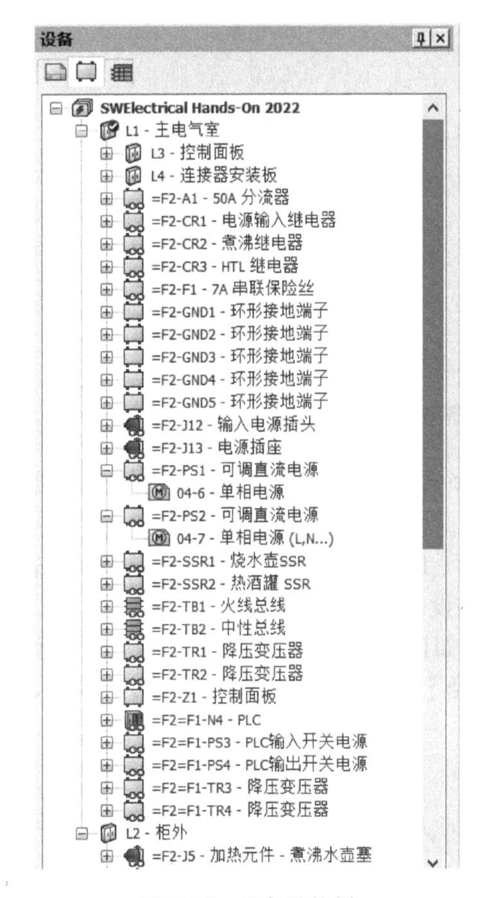

图 7-22　设备结构树

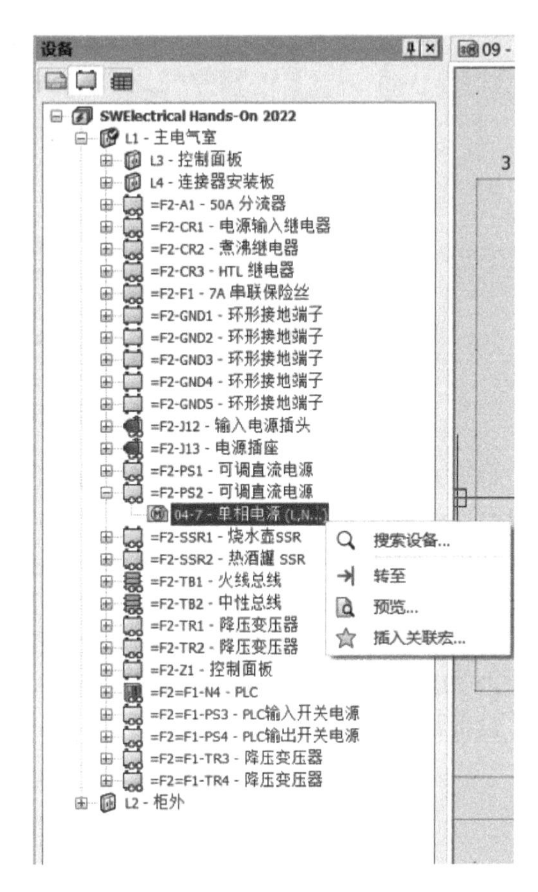

图 7-23　位置跳转

各类符号均关联在该设备属性下，如原理图符号、布线方框图符号、接线图符号、布局图符号等，可在不打开图纸的情况下直接放大预览该设备在图纸中关联的符号。

7.5.3　设备结构树中的选型

绘制原理图时，只要插入符号，设备结构树下就会在相应位置自动生成一个设备。如在原理图中没有对该符号进行设备选型，也可在设备结构树中找到该设备进行选型。

在项目的“L1- 主电气室”位置层级下，找到之前未做设备选型的 PS1，右击该设备，在弹出的快捷菜单中可以看到【属性】和【分配设备型号】两个选项。单击【属性】或【分配设备型号】，都可打开【设备属性】对话框，可参照 7.5.1 节所讲的方法进行设备选型。也可选择【新建】/【设备型号】，打开【选择设备型号】对话框进行设备选型，如图 7-24 所示。

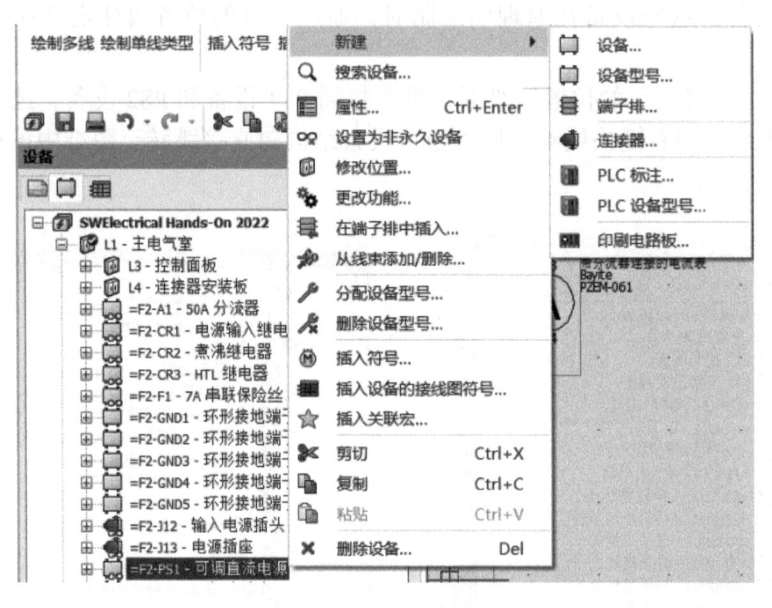

图 7-24　新建设备型号

以上几种不同的方式均为通过结构树进行设备选型。选型之后，PS1 设备的连线引脚信息会自动显示出来，同时接线图也会自动生成。

在电气设计项目数据中，端子挡板、短接插片、PLC 机架等设备在原理图中无须表达。此类设备如果需要在材料明细表中列出，可直接在设备结构树上加挂。

需要加挂时，首先要选择所挂结构的层级。如该设备是“L1- 主电气室”下的设备，则右击“L1- 主电气室”，在弹出的快捷菜单中选择【新建】/【设备】，如图 7-25 所示，打开【设备属性】对话框。

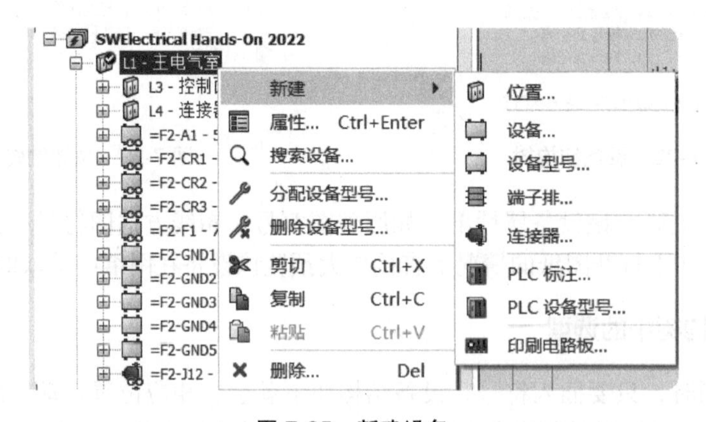

图 7-25　新建设备

按前文所讲的方法，便可将这一类图纸中无须显示的设备进行添加，挂在设备结构树下，以便生成材料明细表或在材料明细表中自动带出此类设备。

7.5.4 设备接线图

设备选型完成之后，接线图就会自动生成。可在【设备属性】的【设备型号与回路】中双击该设备，在弹出的【设备型号属性】中先定义该设备所关联的接线图符号。可根据该设备的部件回路属性选择匹配的接线图符号，在【图示】中进行关联，后续插入接线图符号时不用再多次选择相匹配的符号，如图 7-26 所示。

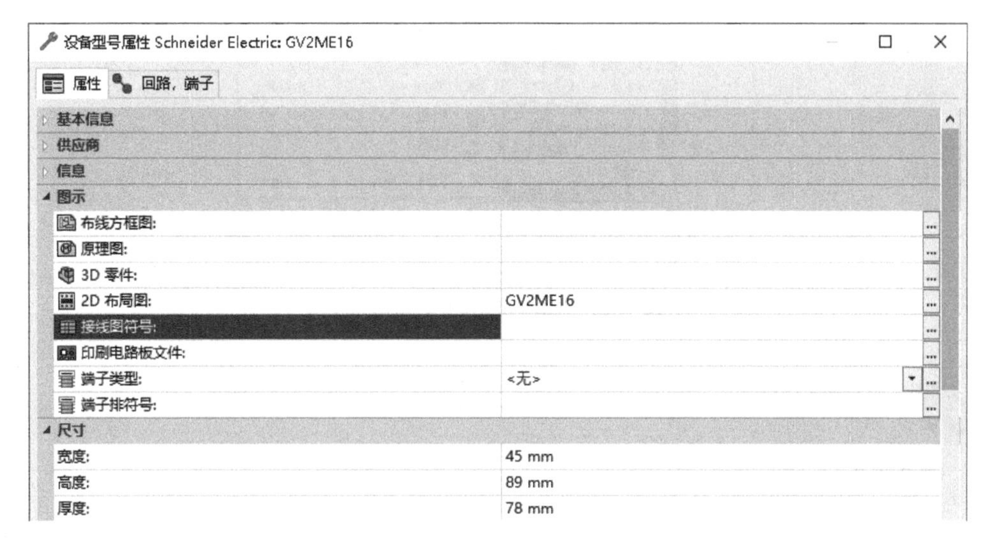

图 7-26　关联接线图符号

接线图是随着原理图的连线逻辑和设备选型的完成自动生成的，可通过工具栏【浏览】下的【可停靠面板】中的【接线图符号浏览器】打开或关闭，打开后在左侧浏览器中显示接线图浏览器。单击图标，找到 PS1 和 PS2 两个设备，将其展开，可以看到该设备下所关联的接线图，如图 7-27 所示。右击接线图，选择【插入】，便可将设备接线图调出放置图纸中；也可以勾选该设备前的复选框进行快速插入。

注意：对于未做选型的设备，由于缺少连线引脚信息，是无法自动生成设备接线图的，便无扩展可调出设备接线图。

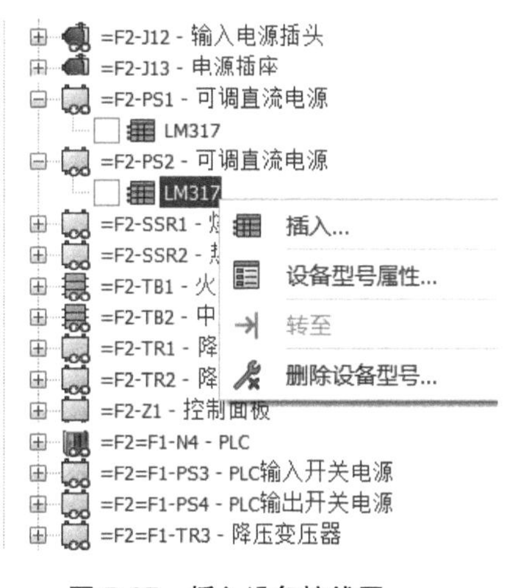

图 7-27　插入设备接线图

也可右击结构树上的设备，在弹出的快捷菜单中选择【插入设备的接线图符号】，如图 7-28 所示。

左侧导航栏会显示【插入符号】对话框，如图 7-29a 所示。选择匹配的接线图符号放置在图纸的合适位置，结果如图 7-29b 所示。

图 7-28　插入设备的接线图符号

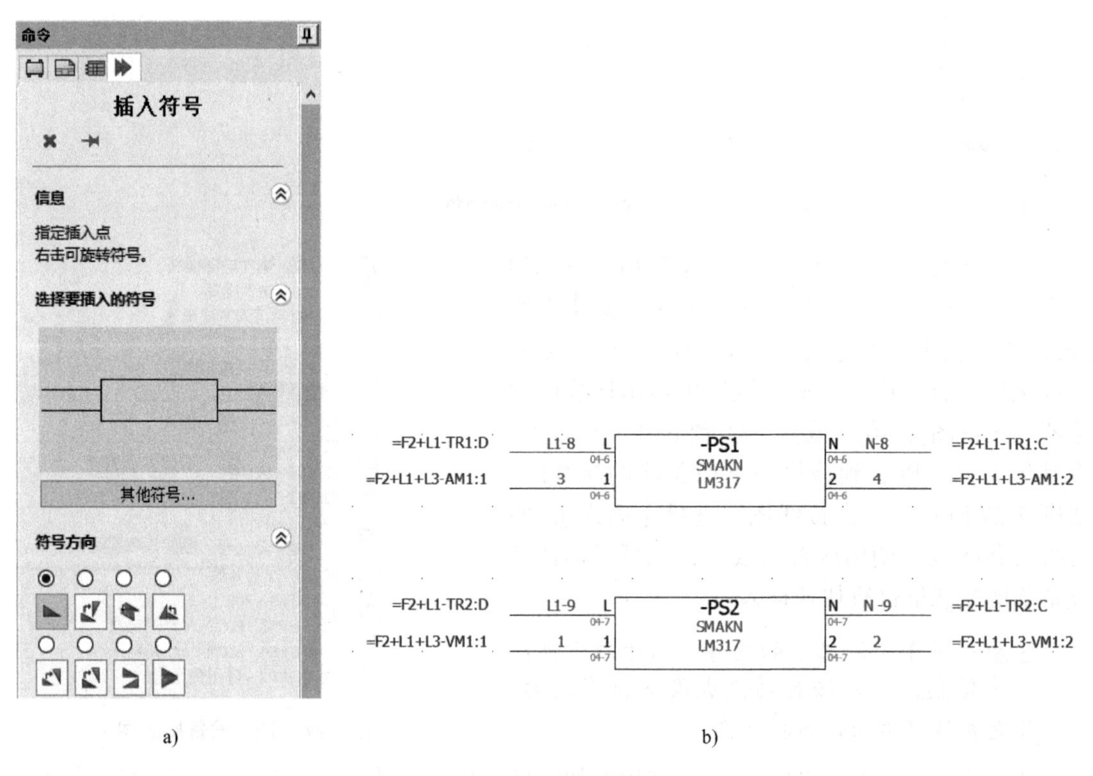

a)　　　　　　　　　　　　　　　　b)

图 7-29　插入符号

接线图符号可放置在各类型图纸中，如原理图、布线方框图、布局图等，也可集中将所有的接线图单独构成一份图纸。读者可根据设计文档的需要进行配置。

7.6　设备的位置与功能

在原理图绘制过程中，可在任何时间对任一符号进行对应设备的位置属性和功能属性的定义。根据原理图中的定义，系统会在导航器内自动搭建一个具有位置层级架构的设备结构树，工程项目中的所有电气设备会按定义的位置属性挂在相应的位置层级下。

7.6.1　设备位置属性的定义

双击 PS1 符号打开【设备属性】对话框，如图 7-30a 所示；或右击 PS1 符号，在快捷菜单中选择【符号属性】，如图 7-30b 所示。两种方法均可打开该符号所关联部件的【层级结构】属性栏。

设备属性: =F2+L1-PS1

标注和数据　设备型号与回路

标注	
模式:	○ 自动 ◉ 手动
标注:	PS1
源:	PS
数:	1
永久设备:	☐
层级结构	
分类:	电源供给
父:	
位置:	+L1 - 主电气室
功能:	=F2 - 主功能

a)

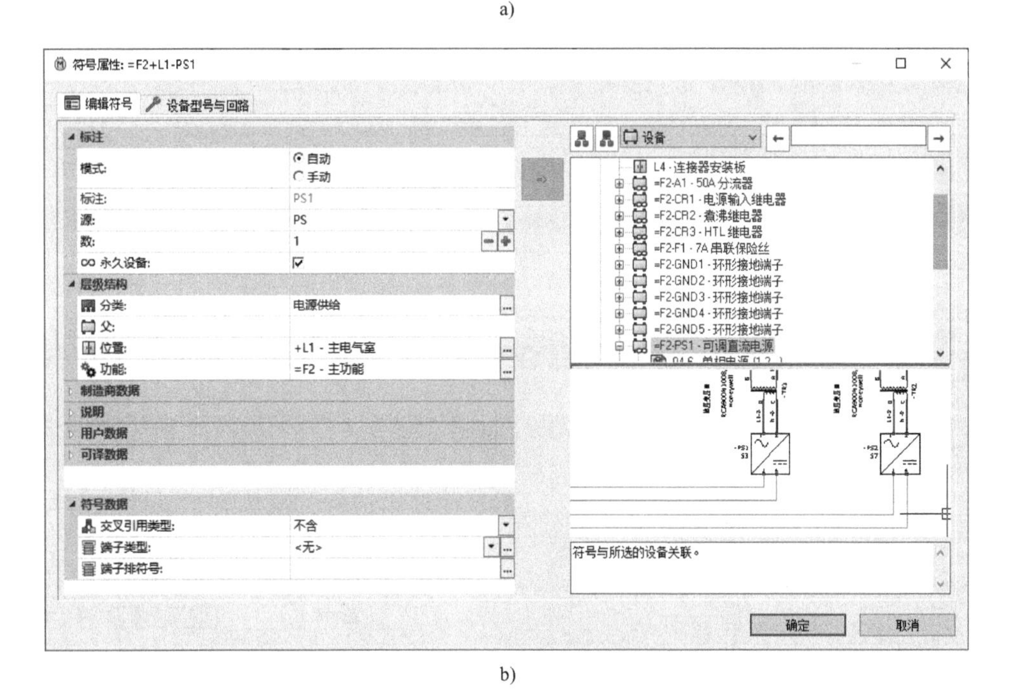

b)

图 7-30　打开【层级结构】

在【设备属性】和【符号属性】中的【层级结构】属性栏中，均可单击【位置】后的扩展 ...，打开同一个【选择位置】对话框，如图 7-31 所示。

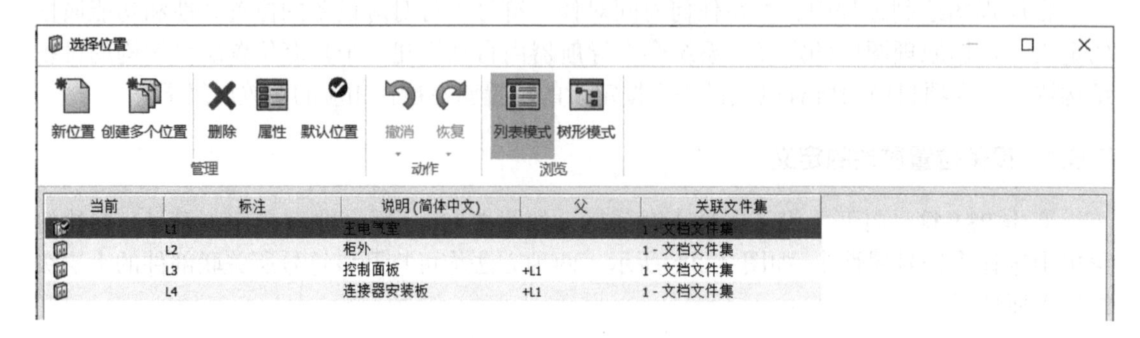

图 7-31 【选择位置】对话框

7.6.2 设备位置属性的变更

选择相应的位置层级下的设备，结构树下的设备会自动移至新选择的位置层级下。也可在【选择位置】对话框下新建新的位置层级。单击左上角的【新位置】，弹出如图 7-32 所示的【位置属性】对话框，选择新建位置的编号和文档集编号，定义位置属性说明。在此对话框内可设置自动或手动编号，自动编号是软件按新建位置时的先后顺序自动赋予位置编号，而手动编号是根据层级结构的需要自定义符合设计需求的编号。

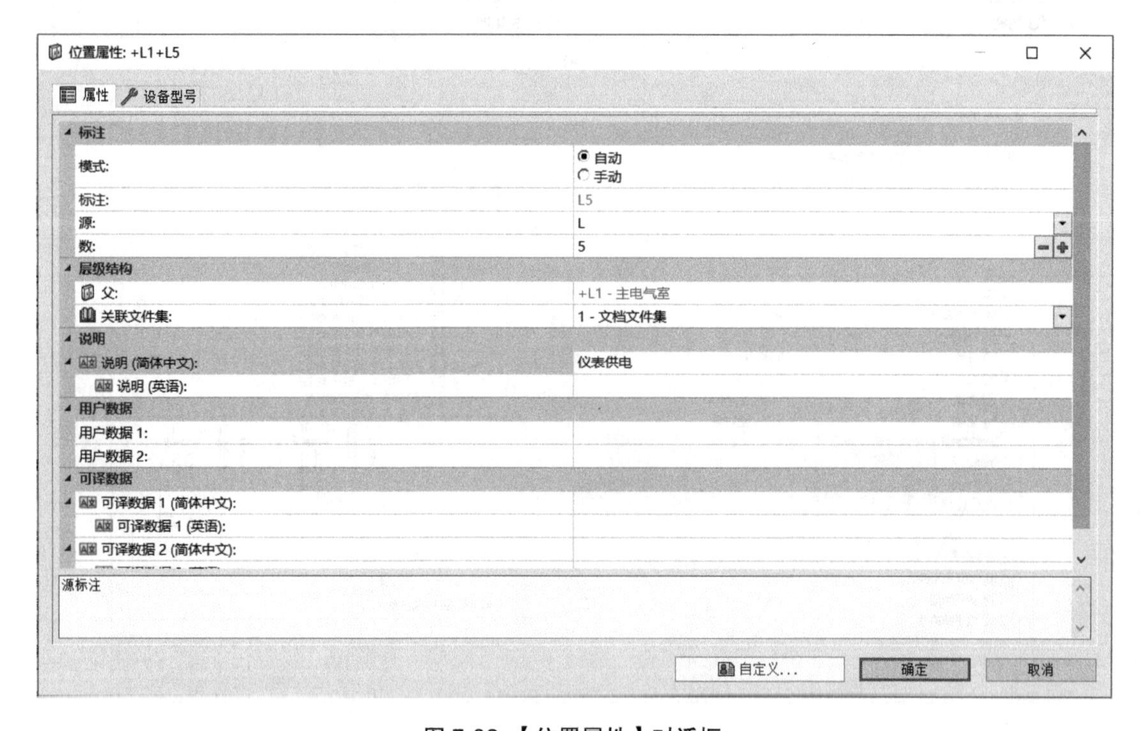

图 7-32 【位置属性】对话框

此处按默认先后顺序编号为“L5”,【源】默认为“L”。注意，新定义的编号不可与原有的编号重叠；如选择手动编号，则在【标注】内可自定义任何字节的标识作为位置编号。将【说明（简体中文）】更改为“仪表供电”。

仍以单相电源 PS1 为例，找到“L1- 主电气室”层级下的 PS1 设备，打开该设备的【位置属性】，选择新建的 L5 位置层级，单击【选择】。

注意：选择某个层级进行新建位置，就会在该层级下新建一个子层级。如选择“L1- 主电气室”进行新建，则会在“L1- 主电气室”层级下新生成一个“L5- 仪表供电”的子层级；如选择工程项目级进行新建，则会生成一个与“L1- 主电气室”并行的新层级。

如图 7-33 所示，随着设备 PS1 位置属性的定义，结构树中该设备由原来的“L1- 主电气室”位置层级下自动调整到“L5- 仪表供电”位置层级下。新建位置 L5 与 L3、L4 是并行的层级，同属于 L1 层级下的子层级。

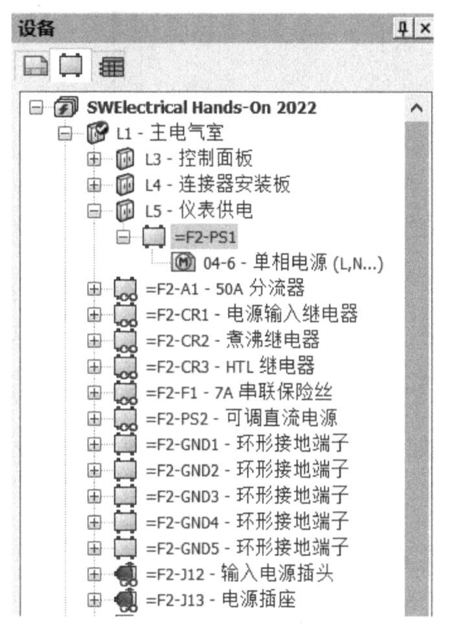

图 7-33　调整位置

7.6.3　原理图中设备位置属性的框选定义

在原理图中，设备往往会根据功能的逻辑定义进行绘图，如主回路与控制回路通常不绘制在一张图纸中，而是按位置分区绘制，柜内、柜外按功能分区绘制；温控系统绘制在一起。绘制在一起的设备可通过图纸中的“位置”或“功能”框，直接指定该设备的位置属性或功能属性。

仍以 PS1 和 PS2 这两个设备为例，通过对设备 PS1 位置属性的定义，已将 PS1 设备编辑至“L5- 仪表供电”位置层级下。使用同样的方法可将 PS2 设备编辑至“L5- 仪表供电”新位置层级下；也可通过在原理图中对该设备进行框选，定义其位置层级。

使用工具栏【原理图】下的【位置轮廓线】和【功能轮廓线】均可在图纸中进行框

选。单击【位置轮廓线】后，左侧导航器会弹出【位置轮廓线】的选项，如图 7-34a 所示，框选如图 7-34b 所示区域。

提示： 默认为矩形框，也可选择多线段绘制。可直接输入图纸中的精确坐标，也可在图纸中使用鼠标进行框选。

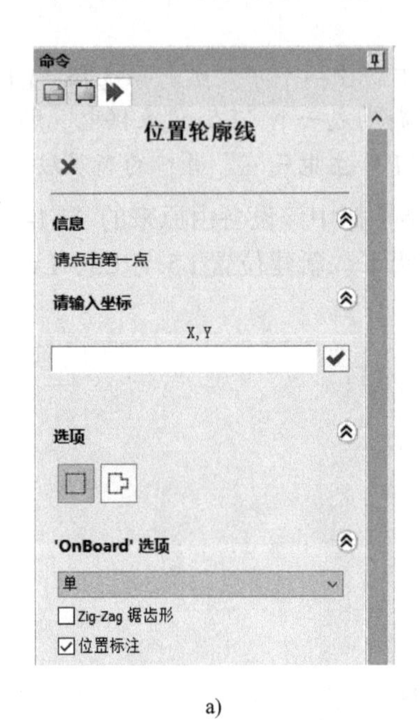

a)

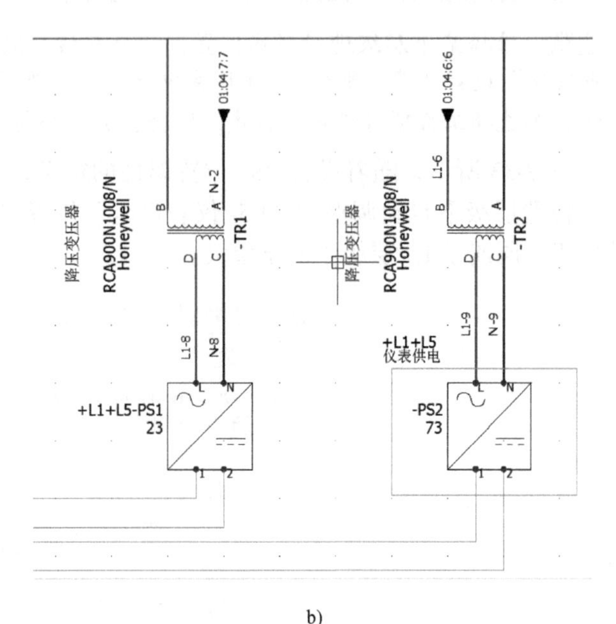

b)

图 7-34　位置轮廓线

框选选定区域后，弹出如图 7-35 所示【选择位置】对话框。

选择位置

新位置　创建多个位置　删除　属性　默认位置　撤消　恢复　列表模式　树形模式

管理　动作　浏览

当前	标注	说明 (简体中文)	父	关联文件集
	L1	主电气室		1 - 文档文件集
	L2	柜外		1 - 文档文件集
	L3	控制面板	+L1	1 - 文档文件集
	L4	连接器安装板	+L1	1 - 文档文件集
	L5	仪表供电	+L1	1 - 文档文件集

图 7-35 【选择位置】对话框

选择位置层级后单击右下角的【选择】，会弹出如图 7-36 所示的【更换设备位置】对话框。

单击【修改设备位置】，图纸中会出现位置轮廓线所框选的设备 PS2，位置轮廓线左上角显示出该位置属性的文本信息。如图 7-37 所示，图纸中被位置轮廓线框选的设备 PS2 在设备结构树中的位置层级自动调整至“L1- 主电气室”位置层级下的“L5- 仪表供电”中。

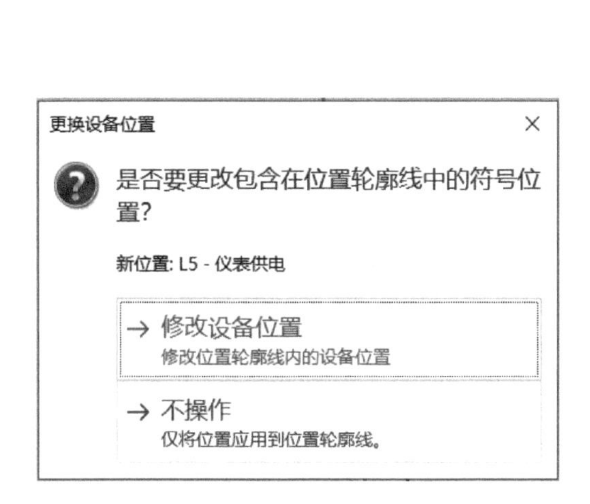

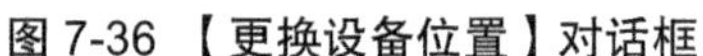
图 7-36 【更换设备位置】对话框

图 7-37　修改设备位置

图纸中的位置轮廓框是可删除的，但该设备的位置属性仍然维持删除前定义的位置属性，不会因为轮廓框被删除而发生改变，该设备在结构树中的位置层级也维持删除前的状态。如图 7-38 所示，轮廓框删除后，设备 PS2 的位置标识会合并到设备标识中，就如同设备 PS1 一样。

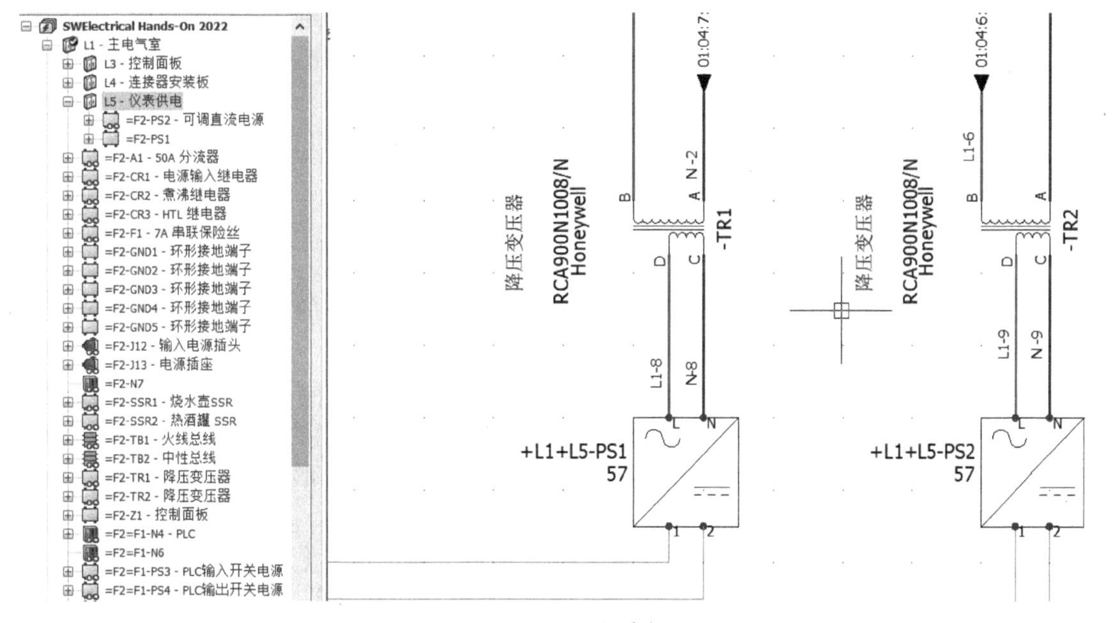

图 7-38　删除轮廓框

7.6.4　设备功能的应用

设备功能的应用与位置应用的设置方式相同。右击结构树的层级结构，在快捷菜单中选择【更改功能】，弹出【选择功能】对话框，在其中进行功能架构的设置。结构树上的每个设备标注中会呈现出设备归属功能架构的标识，以“F+ 计数”或自定义功能标注的方式标识出来。也可单击工具栏【原理图】/【功能轮廓线】，弹出如图 7-39a 所示属性框，绘制矩形框后弹出如图 7-39b 所示对话框，在其中进行设置。

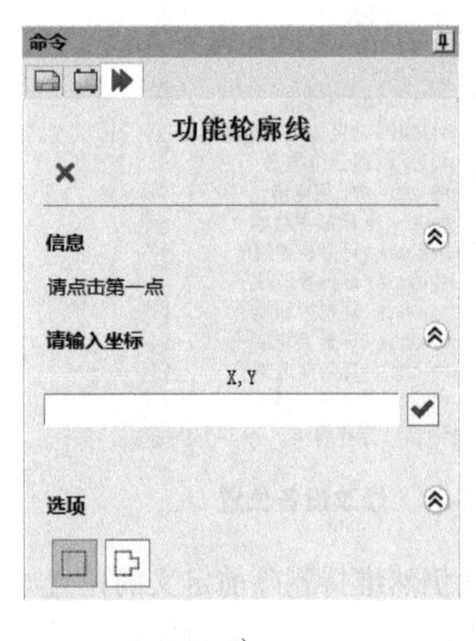

a)

b)

图 7-39　功能轮廓线

设备功能的应用方便大型项目的管理。通常在一个比较大的电气工程项目中，需要将一个项目划分为几个功能板块，以方便管理；同时在一些特定情况下，可以为打断报表特殊条件的分段格式的生成提供便利。

项目中所有设备的默认标注格式显示为 IEC 61346 标准（= 功能 + 位置 - 设备），功能属性与位置属性均是设备编号标注及分类管理的关键条件。

7.6.5　设备位置与功能的管理

设备位置与功能均有各自的管理器，工具栏【电气工程】下的【位置】和【功能】分别进行两项层级结构的集中管理。

单击【位置】，弹出如图 7-40a 所示的【位置管理】对话框；单击【功能】，弹出如图 7-40b 所示的【功能管理】对话框，可分别对位置、功能的属性进行设置。位置、功能管理器是对系统位置、功能的层级结构进行设置规划的，【树形模式】可将位置、功能结构树层级直观地呈现出来。

在【位置管理】和【功能管理】对话框中，通过【新位置】、【新功能】可为工程单次创建一个新的结构；而单击【创建多个位置】和【创建多个功能】，则会弹出需输入具体数值的对话框，如图 7-41 所示，输入相应数值可为工程一次创建多个新的结构。

选中任一位置、功能结构，单击【属性】，弹出相应的属性对话框，可进行自定义编辑，操作方式与前面案例相同。在对话框中，可对该位置、功能结构进行标注信息、层级结构及用户数据的编辑，如图 7-42 所示。

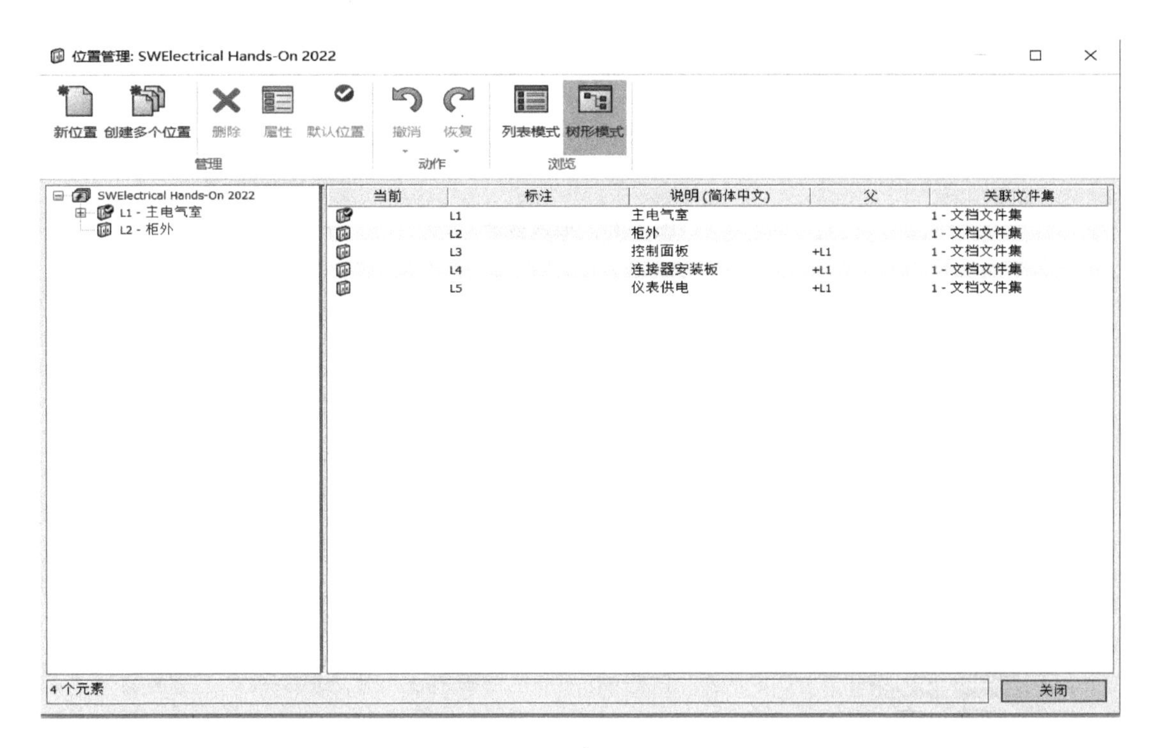

a)

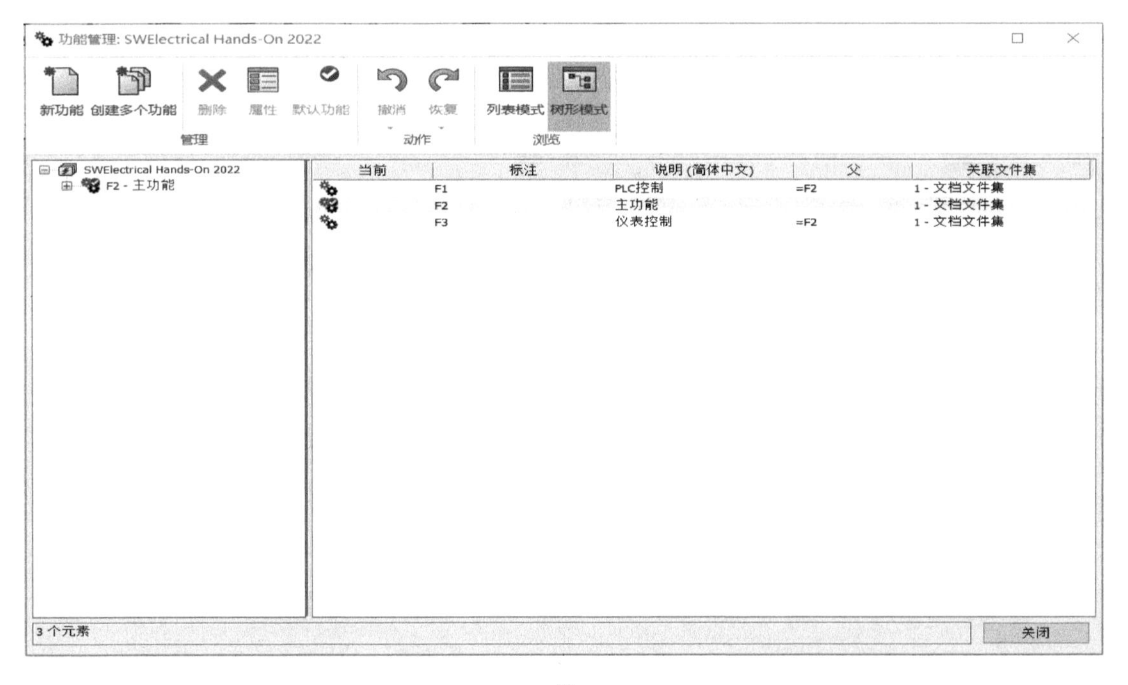

b)

图 7-40　位置与功能管理

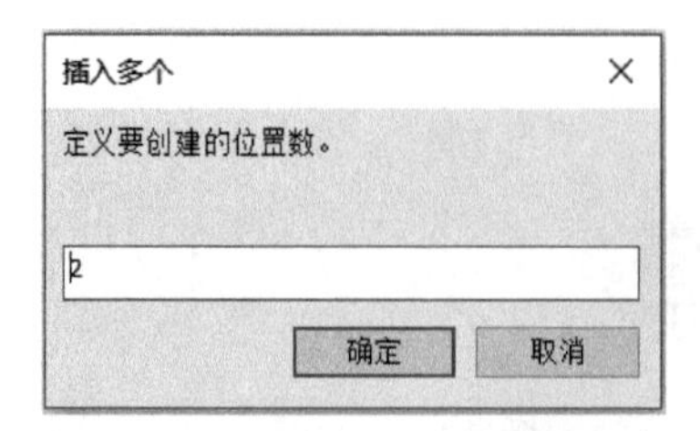

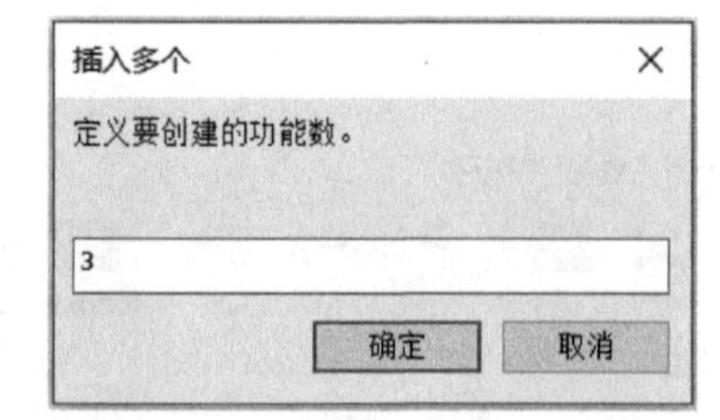

图 7-41　插入多个

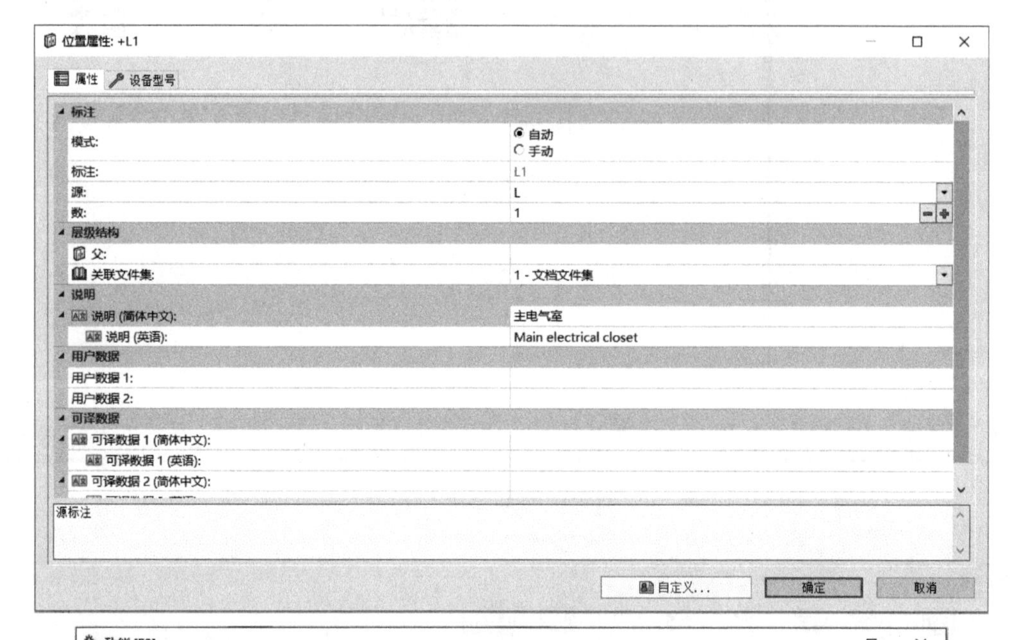

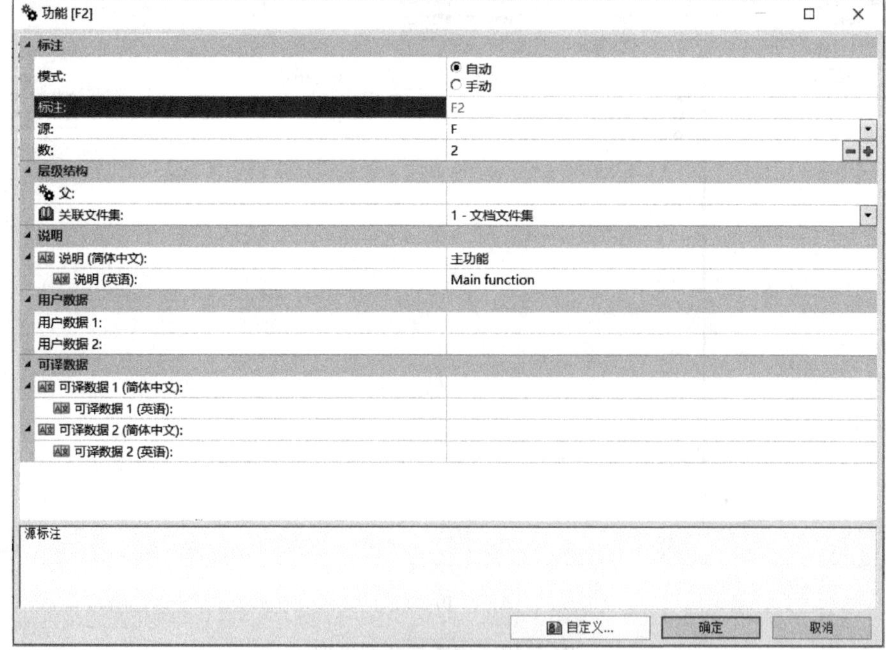

图 7-42　编辑位置、功能属性

练习

一、简答题

1. 简述位置与功能的作用。
2. 设备如何选型?
3. 如何更改设备的位置?

二、操作题

1. 在部件库中新建一个部件。
2. 创建一个工程，并将新建的部件添加至当前工程中。
3. 将添加到工程中的设备的位置属性及功能属性编辑至新的位置及功能层级结构下。

第 8 章 宏

| 学习目标 |

1. 掌握宏的创建。
2. 掌握宏的使用。
3. 了解宏的分类。
4. 了解 Excel 自动化中参数宏的创建。
5. 了解 Excel 自动化使用流程。

8.1 什么是宏

在 SOLIDWORKS Electrical 中，宏指的是集合了局部原理图或部分工程的小型“工程”。软件中有多种类型的宏，如原理图宏、布线方框图宏和工程宏。宏的存在就是为了方便重用已有设计，因此对原理图或图纸进行复制 / 粘贴的操作都可以考虑使用宏。本章将介绍宏的创建和使用。

8.2 原理图宏

8.2.1 新建原理图宏

原理图宏的创建非常便捷。有三种方法可以新建宏，都使用到了右侧边栏上的宏控制面板；如果未显示，在工具栏【浏览】下的【可停靠面板】中单击【宏控制面板】☆使其显示，如图 8-1 所示。

图 8-1 宏控制面板

最常用的方法是通过拖放方式创建宏。选择需要创建为宏的原理图，使用鼠标将其拖放至宏控制面板，如图 8-2 所示。

激活创建宏命令后会弹出宏属性窗口。在【标题】栏填入宏名称，宏名称是宏的标识符，必须具有唯一性；其他属性按照需要填写。在这里，【标题】栏填写“加热电源控制”，【分类】选择【绘图自动化】，【数据库】选择【USER】，如图 8-3 所示。

宏
查找
马达启动
马达命令
电源
命令
用户
-CR2
-CR3

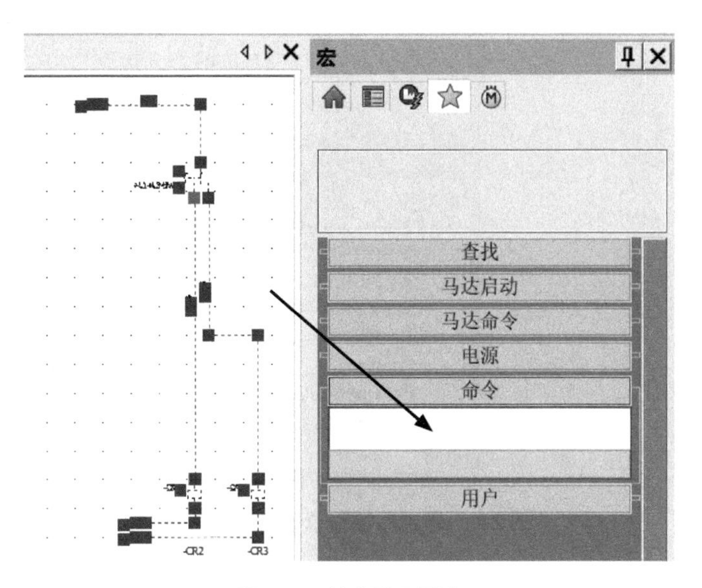

图 8-2 创建原理图宏

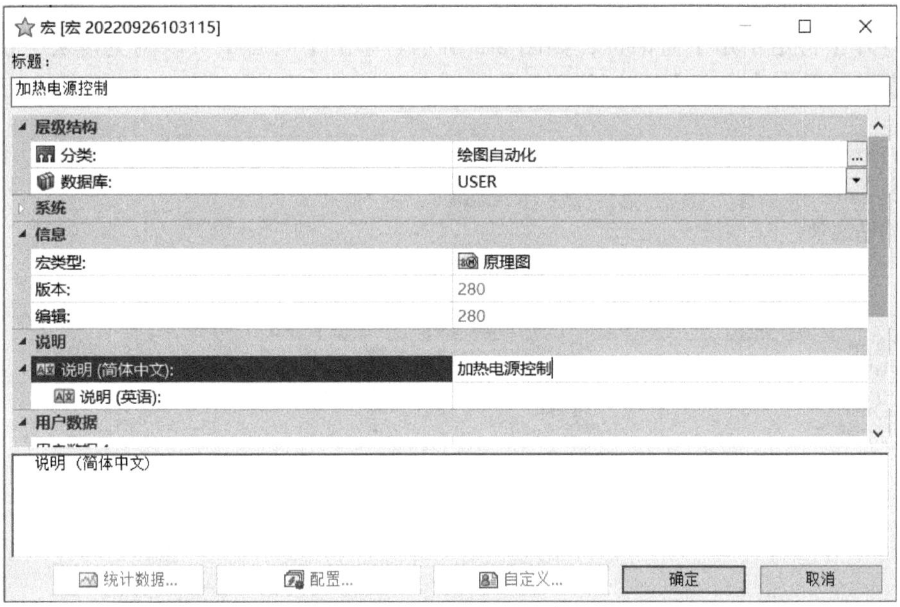

宏 [宏 20220926103115]
标题：
加热电源控制
层级结构
分类:
绘图自动化
数据库:
USER
系统
信息
宏类型:
原理图
版本:
280
编辑:
280
说明
说明 (简体中文):
加热电源控制
说明 (英语):
用户数据
说明（简体中文）
统计数据...
配置...
自定义...
确定
取消

图 8-3 填写宏属性

所有创建的“宏”并不属于当前工程，它们以工程形式单独储存在数据库中，可以在其他工程中使用。宏包含了所选原理图的所有对象，例如电线样式、设备、功能和位置等。

另外，也可以使用宏控制面板右键菜单中的【保存选项至宏】、【粘贴为新宏】两个命令来创建宏，如图 8-4 所示。

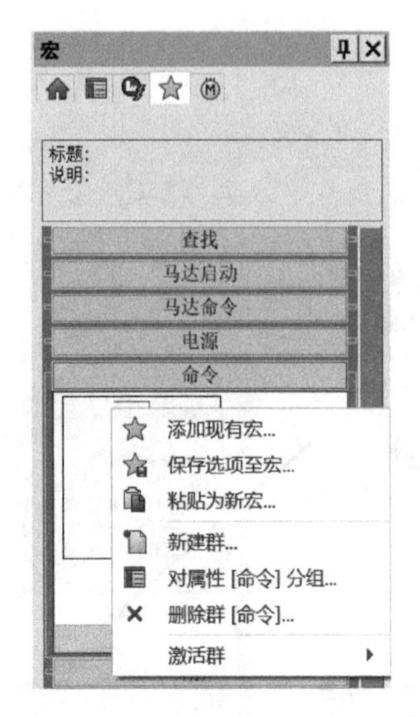

图 8-4 通过右键菜单创建原理图宏

8.2.2 使用原理图宏

原理图宏的使用方法与符号类似，可以由宏控制面板拖放插入或双击插入。插入宏时，将打开【特定粘贴】对话框，如图 8-5 所示。单击【向后】可以浏览该宏中包含的对象，通常直接单击【完成】插入该宏。

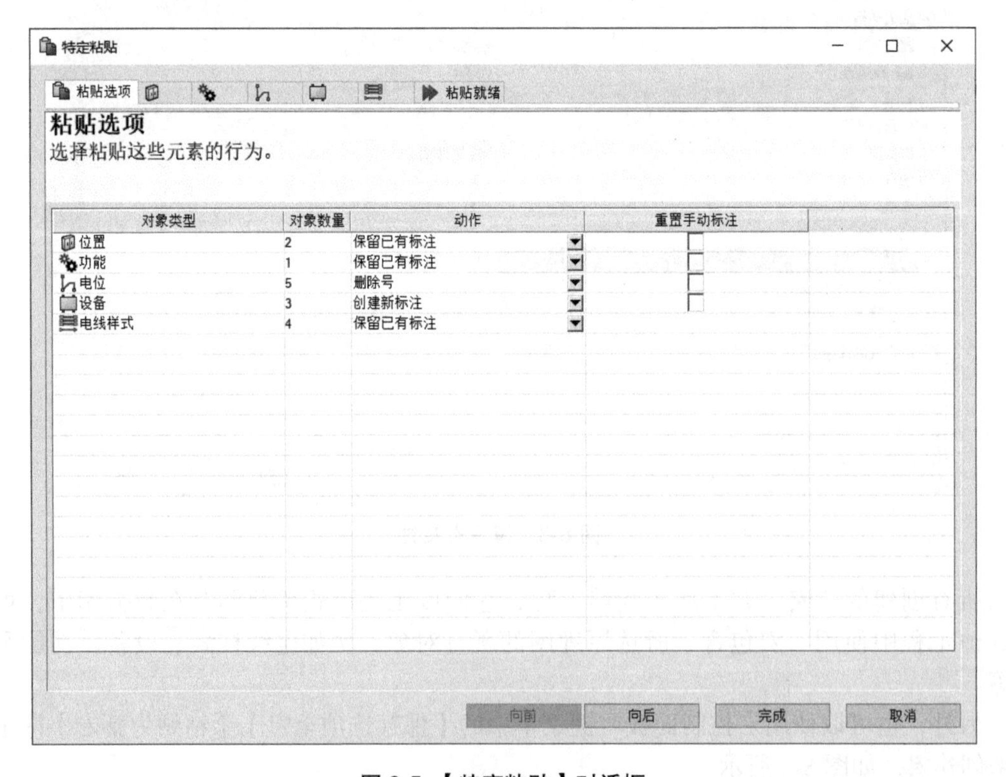

图 8-5 【特定粘贴】对话框

如果想要将当前插入宏中的某个设备关联至当前工程已有设备，可在【特定粘贴】对话框的【设备】选项卡下使用【关联】命令完成设备关联，如图 8-6 所示。未关联的设备默认创建新设备。

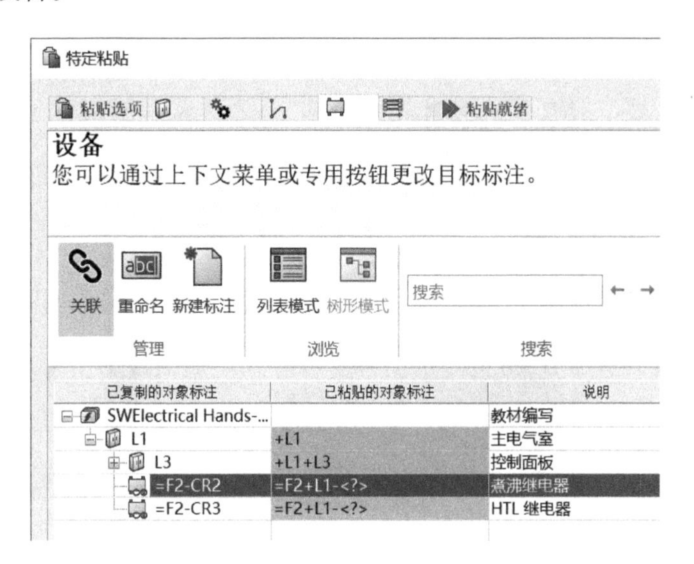

图 8-6　关联设备

也可以通过工具栏【原理图】/【插入宏】命令来使用原理图宏，如图 8-7a 所示；单击【其他宏】显示如图 8-7b 所示【宏选择器】，列出了当前可用的宏供使用。

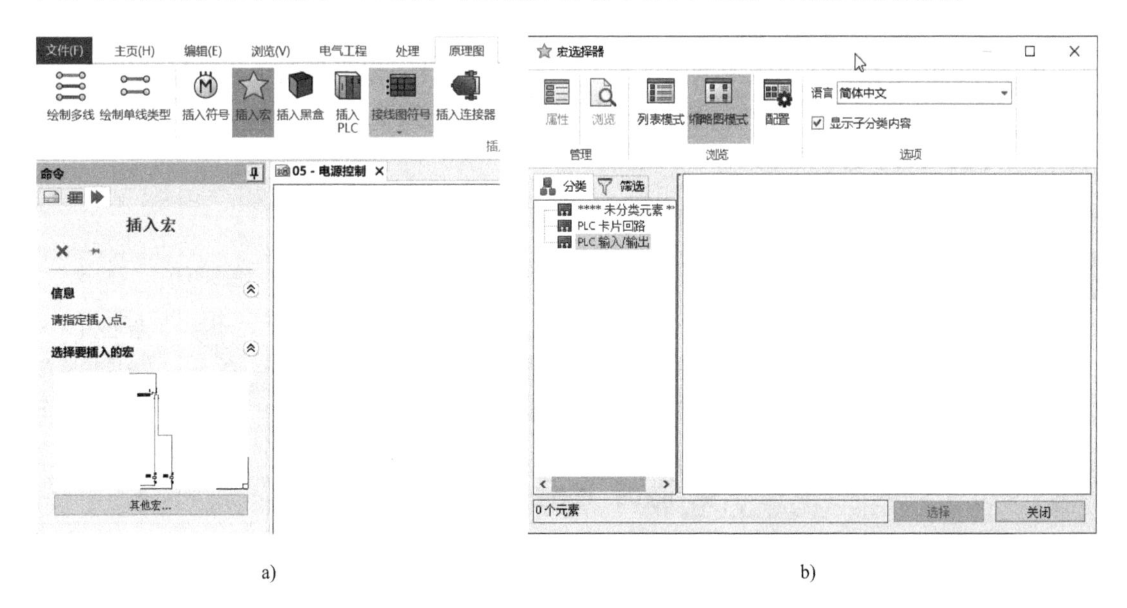

a)　　　　　　　　　　b)

图 8-7　原理图中插入宏

8.2.3　编辑宏

在宏控制面板中可直接打开宏。右击宏，在快捷菜单中单击【编辑宏】即可打开该宏，如图 8-8 所示。

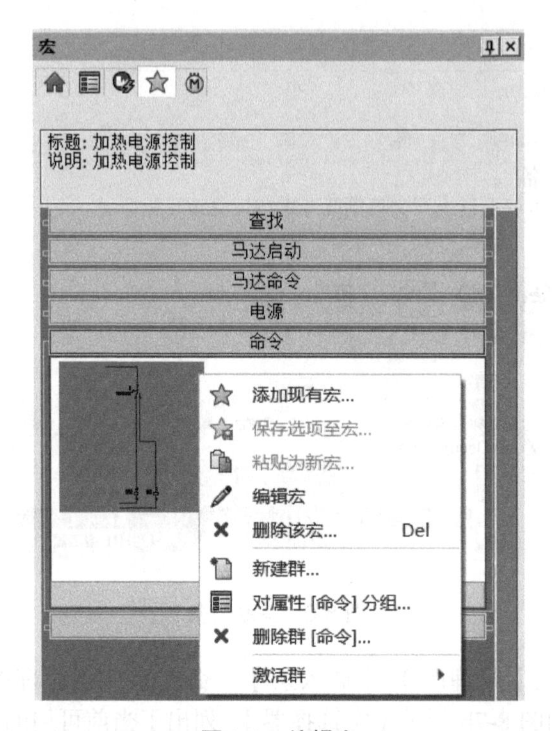

图 8-8　编辑宏

由于原理图宏是包含单张图纸的“小型”工程，因此可以像编辑工程一样编辑宏，例如对图纸和设备进行重新编号。唯一不同的是，原理图宏需要指定插入点。单击工具栏【修改】/【插入点】⊕，如图 8-9 所示。

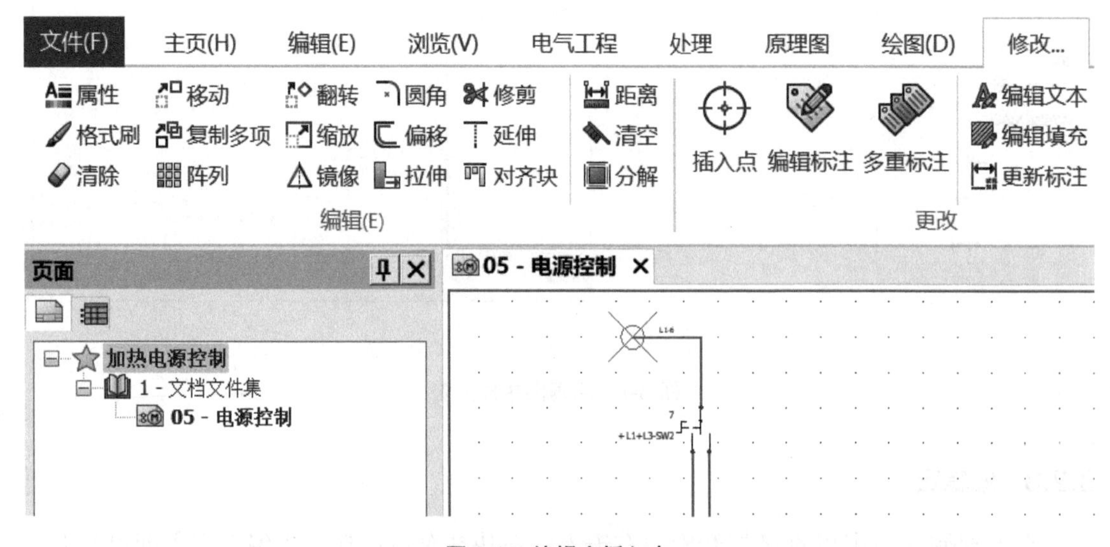

图 8-9　编辑宏插入点

8.3　工程宏

布线方框图类型宏与原理图宏的创建和使用方法相同，此处不做重复介绍。工程宏是工程中的一部分，通常包含多张图纸，因此不能在宏控制面板下创建和使用它们，需要在工程的文件浏览器下操作，如图 8-10 所示。在工程、文件集和文件夹的右键菜单中可以使用【插入工程宏】命令；在文件集、文件夹和图纸的右键菜单中可以使用【创建工程宏】命令。

图 8-10　工程宏的创建和使用命令

8.3.1　创建工程宏

选择 PLC 输入和 PLC 输出图纸，右击，在快捷菜单中单击【创建工程宏】，在弹出的宏属性界面填写宏名称等信息。其中，【标题】栏填写“PLC 输入输出”，【分类】选择【绘图自动化】，【数据库】选择【USER】，如图 8-11 所示。

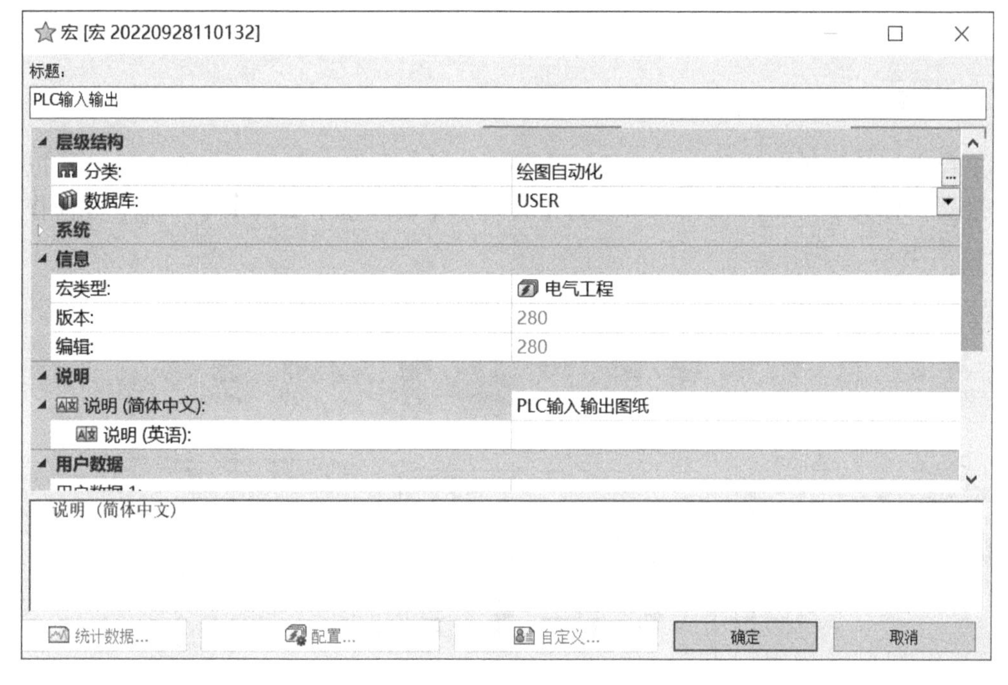

图 8-11　设置工程宏属性

8.3.2　使用工程宏

可以在需要的工程中插入工程宏。插入工程宏时将弹出【特定粘贴】对话框，如图 8-12 所示，可以进行设备关联等操作。工程宏可以包含文件集、文件夹以及多张图纸。

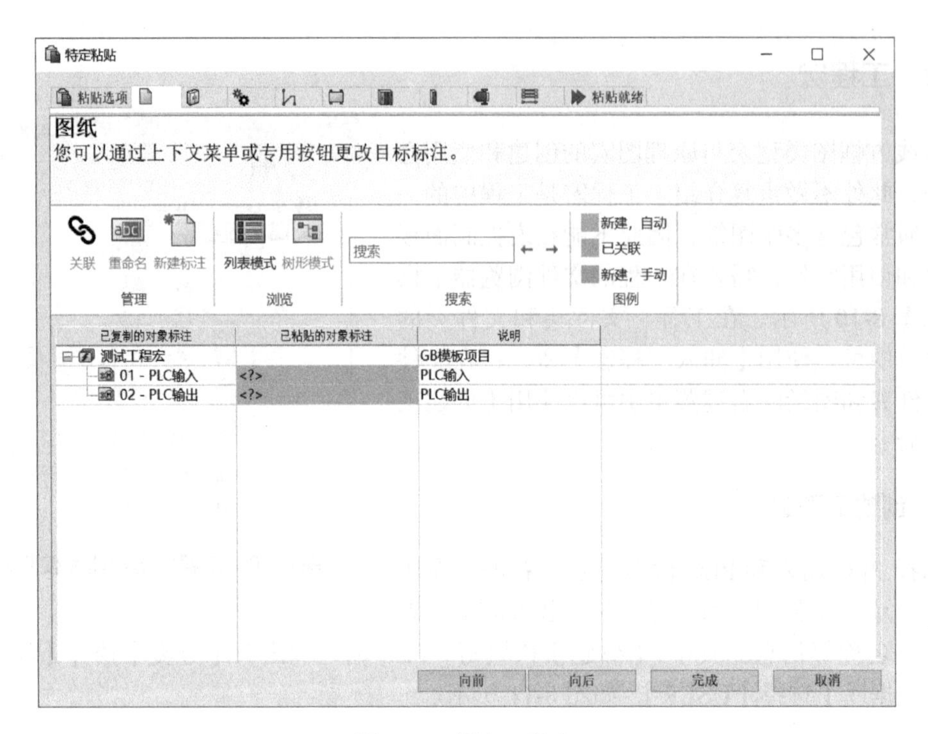

图 8-12　插入工程宏

8.3.3　管理宏

工程宏的编辑需要使用宏管理器。单击工具栏【数据库】/【宏管理】，可以打开宏管理器，在其中可对已创建的宏进行【打开】、【删除】、【复制】、【压缩】等操作，如图 8-13 所示。

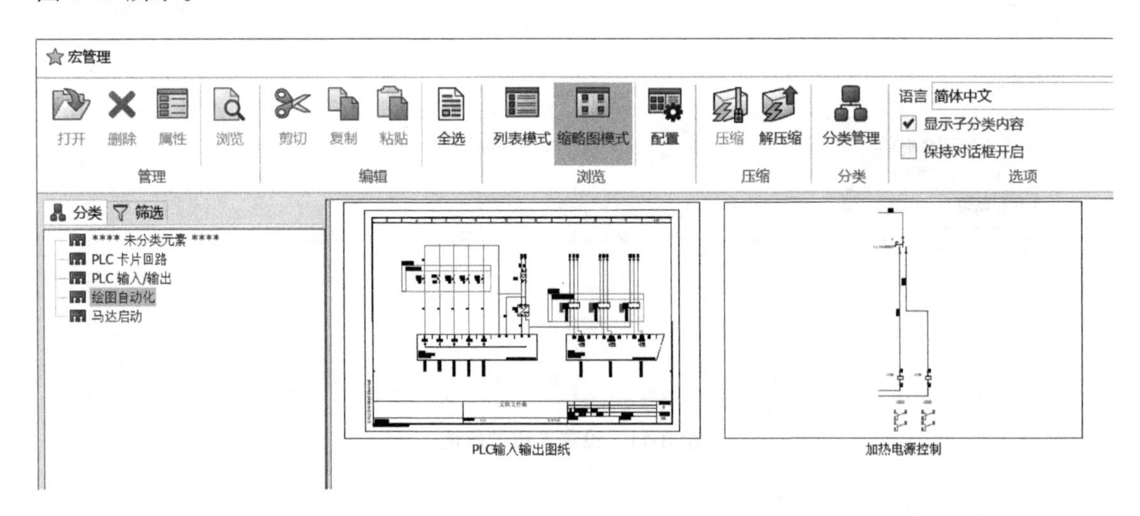

图 8-13　宏管理器

选择需编辑的宏后单击【属性】将打开如图 8-14 所示对话框，可以修改宏名称、分类、数据库等属性。

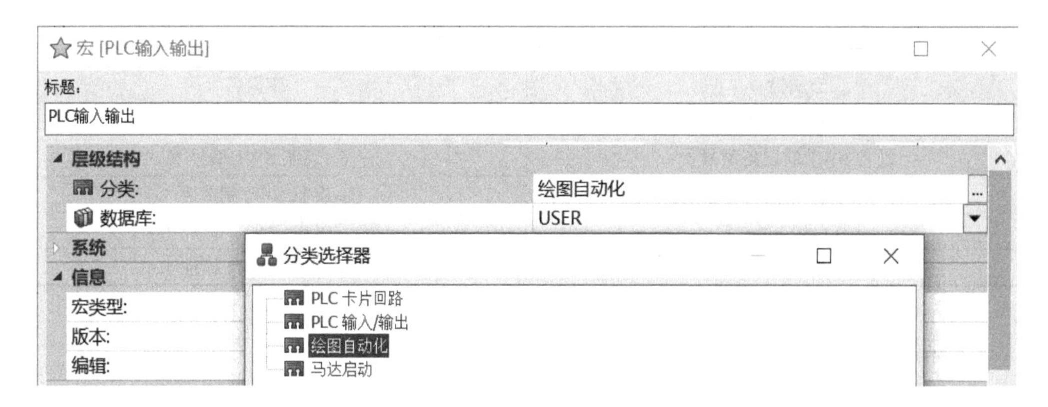

图 8-14 修改宏属性

【压缩】命令用于备份选中的宏,【解压缩】命令用于还原已备份的宏。

8.4 Excel 自动化

Excel 自动化是使用包含宏及其属性的 Excel 文件自动将这些宏插入特定图纸的功能。此 Excel 文件必须具有特定格式，才能导入到 SOLIDWORKS Electrical。因此 Excel 自动化分为以下三步：第一步是创建要使用的宏；第二步需要从文件模板创建 XLS 文件，并填写宏及其参数；最后一步是使用 Excel 自动化功能导入 XLS 文件，从而生成图纸。

8.4.1 参数宏的创建

Excel 文件中包含的数据是宏属性及其子对象属性，想要在 Excel 自动化中修改宏的相关属性就需要对属性进行变量化。变量化只需要将宏属性改为变量即可，变量名的格式必须以“%”字符开始和结束，例如“% 变量 1%”即为合法的变量名。软件支持的所有语言皆可用于变量名的定义，变量名必须在宏和 Excel 中保持一致。可以定义为变量的标注有设备标注、电线标注、设备型号及电线样式名称等。下面以图 8-15 所示的加热电源控制宏为例讲解变量设置方法。需要变量化的属性及变量名见表 8-1。

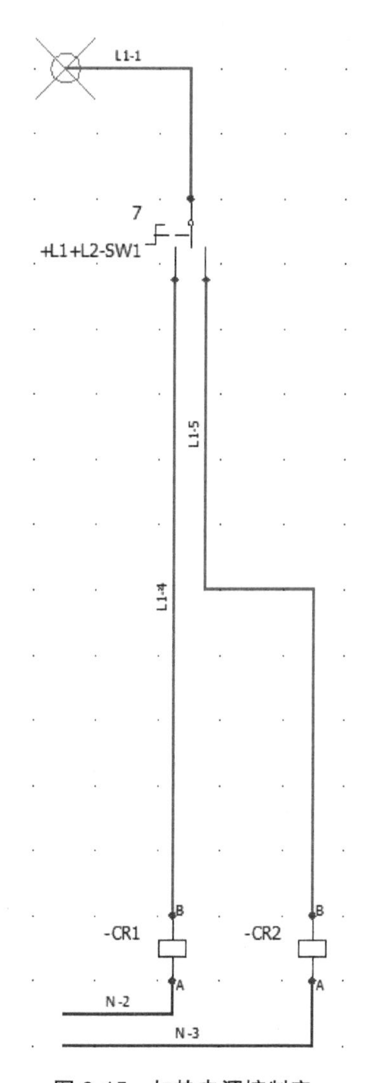

图 8-15 加热电源控制宏

1. 设备说明变量化

双击设备 SW1，打开其【设备属性】对话框，为【说明（简体中文）】填写变量名“% 旋钮 SW1 说明 %”，如图 8-16 所示。

表 8-1 宏属性与变量名

宏属性	变量名
设备 SW1 的说明	% 旋钮 SW1 说明 %
设备 SW1 的设备型号	% 旋钮 SW1 型号 %
设备 SW1 的设备制造商	% 旋钮 SW1 制造商 %
设备 CR1 的标注	% 继电器 CR1 标注 %
设备 CR2 的标注	% 继电器 CR2 标注 %

设备属性: =F1+L1+L2-SW1
标注和数据
设备型号与回路
标注
模式: 自动 手动
标注: SW1
源: SW
数: 1
永久设备:
层级结构
分类: 接触器,继电器
父:
位置: +L1+L2 - 控制面板
功能: =F1 - 主功能
说明
说明 (简体中文): %旋钮SW1说明%
说明 (英语):
用户数据
用户数据 1:
用户数据 2:
可译数据
可译数据 1 (简体中文):
源标注
自定义...
确定
取消

图 8-16 设备说明变量化

2. 设备型号变量化

由于型号与制造商共同确定一个物料，因此设备的型号与制造商需要一起变量化。将 SW1 的【设备属性】界面切换至【设备型号与回路】选项卡，删除已有设备型号，然后单击【创建设备型号】。在【设备型号属性】界面为【部件】填写“% 旋钮 SW1 型号 %”，为【制造商数据】填写“% 旋钮 SW1 制造商 %”，如图 8-17 所示。

其他参数保持默认，单击【确定】。在弹出的【添加设备型号】窗口单击【只用于此设备】，如图 8-18 所示。最后单击【确定】关闭 SW1 的【设备属性】界面，完成设备 SW1 说明和型号的变量化。

3. 设备标注变量化

双击设备 CR1，打开其【设备属性】对话框，将标注【模式】设为【手动】，为【标注】填写变量名“% 继电器 CR1 标注 %”，如图 8-19 所示。单击【确定】，完成设备 CR1 标注的变量化。以相同方法完成设备 CR2 标注的变量化。

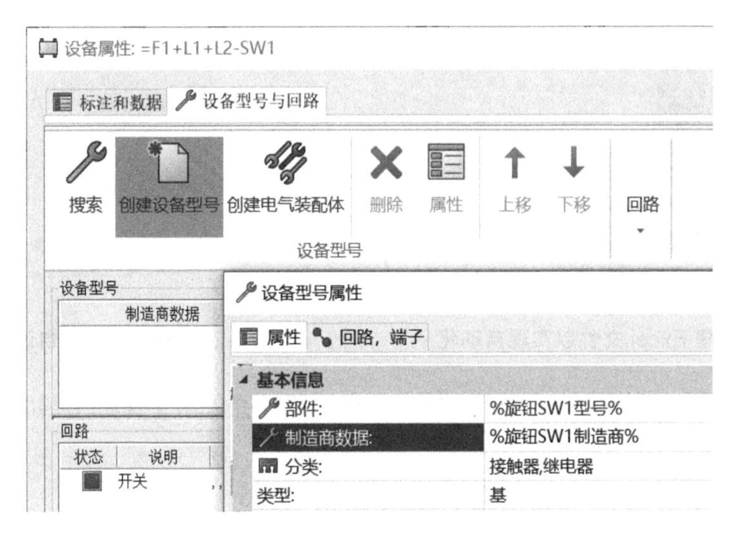

图 8-17　设备型号变量化

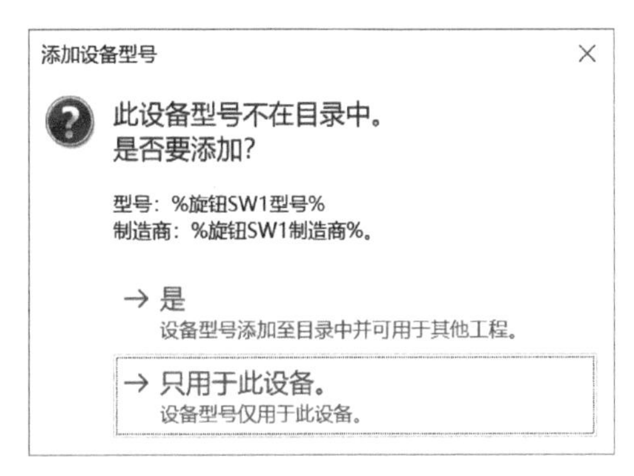

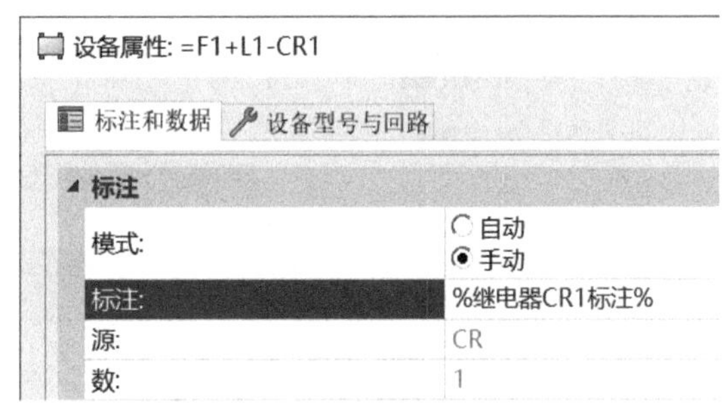

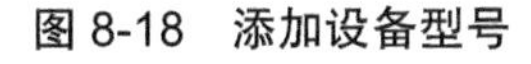
图 8-18　添加设备型号

图 8-19　设备标注变量化

8.4.2　Excel 自动化文件的创建

想要让程序识别 Excel 文件的内容，以实现自动生成图纸，需要对 Excel 文件有特定的要求。Excel 版本可以是 2003 版（xls）、2013 版（xlsx）或带宏的 Excel 文件格式（xlsm）。在导入过程中，软件仅处理 Excel 文件的第一张可见工作表，忽略其他工作表，对工作表和工作簿的名称没有要求。

Excel 工作簿中待处理的第一张可见工作表必须包含特定说明，用于执行 Excel 自动化处理流程。在导入时该流程会读取第一列中以"#"字符开头的第一个字符串所在的行，将该行作为标题行与 SOLIDWORKS Electrical 交互。标题行必须包含两种信息：字段名（例如 #mac_name 表示宏名称）和变量名称。字段名用来指定要插入的宏和宏的插入位置（图纸、文件集、位置和功能），变量名称用来指定变量，以便于用值来替换。为了快速创建符合 Excel 自动化要求的 Excel 文件，我们将使用软件自带的模板文件。单击【导入 / 导出】/【Excel 自动化】，出现如图 8-20 所示菜单，选择【新建 Excel 文件以实现自动化】。

在弹出的对话框中选择默认模板并单击【确定】，如图 8-21 所示。

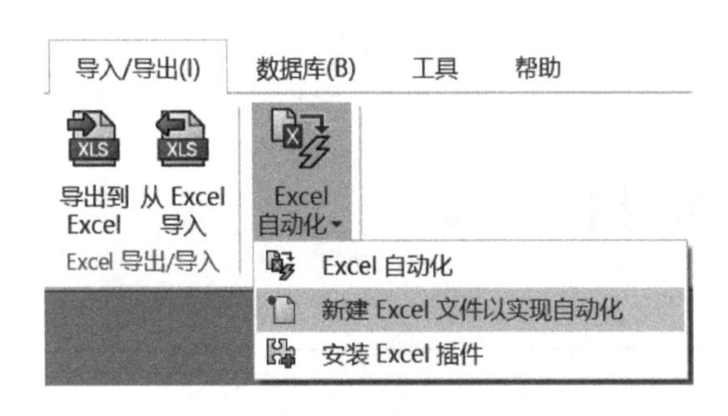

图 8-20　新建 Excel 文件以实现自动化

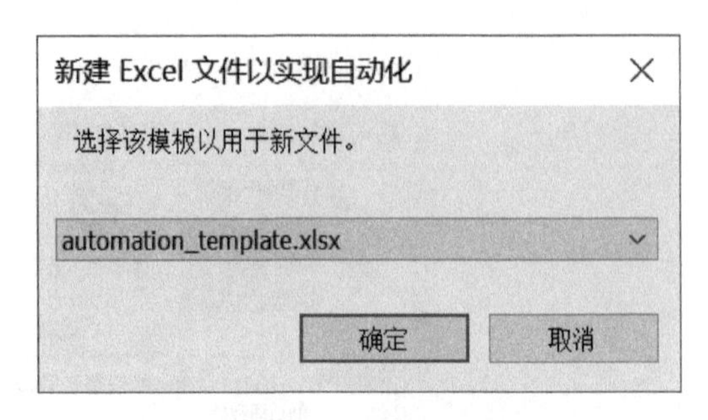

图 8-21　选择 Excel 自动化模板文件

在【另存为】对话框中为 Excel 文件选择桌面路径并单击【保存】，如图 8-22 所示。

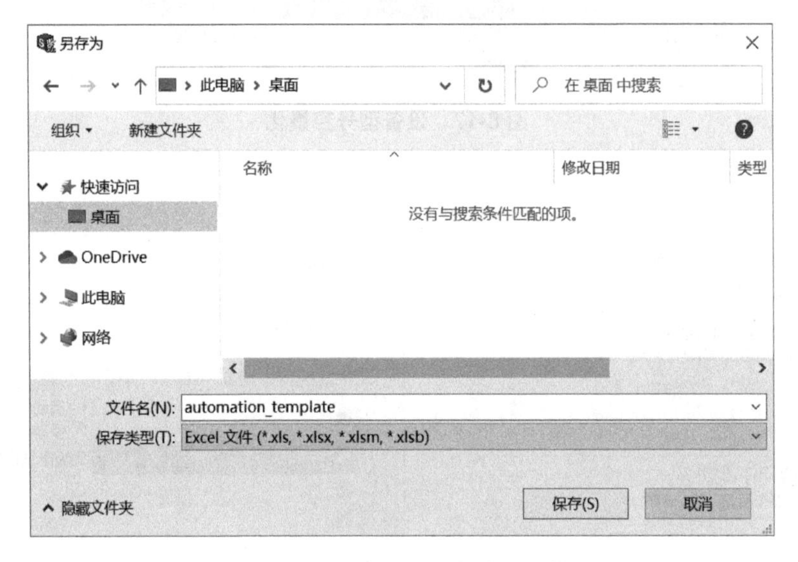

图 8-22　另存 Excel 自动化文件

完成另存后默认会打开 Excel 自动化文件。下面以该 Excel 文件为例介绍字段和变量对应数据如何填写。

1. 字段名要求

图 8-23 所示为 Excel 自动化文件常用字段，其中“A5”“B5”“C5”和“F5”单元格字段为必要字段，分别对应填写“宏的名称”“宏插入点的 *X* 坐标”“宏插入点的 *Y* 坐标”和“目标图纸的标注”。

	A	B	C	F	G	H
1	Macro			File		
2	Macro	X Position	Y Position	Mark	Type	Description
5	#mac_name	#mac_posx	#mac_posy	#fil_title	#fil_filetype	#fil.tra_0.l1
6						
7						

图 8-23　Excel 自动化文件常用字段

由于 Excel 自动化的本质是将宏插入到工程，因此除设置与宏相关的字段外，还允许设置其他字段用来匹配图纸、文件集、位置和功能属性。其中图纸支持的字段见表 8-2。

表 8-2 工程图纸相关字段及说明

字段名	说 明	必 填
#fil_filename	磁盘中文件的名称	否
#fil_title	图纸的标注	是
#fil_filetype	图纸类型（*）	否
#fil_manual	手动或自动标记	否
#fil.tra_0.xx	图纸的说明，其中 xx 为语言代码	否
#fil.use_data0	图纸的用户数据	否

提示：* 支持插入的图纸类型和对应代码为 0- 原理图图纸，1- 布线方框图，5- 封面，9- 机柜布局图纸，12- 混合原理图图纸。

其他对象支持的字段请参考软件帮助文件。除 4 个必要字段外，其余字段都是可选字段。在不使用其他字段时，宏的默认位置会匹配工程的默认位置，文件集与功能也是如此。

假设当前项目第 5 页中缺少"加热电源控制"部分的图纸，需要通过 Excel 自动化将其补全，图 8-24 显示了 Excel 自动化文件中字段对应的数据内容。

	A	B	C	F	G	H
1	Macro			File		
2	Macro	X Position	Y Position	Mark	Type	Description
5	#mac_name	#mac_posx	#mac_posy	#fil_title	#fil_filetype	#fil.tra_0.l1
6	加热电源控制	65	240	05	0	
7						

图 8-24 Excel 自动化字段对应数据内容

2. 变量要求

Excel 除了使用字段说明在哪里插入宏外，还必须标识出宏中包含的变量，以便为其赋值。图 8-25 所示为 Excel 自动化文件两种变量标记格式。

	O	P	Q	R	S	T
1	Variables					
2	Variable name 1	Variable value 1	Variable name 2	Variable value 2	Variable 1	Variable 2
5	#mac_var_name1	#mac_var_value1	#mac_var_name2	#mac_var_value2	%VAR1%	%VAR2%
6						
7						

图 8-25 Excel 自动化文件两种变量标记格式

第一种方法在标题行使用标记 #mac_var_name 和 #mac_var_value 来同时标识出变量名和变量值。根据需要依次写入多个列对（需要添加后缀）。之后，对于每插入一个宏，都需要在 #mac_var_name 标记的列下写入变量名，并在 #mac_var_value 标记的列下写入该变量的值。图 8-26 所示为使用该方法时变量名与数据内容的填写方式。

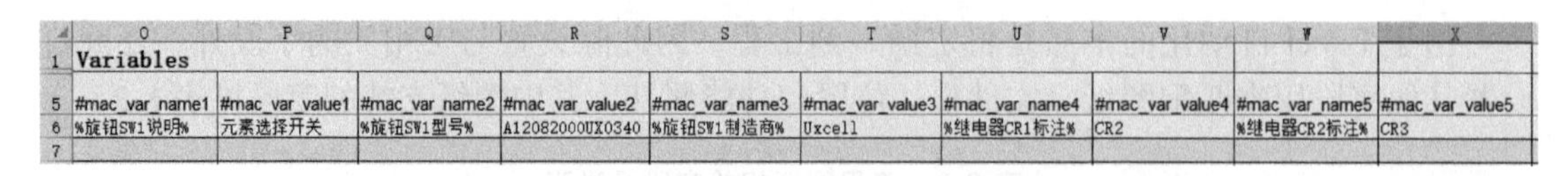

	O	P	Q	R	S	T	U	V	W	X
1	Variables									
5	#mac_var_name1	#mac_var_value1	#mac_var_name2	#mac_var_value2	#mac_var_name3	#mac_var_value3	#mac_var_name4	#mac_var_value4	#mac_var_name5	#mac_var_value5
6	%旋钮SW1说明%	元素选择开关	%旋钮SW1型号%	A12082000UX0340	%旋钮SW1制造商%	Uxcell	%继电器CR1标注%	CR2	%继电器CR2标注%	CR3
7										

图 8-26　同时标识变量名和变量值

当创建的宏中大部分变量使用了相同名称时，可以使用第二种方法，即在标题行中指定变量的名称，然后在待插入的宏所在的行中指定此变量的值。图 8-27 所示为使用该方法时变量名与数据内容的填写方式。

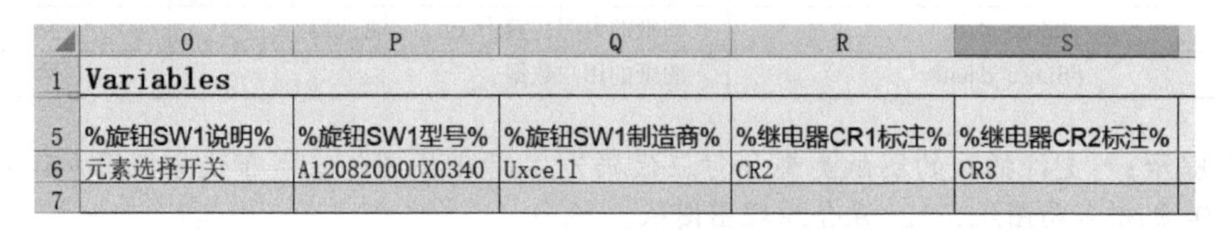

	O	P	Q	R	S
1	Variables				
5	%旋钮SW1说明%	%旋钮SW1型号%	%旋钮SW1制造商%	%继电器CR1标注%	%继电器CR2标注%
6	元素选择开关	A12082000UX0340	Uxcell	CR2	CR3
7					

图 8-27　标题行指定变量名

8.4.3　导入 Excel

注意：导入 Excel 之前先删除工程第 5 页图纸中的加热电源控制回路。

单击工具栏【导入 / 导出】/【Excel 自动化】，如图 8-28 所示，选择 Excel 自动化文件，单击【打开】。

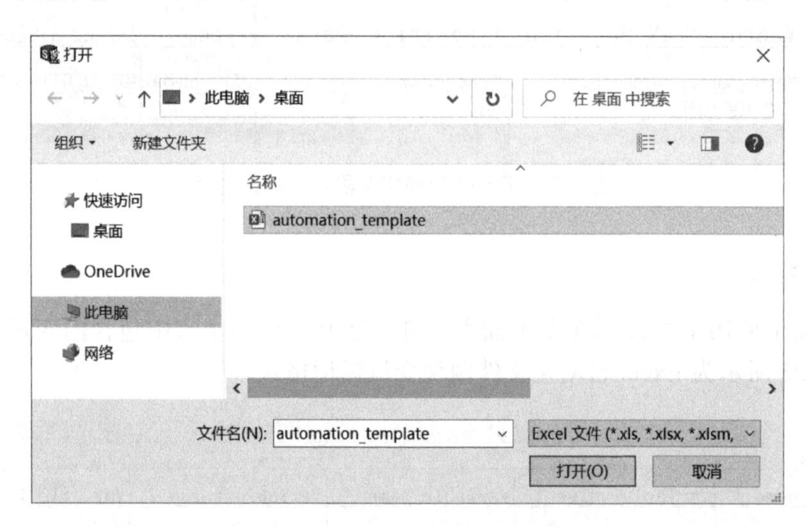

图 8-28　选择 Excel 自动化文件

等待软件完成 Excel 自动化流程，完成后软件将返回摘要信息，如图 8-29 所示。

图 8-29　Excel 自动化流程摘要

8.4.4　Excel 插件

使用插件可以通过选择的方式向 Excel 中添加宏，并且软件将自动填写变量名。

1. Excel 插件安装

单击工具栏【导入 / 导出】/【Excel 自动化】，选择【安装 Excel 插件】，弹出如图 8-30 所示对话框，选择【尝试安装】。

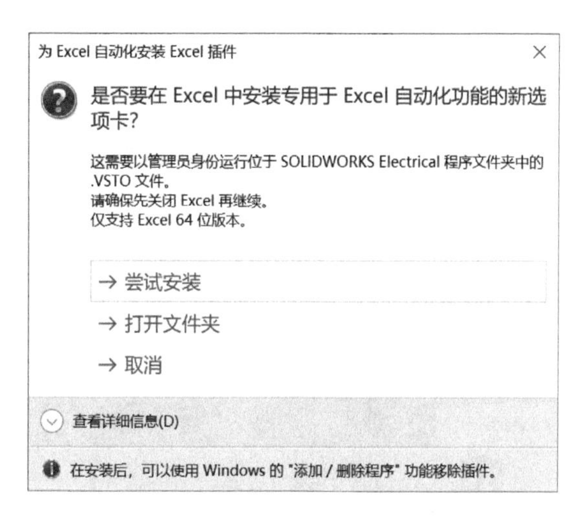

图 8-30　安装 Excel 插件

2. 使用插件添加宏

插件安装完成后便可在 Excel 中使用该插件。打开 Excel 自动化文件，在需要插入宏的行上单击任意单元格将其选中。如图 8-31 所示，单击【SOLIDWORKS Electrical】/【插入宏】，通过【宏选择器】选择所需宏，单击【选择】完成宏的插入。

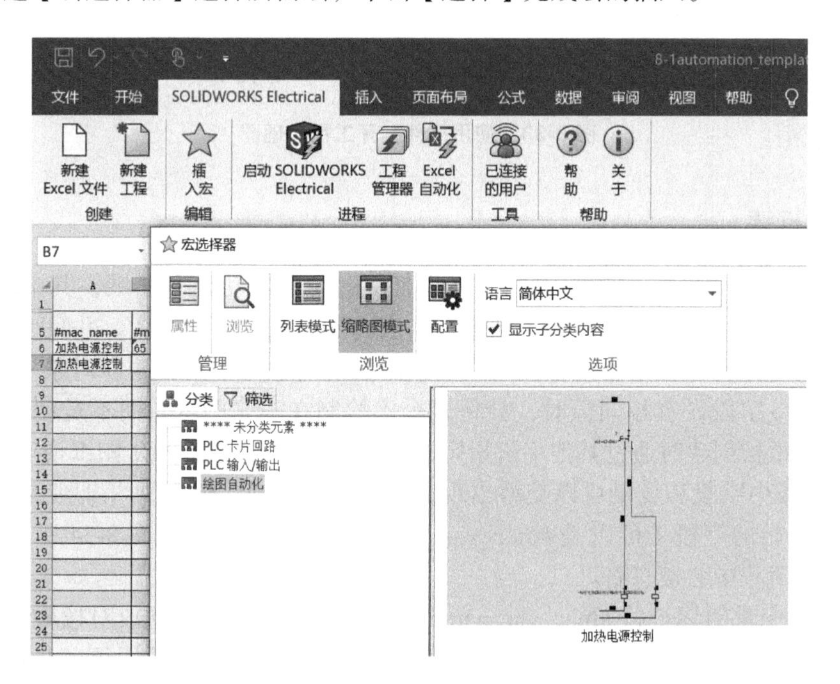

图 8-31　使用 Excel 插件插入宏

通过插件插入宏时，宏中的变量自动添加至当前行，需要填值的单元格会显示问号，并且软件能自动适配两种变量标记方式，如图 8-32 所示。

	O	P	Q	R	S	T	U	V
1	Variables							
5	#mac_var_name1	#mac_var_value1	#mac_var_name2	#mac_var_value2	#mac_var_name3	#mac_var_value3	%继电器CR1标注%	%继电器CR2标注%
6	%旋钮SW1制造商%	?	%旋钮SW1型号%	?	%旋钮SW1说明%	?	?	?
7								

图 8-32　使用 Excel 插件自动添加变量

3. 使用插件完成 Excel 自动化

单击【SOLIDWORKS Electrical】/【工程管理器】，可以直接由 Excel 打开工程管理器，如图 8-33 所示。在工程管理器中可以将所需工程设为当前工程，方便后续 Excel 自动化。

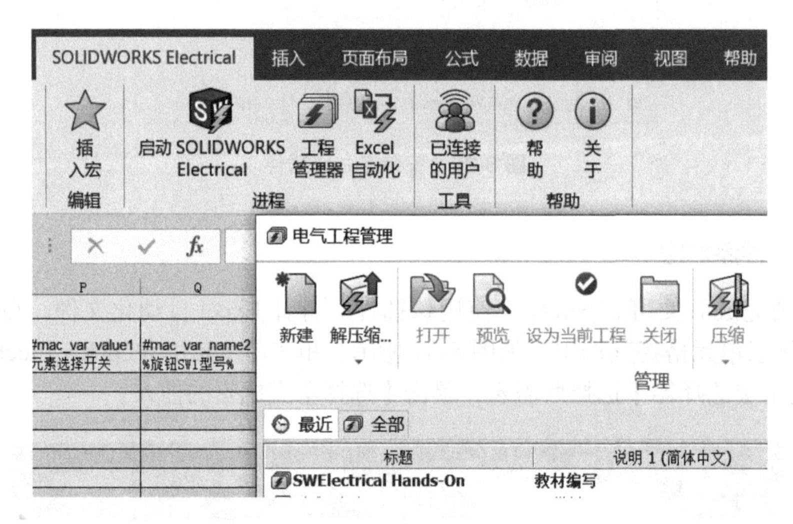

图 8-33　使用插件打开工程管理器

8.4.5　常见问题

使用字段可以重新指定插入宏的默认文件集、位置、功能和图纸，其中图纸必须指定。文件集、位置、功能和图纸为自动创建，宏将插入到对应图纸中，并且变量将替换为值。当指定的对象在工程中已经存在时，会匹配已有对象而不是创建新对象。例如，为多个宏的 #fil_title 字段设置相同值时，会将多个宏绘制在一张图纸，而不是创建多张图纸。另外，只有图纸被创建时通过其他字段指定的属性（例如 #fil.tra_0.L1 图纸说明）才有效。

Excel 模板中字段和变量可以交替出现，也可以有空缺，但 A 列（即使是隐藏列）必须包含以 # 开始的字段（可以是 #mac_var_name），否则会出现如图 8-34 所示错误提示。隐藏列在导入流程中会被忽略。

用来标识变量的标记符 #mac_var_name 和 #mac_var_value 必须成对按顺序连续出现，且不得重复。当有多个变量需要标记时，需要在其后添加后缀，后缀可以是数字或字母。同一对标记必须相同，否则会出现如图 8-35 所示错误提示。建议使用数字序号做其后缀。

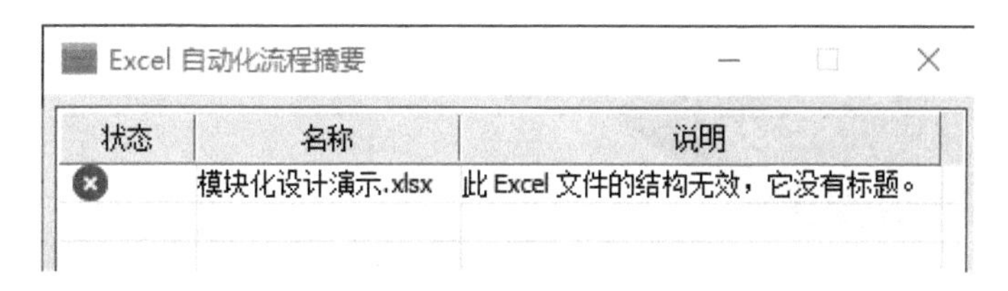

图 8-34　模板结构错误提示

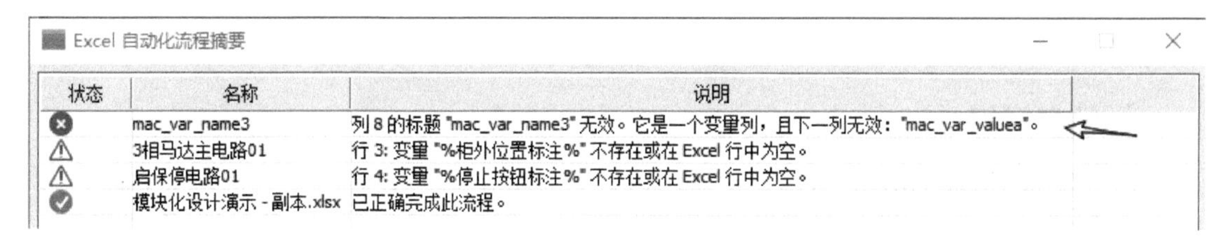

图 8-35　变量标记格式错误提示

综上所述，宏的默认位置、文件集和功能导入时会与工程相匹配。如果想要重新指定，只能通过添加相关字段，不能通过变量标注实现。因此创建宏时无须对默认位置设置变量。工程对象被新建时其定义的属性才会被导入，匹配已有对象时，已有对象的属性不会被修改。

练习

一、简答题

1. 工程宏如何创建和使用？
2. Excel 自动化有何作用？对宏有哪些要求？
3. Excel 自动化对 Excel 文件有何要求？
4. 关联两个宏中的设备的条件是什么？

二、操作题

1. 绘制一个三相电机星—三角启动原理图，包含主回路和控制回路，并将主回路和控制回路分别保存为原理图宏。

2. 编辑三相电机星—三角启动主回路和控制回路宏，修改宏插入点并将接触器标注变量化。

3. 安装 Excel 插件，在 Excel 中插入三相电机星—三角启动主回路和控制回路宏，并通过 Excel 自动化实现三相电机星—三角启动原理图自动生成。

第 9 章 PLC 设计

学习目标

1. 熟悉 SOLIDWORKS Electrical 针对 PLC 设计的应用逻辑。
2. 掌握 PLC 及 I/O 管理器应用。
3. 掌握 PLC 的编辑。
4. 掌握 I/O 点的配置。
5. 掌握 PLC 原理图的生成。

9.1 什么是 PLC

可编程逻辑控制器（Programmable Logic Controller，简称 PLC），是一种具有微处理器的数字电子设备，在其内部存储执行逻辑运算、顺序控制、定时、计数和算术运算等操作的指令，是一种专门为工业环境下应用而设计的数字运算操作电子系统，是用于自动化控制的数字逻辑控制器。PLC 采用可编程的存储器，可以将控制指令随时加载至存储器内存储与运行，接收（输入）及发送（输出）多种类型的电气或电子信号，通过数字式或模拟式的输入输出来控制各种类型的机械设备或生产过程。PLC 的应用应该按照易于与工业控制系统连成一个整体，易于扩充其功能的原则来设计。

PLC 由内部 CPU、存储器、输入 / 输出单元、电源、数字模拟等单元模块化组合而成。其基本外形结构如图 9-1 所示。

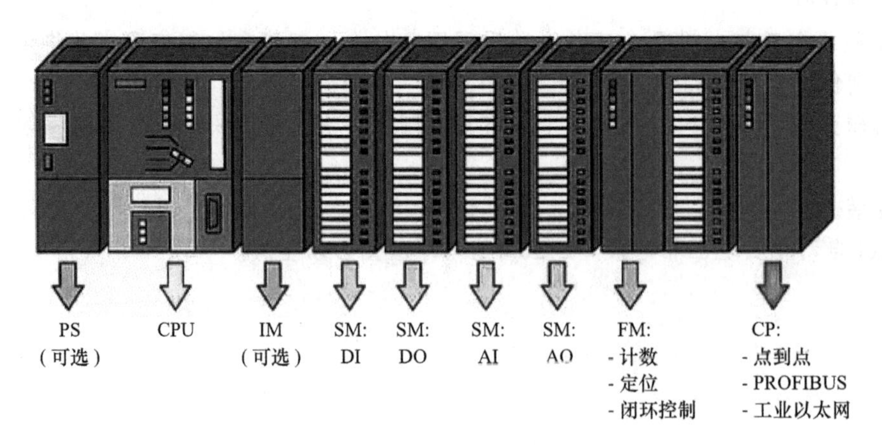

图 9-1　PLC 外形结构

（1）中央处理单元（CPU）　PLC 控制中枢，决定 PLC 性能。

（2）存储器　存放系统程序、用户程序、逻辑变量和其他信息等。

（3）电源　用于将交流电转换成 PLC 内部所需的直流电。

（4）输入单元　接收主令元件、检测元件传来的信号。

（5）输出单元　把 PLC 的控制信号输出给被控设备。

（6）数字量单元　用于连接外部机械触点和电子数字传感器的通断信号，也称为开关量，是离散的，接通和断开用 0 和 1 来表达两种状态，如行程开关、光电开关或设备所带的辅助触点等。

（7）模拟量单元　模拟量是连续信号，如压力、电流、电压、流量、液位等，一般为过程值，通过变送器转换为标准的电流信号或者电压信号，输入到模拟量模块中。例如监测生产过程中的温度变化（0 ~ 100℃），然后通过转换电路转换为模拟量模块支持的信号模式，如 4 ~ 20mA，这样模拟量模块再经过处理传输给 CPU 进行程序控制。

PLC 用户程序具有性能稳定、体积小、模块组合灵活、可编程等特点，在工控系统中较传统的继电器、接触器控制系统更易修改、维护，并具有较强的可靠性。编程常用的 PLC 编程语言主要有五种，分别为梯形图语言、指令表语言、功能模块图语言、顺序功能流程图语言、结构化文本语言。

梯形图编程方式是 PLC 应用最多的图形编程语言，如图 9-2 所示，是 PLC 的第一编程语言。由于梯形图与电器控制系统的电路图很相似，具有直观易懂的优点，很容易被工厂电气人员掌握，特别适用于开关量逻辑控制。因此，梯形图常被称为电路或程序，梯形图的设计也称为编程。

SOLIDWORKS Electrical 中暂不能进行 PLC 编程，目前支持 PLC 输入输出设计、图形生成及数据统计。

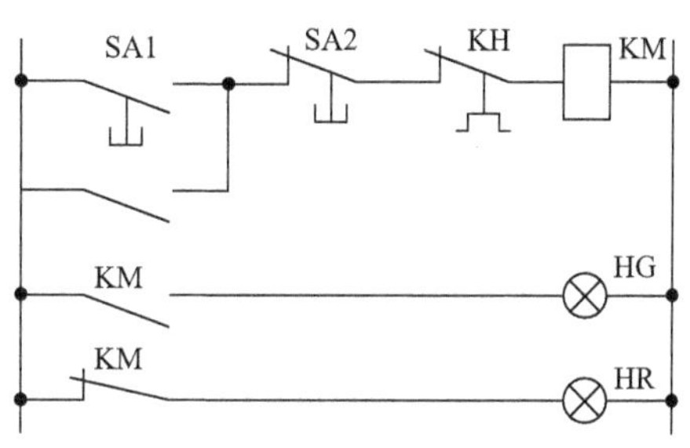

a) 交流异步电动机直接启动电路图

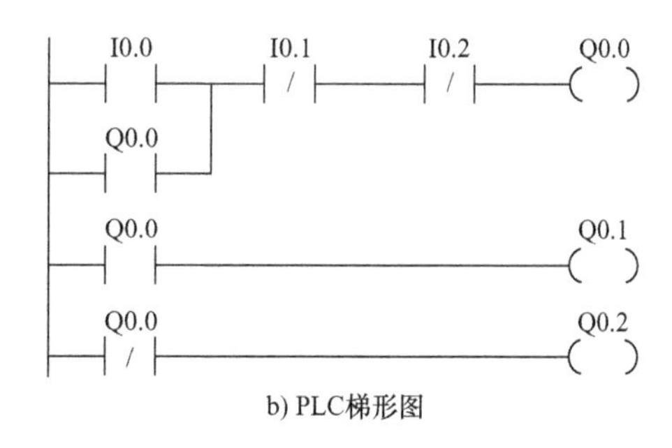

b) PLC梯形图

图 9-2　梯形图

9.2　PLC 管理器

单击工具栏【电气工程】/【PLC】，弹出如图 9-3 所示的【PLC 管理】对话框。

当前项目中所使用的 PLC 及各类模块均集中管理在当前的 PLC 管理器中，管理器中的【当前工程中的 PLC 列表】中列出了当前工程所使用的或预设待使用的各类 PLC 及模块；管理器中的【选择回路列表】中会列出选择的 PLC 或模块的详细回路信息。

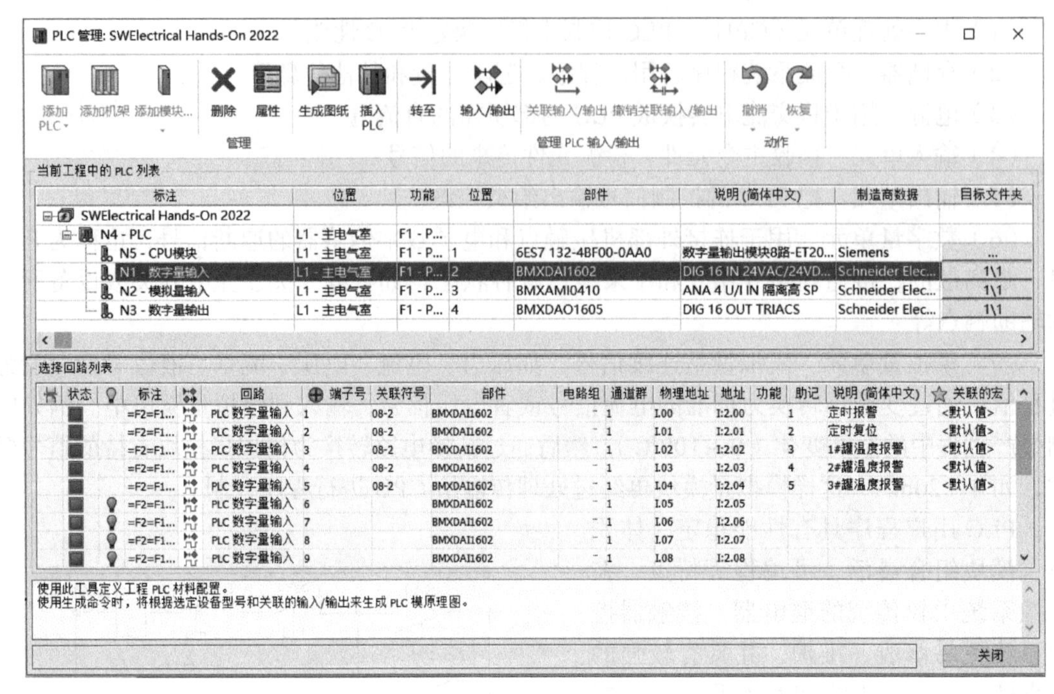

图 9-3　PLC 管理器

9.2.1　添加 PLC

在整个项目的设计过程中，先后新增 PLC 及各类扩展模块时，可随时打开 PLC 管理器进行新增。单击【添加 PLC】，出现【PLC 标注】和【PLC 设备型号】两个选项，如图 9-4 所示。

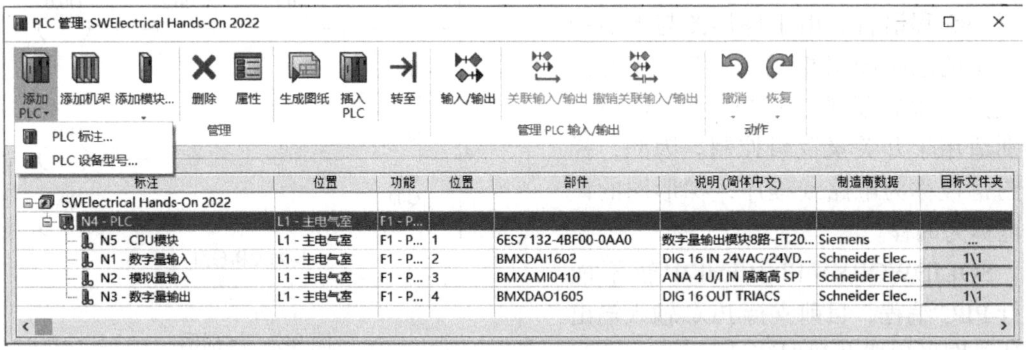

图 9-4　添加 PLC

单击【PLC 标注】，打开如图 9-5 所示的【设备属性】对话框，可对新增 PLC 的标注序号、手动 / 自动模式、层级结构、制造商数据以及用户自定义变量数据进行编辑定义。

标注序号默认为自动标注模式，新增标注的同时将自动重排已有编号；如选择手动标注模式，可自定义标注编号。

编辑完新增 PLC 的属性后，可在此对话框中单击【设备型号与回路】选项卡，对新增的 PLC 进行选型，同时快速编辑定义设备标注、层级结构、制造商信息、回路信息及接线引脚信息等属性。选型方法可按第 7 章的设备选型方法进行操作。

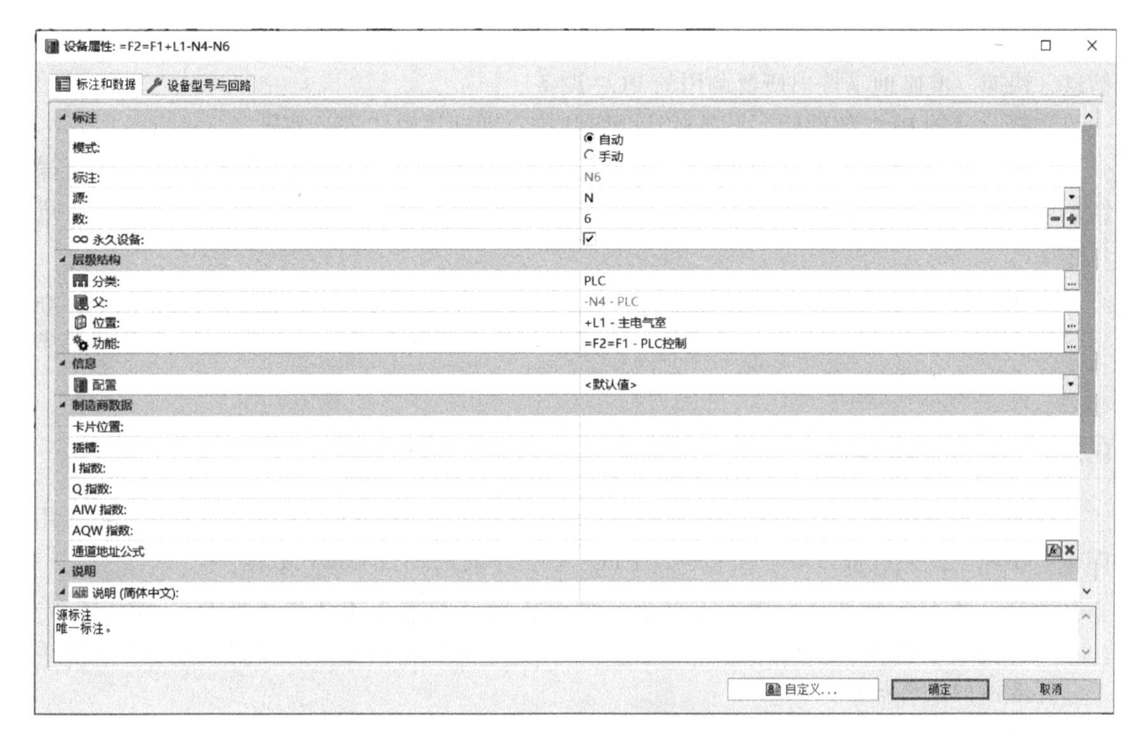

图 9-5 【设备属性】对话框

若通过【PLC 设备型号】打开【选择设备型号】对话框，可直接选择合适的 PLC 部件进行新增，如图 9-6 所示。

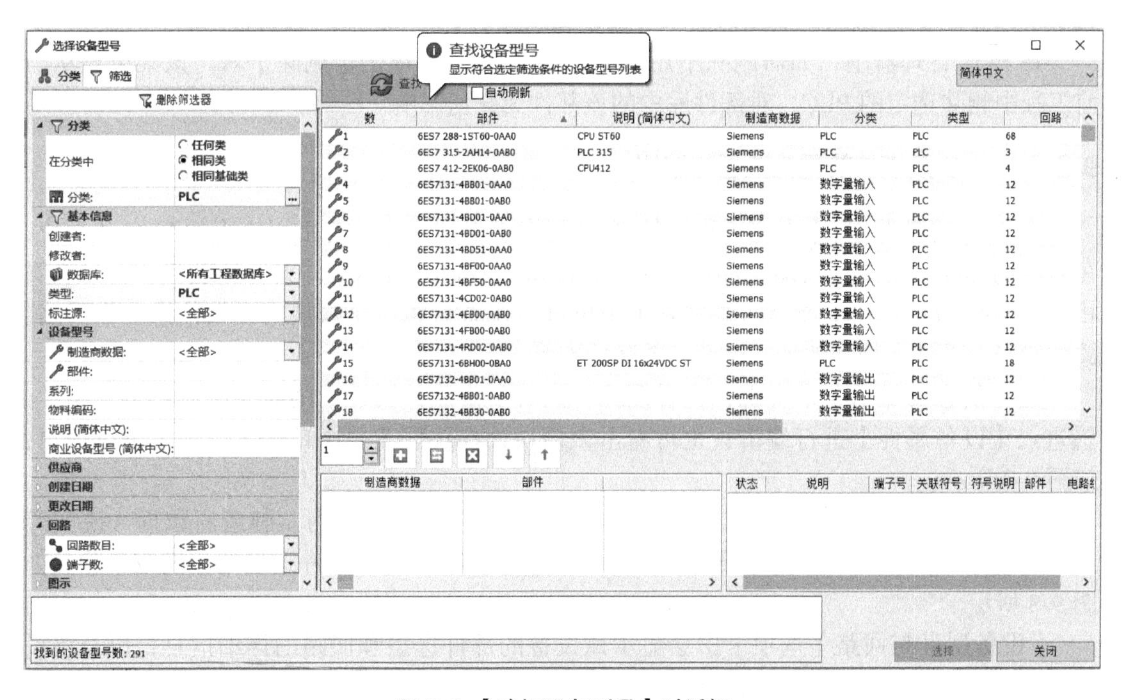

图 9-6 【选择设备型号】对话框

左侧的【筛选】选项卡可通过分类、基本信息、设备型号、供应商及回路等一些关键信息，快速、准确地筛选出所要调用的 PLC 设备。

选择合适的 PLC 部件后，设备标注会默认按自动标注模式进行编号。

综上，当新增的 PLC 既要选型又要自定义标注编号时，可通过【PLC 标注】进行操作；如对新增的 PLC 的标注编号均统一按默认编号进行操作，可通过【PLC 设备型号】进行操作。

注意：新增 PLC 及各类扩展模块时，注意项目中各模块的层级结构，如总站 CPU、分站 CPU、子站 CPU 或模拟量模块、数字量模块之间的配置关系，通过 PLC 管理器中的【当前工程中的 PLC 列表】可体现出来。

9.2.2 添加机架及模块

机架及模块可用于添加各类附加设备，如新增 PLC 所附带的安装机架以及各类连接用的扩展模块。此类设备通常单独采购，生成采购清单时需要自动带入数据。

注意：添加机架及模块需在【当前工程中的 PLC 列表】中选择已添加的 PLC 设备，菜单指令才可激活应用，如选择工程项目或已连接某个 PLC 下的模块，菜单指令是不可激活的灰色状态。

单击【添加机架】和【添加模块】，均会弹出如图 9-6 所示的【选择设备型号】对话框，所不同的是【筛选】下的【类型】。如同前例，单击【添加 PLC】,【类型】为【PLC】;单击【添加机架】,【类型】为【机架】;而单击【添加模块】,【类型】则为【模块】。再从部件库中筛选合适的机架或模块进行添加，添加完成后，在【当前工程中的 PLC 列表】中选择的 PLC 层级下会出现已添加的机架或模块。

在 PLC 管理器中，如需删除不用的 PLC 及模块，可单击【删除】✕。该菜单是从当前工程中删除选定的 PLC，对部件库中的该部件无任何影响。

9.2.3 PLC 及模块的属性查看与编辑

在 PLC 管理器中,【当前工程中的 PLC 列表】中列出了所有工程应用的 PLC 及模块，在对应的标注、位置、功能、部件、说明、制造商数据、目标文件夹等标题栏下，可查看相应的数据信息；在【选择回路列表】中可进一步查看每一个模块的详细信息，如回路、关联符号、部件、物理地址、助记、关联的宏等。

这些信息的显示非常直观，查看便捷。但若要修改其属性，则需要通过单击【属性】进入【设备属性】进行编辑；也可右击该模块，在快捷菜单中单击【属性】进行编辑，如图 9-7 所示。

进入【设备属性】对话框后，可对该设备的标注、层级结构、制造商数据、说明等属性进行详细编辑；也可在【设备型号与回路】选项卡中进行部件选型的替换或删除，如图 9-8 所示。

【设备型号与回路】选项卡中会显示该设备的部件选型和回路的详细信息，以及该设备在原理图中的预览信息，如图 9-9 所示。

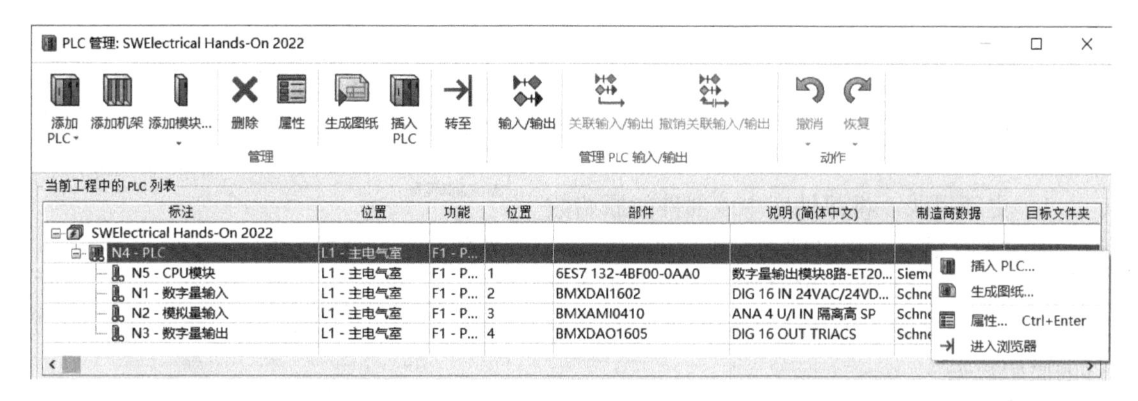

图 9-7　编辑 PLC

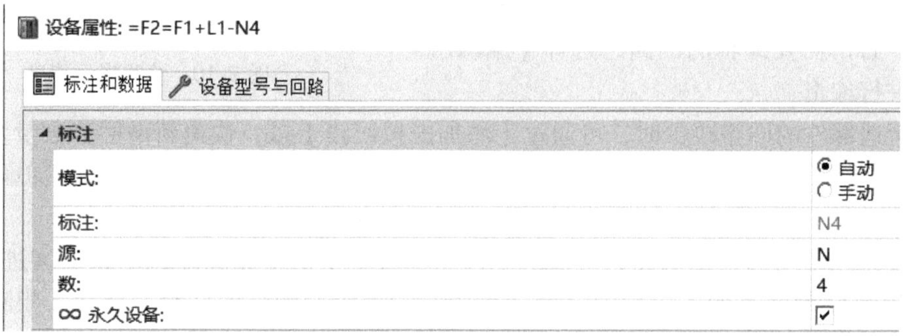

设备属性: =F2=F1+L1-N4

标注和数据　设备型号与回路

标注

模式:	自动 / 手动
标注:	N4
源:	N
数:	4
永久设备:	☑

图 9-8　编辑设备属性

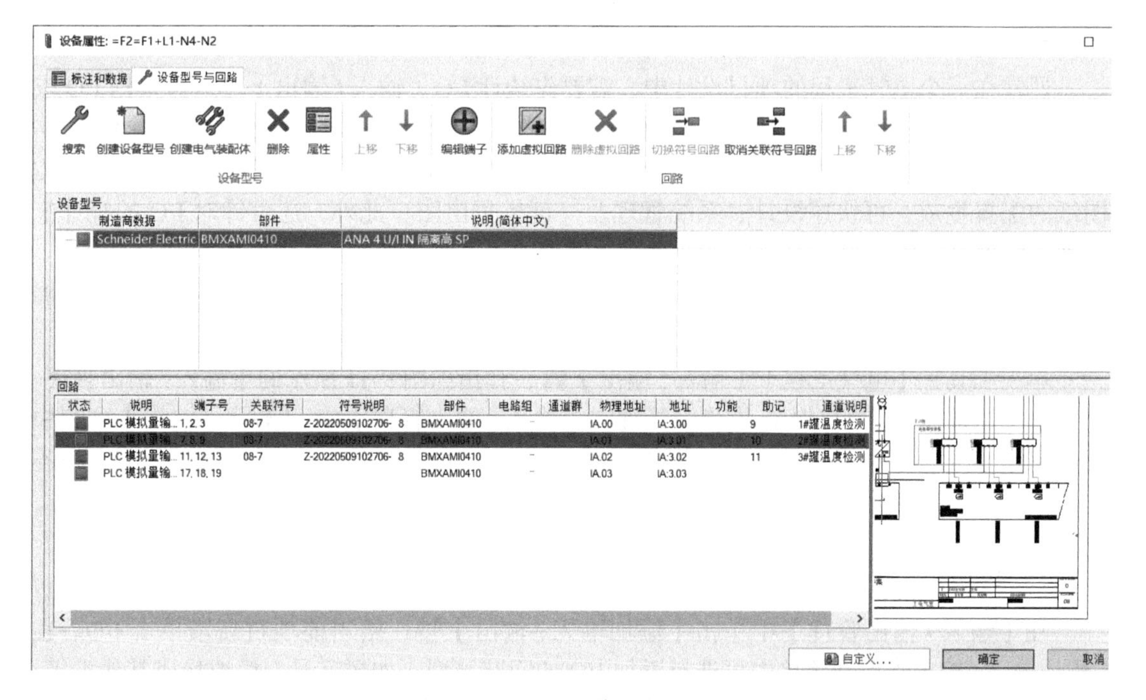

图 9-9　预览信息

可按第 7 章中的设备选型方法对该设备进行选型替换，若要删除可直接单击该对话框中的【删除】✖。也可选中该设备型号，单击【属性】，在弹出的【设备型号属性】对话框中直接修改该型号的属性信息，修改完成后单击【确定】，会弹出如图 9-10 所示的对话框。

1）更新目录。将部件库中该部件的原始数据变更过来，后续调用时即为变更后的数据。

2）只修改此设备。仅对当前工程中所调用的部件作信息变更，而不会影响部件库中该部件的原始数据。

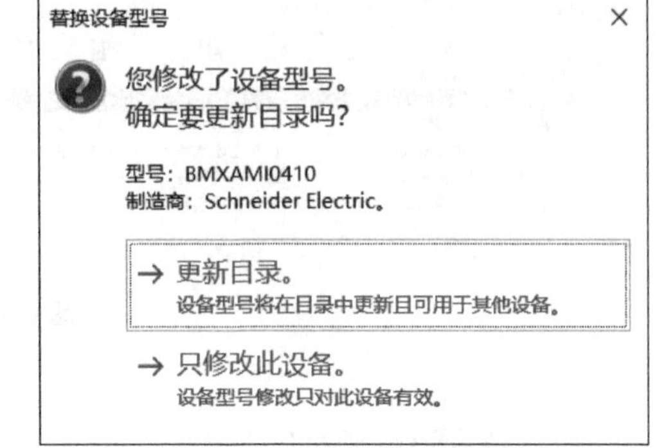

图 9-10　修改提示信息

在【回路】中选择某一回路，可通过【编辑端子】，快速编辑引脚标注、助记、方向等属性；也可在 PLC 管理器下方的【选择回路列表】中右击需要编辑的回路，选择【编辑端子】进行编辑。

当所选部件的回路缺少时，可通过【添加虚拟回路】，快速新增回路数量及引脚数量；也可在 PLC 管理器下的【选择回路列表】中，使用右键快捷菜单中的【添加虚拟回路】进行新增。

如需删除不用的虚拟回路，可通过【设备属性】下的【删除虚拟回路】✖进行删除；也可在 PLC 管理器下的【选择回路列表】中，右击需要删除的回路，选择【删除虚拟回路】✖进行删除。

9.3　I/O 管理器

通常在一个电气工程的项目设计中，需要先统计 I/O（输入 / 输出）点，再根据 I/O 点的配置情况进行 PLC 及各类扩展模块的选型，然后进行逻辑功能部分的编程。在 SOLIDWORKS Electrical 中，暂无法集成编程功能，但是软件针对 PLC 的应用及选型管理和 PLC 图纸的配置生成，可快速设计、系统管理及一键批量出图；此外，还可针对 I/O 的统计汇总列表管理及配置应用，做到项目级应用与管理。

I/O 管理器可将项目中所应用到的所有 I/O 点统一管理，同时以树形结构列表直观地展现出来，方便用户的管理及调用。

单击工具栏【电气工程】/【输入 / 输出】，弹出如图 9-11 所示的【输入 / 输出管理】对话框，当前工程下的 I/O 点均集中管理在【输入 / 输出管理】中。【输入 / 输出】列表中可按树形和列表两种不同显示模式呈现；也可筛选已关联 PLC 通道或未关联的 I/O，按不同的功能层级选择性地呈现出来。

9.3.1　单个 I/O 添加

在【输入 / 输出管理】中单击【添加输入 / 输出】，给当前项目新增单个 I/O。在【添加输入 / 输出】展开菜单中可选择添加 I/O 的回路类型，如数字量、模拟量或其他类等，如图 9-12 所示。

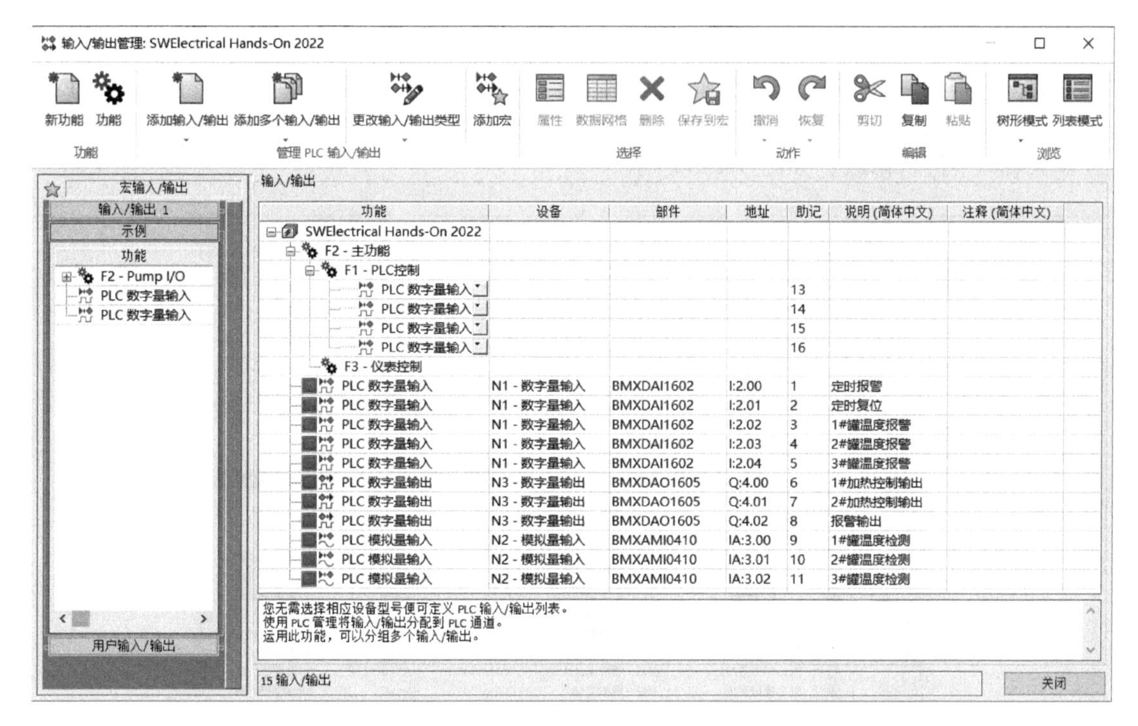

图 9-11　进入 I/O 管理器

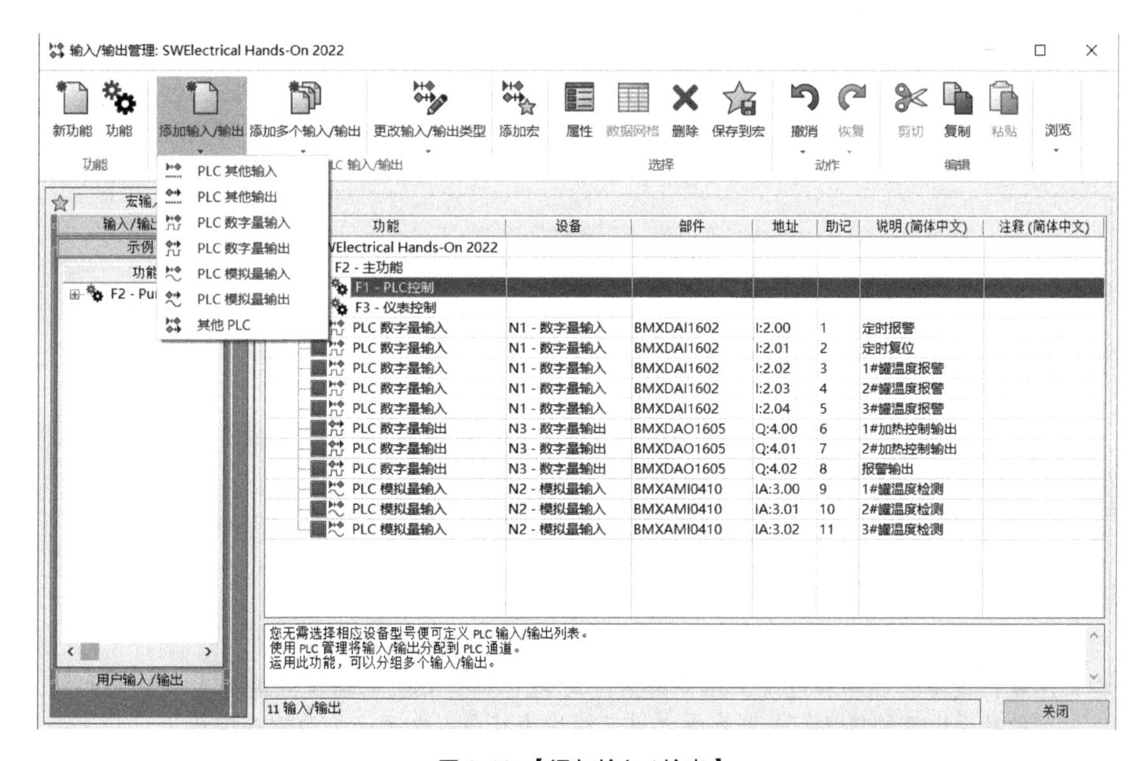

图 9-12 【添加输入 / 输出】

【添加输入 / 输出】是一次添加单个的 I/O 点。添加之前需选择在哪个功能结构层级下进行添加，方便管理器对各 I/O 进行分类规划管理。

单击“F1-PLC 控制”结构层级进行添加，添加完成后，“F1-PLC 控制”下显示一个新增的数字量输入点，如图 9-13a 所示。添加到列表的 I/O 点也可修改回路类型，可在右侧的下拉菜单中进行修改，如图 9-13b 所示。

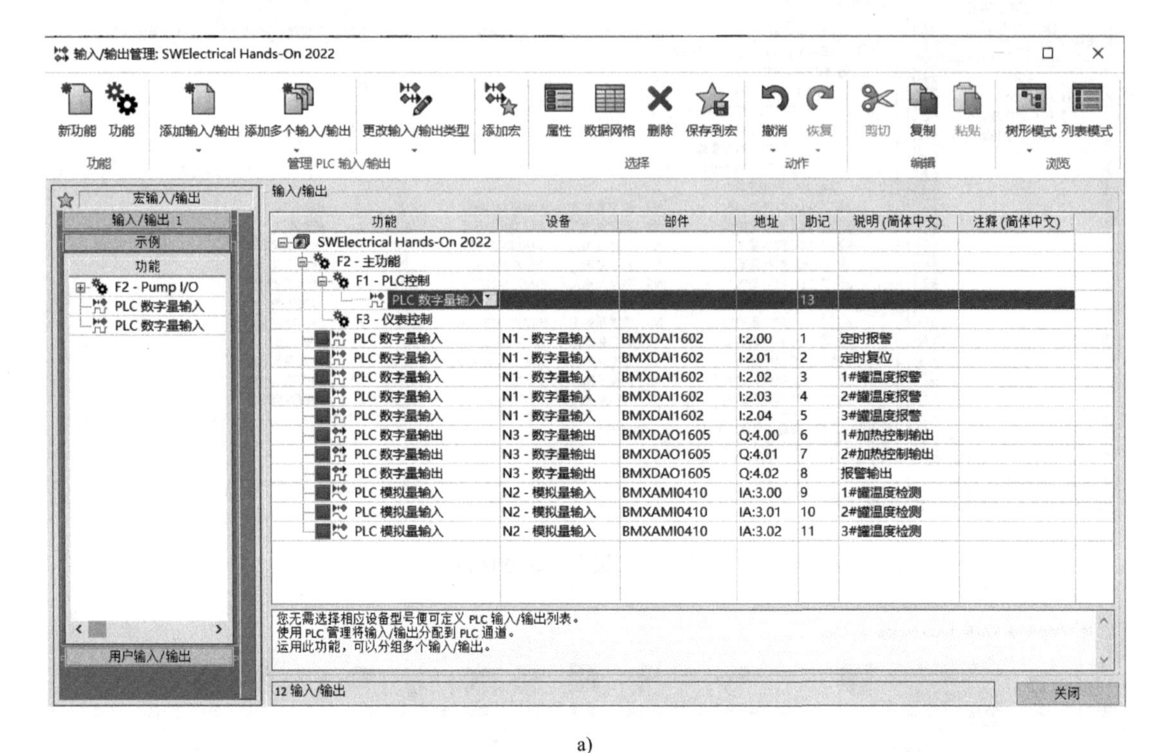

a)

b)

图 9-13　数字量输入

注意：设备、部件和地址三栏中是通过与 PLC 部件相关的通道点进行关联配置之后，自动显示出来的信息；关联配置之前三栏均为空白，也无法手动输入信息。

9.3.2　I/O 的批量添加

通常情况下，在一个电气工控设计项目中，有大量的 I/O 点需要前期进行汇总和统计。

I/O 的回路类型应用较多的有数字量输入、数字量输出、模拟量输入、模拟量输出，除此之外应用较多的还有电源模块和通信模块等。虽然分类不多，但每一类型下包含的 I/O 点数量却非常多。所以在新增 I/O 点时，选中一个回路类型后进行批量添加会非常便捷。

在【输入 / 输出管理】中单击【添加多个输入 / 输出】，可以为当前项目批量添加 I/O。添加之前还是需要选择在哪个层级下进行批量添加。在【添加多个输入 / 输出】下拉菜单中选择添加的回路类型，会弹出【插入多个】对话框，可输入需要添加的数量（最多可一次添加 99 个 I/O），如图 9-14 所示。

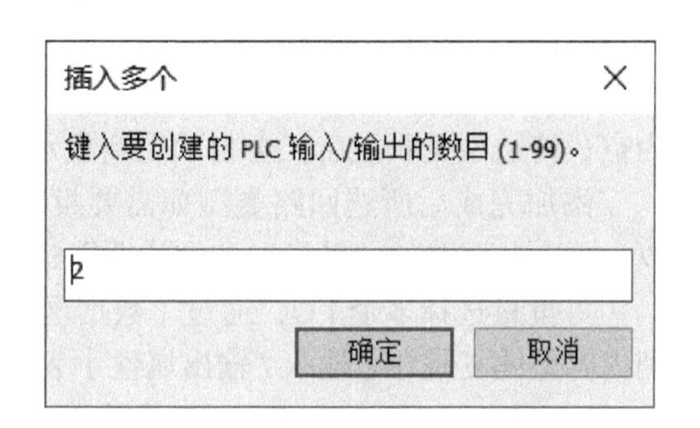

图 9-14 【插入多个】对话框

添加完成后，“F1-PLC 控制”下会显示多个新增的数字量输入点，如图 9-15 所示。同样，可以根据需要通过右侧下拉菜单更改每一个 I/O 的回路类型。

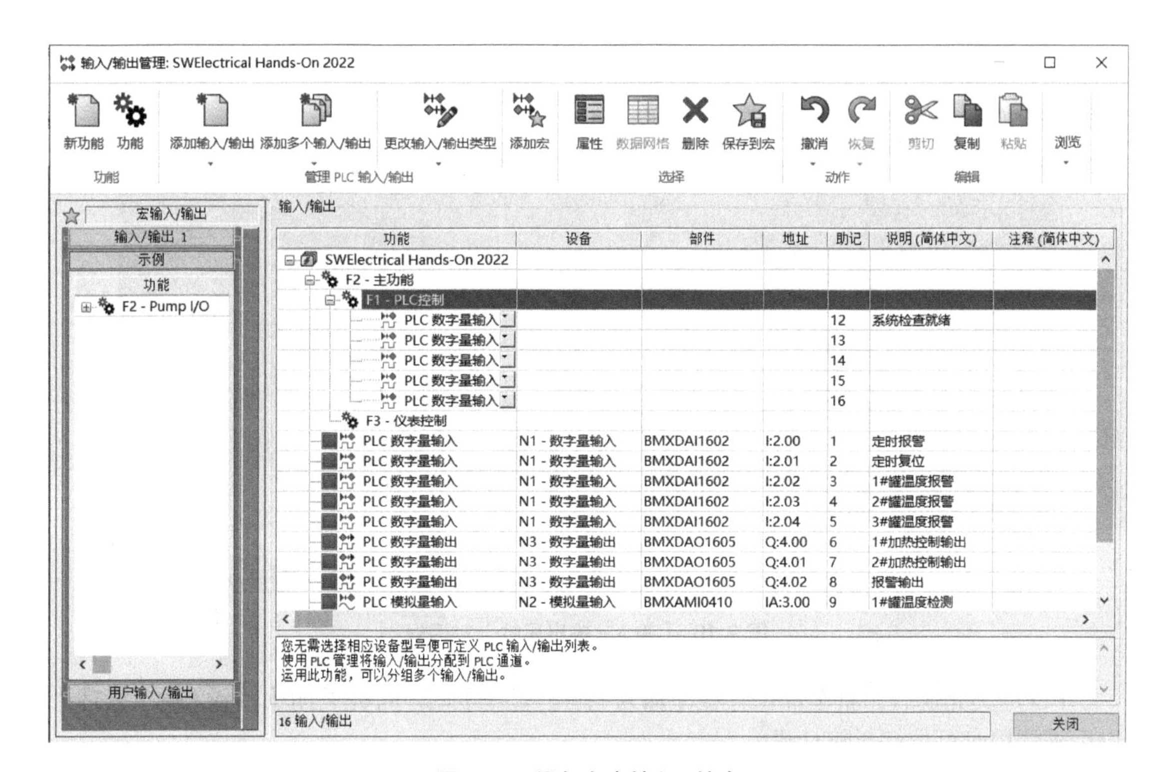

图 9-15　添加多个输入 / 输出

批量添加 I/O 后，如需变更功能层级结构，可对 I/O 的功能层级结构进行修改。后续再需要修改层级，可单击【输入 / 输出管理】中的【新功能】和【功能】，新建和查看功能层级结构，根据规划的层级结构新建现有层级下的子结构或新的层级结构。两者的区别应用及具体操作可参考第 7 章。

9.3.3 I/O 的定义

在【输入 / 输出管理】中，可对每一个 I/O 的属性进行自定义。每一种回路类型的 I/O 都有不同的图标表达，每一个回路属性中的“助记”随添加 I/O 的排序自动编号。属性中的“助记”“说明（简体中文）”和“注释（简体中文）”可单击进行自定义设置，可对该 I/O 点进行功能说明注解。“设备”和“部件”两项属性在未进行 PLC 的选型关联之前暂时为空；待选型关联之后，会自动更新显示信息。

添加完成后所选回路类型如需要批量变更，可通过【更改输入 / 输出类型】进行修改，再对各回路的“助记”和“说明”进行定义。

可批量选择多个 I/O，通过【数据网格】进行表格化的定义，也可将 Excel 表格中的整列内容整体复制在【输入 / 输出属性】表格中。

选择新添加的 5 组回路，单击【数据网格】，弹出【输入 / 输出属性】对话框，在此进行表格化的集中定义，如图 9-16 所示。

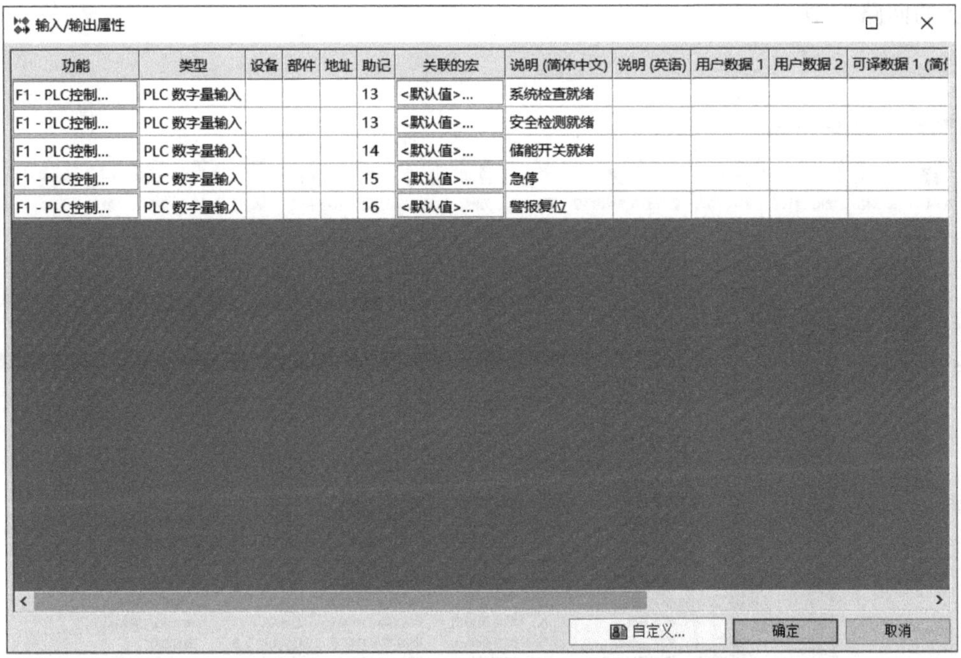

输入/输出属性

功能	类型	设备	部件	地址	助记	关联的宏	说明 (简体中文)	说明 (英语)	用户数据 1	用户数据 2	可译数据 1 (简(
F1 - PLC控制...	PLC 数字量输入				13	<默认值>...	系统检查就绪				
F1 - PLC控制...	PLC 数字量输入				13	<默认值>...	安全检测就绪				
F1 - PLC控制...	PLC 数字量输入				14	<默认值>...	储能开关就绪				
F1 - PLC控制...	PLC 数字量输入				15	<默认值>...	急停				
F1 - PLC控制...	PLC 数字量输入				16	<默认值>...	警报复位				

自定义...　确定　取消

图 9-16 【输入 / 输出属性】对话框

I/O 定义完成后，将全部保存在【输入 / 输出管理】内。可先关闭【输入 / 输出管理】，以后需调用时可再打开随时调用。

9.4 I/O 关联 PLC 回路

PLC 图纸生成之前，需要将已定义好的 I/O 与 PLC 相匹配的回路进行关联。

打开 PLC 管理器，从【当前工程中的 PLC 列表】中选择需关联的 PLC 模块 N1，再从 N1 模块下的【选择回路列表】中选择与回路类型相匹配的通道，如图 9-17 所示。

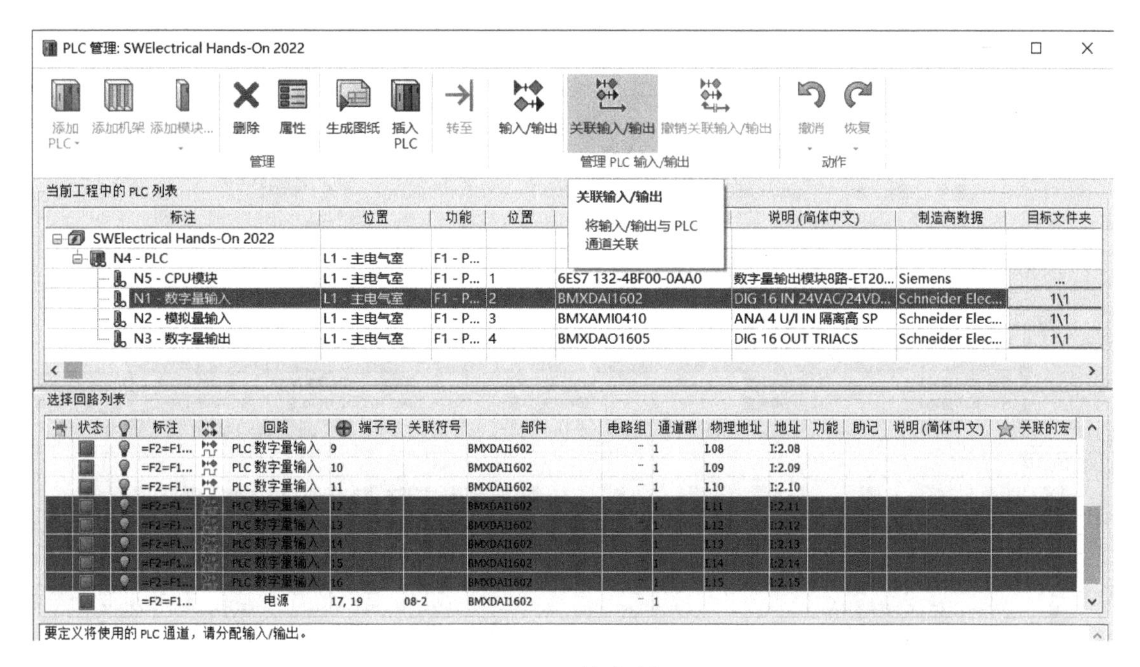

图 9-17　关联选择

单击【关联输入 / 输出】，弹出【输入 / 输出选择】对话框，即打开【输入 / 输出管理】内所保存的全部 I/O 信息。展开“F2- 主功能”层级下的“F1-PLC 控制”子级，找到之前已定义完成的 5 组数字量输入，选中这 5 组 I/O，单击【选择】，弹出回路已关联的提示对话框，如图 9-18 所示。

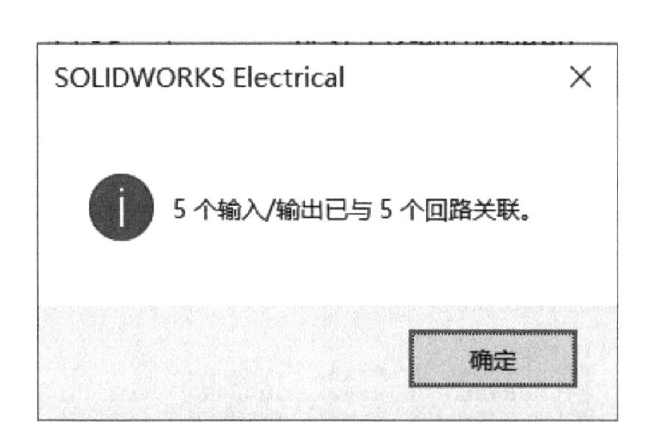

图 9-18　关联提示

注意：该对话框如出现所选 I/O 与回路类型不匹配无法关联的提示，说明在进行 I/O 与 PLC 通道关联操作时，存在回路类型不匹配的选择，需要重新选择相匹配的回路类型才可进行正确的关联。

关联完成后，在 PLC 管理器中可看到，所选 PLC 的相应通道已将 I/O 定义的“助记”和“说明”等信息关联到一起，如图 9-19 所示。

打开【输入 / 输出管理】，同样也可看到之前为空的 5 组 I/O 的“部件”和“地址”栏，已将关联的 PLC 设备型号相匹配的属性关联了进来，如图 9-20 所示。

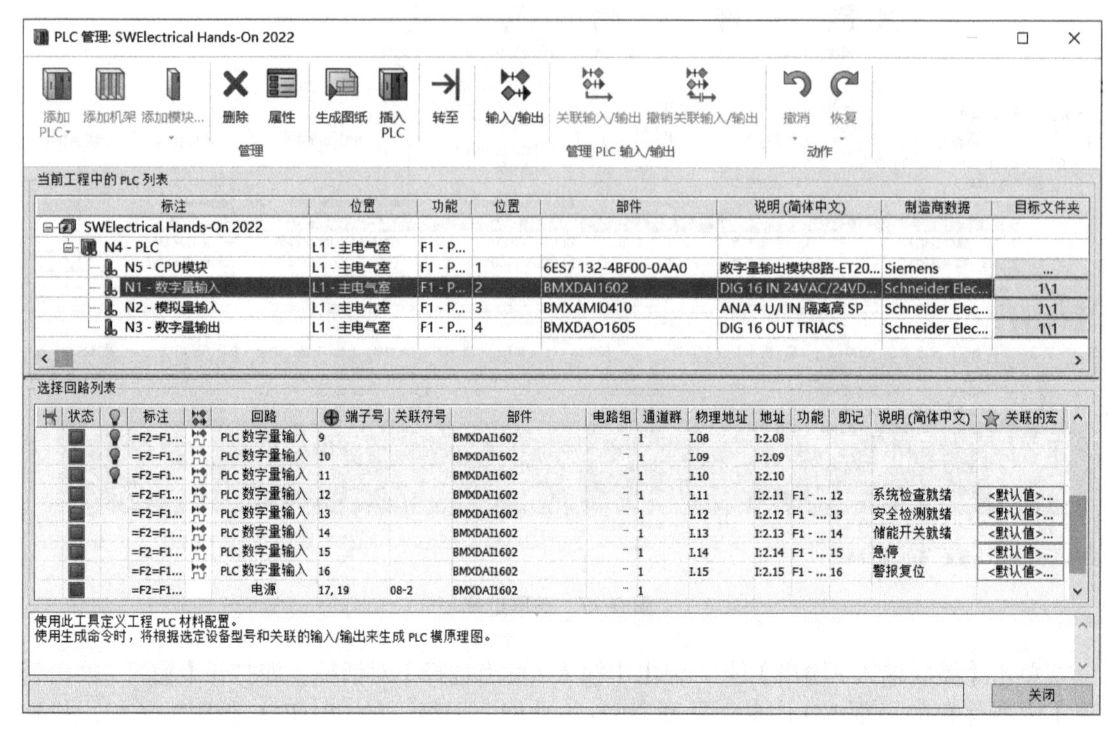

图 9-19　关联信息

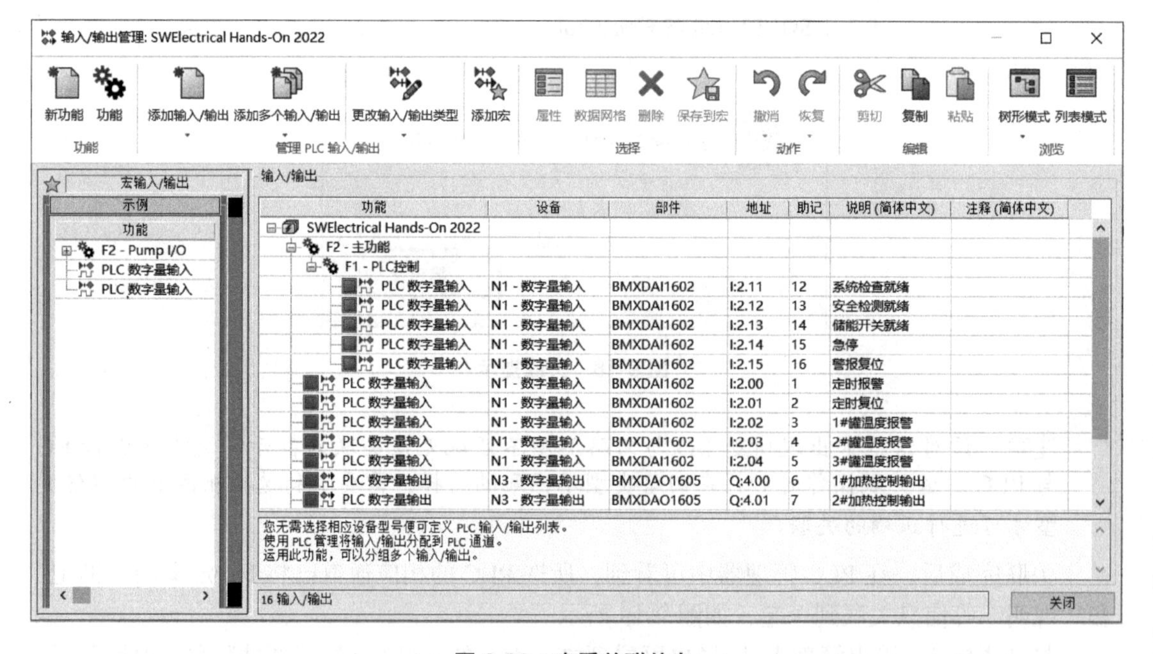

图 9-20　查看关联信息

9.5　PLC 图纸的生成

PLC 选型及 I/O 配置完成后，即可自动生成 PLC 原理图。可通过菜单中的【原理图】/【插入 PLC】进行操作，也可在 PLC 管理器中选择需要生成的模块直接生成该模块的所有通道，还可在生成图纸前通过配置选择编辑，插入动态 PLC 来定义通道方向、筛选列表及宏的插入。

9.5.1　PLC 图纸的批量自动生成

打开 PLC 管理器，在【当前工程中的 PLC 列表】中选择需要生成的模块。如所选的模块还未生成图纸，单击【生成图纸】后会弹出【选择自：文件集，文件夹】对话框，如图 9-21 所示。选择在哪个文件集及文件夹下存放生成的图纸，选择后单击【确定】，软件会批量自动生成该模块上所有通道的图纸。

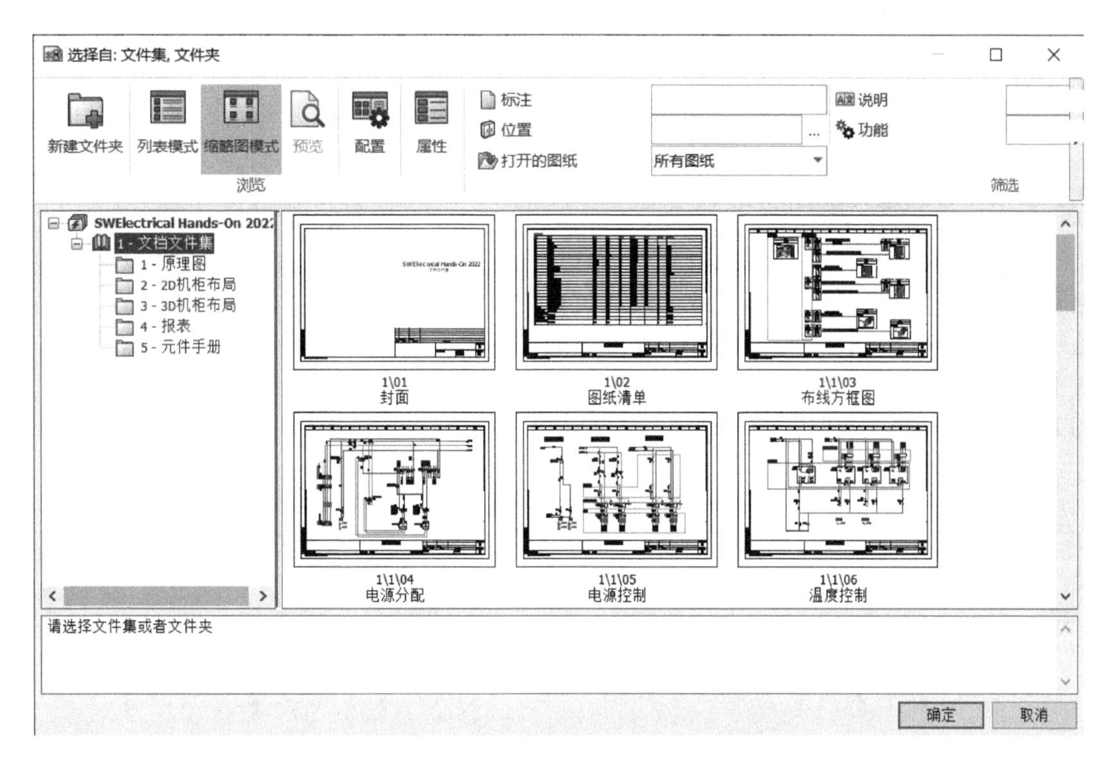

图 9-21　选择位置

如所选的模块生成过图纸，变更后再次生成，此时选择后单击【生成图纸】，会弹出对话框提示某些 PLC 模块已绘制，选择【更新】还是【不操作】，更新后图纸会变更定义。

9.5.2　插入动态 PLC 生成图纸

如需要过滤未使用的通道，无须生成图纸或编辑定义通道的方向是否插入外部回路宏，可直接通过动态 PLC 的应用来编辑定义。

在 PLC 管理器中单击【插入 PLC】，选择需要生成图纸的模块，软件界面的左侧导航器面板处会弹出【插入动态 PLC】，如图 9-22 所示。可先选择 PLC 图纸的配置是【每页 12 个通道】还是【每页 16 个通道】，抑或自定义配置。

1）：筛选列表，仅显示尚未插入的回路。

2）：隐藏未使用的通道，未与 I/O 关联的回路。

3）：插入宏。

4）：更改通道方向。

5）：将 I/O 与 PLC 通道关联。

编辑定义完成后，鼠标移至 PLC 图纸页面上，此时可预览所选通道的数量及通道方向。在已创建好文件位置的图纸中选择合适的位置单击放置，所选模块的图纸便自动生成出来，如图 9-23 所示。PLC 的图纸自动生成之后，通道外部再根据逻辑电路进行电线连接。

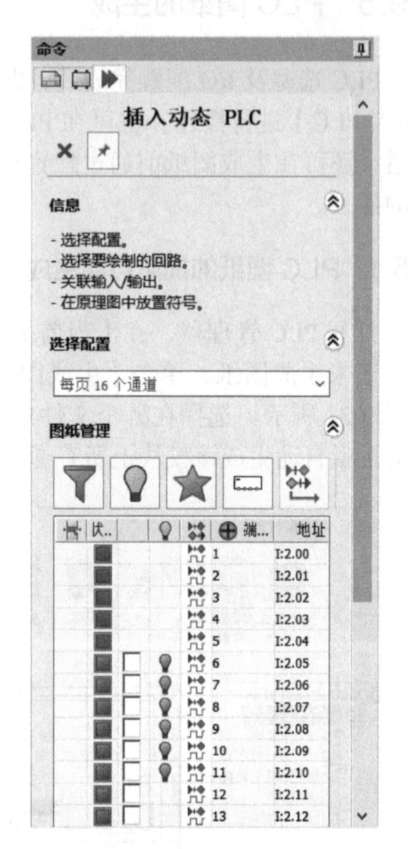

图 9-22　插入动态 PLC

9.5.3　PLC 通道关联宏的插入

有些常用的 PLC 模块生成图纸后的外部接线电路比较固定，此时可将外部电路定义为 PLC 的通道宏，在 PLC 图纸生成之前关联到 PLC 的通道上，这样可直接自动生成带有外部通道宏电路的 PLC 图纸。

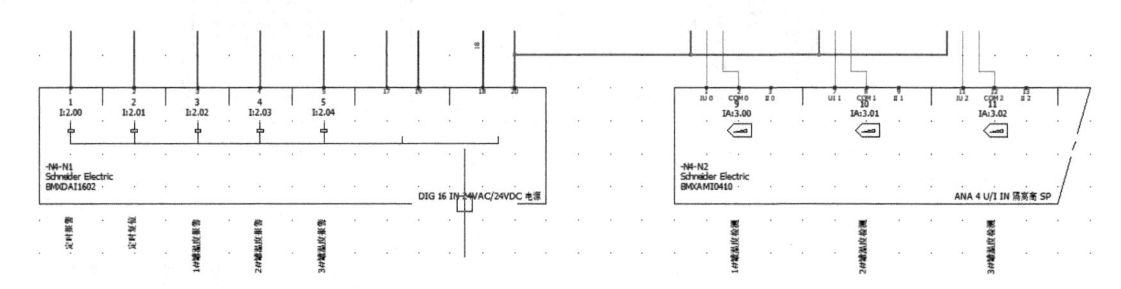

图 9-23　放置 PLC

在 PLC 管理器中选择需要生成图纸的模块，在该模块下的【选择回路列表】中选择需要关联宏的回路通道，单击【关联的宏】项对应回路的【默认值】，弹出【选择宏】对话框，如图 9-24 所示。

单击【选择宏】，弹出【宏选择器】对话框，在相应的【PLC 卡片回路】中选择匹配的宏，如图 9-25 所示。

选择完成后单击【选择】，回到 PLC 管理器，可看到所选回路通道已关联宏。再生成图纸，模块的通道会自动绘制出所选的外部宏，如图 9-26 所示。

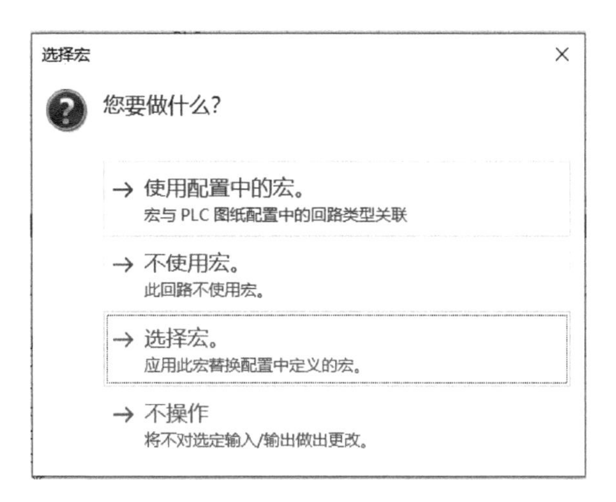

图 9-24 【选择宏】对话框

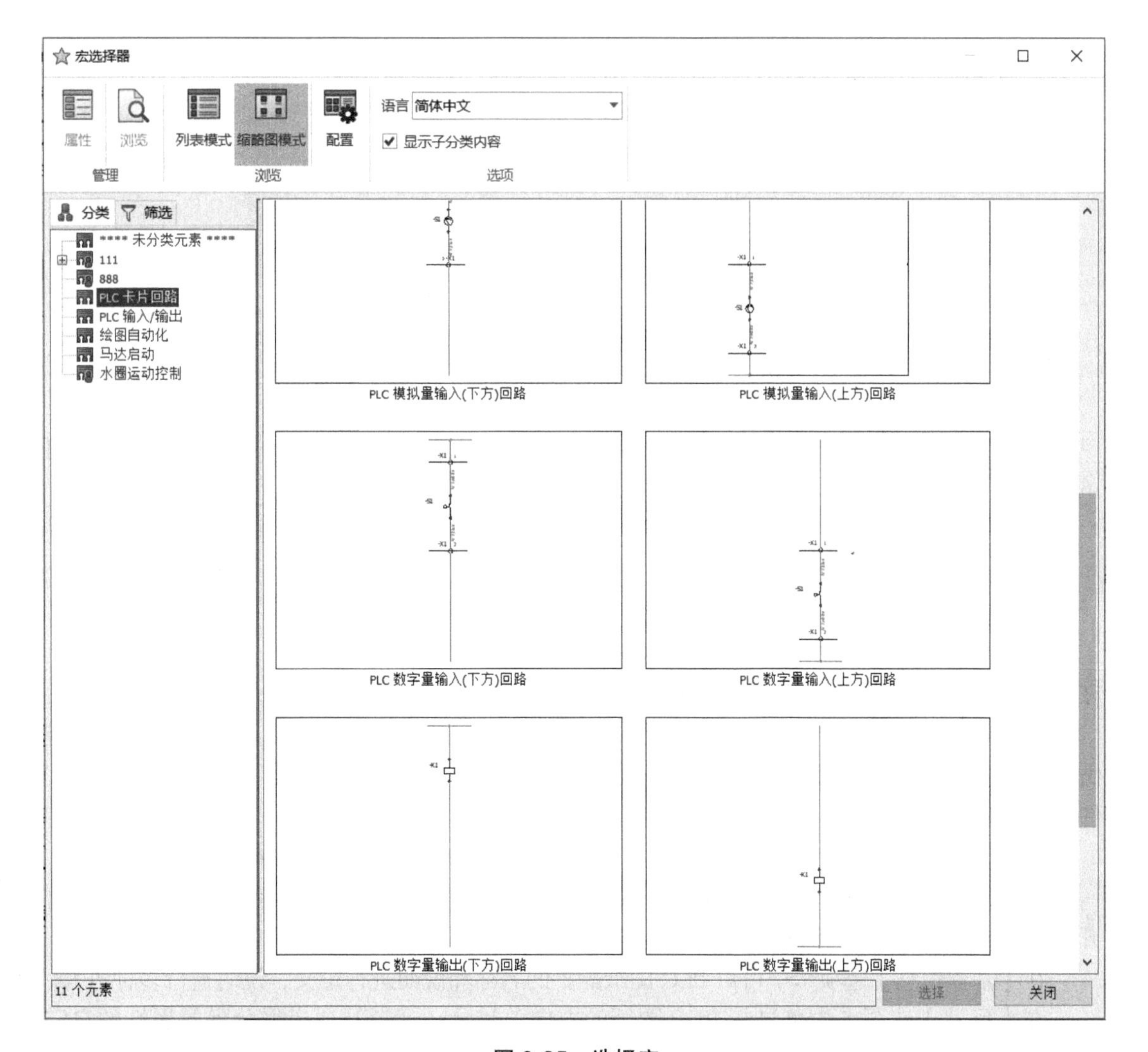

图 9-25　选择宏

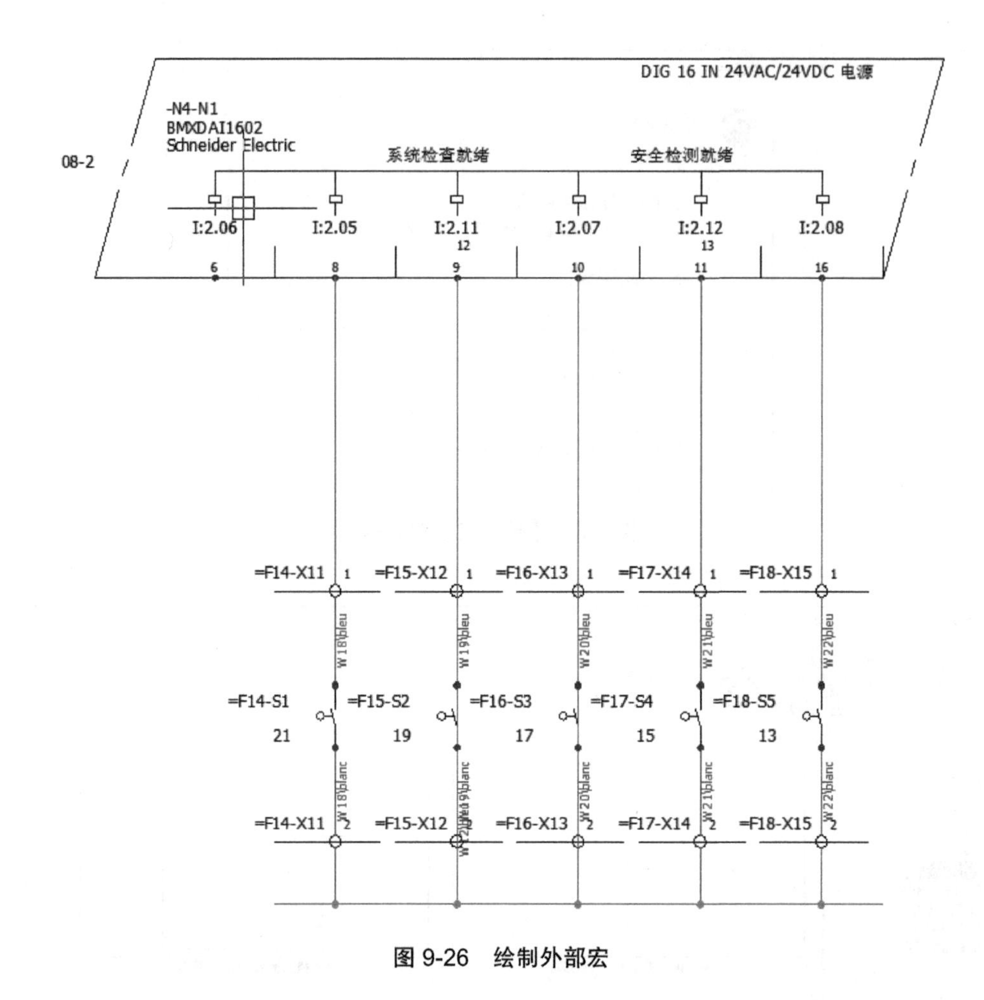

图 9-26　绘制外部宏

如配置中已定义好相关的宏，可直接单击【使用配置中的宏】；如外部需自行连线，可单击【不使用宏】。

9.6　PLC 图纸的配置管理

单击【电气工程】/【配置】/【PLC 图纸】，打开【PLC 图纸配置管理】对话框，在此进行 PLC 图纸样式的统一自定义，如图 9-27 所示。

如同前文的配置管理，可将系统默认的【应用程序配置】导入到【工程配置】中；或做好应用程序中的配置备份，再进行修改。通过【压缩】和【解压缩】可对选定的配置文件进行备份和还原。

【PLC 图纸配置管理】主要用于统一编辑 PLC 图纸的尺寸、布局及属性。

选择配置文件，单击【属性】，或右击模板后在快捷菜单中单击【属性】，均可打开【PLC 图纸配置】对话框，如图 9-28 所示。

在【基本信息】选项卡中可对 PLC 图纸配置的名称和说明进行定义，说明支持多种语言。

在【尺寸】选项卡中可进行 PLC 图纸的方向、尺寸、通道及通道群分隔等属性的自定义，如图 9-29 所示。

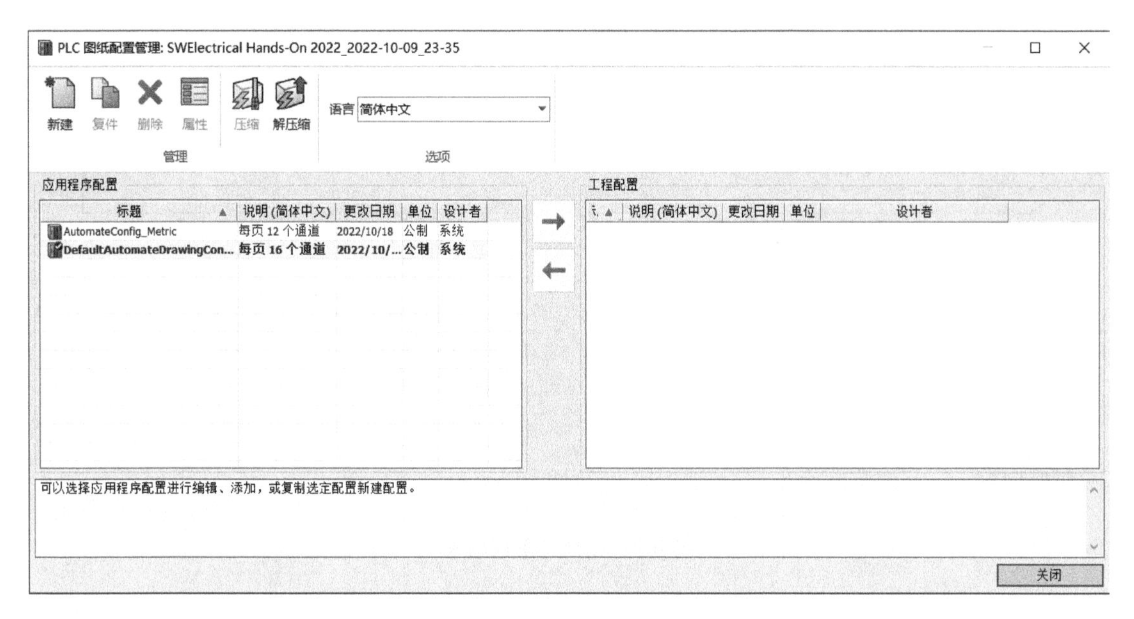

图 9-27 【PLC 图纸配置管理】对话框

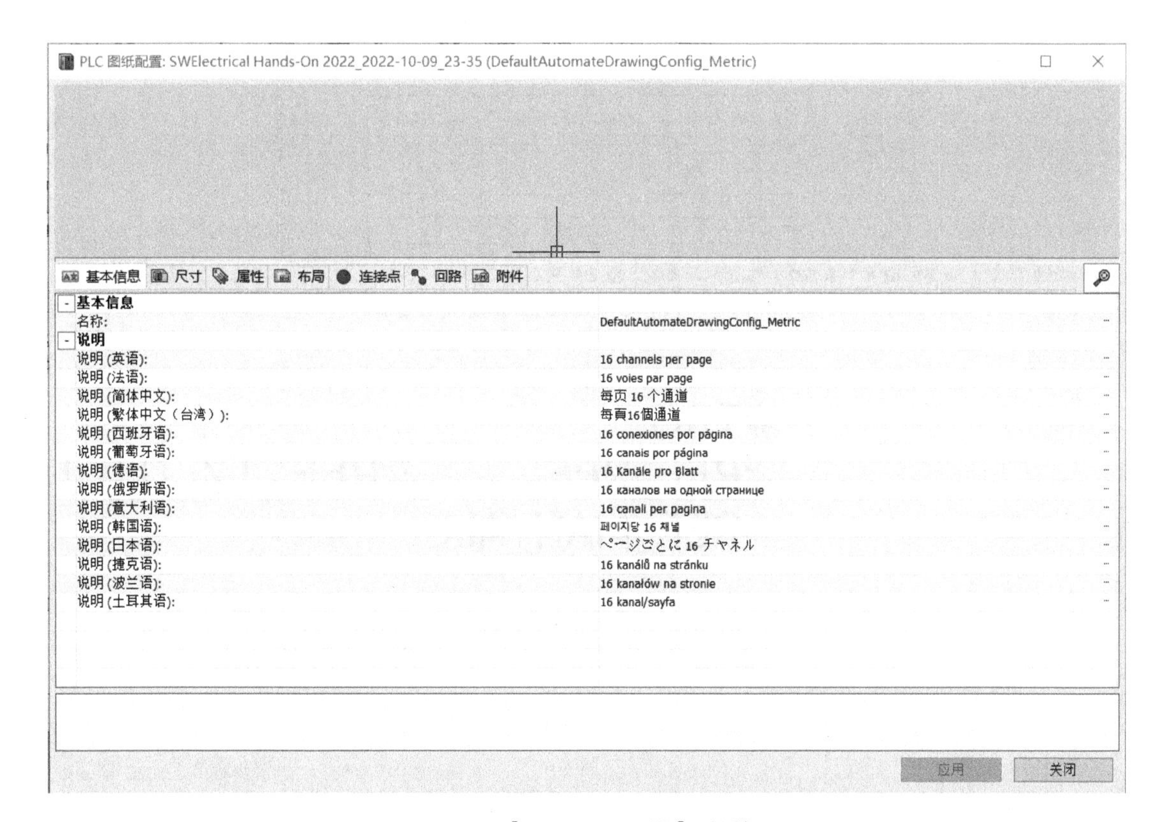

图 9-28 【PLC 图纸配置】对话框

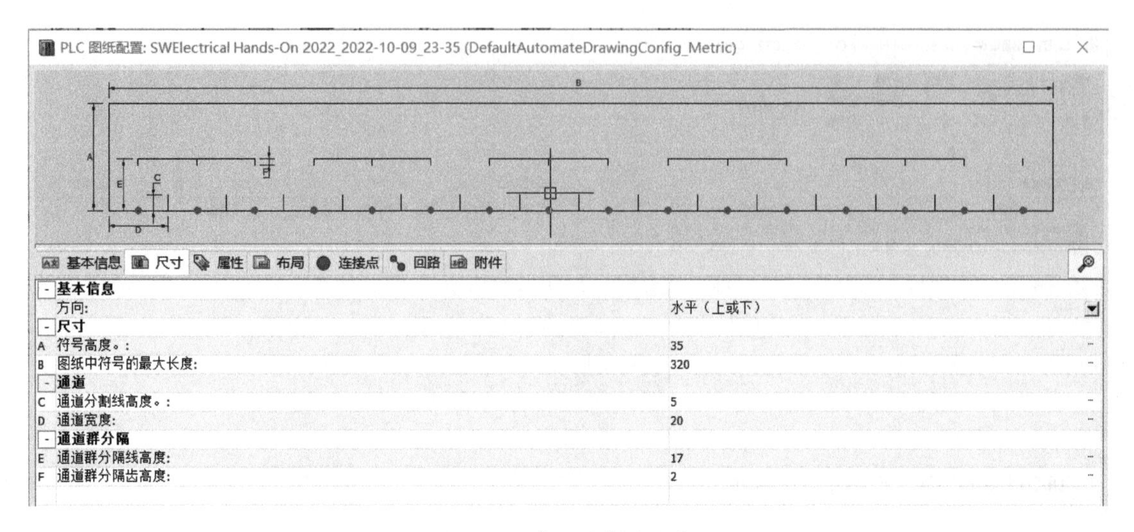

图 9-29 【尺寸】选项卡

在【属性】选项卡中可对 PLC 图纸中的标注信息进行编辑。相应的左侧及右侧的标注信息可自定义选择或删除。【编辑】✏标注的插入点或替换标注，可打开【标注管理】进行标注变量的选择、删除或添加，如图 9-30 所示。

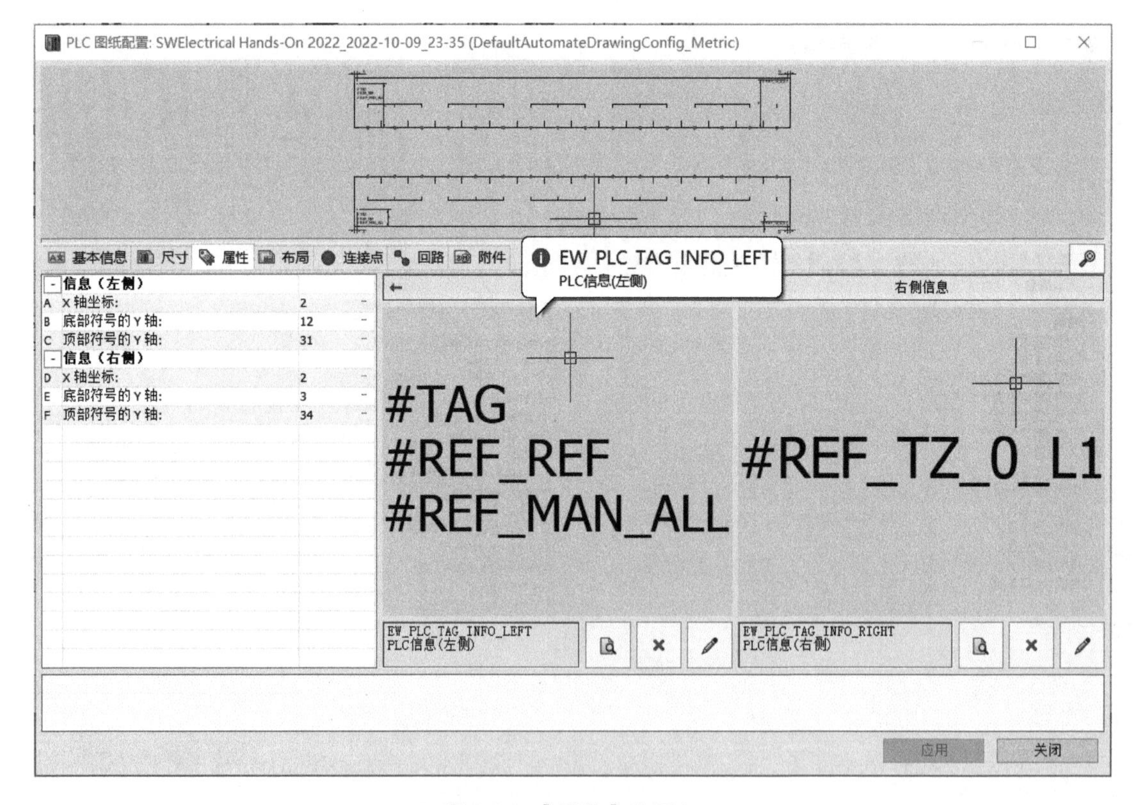

图 9-30 【属性】选项卡

SOLIDWORKS / Electrical Schematic
EW_PLC_TAG_INFO_LEFT
文件(F)
主页(H)
编辑(E)
浏览(V)
电气工程
处理
编辑符号
绘图(D)
修改...
导入/导出(I)
数据库(B)
工具
窗口(N)
帮助
插入标注
新建回路
多个连接点
连接点
插入点
多重标注
替换标注
修改系数
修改 TX/TZ 数据系数
修改语言代码
显示标注
插入
更改
浏览(V)
编辑符号
符号结构
EW_PLC_TAG_INFO_LEFT
属性
#TAG
#REF_REF
#REF_MAN_ALL

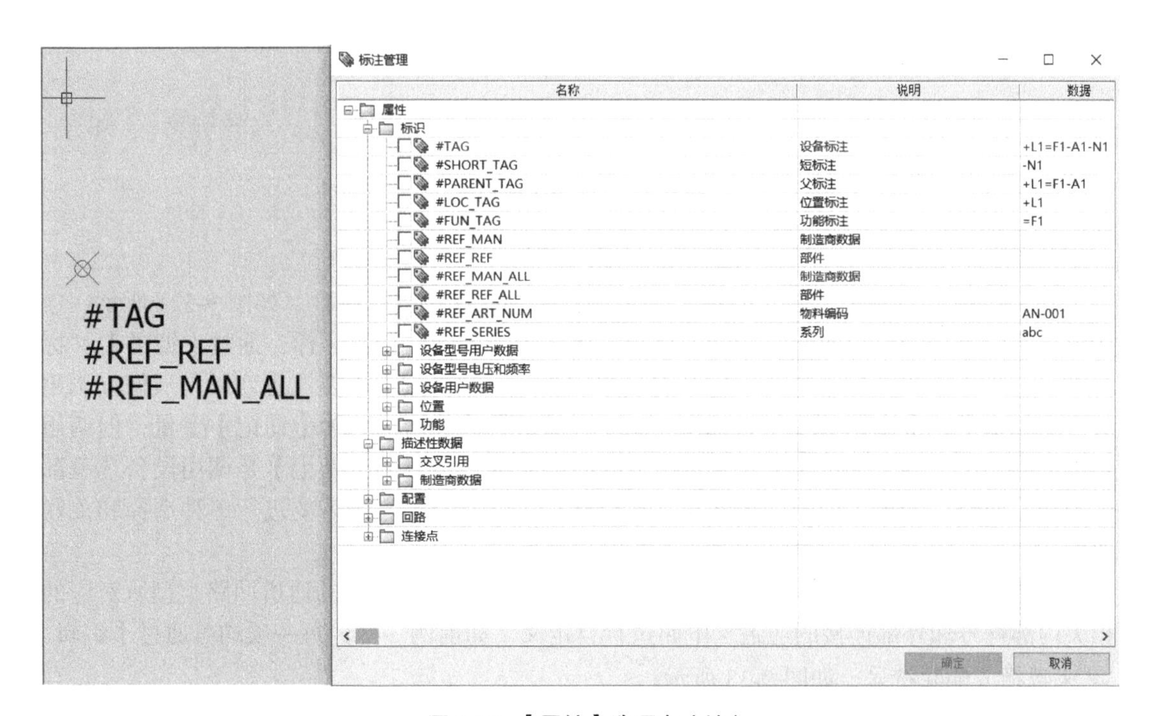
#TAG
#REF_REF
#REF_MAN_ALL
标注管理
名称
说明
数据
属性
标识
#TAG
设备标注
+L1=F1-A1-N1
#SHORT_TAG
短标注
-N1
#PARENT_TAG
父标注
+L1=F1-A1
#LOC_TAG
位置标注
+L1
#FUN_TAG
功能标注
=F1
#REF_MAN
制造商数据
#REF_REF
部件
#REF_MAN_ALL
制造商数据
#REF_REF_ALL
部件
#REF_ART_NUM
物料编码
AN-001
#REF_SERIES
系列
abc
设备型号用户数据
设备型号电压和频率
设备用户数据
位置
功能
描述性数据
交叉引用
制造商数据
配置
回路
连接点
确定
取消

图 9-30 【属性】选项卡（续）

在【布局】选项卡中可对PLC图纸在相应图框的起始位置和终止位置进行编辑。PLC图纸所引用的图框为统一的原理图框，应以相应标准的原理图框的尺寸进行自定义，如图9-31所示。

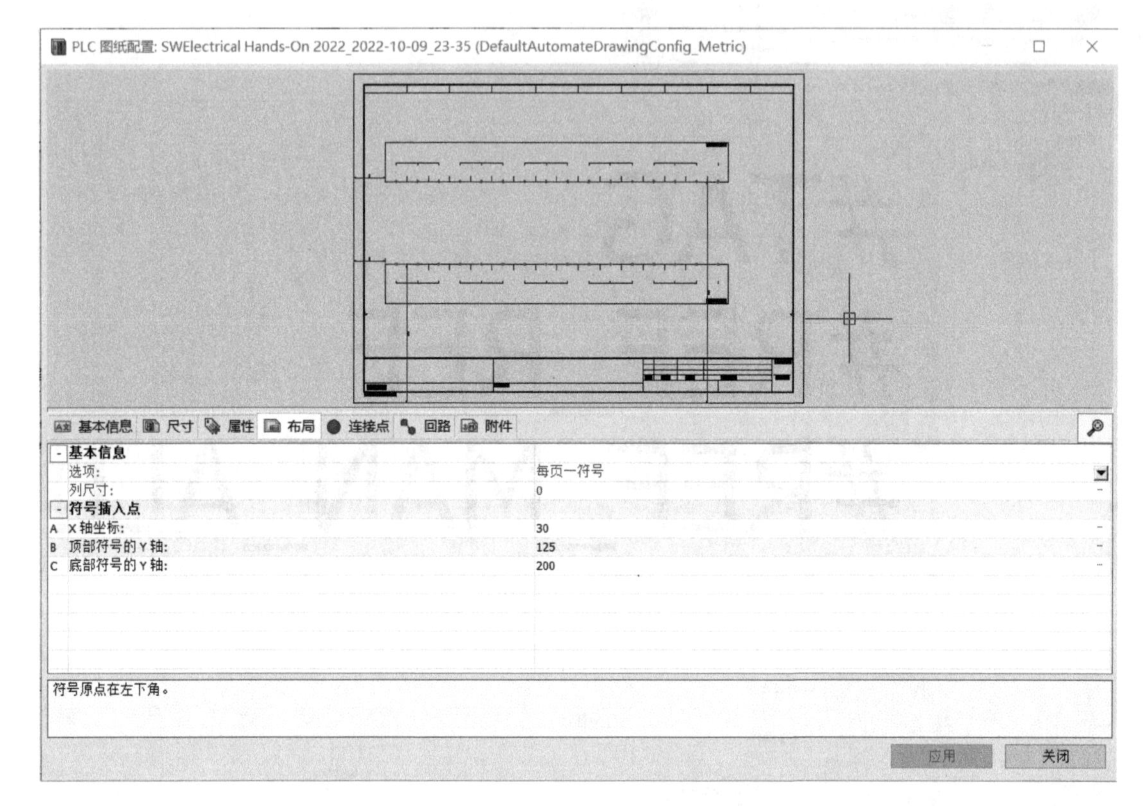

图9-31 【布局】选项卡

在【连接点】选项卡中可对PLC通道所有引脚的连接进行编辑，如图9-32a所示。连接编号或引脚号所引用的标注变量信息与【属性】中的标注变量一样，通过【编辑】标注来自定义【标注管理】中变量信息的引用或删除。编辑过程中要注意变量是从何处调用的。例如【助记】有两项变量，如图9-32b所示，勾选的两项均为【助记】变量，但调用是不同的。上方的【助记】是调用I/O中的助记变量；下方的【助记】是调用设备选型部件中的【回路，端子】中的助记变量。所以在自定义时，可根据需要进行多种选择和关联调用。

在【回路】选项卡中可对PLC图纸中不同的图纸方向及不同的通道回路类型所对应的相关内部符号和外部连接的通道宏电路进行自定义。如前例一样，每一项均可通过【编辑】来选择或删除符号，如图9-33所示。

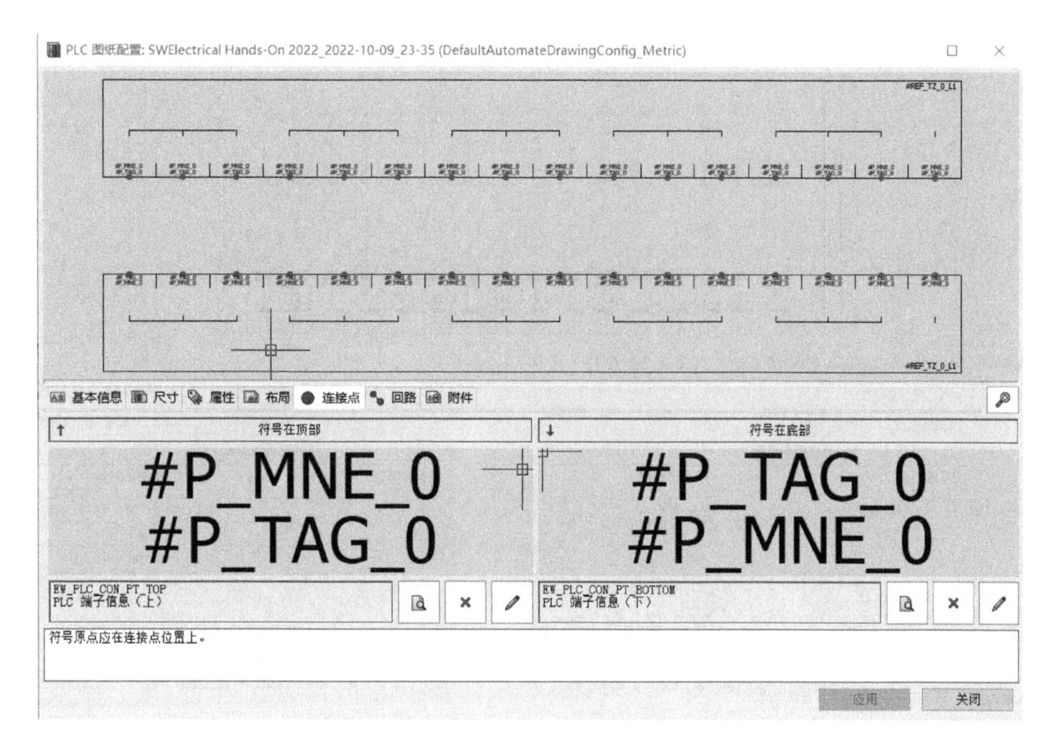

a)

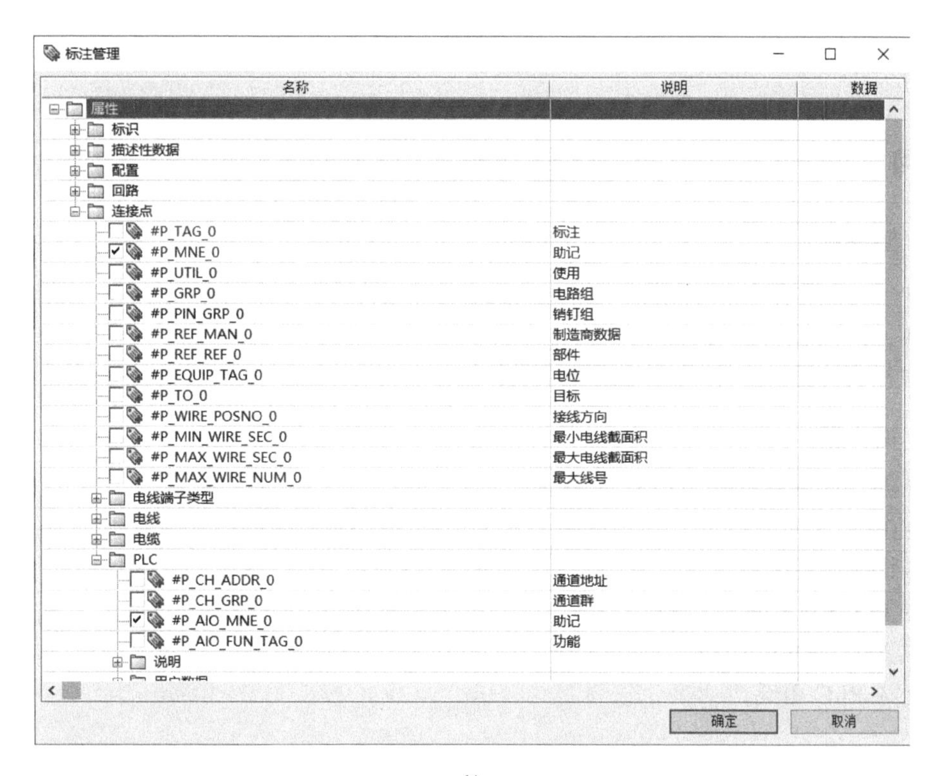

b)

图 9-32 【连接点】选项卡

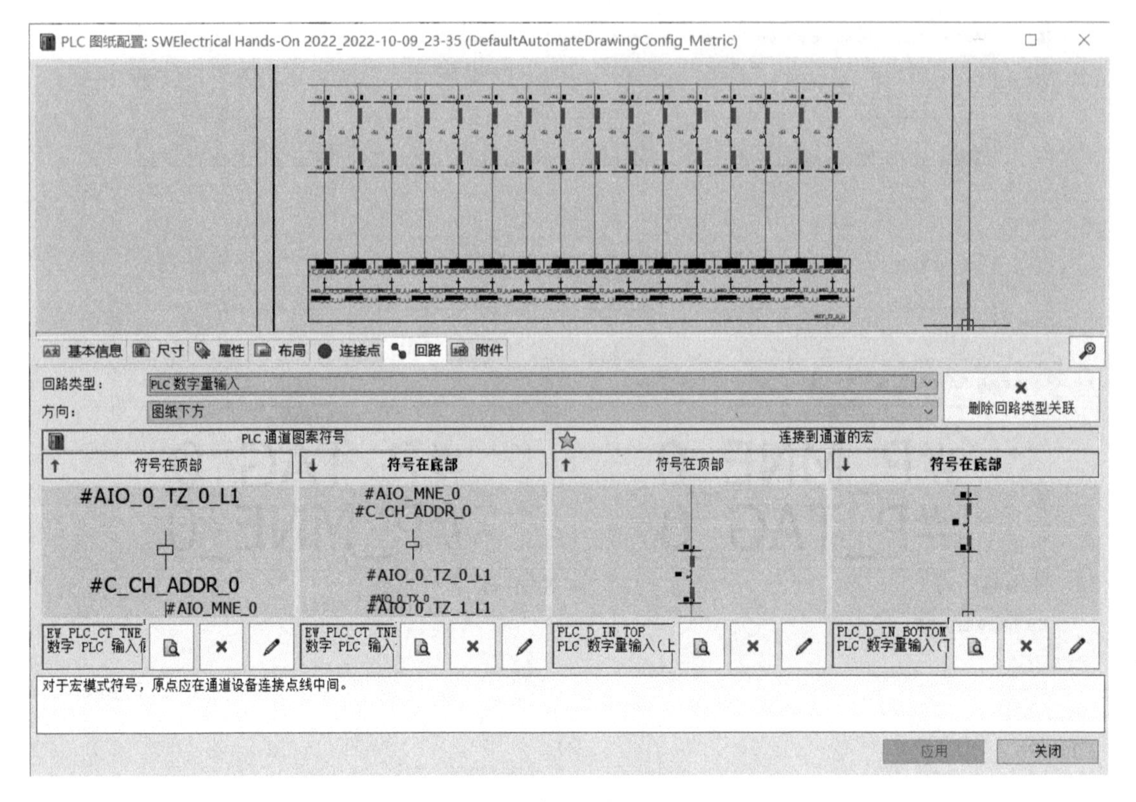

图 9-33 【回路】选项卡

练习

一、简答题

1. 如何添加机架？
2. 如何查询 PLC 信息？
3. 如何进行统一的 PLC 图纸配置编辑？

二、操作题

1. 在部件库中新建一个 PLC 的部件。

2. 在 PLC 管理器中为工程新增一个 PLC，并为所创建的 PLC 部件选型，定义好 PLC 属性及各模块的层级。

3. 在 I/O 管理器中定义 I/O 点。

4. 配置关联 PLC 及 I/O，并插入宏。

5. 生成 PLC 图纸。

第 10 章 线束与连接器

学习目标

1. 掌握连接器模板配置。
2. 掌握连接器插入方法。
3. 掌握软件线束设计流程。
4. 掌握连接器在线束设计中的应用。
5. 掌握线束设计中辅料的处理方法。
6. 了解 2D 线束解决方案。

10.1 什么是线束

线束是电路中连接各电器设备的接线部件，由绝缘护套、接线端子、导线及绝缘包扎材料等组成。使用线束设计可以使装配更加高效，线路更加规范和可靠，因此线束设计应用越来越广泛。本章将介绍软件线束设计的基本流程，同时介绍简单线束设计的 2D 解决方案（对于复杂的线束设计，建议采用 3D 解决方案，将在后续章节做简要介绍）。

由于线束中大量使用连接器，而连接器的种类繁多，很难用通用符号代替，为此软件开发了连接器模块，可以由设备型号驱动自动生成连接器符号。

10.2 插入连接器

工程中有多处使用了连接器。下面以 K2 煮水壶相关的连接器绘制为例介绍动态连接器使用方法，如图 10-1 所示。

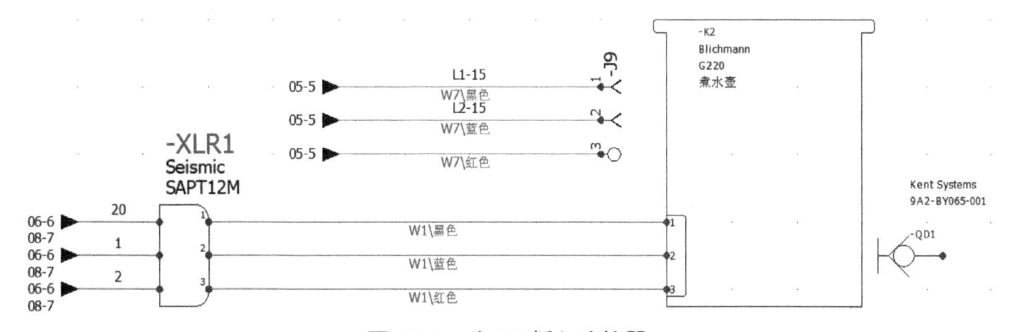

图 10-1 为 K2 插入连接器

10.2.1 每个引脚一个符号

打开工程第 7 页图纸，在工具栏单击【原理图】/【插入连接器】，【插入连接器】对话框中有 4 个选项可用，如图 10-2 所示。

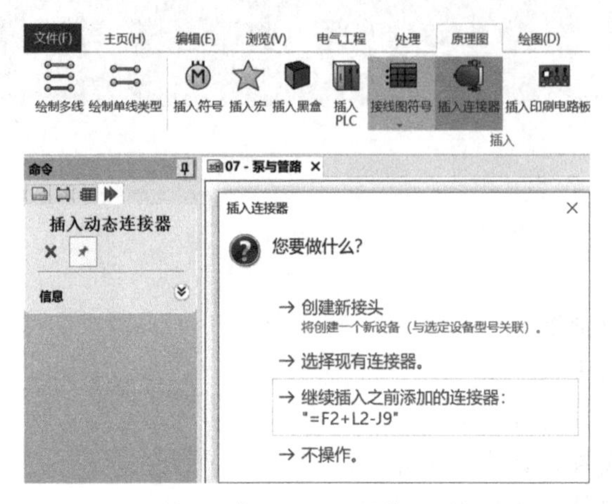

图 10-2 【插入连接器】对话框

1）创建新接头。会弹出【选择设备型号】对话框，并为此创建新的连接器。

2）选择现有连接器。选择已有连接器设备，将插入其未使用的引脚。

3）继续插入之前添加的连接器。当上一次的连接器引脚未全部插入时，会自动显示此选项，以快速插入剩余连接器引脚；否则，没有该选项。

4）不操作。取消插入。

在【插入连接器】对话框中选择【选择现有连接器】，软件将弹出【查找设备】界面。选择 L2 位置下的 J9 设备，如图 10-3 所示，单击【选择】。

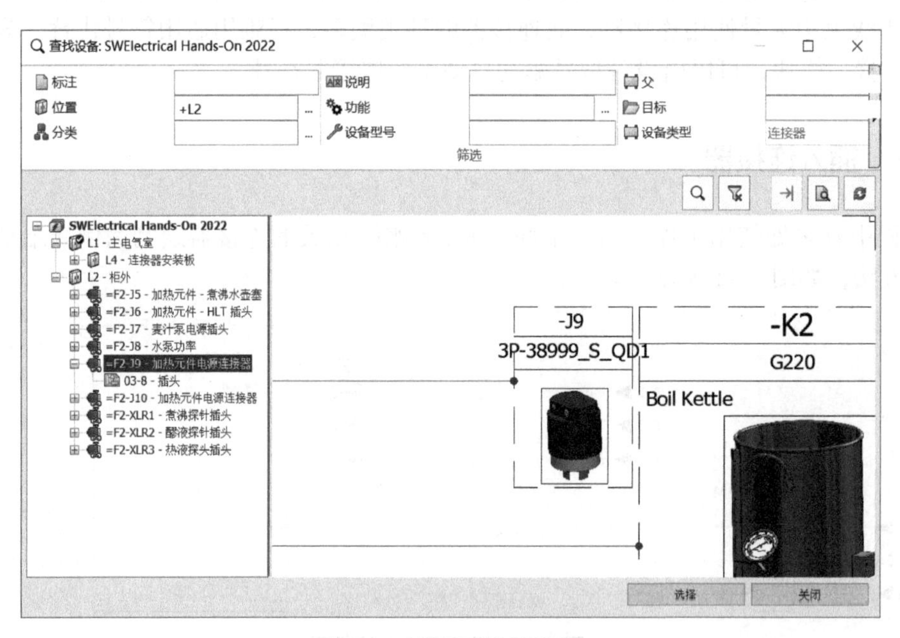

图 10-3 选择现有连接器

在图 10-4 所示界面为配置文件选择【每个引脚一个符号】，按空格键调整符号方向，并在原理图中单击插入连接器。

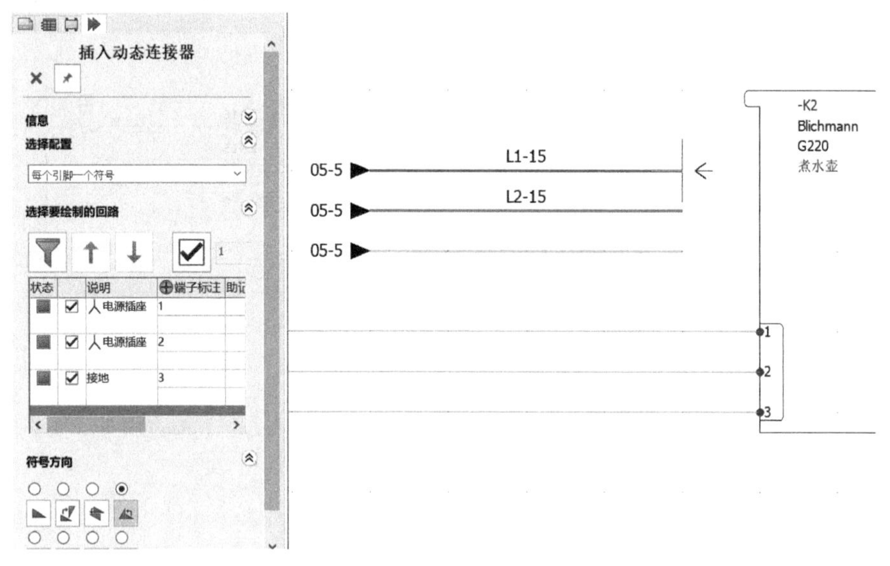

图 10-4　插入【每个引脚一个符号】

默认情况下只有第一个符号会显示设备标注。由于调整了符号方向，设备标注与其他符号发生了重叠，因此需要手动调整设备标注。在原理图中单击第一个引脚符号将其选中，单击设备标注“-J9”插入点，移动鼠标到合适位置并单击，即可完成设备标注调整，如图 10-5 所示。

10.2.2　插入动态连接器符号

在设备导航器中展开“L2- 柜外”位置，在 XLR1 设备上右击，弹出如图 10-6 所示快捷菜单，选择【插入连接器】。

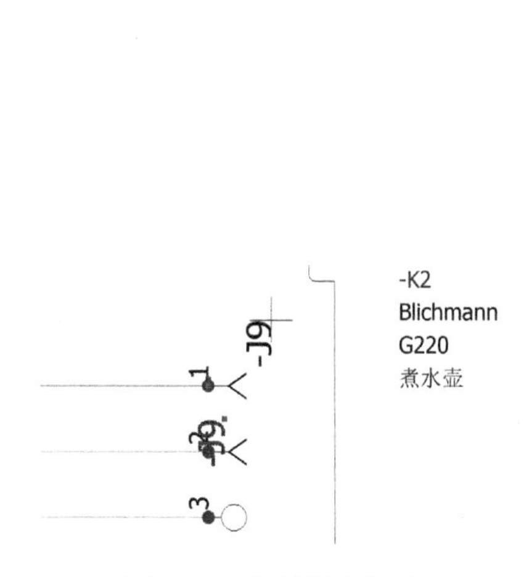

图 10-5　调整设备标注

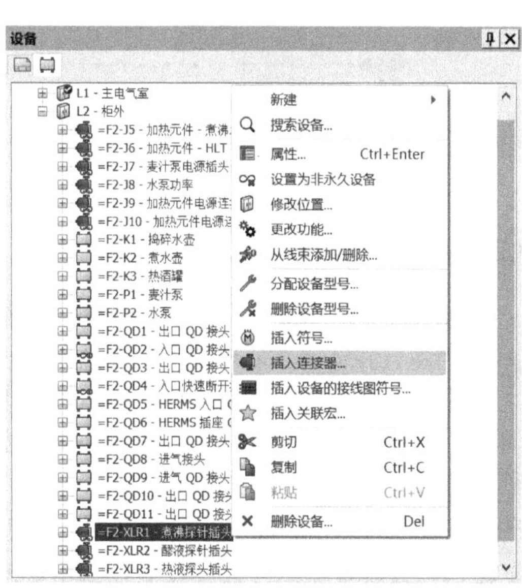

图 10-6　由设备导航器插入连接器

在图 10-7 所示界面为配置文件选择【具有引脚符号的动态连接器】，符号方向保持“源方向”，并在原理图中相应位置单击，插入该连接器。

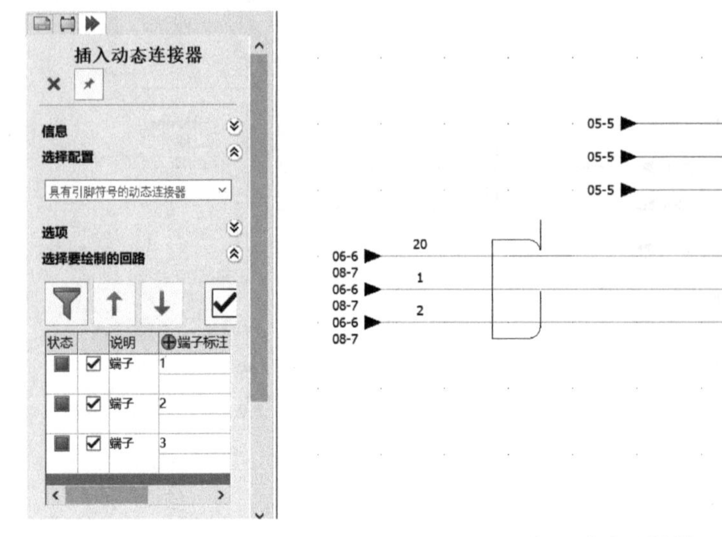

图 10-7　插入动态连接器

完成连接器绘制，如图 10-8 所示。当布线方框图中通过详细布线设置了电缆连接时，原理图将自动显示电缆连接信息。

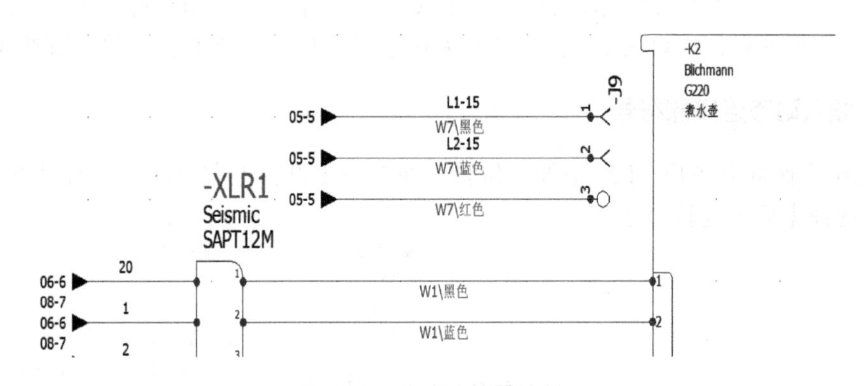

图 10-8　完成连接器绘制

10.2.3　关联电缆芯

没有布线方框图或未在布线方框图中详细布线时，可直接在原理图中关联电缆芯。如图 10-9 所示，在需要关联电缆芯的导线上右击，在弹出的快捷菜单中选择【关联电缆芯】。

在【关联电缆芯】界面，可以将电线与电缆芯关联，或取消已有关联。该界面顶部为工具栏，下方依次为电缆列表和电线列表，如图 10-10 所示。在电缆列表中展开 W1 并选择红色缆芯，在工具栏单击【关联电缆芯】，将红色缆芯与电线列表中的第一根电线关联。以相同的方法将蓝色和黑色缆芯分别与电线列表中的第二根和第三根电线关联。

技巧：双击电缆芯可以快速完成单个缆芯与电线的关联；调整电线列表顺序使其与电缆芯顺序一致，多选电缆芯后使用【关联电缆芯】命令可以完成批量关联。

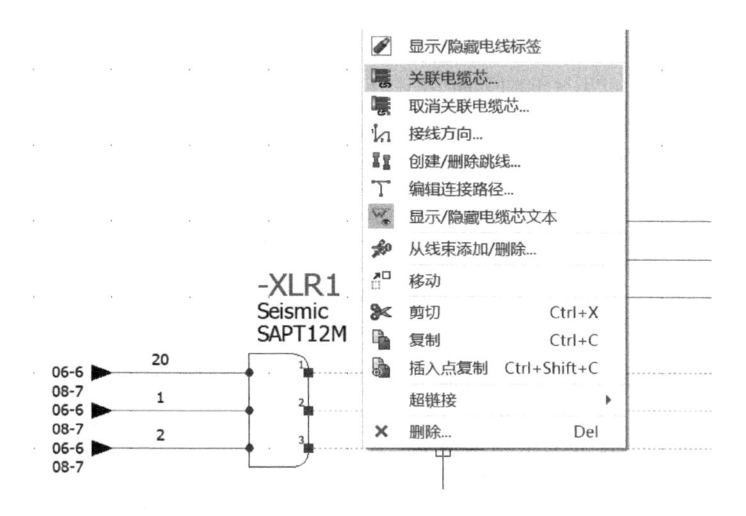

图 10-9 【关联电缆芯】命令

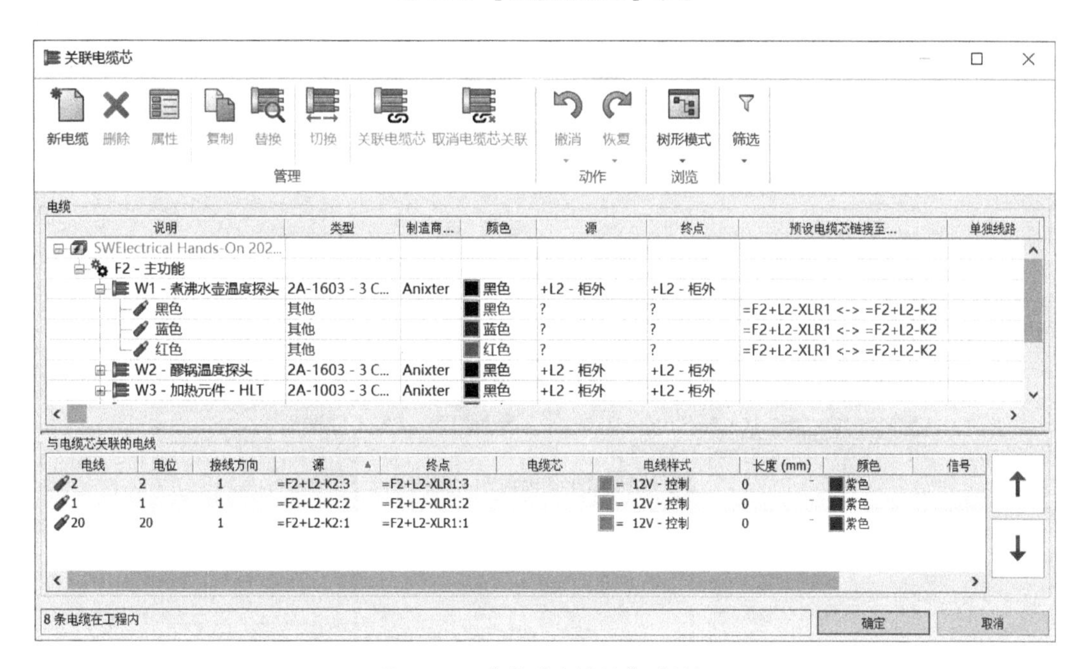

图 10-10 【关联电缆芯】对话框

10.3 连接器模板配置

10.3.1 连接器配置管理

在原理图中插入连接器时，可以选择不同的配置文件。如果想要进一步调整自动生成的连接器符号，需要在连接器配置管理器中修改对应的配置文件，或创建新的配置文件。如图 10-11 所示，在工具栏单击【电气工程】/【配置】/【连接器】，打开【连接器配置管理】对话框。

连接器配置文件有【每个针脚一个符号】、【动态符号】两种类型，如图 10-12 所示，在新建配置文件时首先要决定其类型。在【连接器配置管理】中不仅可以【新建】配置，还可以对已有配置进行【复制】、【删除】等操作。另外，还可以通过【压缩】、【解压缩】对配置文件进行备份和还原。

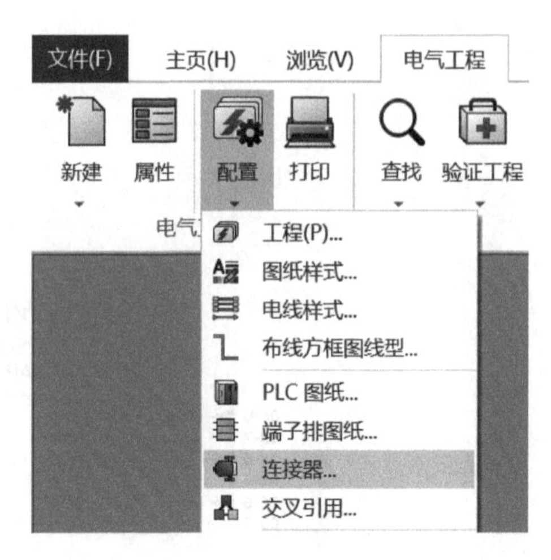

图 10-11 【连接器】命令

配置文件按照应用范围分为【应用程序配置】和【工程配置】，并位于对应列表中。【应用程序配置】下的配置文件所有工程都可以使用，这些文件储存在“应用程序数据文件夹”下的“XmlConfig\Connector”路径下，其中“应用程序数据文件夹”路径默认为“C:\ProgramData\SOLIDWORKS Electrical\”。【工程配置】下的配置文件仅当前工程可以使用，这些文件储存在“应用程序数据文件夹”下的“Projects\XXX\XmlConfig\Connector”路径下（其中 XXX 为工程 ID）。在配置管理器下两种配置文件可以相互添加。如果【应用程序配置】和【工程配置】下有同名的配置文件，软件优先使用【工程配置】下的文件。因此在修改【应用程序配置】中的文件时建议先将其添加至【工程配置】下，修改并验证无误后再将其添加到【应用程序配置】。

图 10-12 两种连接器配置文件

10.3.2 动态符号

动态符号类型配置模板可以实现分布式符号绘制，可以每次插入一个包含多个引脚的符号，也可以连续插入多个符号，以完成整个连接器的绘制。在【连接器配置管理】中选择标题为“dynamicconnectorwithsymbols_metric”的配置文件，单击【属性】，打开其【连接器配置】界面，如图 10-13 所示。

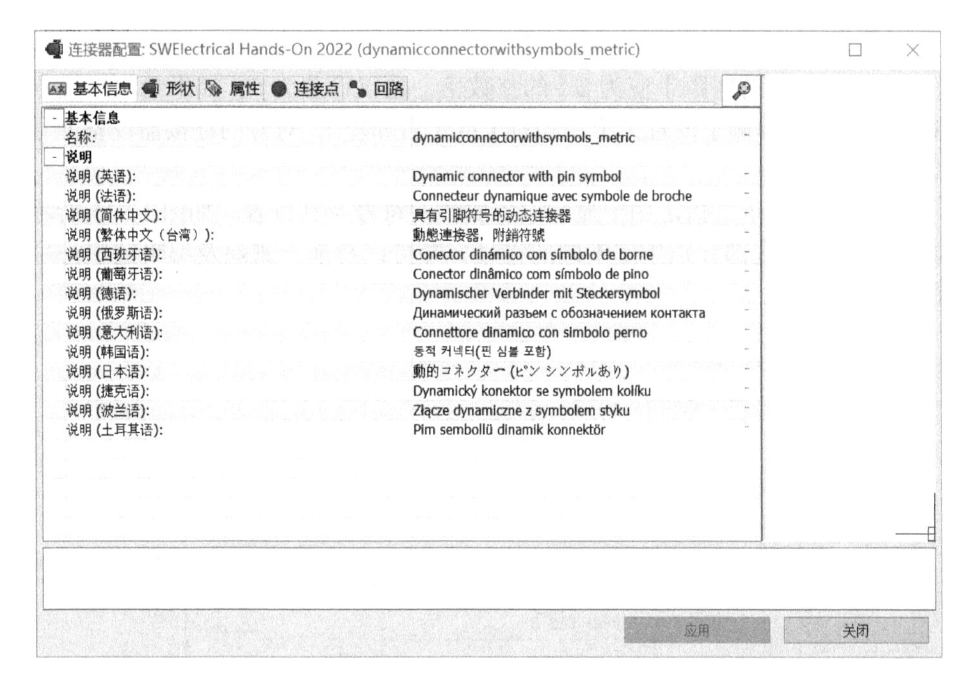

图 10-13 【连接器配置】界面

各选项卡的作用如下：

（1）【基本信息】选项卡　记录该配置文件的名称和说明。

（2）【形状】选项卡　用来设置连接器符号尺寸及引脚的排列方式，如图 10-14 所示。其中部分尺寸有关联，设置时应考虑它们之间的关系，例如【圆角半径】应小于【宽度】和

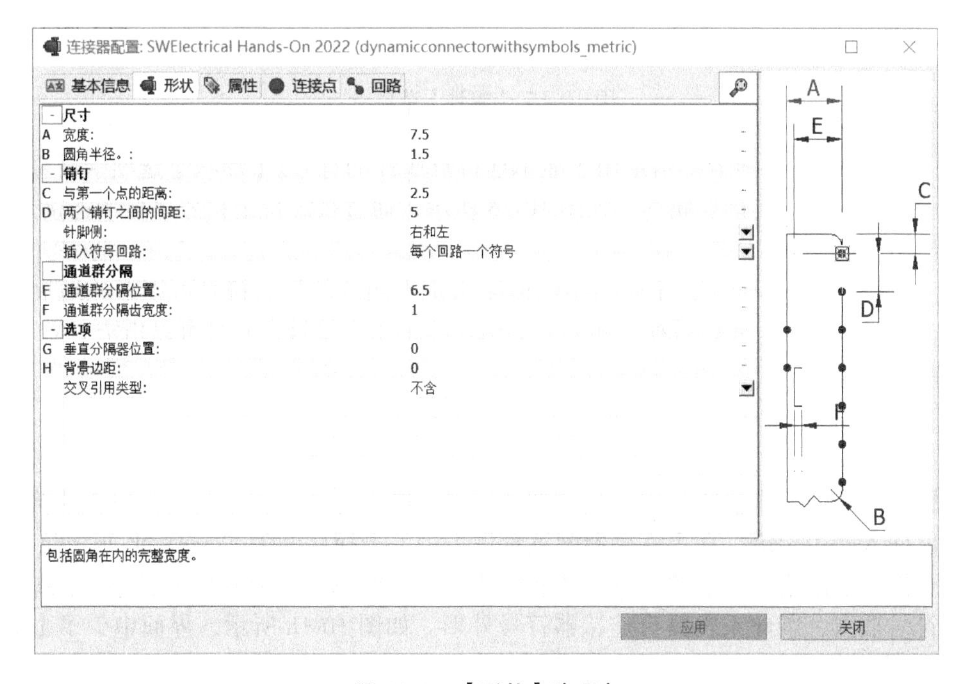

图 10-14 【形状】选项卡

【与第一个点的距离】,【通道群分隔位置】应小于【宽度】。为确保符号连接点都能与栅格对齐,【两个销钉之间的间距】应为 2.5 的整数倍,建议设置为 5。如果希望连接点在符号两侧分布,应将【针脚侧】设置为【左和右】或【右和左】,对应的连接器设备型号每个回路应包含两个端子。

(3)【属性】选项卡　指定用于显示设备属性的符号及其位置。如图 10-15 所示,可以为连接器符号顶部与底部分别指定不同的符号,并可以替换、删除及编辑这些符号,以实现不同的标注要求。

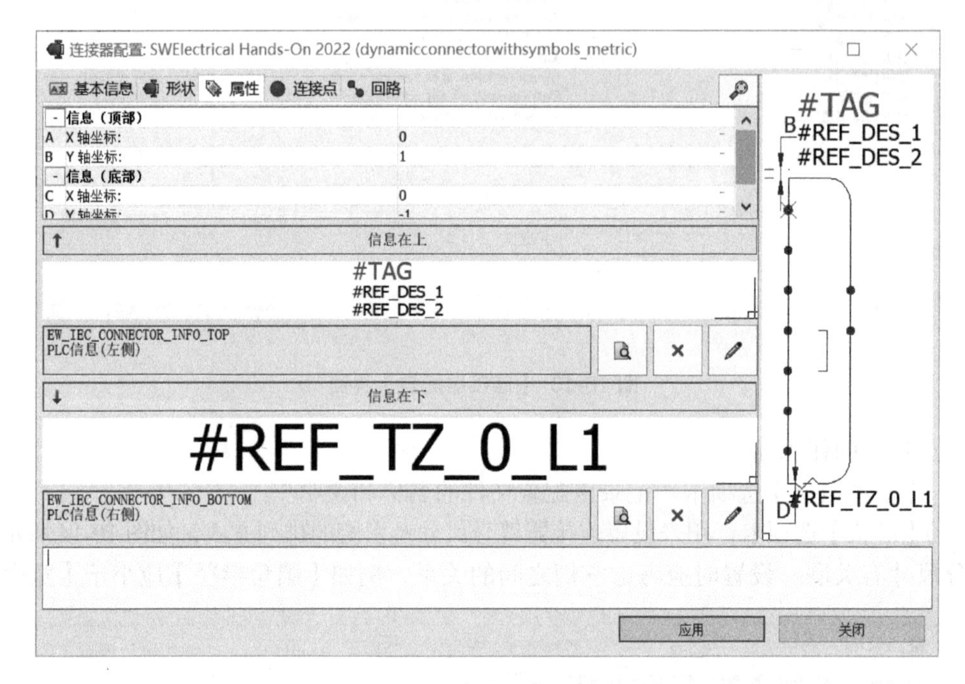

图 10-15 【属性】选项卡

(4)【连接点】选项卡　指定用于显示连接点属性的符号。【形状】选项卡设置了连接点的位置,但不包含连接点属性。如图 10-16 所示,通过指定特定符号来显示连接点标注、助记和使用等信息。

(5)【回路】选项卡　为不同类型的回路指定不同的符号。符号可以形象地展示引脚的功能。同样,这里也允许替换、删除及编辑这些多用途符号,并且可以指定方向和比例,如图 10-17 所示。

10.3.3 引脚符号

引脚符号类型配置模板可以实现离散式符号绘制,每个引脚作为一个独立的符号,一次性可以插入多个引脚。在【连接器配置管理】中,选择标题为"onesymbolperpin_metric"的配置文件,单击【属性】,打开【连接器配置】界面。由于该配置下每个引脚都作为独立的符号插入,因此不再具有连接器符号外形。如图 10-18 所示,界面中少了【形状】、【属性】和【连接点】选项卡,多了【连接器】选项卡,它用来指定每个符号的间距,以及是否为每个销钉显示连接器标注。【基本信息】和【回路】选项卡与动态符号的配置相同。

图 10-16 【连接点】选项卡

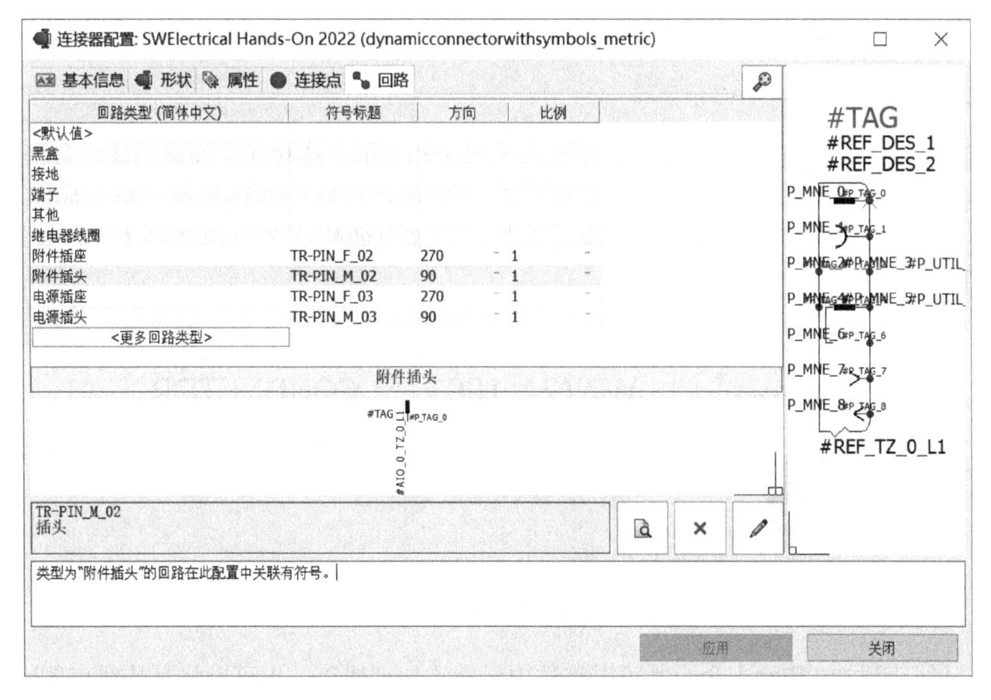

图 10-17 【回路】选项卡

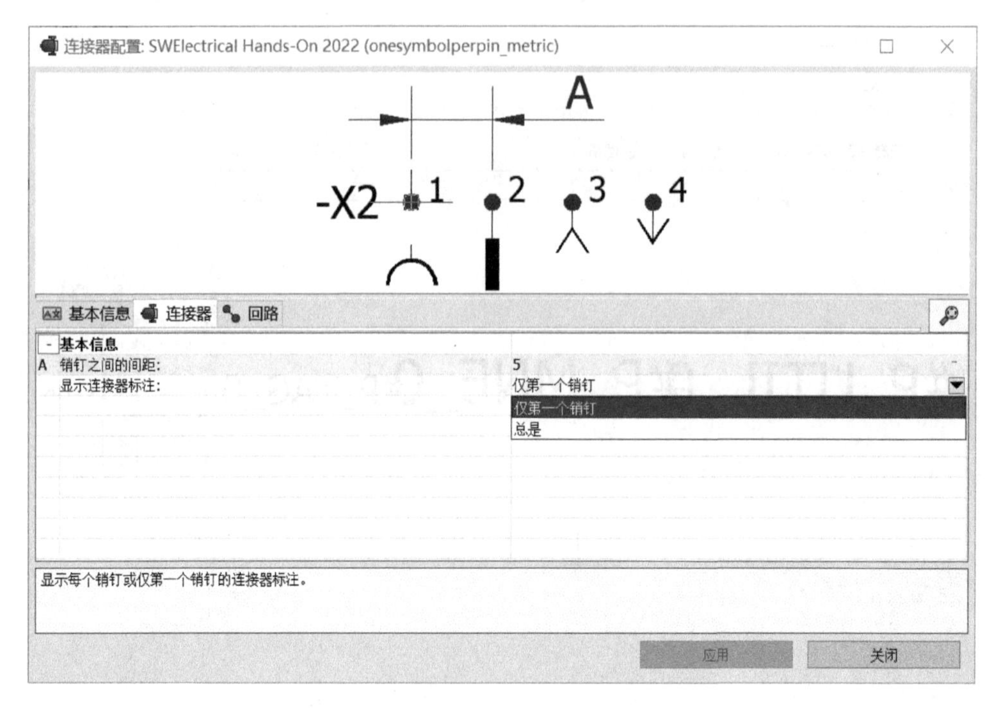

图 10-18 【连接器】选项卡

10.4 生成线束

10.4.1 线束定义

前面我们完成了图纸的绘制，接下来是与线束相关的一些操作。线束的物料包括线材、连接器和辅料（如胶带、护管、轧带等），因此需要将这些物料添加至线束。如图 10-19 所示，在图纸中选中电线与设备对象，右击，在弹出的快捷菜单中选择【从线束添加 / 删除】。

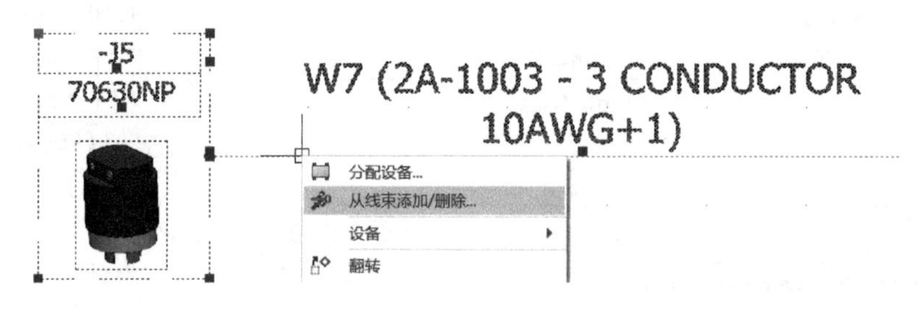

图 10-19 定义线束

【从线束添加 / 删除】命令既可以将选中元素添加到线束，也可以将其从线束删除。如图 10-20 所示，【选项】选择【添加到线束】，检查【选择】列表中的元素，确认无误后单击【确定】✓。

添加到线束时将打开【线束选择器】，在其中可以选择已有的线束，也可以新建线束。如图 10-21 所示，单击【新建线束】，在【线束属性】界面单击【确定】。在【线束选择器】中选择新建的 H1 线束，单击【选择】。

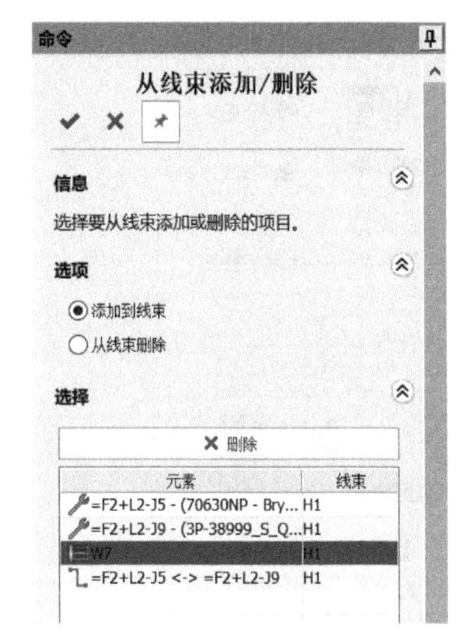

图 10-20　添加到线束

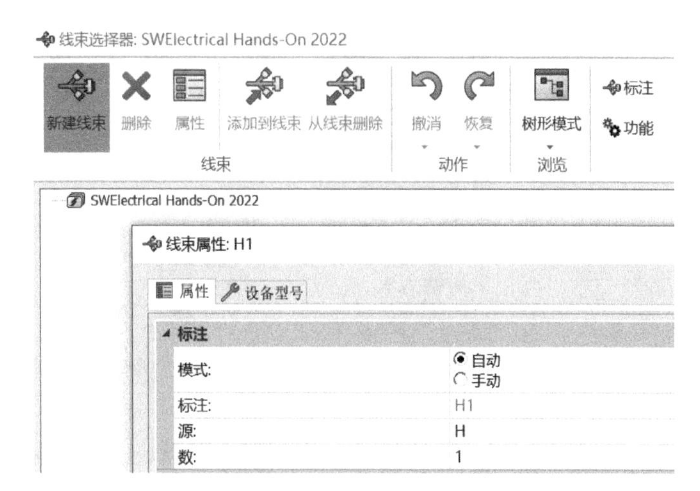

图 10-21　新建线束

10.4.2　线束管理

完成线束定义后，可在线束管理器中查看和编辑线束。如图 10-22 所示，单击【电气工程】/【线束】，打开【线束管理】对话框。在【线束管理】对话框中可以新建、删除和查看选中的线束属性，还可以从线束删除选中的元素。可以看出软件中线束包含的元素类型有布线方框图中绘制的电缆、原理图中绘制的电线、工程中的电缆、部件（线束下的设备型号）和设备（设备下的设备型号）。

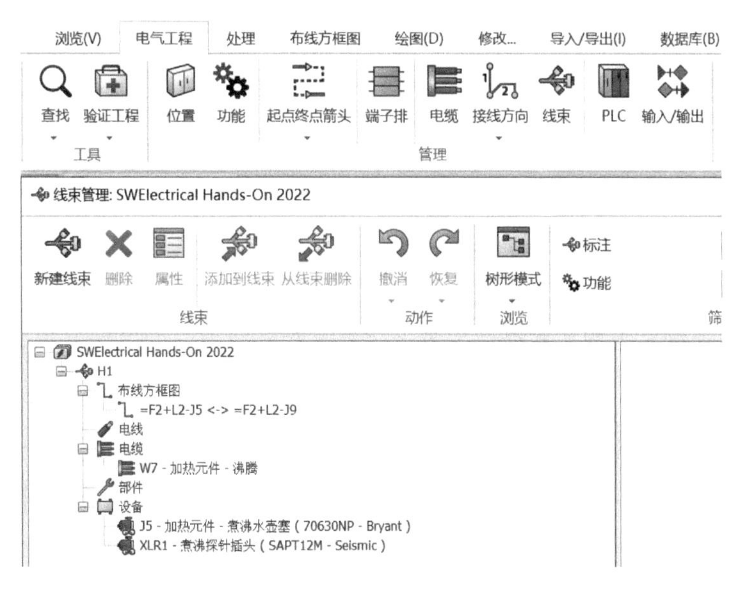

图 10-22 【线束管理】对话框

10.4.3 添加线束辅料

如图 10-23 所示，可以在【线束属性】的【设备型号】选项卡下为线束添加辅料。

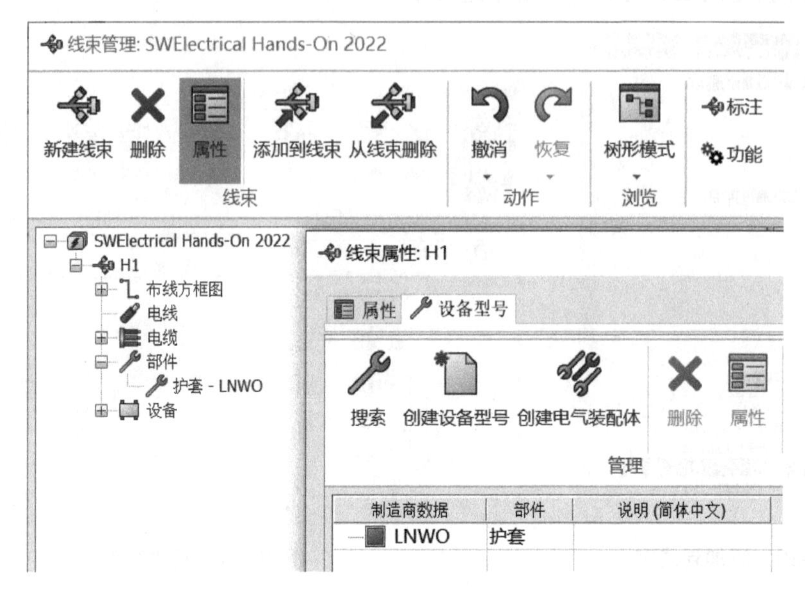

图 10-23 添加辅料

从上文可以看出，连接器与 PLC 在生成符号和绘图方式上有诸多相似之处。关于生成符号，两者都是基于设备型号通过配置文件生成；不同点是 PLC 模块既可以动态插入符号，又可以自动生成图纸。软件自动创建符号的另一个解决方案是黑盒。与前二者不同的是，黑盒不需要有设备型号，它可以“自动”生成所需符号。关于绘图方式，所有复杂多变的设备都可以根据需要来划分回路，分散绘制。按照分散程度不同可以分为整体式、分布式和离散式三种方式。合理地使用软件的自动生成符号功能和不同绘图方式，将极大提高绘图效率。

练习

一、简答题

1. 连接器有何作用？其辅料（针脚）如何添加？
2. 线束有何作用？
3. 如何将一个线束下的元素移动到另一个线束？

二、操作题

1. 使用插入动态连接器方式绘制两个连接器，并通过导线将其连接。
2. 将上一题中绘制的原理图定义为一个线束，线束应包含两个连接器和电线。

SOLIDWORKS Electrical 2D 机柜布局

| 学习目标 |

1. 掌握机柜布局图页面的创建。
2. 掌握机柜布局图符号的创建。
3. 掌握机柜布局图绘制方法。
4. 熟悉接线优化方法。

11.1 什么是 2D 机柜布局图

2D 机柜布局图又称机柜平面布局图，用于规划电气元件在机柜中的排布。它需要绘制在专用的图纸上，工艺工程师按照图纸要求对实际设备进行配装。

11.2 元器件布局

11.2.1 生成图纸

2D 机柜布局图图纸的创建有专有的命令，并且只能通过此命令创建。单击工具栏【处理】/【2D 机柜布局】，打开【创建 2D 机柜布局图纸】界面，如图 11-1 所示。

创建 2D 机柜布局图纸

	图纸说明	关联至	标注	对象名称	目标
☑	酿酒设备	电气工程	SWElectrical Hands-On...	酿酒设备	1\...
☑ 10	主电气室	位置	+L1	主电气室	1\2\
☑	柜外	位置	+L2	柜外	1\...
☑	控制面板	位置	+L1+L3	控制面板	1\...
☑	连接器安装板	位置	+L1+L4	连接器安装板	1\...

图 11-1 创建 2D 机柜布局图纸

系统允许我们为每一个位置创建一个 2D 机柜布局图纸，同时允许我们创建一个工程级别的布局图纸。对于存在父子关系的位置，可以根据需要仅仅创建“父位置”布局图纸，将“子位置”元器件在“父位置”布局图中插入。选择控制柜，将【目标】设置为布局图文件夹，如图 11-2 所示。

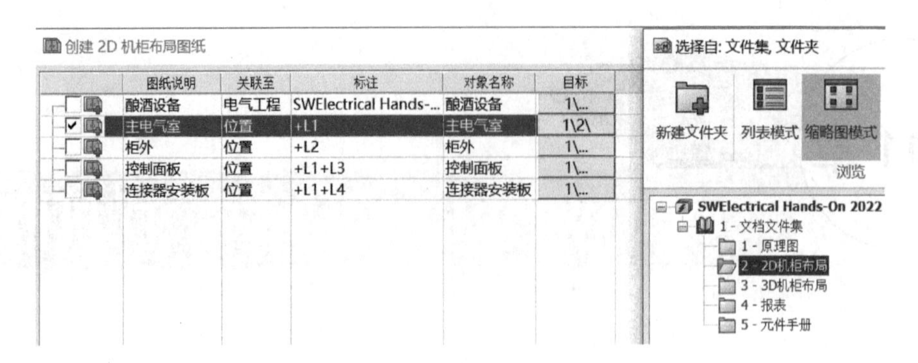

图 11-2　生成控制柜布局图

将控制柜布局图生成在布局图文件夹下，如果没有此文件夹，则需要新建。当机柜布局被打开时，机柜布局图的左侧边栏选项卡被自动激活，其中自动列出了所有设备型号，包括“位置”下的设备型号。设备型号前的复选框显示了设备型号的插入状态。勾选表示已插入；灰色表示隐藏，可以单击复选框切换隐藏与显示状态；空白表示未插入，当符号未被插入时可以通过单击复选框来插入 2D 布局图符号，如图 11-3 所示。

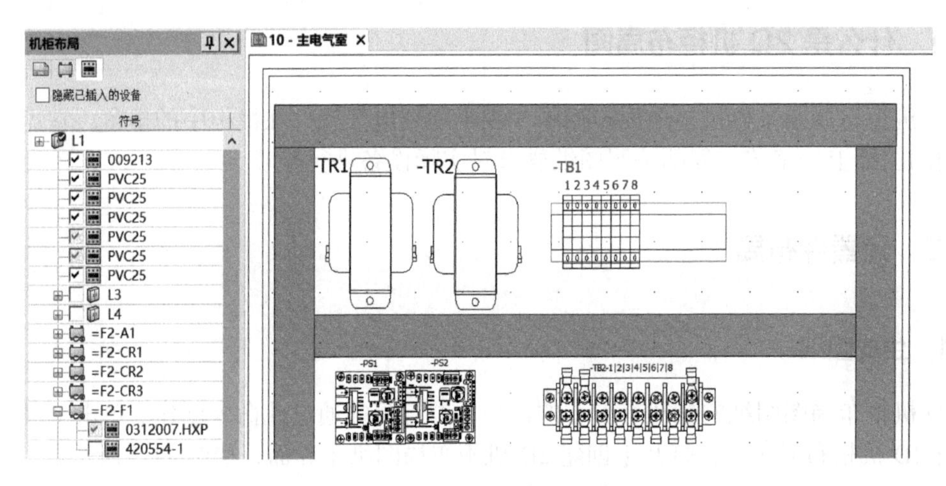

图 11-3　2D 机柜布局总览

除了可以放置已有设备型号的布局图符号，还可以直接添加新设备型号，因此新建工程时可以由 2D 机柜布局开始（在后面会对此设计方法做专题介绍）。下面按照不同设备类别来逐一介绍插入方法。

11.2.2　器件布局

1. 插入机柜

机柜一般不作为独立的设备，而是将其型号添加在“位置”下，并且在进行 2D 机柜布局时，首先需要插入机柜，因为其他设备型号是参考机柜进行布局的。如果当前“位置”下没有机柜型号，可以通过【添加机柜】命令，在“位置”下添加机柜型号，如图 11-4 所示。添加完成后，软件自动进入【插入机柜】界面。

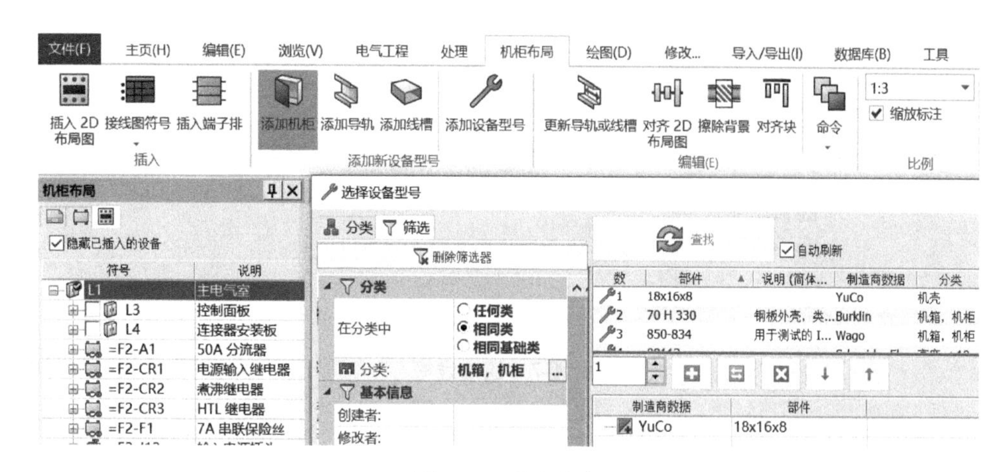

图 11-4　添加机柜

如果之前已添加了机柜型号，则在机柜型号上右击，在弹出的快捷菜单中选择【插入机柜】，如图 11-5 所示。

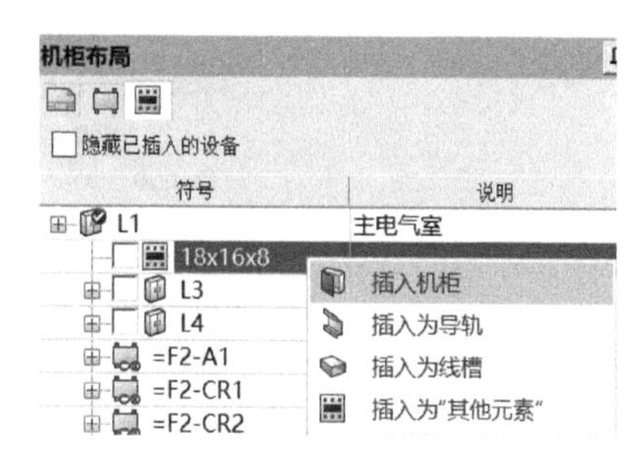

图 11-5　插入机柜

除了右键快捷菜单外，还可以勾选型号前的复选框或双击设备型号后选择【插入机柜】命令。插入机柜后应根据正在使用的图框，设置合适的比例系数。可以选取预定义的比例系数，也可以直接输入自定义比例。“位置”下分配的设备型号和机柜分类下的设备型号，在使用右键快捷菜单插入时会显示【插入机柜】、【插入为导轨】、【插入为线槽】和【插入为“其他元素”】命令。

在为设备型号插入 2D 布局图符号时，优先插入设备型号关联的 2D 机柜布局图符号；如果其未关联 2D 布局图符号，则插入设备型号所在分类关联的通用符号。机柜分类默认的 2D 布局图符号为 EW_2D_Cabinet。当然，在插入符号时，可以重新选择符号。符号插入后，其尺寸大小会自动根据设备型号调整。

2. 插入导轨和线槽

导轨用来安装设备，线槽用来固定导线，它们的长度是可变的，因此其插入过程类似于绘制导线。勾选线槽型号前的复选框，在弹出的界面中选择【按线槽插入】，如图 11-6 所示。

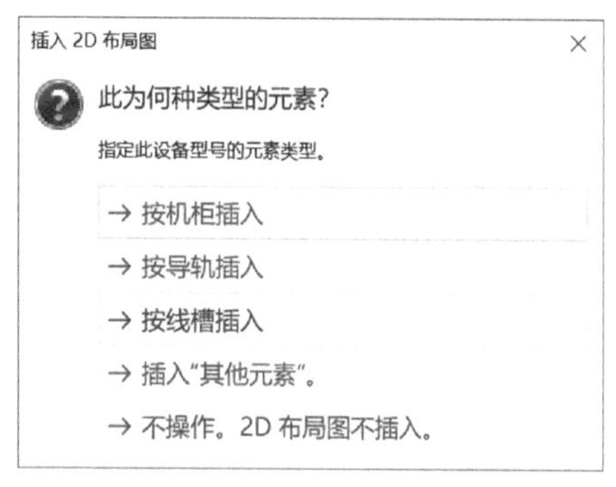

图 11-6　按线槽插入

首先在图纸中单击以确定线槽起始点，然后移动鼠标确定线槽长度，即终点，最后单击完成线槽绘制。插入线槽时还可以通过输入数值来设置线槽长度，如图 11-7 所示。

完成线槽绘制后还可以修改其长度。如图 11-8 所示，单击【更新导轨或线槽】，在图纸中单击需要修改长度的线槽，移动鼠标重新确定线槽终点。

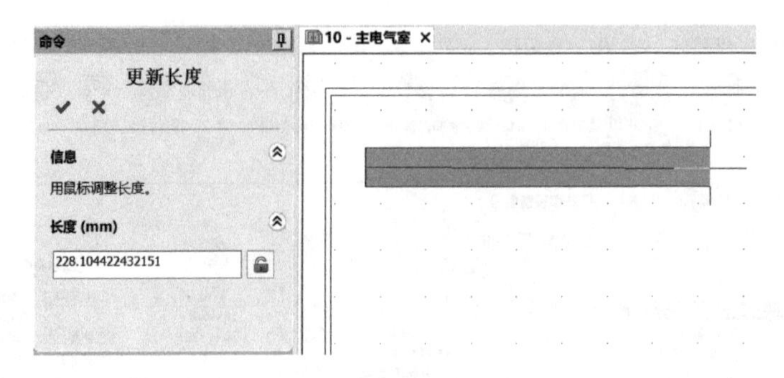

图 11-7　绘制线槽

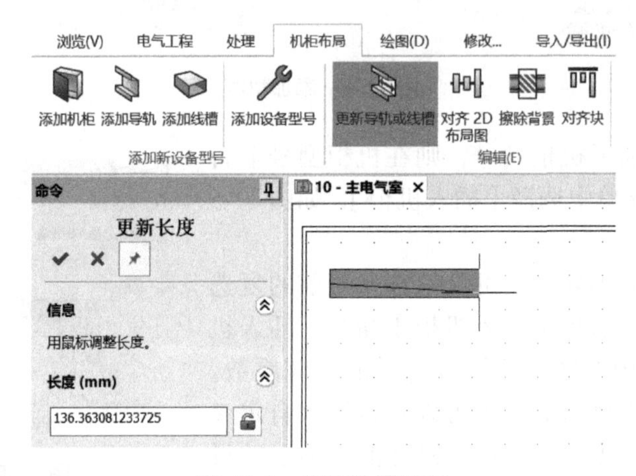

图 11-8　调整线槽长度

如图 11-9 所示，导轨、线槽类设备具有可调整属性，可调整的长度参数对应尺寸的厚度参数；并且在 2D 布局图中以宽度和厚度为正视图方向放置，不具备该属性的其他类设备型号在 2D 布局图中以宽度和高度为正视图方向放置。使用【更新导轨或线槽】命令可以使其他类设备型号具有可调整属性，并像导轨和线槽那样绘制 2D 布局图。

导轨的插入方法和线槽相同，放置完线槽和导轨的效果如图 11-10 所示。

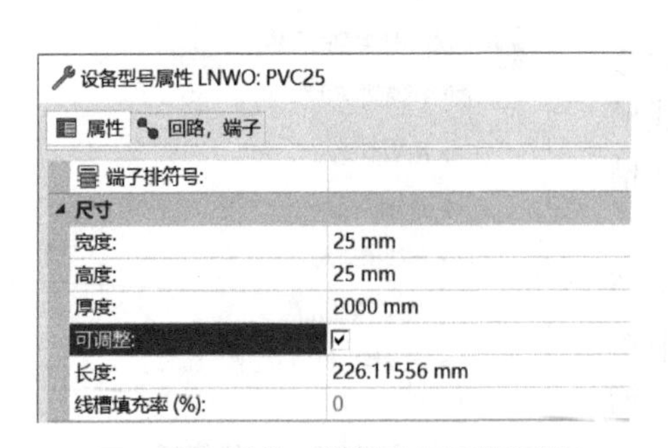

图 11-9　导轨、线槽的可调整属性

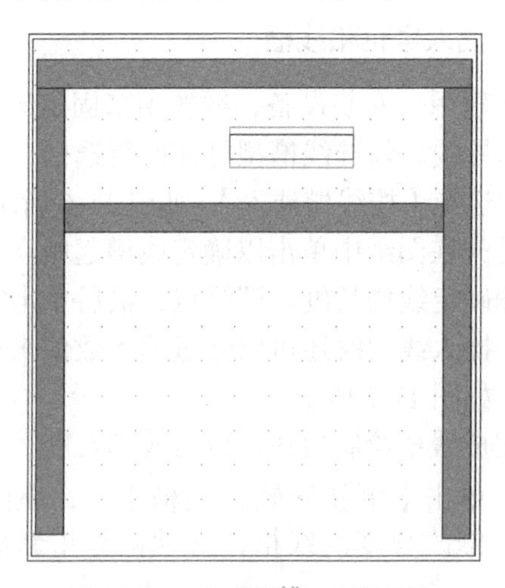

图 11-10　完成线槽、导轨插入

3. 插入常规设备

可以使用设备右键快捷菜单中的【插入】命令，一次插入一个设备下的所有设备型号。如图 11-11 所示，在设备 A1 上右击，在弹出的菜单中选择【插入】。如果设备的部分辅料不需要 2D 布局，则可以在弹出的【插入顺序】界面将其删除。

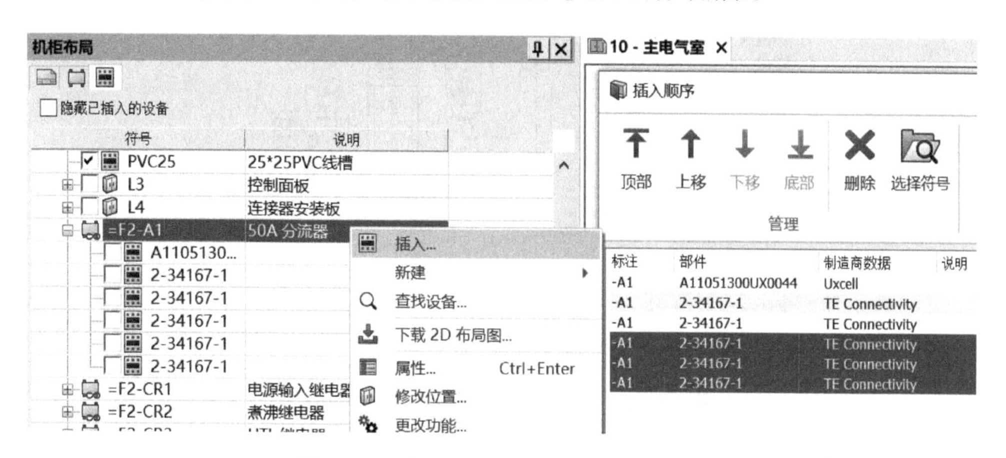

图 11-11　插入设备下的设备型号布局图

不仅可以批量插入一个设备下的多个型号，还可以批量插入多个设备下的设备型号。如图 11-12 所示，当选择多个设备型号时，在任意一个被选中的型号上右击，然后单击【插入】,【插入顺序】对话框将打开。在该界面下，可以管理关联符号并调整批量插入 2D 布局图的顺序。

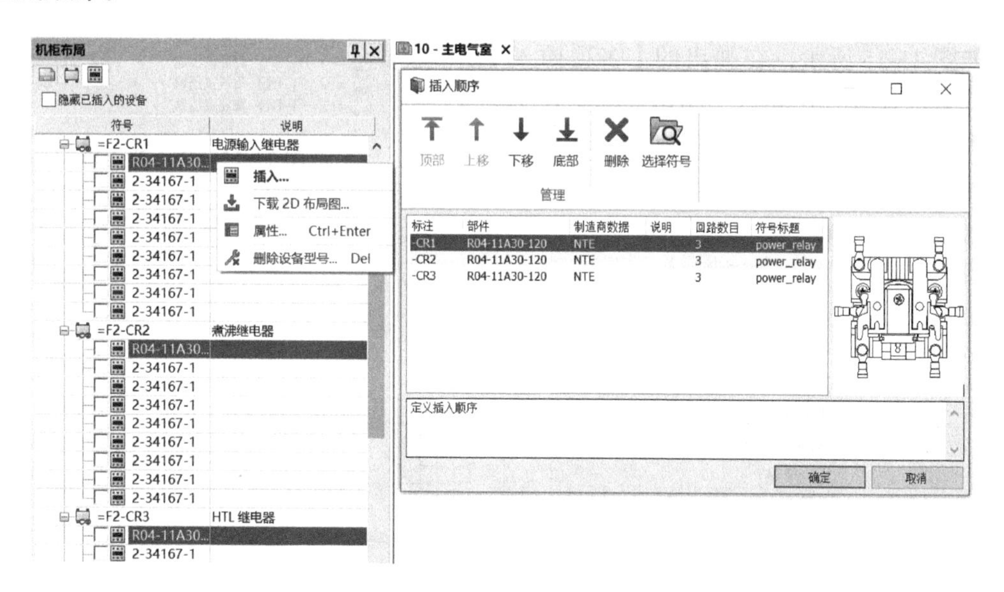

图 11-12　管理布局图符号插入顺序

在设备的【多项插入】界面中，可以指定插入方向（水平或垂直）及下一个符号插入的方向（当前符号前方或后方），如图 11-13 所示。当设备安装在导轨上时可以不用指定插入方向，软件会自动读取导轨方向作为符号的插入方向。

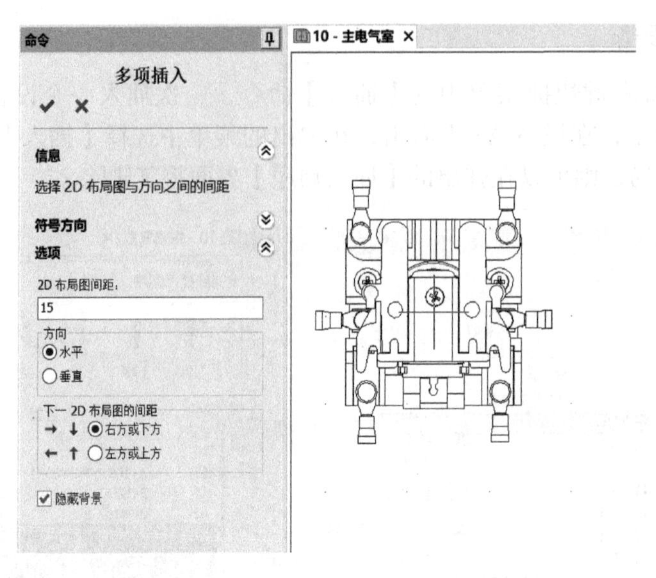

图 11-13　设备布局图符号多项插入设置

4. 插入端子排

插入端子的方式与插入设备的方式相同，唯一不同在于可以选择插入整个端子排，它等同于批量插入设备。在插入端子排时不能指定插入方向，只能沿导轨方向插入，插入位置无导轨时默认沿水平方向插入。在机柜布局浏览器下找到端子排 TB1 并右击，在弹出的快捷菜单中选择【插入端子排】，如图 11-14 所示。

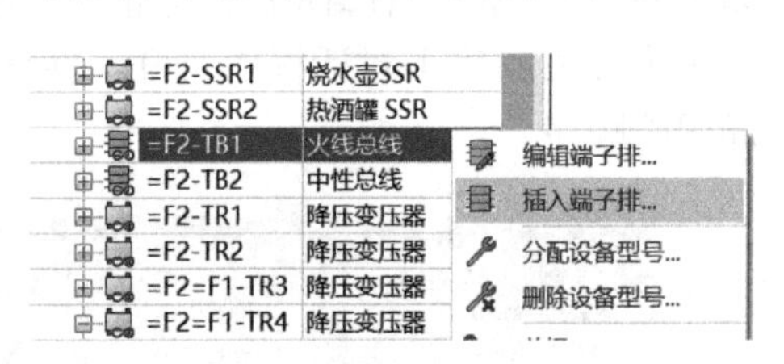

图 11-14　插入端子排

如图 11-15 所示，在弹出的【多项插入】界面保持默认设置，在导轨上单击，确定首个端子插入位置，后续端子会按照设置的间距和方向自动插入。

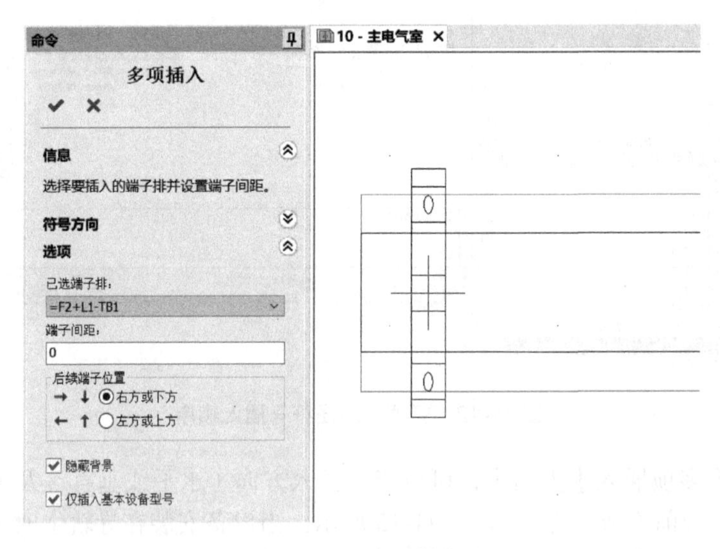

图 11-15　多项插入

另外可以看到，端子排的右键快捷菜单中有【编辑端子排】命令，这个命令也是很常用的。因为机柜布局图与设备型号是一一对应的，当端子未选型时可以由此命令直接打开该端子排编辑器，对端子进行批量选型。

11.2.3　调整布局

通常需要对插入的符号进行调整。下面介绍几个常用的调整命令。

1. 对齐 2D 布局图

该命令可以对几个 2D 机柜布局图符号进行对齐操作，并可以设置符号间距。如果符号在导轨上，则所有符号都将与导轨中心对齐；否则，所有符号与最上端的符号居中对齐。下面以对齐导轨安装的 PLC 为例，介绍【对齐 2D 布局图】命令。在工具栏单击【机柜布局】/【对齐 2D 布局图】。如图 11-16 所示，在图纸中选择需要对齐的 3 个 PLC 模块 N1、N2、N3，在命令界面将【间距】设置为“5”，单击【确定】✓，完成 PLC 符号对齐。结果如图 11-17 所示。

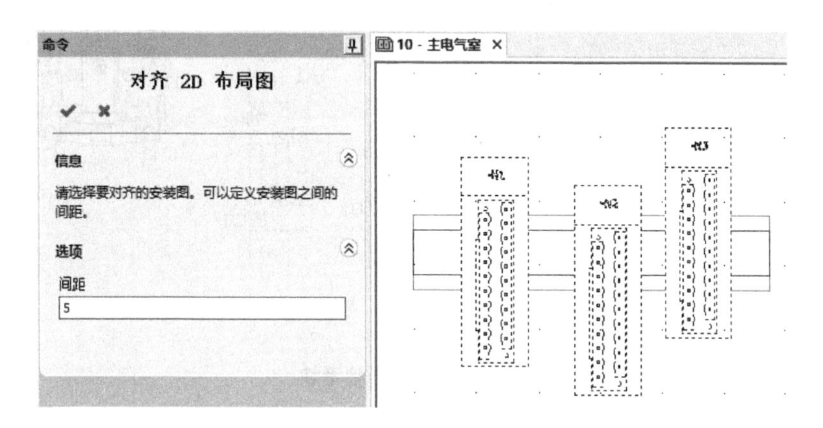

图 11-16　对齐 2D 布局图

2. 对齐块

【对齐块】是以选定的符号插入点为基准，将其他符号插入点与之水平或垂直对齐。如图 11-18 所示，需要将设备 CR1、CR2 和 CR3 与设备 A1 对齐。

在工具栏单击【机柜布局】/【对齐块】。如图 11-19 所示，按命令提示，在图纸中选择设备 A1 作为参考块，并单击【确定】✓。

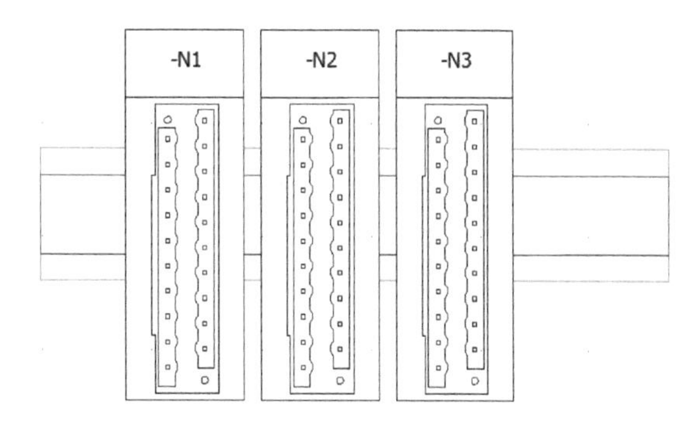

图 11-17　对齐后的 PLC

如图 11-20 所示，按命令提示，在图纸中选择设备 CR1、CR2 和 CR3，【选项】选择【水平】，单击【确定】✓，完成设备对齐。

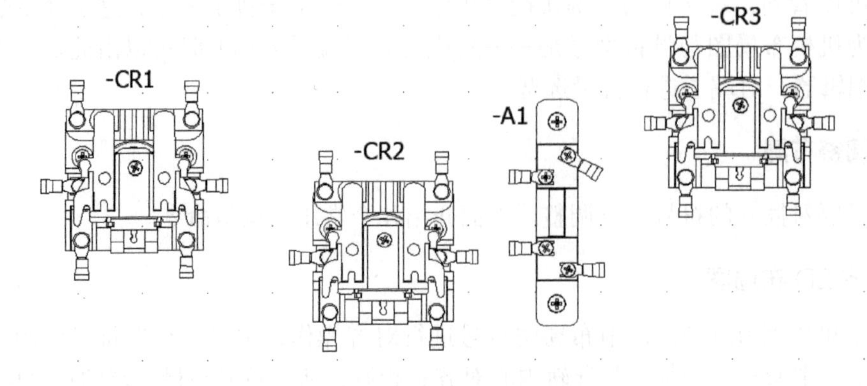

图 11-18　待对齐的块

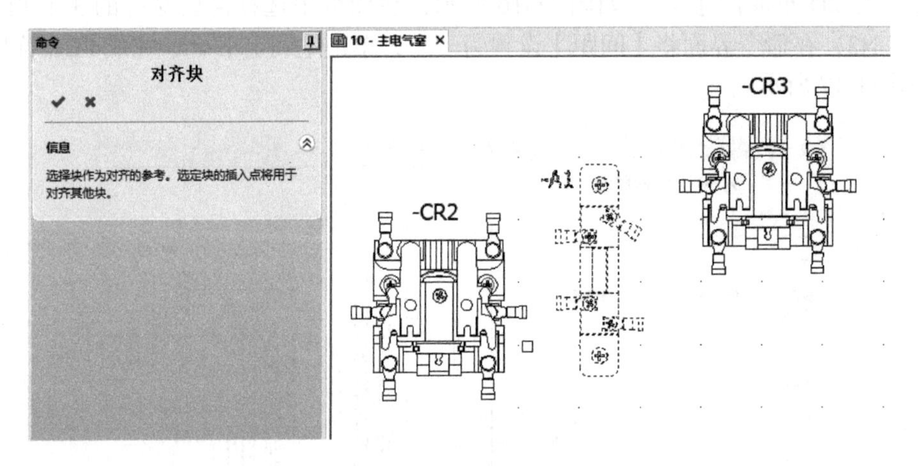

图 11-19　选择参考块

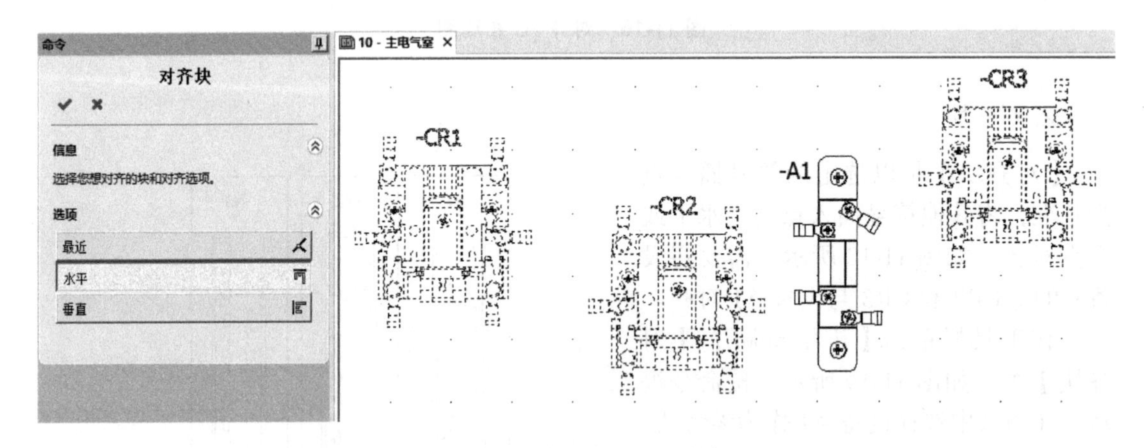

图 11-20　选择需要对齐的块

3. 擦除背景

如图 11-21 所示，在插入符号时可以设置是否隐藏背景。图中端子插入时未勾选【隐藏背景】复选框，因此呈现透明效果。通过工具栏【机柜布局】/【擦除背景】命令，可将其设置为不透明状态。

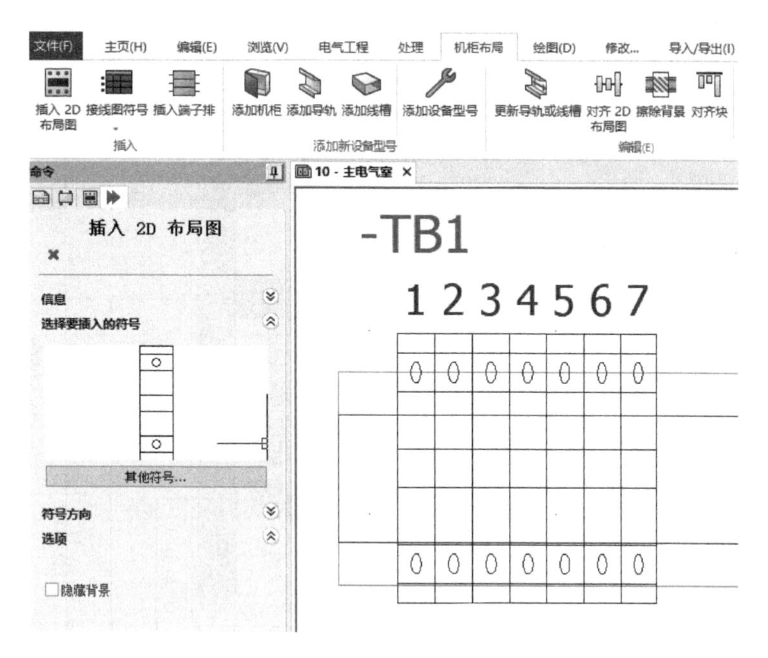

图 11-21　擦除背景

4. 切换层（命令）

后插入的符号默认在最上层，会挡住之前插入的符号。当我们将元件移动到新绘制的导轨上时，会出现导轨遮挡元件的现象。如图 11-22 所示，在工具栏单击【机柜布局】/【命令】，可以调整符号顺序，通常将机柜、导轨和线槽设置为【设置最后端】。

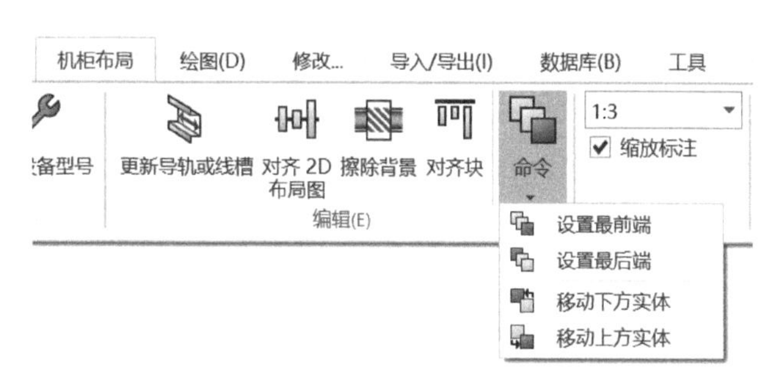

图 11-22　调整符号顺序

在机柜布局图中可以添加一些必要的尺寸标注。使用前面介绍的方法完成底板其他设备的布局，最终完成的 2D 布局图如图 11-23 所示。

提示：如果尺寸标注的字号太小，可以通过【修改】选项卡下的【标注样式】命令修改。

如图 11-24 所示，在控制柜底板左侧和下方各绘制一个矩形，分别代表“控制面板”和“连接器安装板”。以相同的方法完成“控制面板”和“连接器安装板”的设备布局。

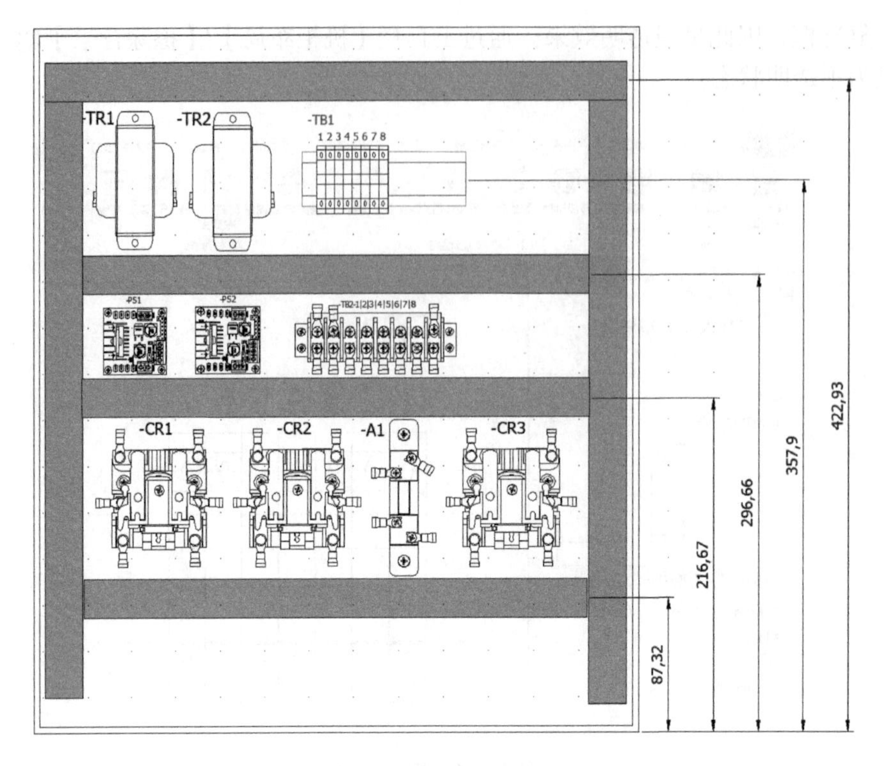

图 11-23 控制柜底板布局

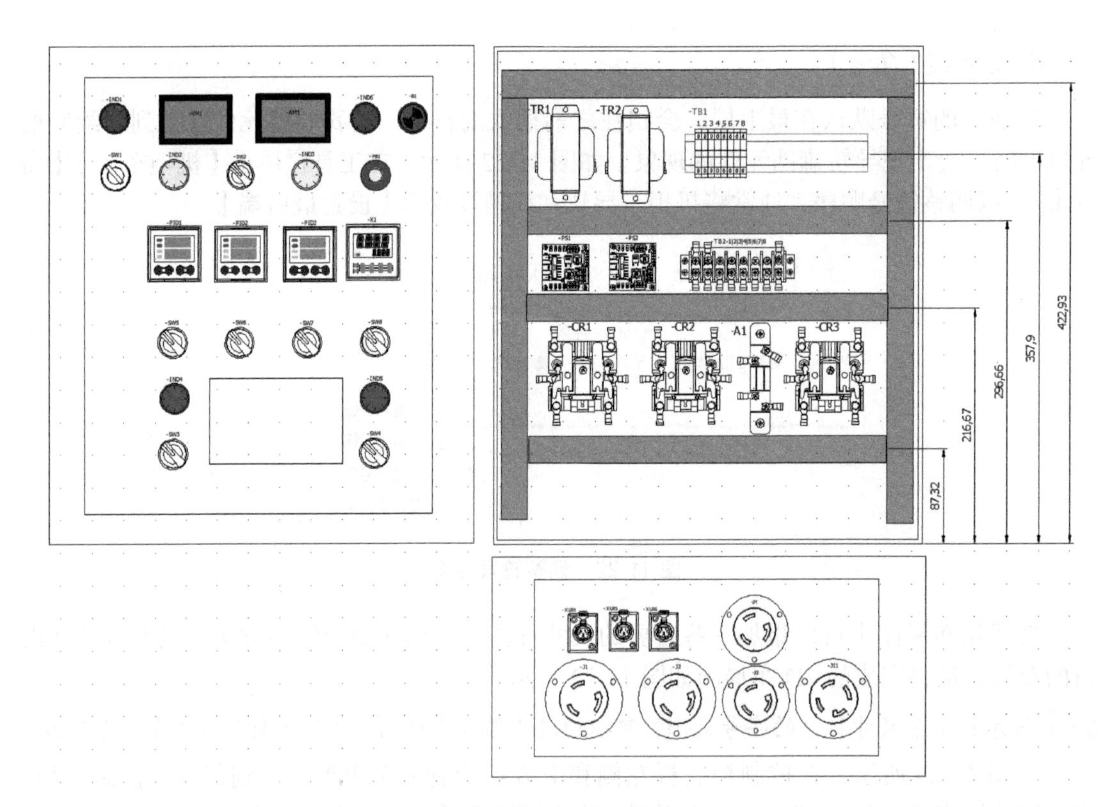

图 11-24 控制柜机柜整体布局

11.3　接线优化

2D 机柜布局图的一个作用是为自动优化接线方向提供依据。导线直接相连的等电位网络可以分为两种：一种只包含两个连接点，含一条电线，只有一种接线方向，即简单等电位网络；另一种包含两个以上连接点，含多条导线，有多种接线方向，即复杂等电位网络。

11.3.1　接线方向管理器

如图 11-25 所示，工具栏【电气工程】下的【接线方向】命令可以管理电线的接线方向。

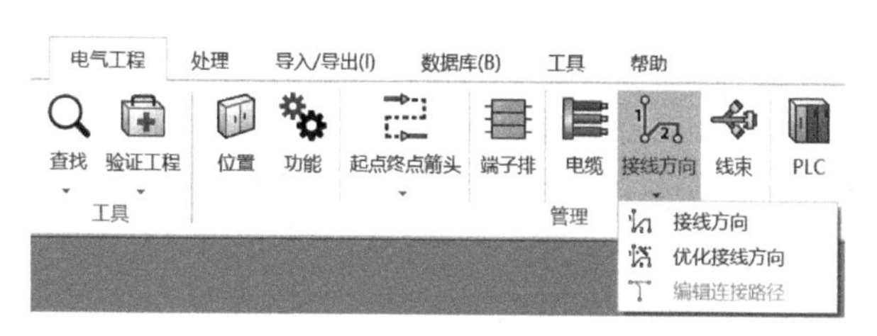

图 11-25　接线方向

【接线方向】命令将打开【接线方向】管理器。该管理器分为上下两部分，用于手动调整接线方向。上方依次显示了电位号、相同电位的设备端子、端子预览；下方显示了当前选中电位的布线信息，可以在此通过拖放设备端子到电线的源或终点处实现手动修改接线方向。【接线方向】管理器中还有一些其他命令，例如【自动添加电线】、【删除线】、【转换源点和目标点】、【关联电缆芯】等，如图 11-26 所示。

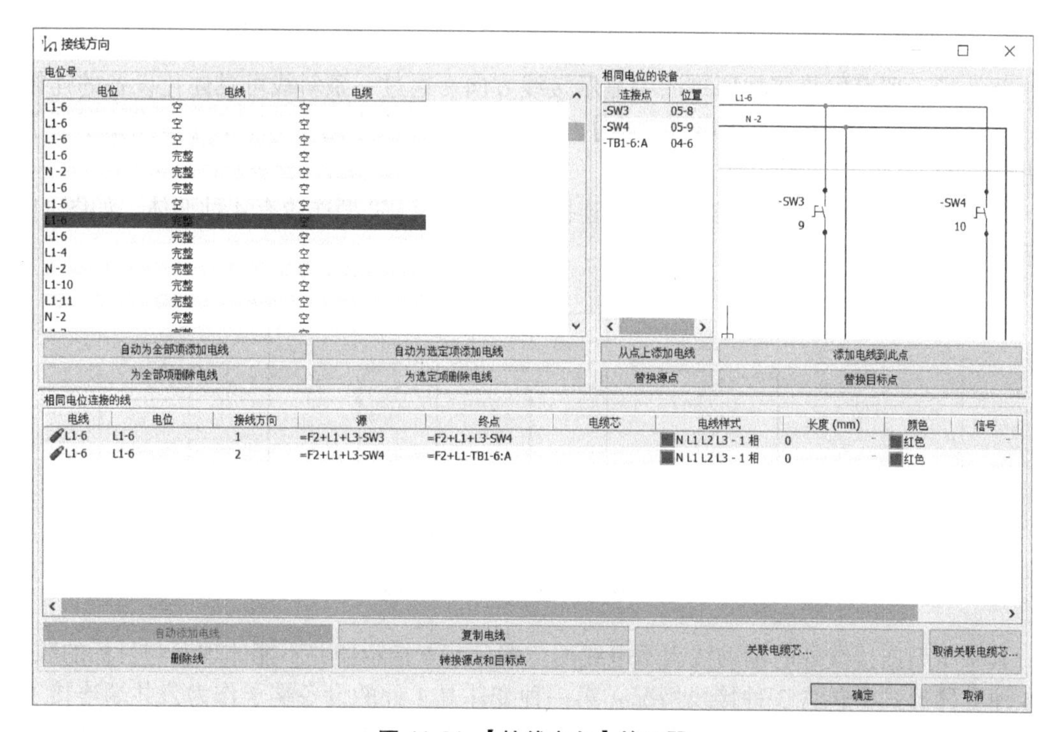

图 11-26　【接线方向】管理器

在选定电线的右键快捷菜单中也可以找到【接线方向】命令。通过此方法打开的【接线方向】管理器只能编辑当前选中的等电位网络。

11.3.2 编辑连接路径

【编辑连接路径】命令是以节点指示器（图形化地显示连接点接线方向）的方式管理接线方向。只有在选中导线时该命令才可用。如图 11-27 所示，可以为选定导线重新指定接线方向，也可以选择隐藏节点指示器。

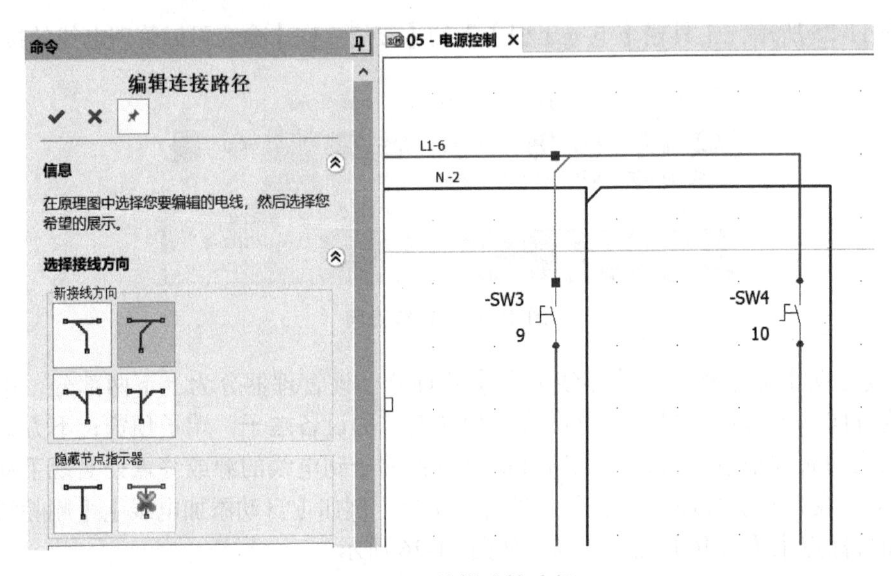

图 11-27 编辑连接路径

节点指示器可以直接在原理图中显示接线方向。通过一条斜线可具体化设备的连接方式。此功能可选且可以通过【电气工程】/【配置】/【图表】选项卡下的【节点指示器】选项进行设置。

节点可通过 T 型连接来表示。由于连接方向的不同，T 型连接有 4 种变体，如图 11-28 所示。

0	1	2	3	4
1 2 3	1 2 3	1 2 3	1 2 3	1 2 3
	1 → 3 1 → 2	1→2 2→3	1 → 3 3 → 2	2 → 3 3 → 1

图 11-28 T 型连接的 4 种变体

其中 T 型连接线外的辅助线表示电线的位置。节点指示器并不能体现源与目标的顺序，这 4 种变体形式中包含 3 种接线情况：第一种变体是 1 处的设备端子作为公共端连接了两条导线；第二种变体是 2 处的设备端子作为公共端连接了两条导线；第三和第四种变体都是 3 处的设备端子作为公共端连接了两条导线，在这种情况下，斜线体现了布线顺序，它表示布线顺序中的第一条电线。前两种变体形式不能体现电线布线顺序。

节点指示器的其他局限性如下：第一，它只能用于垂直和水平导线构成的 T 型连接点处；第二，一个交叉点可以有且仅有一条倾斜线。如果不满足上述条件，接线方向将不允许显示节点指示器，则会显示 T 型连接。

11.3.3 自动优化接线方向

软件可以根据 2D 布局图中设备的位置关系自动优化接线方向。软件会优先连接距离相近的设备，以便符合实际工艺就近接线要求。如果没有 2D 机柜布局，软件依然会优先连接同一位置下的设备，然后根据设备端子标注的字母顺序依次连接。

单击工具栏【电气工程】/【接线方向】/【优化接线方向】命令，打开【优化接线方向】对话框，如图 11-29 所示。

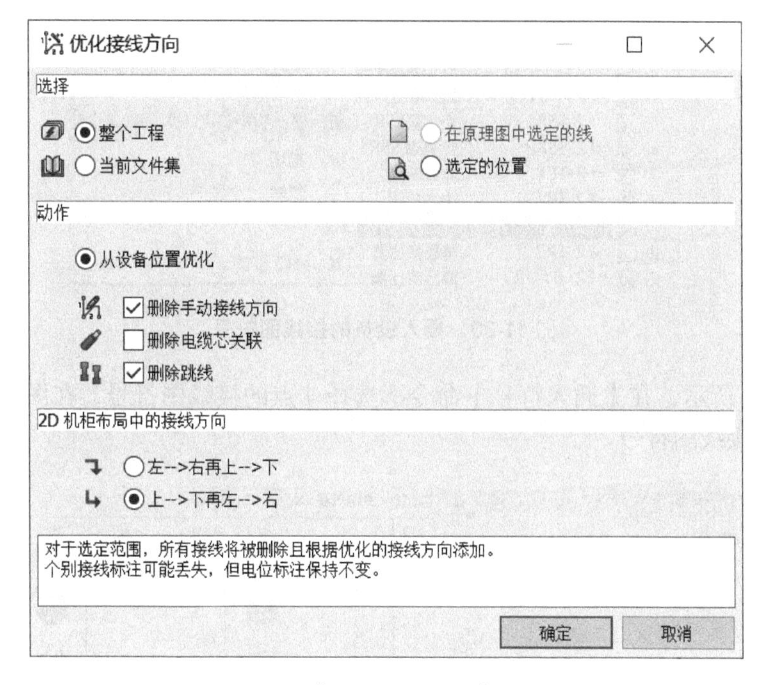

图 11-29 【优化接线方向】对话框

在【优化接线方向】对话框中可以选择优化范围，包括整个工程、在原理图中选定的线、当前文件集和选定的位置。可执行的操作有删除手动接线方向、删除电缆芯关联和删除跳线。如果工程包含 2D 机柜布局，可以指定优化顺序。

11.4 元件接线图

电气装配两大工作分别是“装配元器件”和“元器件之间接线”。机柜布局图可以指导生产环节如何装配元器件，而接线图可以指导生产环节如何对元器件进行接线。两者通常配合使用。

11.4.1 什么是接线图符号

接线图符号是一类特殊的符号，它不同于多用途符号和布线方框图符号，接线图符号没有回路和连接点，因此不可用于连接导线或电缆；它被设计用来显示设备或设备型号的属性信息，其中最主要的信息是端子接线信息，因此被称为接线图符号。接线图可在多种图纸类型下使用，包括原理图、布线方框图、机柜布局图等图纸类型。

11.4.2 机柜布局图中使用接线图

在机柜布局浏览器的设备 TR1 上右击，在弹出的快捷菜单中选择【插入设备的接线图符号】，如图 11-30 所示。

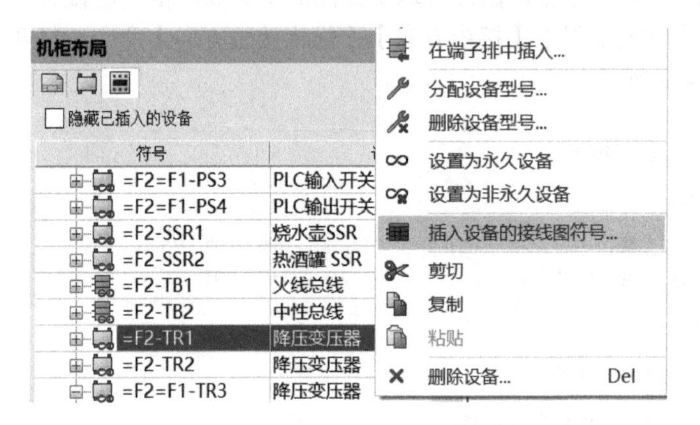

图 11-30 插入设备的接线图符号

如图 11-31 所示，在【插入符号】命令下选择 4 点的接线图符号，在图纸空白处单击，插入设备 TR1 接线图符号。

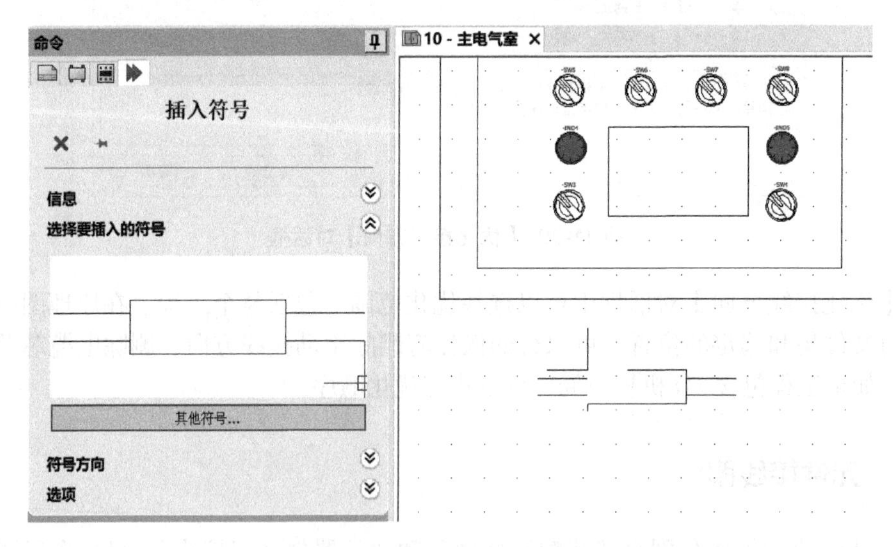

图 11-31 插入 4 点接线图符号

接线图显示效果如图 11-32 所示。该符号自动显示了设备标注、设备型号及每个引脚的相关信息。引脚信息包括端子标注、引脚在原理图中的位置、连接至该引脚的电线编号和接线目标端标注。

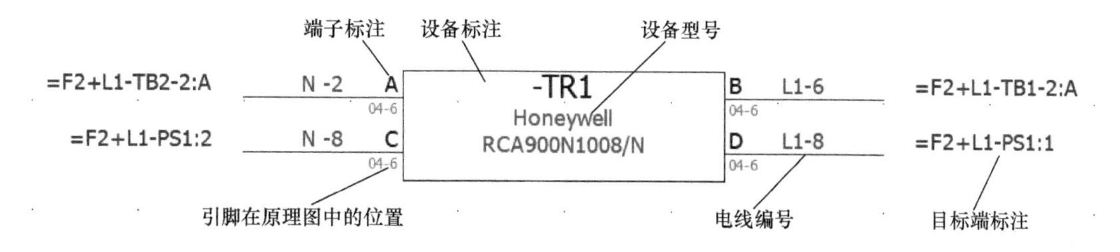

图 11-32　接线图显示效果

11.4.3　使用接线图符号浏览器

如图 11-33 所示，在“2-2D 机柜布局”文件夹下新建一张原理图，图纸说明填写“接线图”，并打开该图纸。

在工具栏单击【浏览】/【接线图符号】，激活接线图符号浏览器。如图 11-34 所示，在该浏览器中选择设备 IND1 ~ IND6 的所有以“120”结尾的设备型号，在选中的型号上右击，在弹出的快捷菜单中选择【插入设备型号的多个接线图标注】。

图 11-33　新建原理图

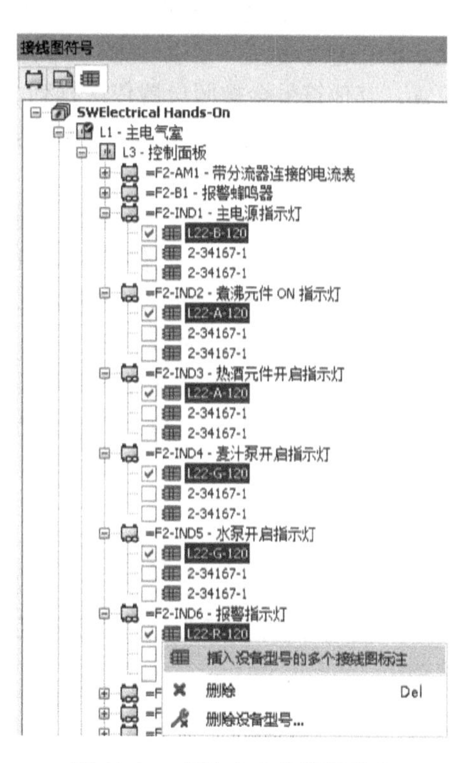

图 11-34　插入多个接线图符号

如图 11-35 所示，在【插入顺序】界面，为所有型号选择带有指示灯的接线图符号，单击【确定】。

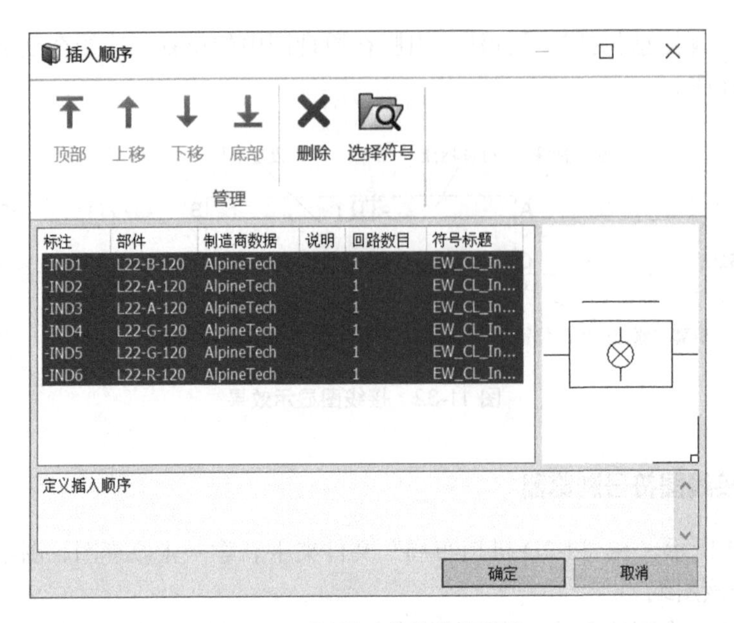

图 11-35 批量选择接线图符号

如图 11-36 所示，多项插入时可以设置符号间距。此处将符号间距设置为“100”，确保插入接线图后目标端子显示的信息不重叠。在原理图中单击确定第一个符号的位置，其他符号会按照设置依次排列。

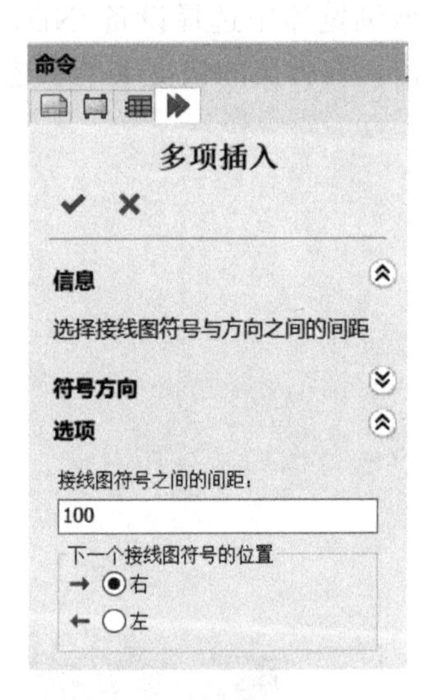

图 11-36 设置符号间距

批量插入后部分符号超出了图框，需要手动调整位置。最终效果如图 11-37 所示。

除了接线图外，还有接线表可用于指导接线。接线表不仅包含与电线相关的所有信息，而且以电线为对象主体（接线图符号是以设备或设备型号为对象主体）。接线表可以与下线机对接，完成电线预制。相比接线图，接线表可以使接线工艺更加高效、规范。关于接线表的编辑和使用方法可参考第 12 章。当然，接线图依然有它存在的价值，接线图配合原理图可以很好地帮助工程师检查故障。

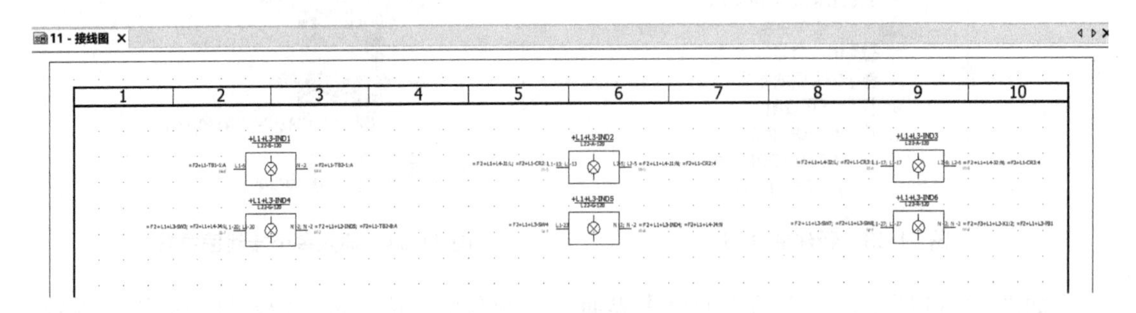

图 11-37 最终效果

练习

一、简答题

1. 2D 机柜布局图有何用途？
2. 为何需要设置图纸比例？
3. 接线有何作用？
4. 什么情况下不能使用节点指示器？
5. 接线图与接线表各有什么优缺点？

二、操作题

1. 将 11.2.3 示例控制柜底板布局中的端子全部移至最下方。
2. 新建一个四端子的接线图符号，引脚应包含电缆芯说明，并为水泵插入该接线图。

第 12 章 报表

| 学习目标 |

1. 掌握报表的生成与导出。
2. 熟悉报表模板的编辑。
3. 掌握端子排图纸生成的方法。
4. 熟悉端子排图纸模板的编辑。

12.1 什么是报表

报表就是用表格或者图表来动态地显示项目数据，用于工艺接线、现场敷设或采购的各种清单。SOLIDWORKS Electrical 是一款基于 SQL Server 数据库的专业电气设计软件，它可以根据原理图自动生成图形化端子报表和各种清单报表。

12.2 清单类报表

清单类报表可以自动提取需要的数据并按照一定的格式输出（既可以生成图纸，也可以导出 Excel）。根据报表用途可以分为一般报表与规则检查两大类。一般报表主要用于指导生产，常见的有图纸目录、物料清单、接线清单及设备清单。规则检查主要用于设计检查规则，常见的有导线线径检查、端子连接导线个数检查、未选型设备检查等。

12.2.1 使用报表

软件内置了多种报表配置模板，可以根据需要选择相应的模板在工程中应用。

1. 添加报表

在工具栏单击【电气工程】/【报表】/【添加】，勾选需要添加的报表，如图 12-1 所示。带“筛选器”的报表可以勾选筛选器，按照每种筛选器各添加一份报表。

在【报表管理】对话框中可以对已添加的报表进行排序、更新、生成图纸和导出为其他文件等操作，同时可以对选中的报表进行删除和编辑操作，还可以为其添加筛选器。

2. 生成图纸

在【报表管理】对话框中可以预览选中的报表。单击【按制造商的物料清单】报表配置，在右侧可以预览该报表配置应用于当前项目的结果，如图 12-2 所示。

图 12-1　添加报表

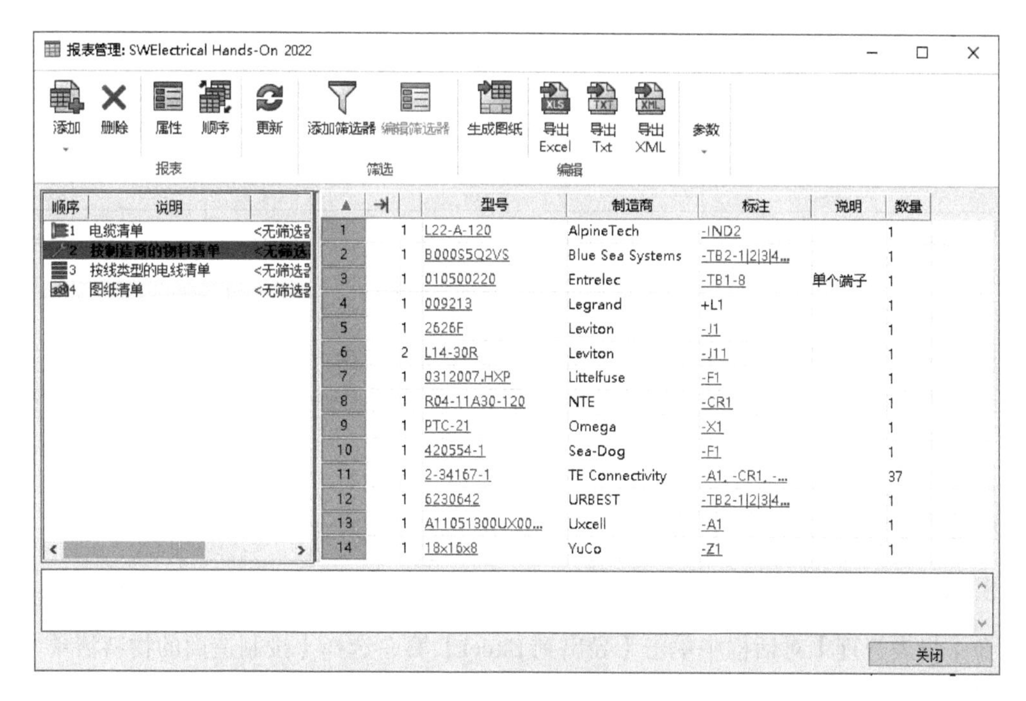

图 12-2　预览报表

单击【生成图纸】，选择报表并指定目标文件夹（3- 报表），单击【确定】，如图 12-3 所示。

打开生成的报表图纸，可以看到报表按制造商自动分组，如图 12-4 所示。

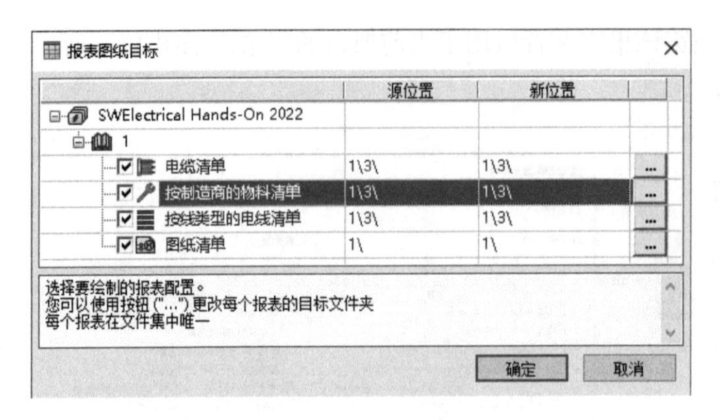

图 12-3　生成图纸

AlpineTech

	型号	制造商	标注	说明	数量
1	L22-A-120	AlpineTech	-IND2, -IND3		2
2	L22-B-120	AlpineTech	-IND1		1
3	L22-G-120	AlpineTech	-IND4, -IND5		2
4	L22-R-120	AlpineTech	-IND6		1

Auber

	型号	制造商	标注	说明	数量
1	SYL-2352	Auber	-PID2, -PID1, -PID3		3

Baomain

	型号	制造商	标注	说明	数量
1	1U2195	Baomain	-B1		1

Bayite

	型号	制造商	标注	说明	数量
1	PZEM-061	Bayite	-AM1, -VM1		2

图 12-4　查看生成的报表图纸

除了可以在【报表管理】中生成报表外，也可以直接在页面树中生成报表。在“3- 报表”文件夹上右击，在弹出的快捷菜单中选择【在此绘制报表】/【按制造商的物料清单】，如图 12-5 所示。

报表生成后，若修改了项目则需要更新报表。直接在对应报表上右击，在弹出的快捷菜单中选择【更新报表图纸】，如图 12-6 所示。

3. 导出 Excel

在【报表管理】对话框中单击【导出到 Excel】，选择【按制造商的物料清单】，单击【向后】，勾选【每个分隔一页】复选框，选择目标文件夹，单击【完成】，如图 12-7 所示。

在导出为 Excel 文件时，如果想要将生成的 Excel 文件作为工程的附件，则需要勾选【添加已创建文件到工程】复选框。如果勾选了【每个分隔一页】复选框，则每个供应商均对应一个独立的工作表，如图 12-8 所示；否则所有数据生成在一张工作表中。

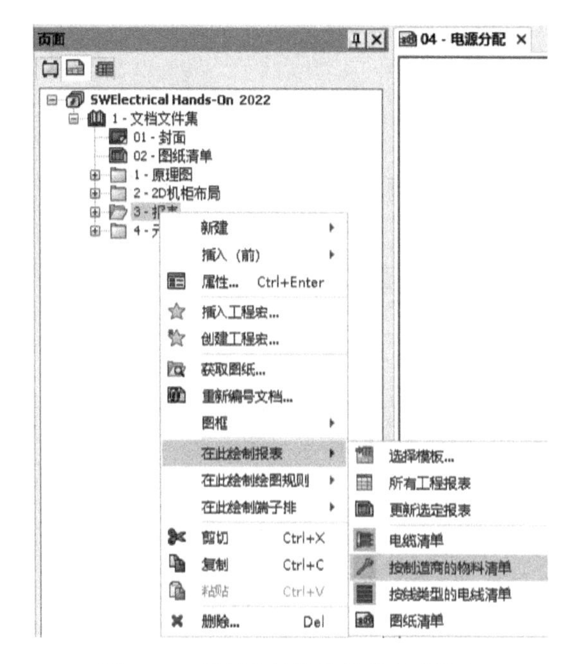

图 12-5　通过右键快捷菜单生成报表

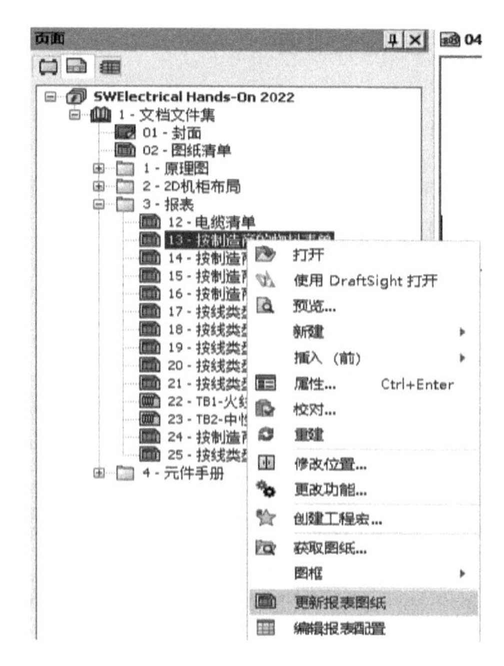

图 12-6　通过右键快捷菜单更新报表

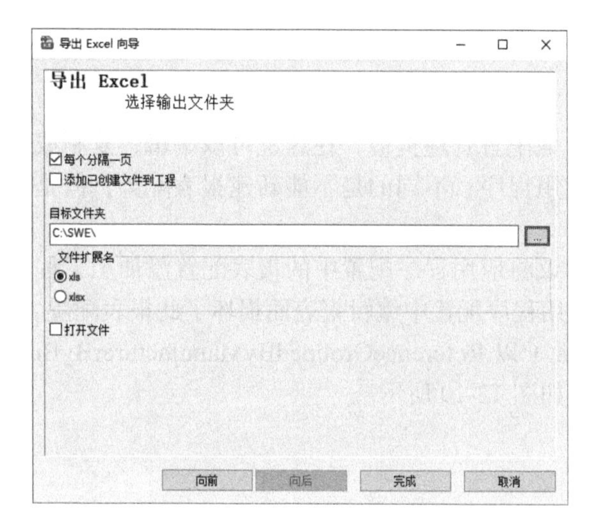

图 12-7　导出到 Excel

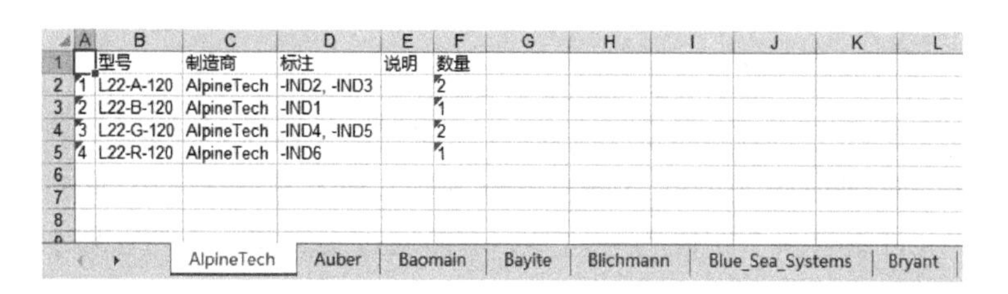

	A	B	C	D	E	F	G	H	I	J	K	L
1		型号	制造商	标注	说明	数量						
2	1	L22-A-120	AlpineTech	-IND2, -IND3		2						
3	2	L22-B-120	AlpineTech	-IND1		1						
4	3	L22-G-120	AlpineTech	-IND4, -IND5		2						
5	4	L22-R-120	AlpineTech	-IND6		1						
6												
7												
8												

AlpineTech | Auber | Baomain | Bayite | Blichmann | Blue_Sea_Systems | Bryant

图 12-8　查看生成的 Excel 文件

12.2.2 定制报表

1. 复制报表

在工具栏单击【电气工程】/【配置】/【报表】▦，打开【报表配置管理】对话框，如图 12-9 所示。

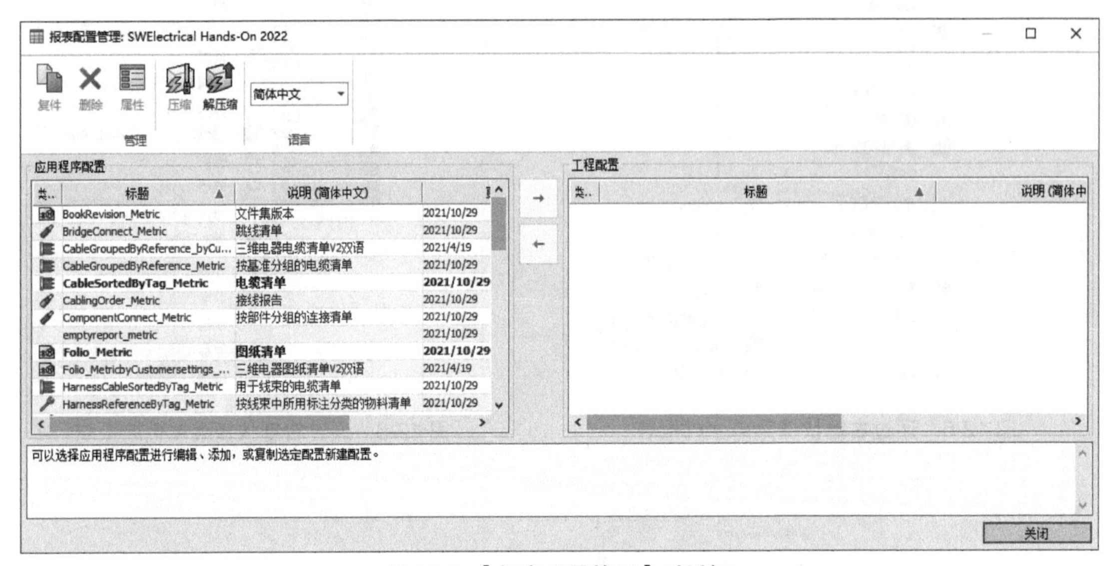

图 12-9 【报表配置管理】对话框

报表配置管理与其他配置管理类似，在这里可以编辑、复制或删除选定配置，还可以将报表添加至工程或应用程序；不同的是不能新建报表配置，但是可以通过先复制再编辑来实现新建报表配置。

在定制报表时，建议将应用程序配置中的报表配置添加至工程配置中后再进行编辑和测试，避免因直接在应用程序配置中编辑报表而损坏了此报表配置。

选择一个报表模板（以 ReferenceGroupedByManufacturerByBundle_Metric 为例），单击【添加至工程】→，如图 12-10 所示。

2. 编辑属性

选中 ReferenceGroupedByManufacturerByBundle_Metric 报表，单击【属性】▤，在弹出的【编辑报表配置】对话框的【基本信息】选项卡下，可以编辑报表配置名称、类型和说明，如图 12-11 所示。

3. 配置列

切换至【列】选项卡，软件允许我们通过添加列来指定映射关系，而删除列可以删除这种映射关系。【列管理】允许指定多语言的标题栏，而不是使用字段别名；允许格式化输出数据库内容；允许组合多个字段为一列等。下面通过实例演示【列管理】。

（1）列管理　单击【列管理】▦，取消勾选【说明】复选框，勾选【物料编码】复选框，如图 12-12 所示，单击【确定】。

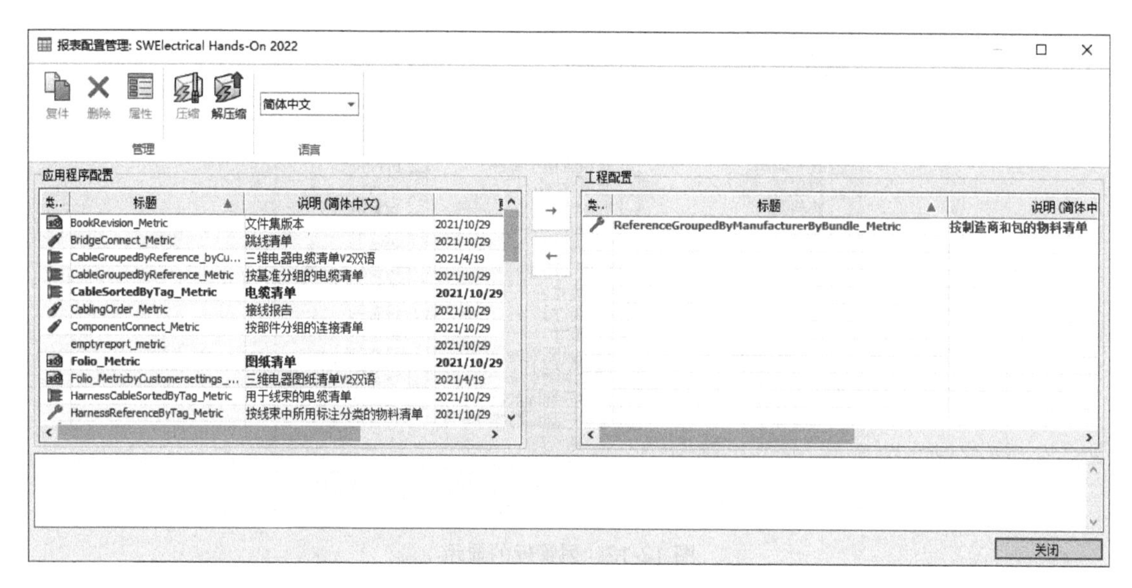

图 12-10　将报表添加至工程

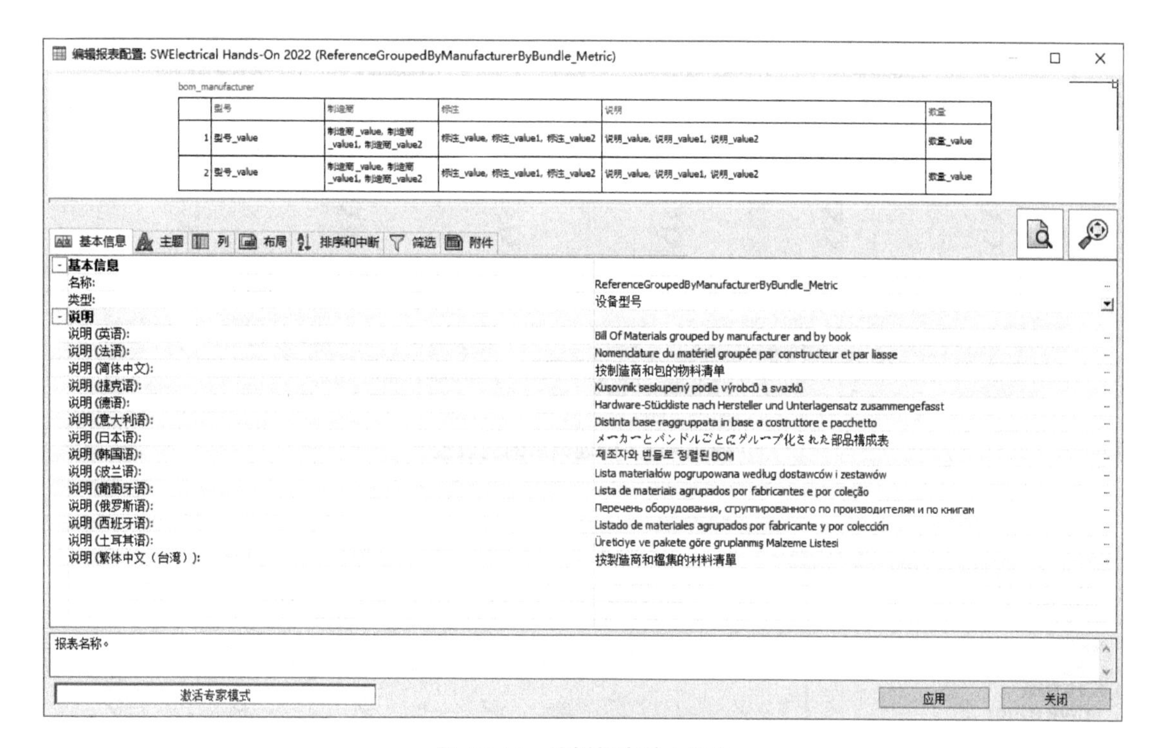

图 12-11　编辑报表基本信息

这样在报表中取消了“说明”列，同时增加了“物料编码”列，如图 12-13 所示。

通过拖动列可以调整列在报表中的顺序，将“物料编码”列置于“型号”列左侧，如图 12-14 所示。【列】选项卡的左侧显示了可以设置的列属性。

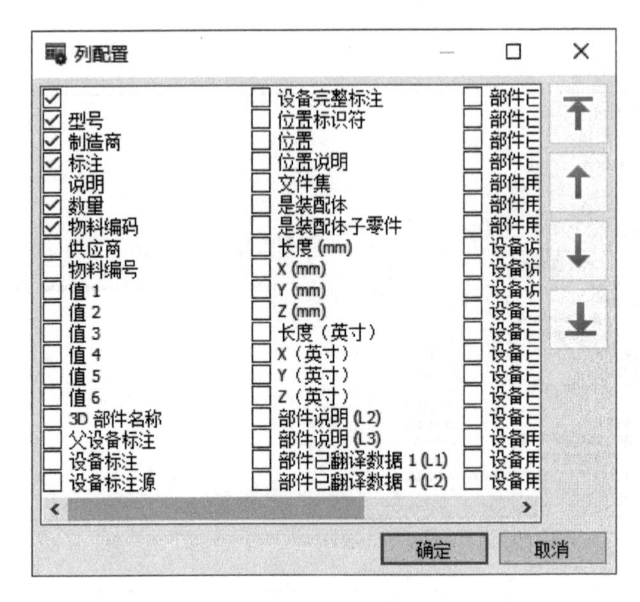

图 12-12　列管理的显示

	型号	制造商	标注	数量	物料编码
	型号	制造商	标注	数量	物料编码
	Reference	Manufacturer	Mark	Quantity	Article number
REPORT_ROW	bom_reference	bom_manufacturer	›om_vcomloc_tagpa	eltcount	bom_articlename
	bom_id		com_id		
10	35	35	50	20	20
				☐	
☑	☑	☑	☑	☑	☐
☑	☑	☑	☑	☑	☐
右	左	左	左	左	居中
右	左	左	左	左	居中
	☑	☐	☐		☐
		☐	☐		☑
		,	,		

图 12-13　管理列后的列设置

		物料编码	型号	制造商	标注	数量
标题 (简体中文):		物料编码	型号	制造商	标注	数量
标题 (英语):		Article number	Reference	Manufacturer	Mark	Quantity
内容:	REPORT_ROW	bom_articlename	bom_reference	bom_manufacturer	›om_vcomloc_tagpa	eltcount
转至:			bom_id		com_id	
宽度:	10	20	35	35	50	20
Σ计算总和:						☐
打印垂直分离:	☑	☐	☑	☑	☑	☑
多线:	☑	☐	☑	☑	☑	☑
标题对齐:	右	居中	左	左	左	左
内容对齐:	右	居中	左	左	左	左
合并行:		☐	☑	☐	☐	
列表中重复显示:		☑		☐	☐	
分隔符:				,	,	

图 12-14　调整列顺序后的列

【标题】：表的第一行，默认是列说明，可以重新设置标题。

【内容】：添加列时定义的公式，单击单元格可以修改公式。

【转至】：可以为列设置超链接。

【宽度】：设置列的宽度。

【计算总和】：只有在添加列时勾选了【可计算合并单元内容总和，然后计算行总和】复选框时此选项才可用。

【打印垂直分离】：取消选中此选项时，将移除两列之间的垂直行。

【多线】：当文本长度超过单元格长度时，如果激活此选项，则剩余文本将放置在下一行。

【标题对齐】：设置标题文本的对齐方式。

【内容对齐】：设置内容文本的对齐方式。

【合并行】：按照该行的相同数据进行合并分组。

【列表中重复显示】：合并行时，默认勾选此选项，后续列会在相同单元格中显示所有数据；若取消勾选，则只显示不同数据。

【分隔符】：设置多个数据之间的分隔符。

在报表预览界面下，可通过【转至】功能导航到对应的工程元素（例如符号、位置属性或设备型号）。要使用链接，在查询字段中应包含对应元素的主键。单击型号的【转至】，如图 12-15 所示。

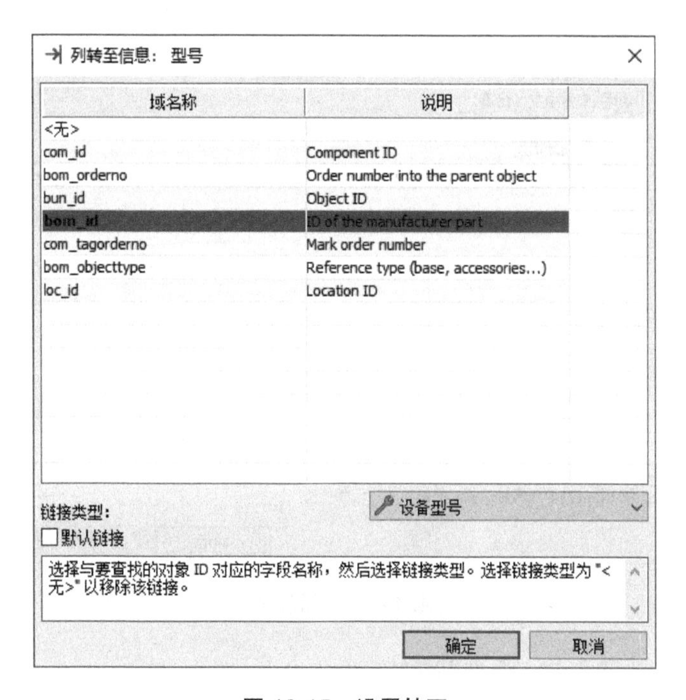

图 12-15　设置转至

在这里可以看到只有 7 个域名称可以使用，如果想要添加其他链接类型的转至，需要在 SQL 查询中添加对应的字段。具有链接的列在报表预览状态下显示为带下划线的蓝色文本，单击该文本将导航至链接元素。表 12-1 显示了链接类型对应的操作。

表 12-1　链接类型与对应的操作

链接类型	执行的操作
图纸	转至图纸
设备	在设备结构树中显示设备
回路	显示与此回路关联的符号
符号	转至图纸中的符号，在其范围内进行缩放
电缆	在布线方框图中转至与该电缆连接的第一个设备
电位	显示原理图中的电位
电线 / 电缆芯	在原理图中转至与该电线连接的第一个连接点
设备型号	打开【设备型号属性】对话框
位置	打开【位置属性】对话框
功能	打开【功能】对话框

（2）添加列　单击【添加列】，添加“型号 / 制造商”列。在【说明（简体中文）】中输入“型号 / 制造商”，如图 12-16 所示。

图 12-16　添加列

单击【格式管理器】/【变量和简单格式】，选中“bom_reference”，单击【添加简单格式】，或双击也可完成添加。在【格式：列内容】下方的编辑框中将显示刚添加的变量，输入“+'/'”，选中“bom_manufacturer”，双击进行添加，单击【确定】，如图 12-17 所示。此处通过编辑公式将两个变量组合成一列。在格式管理器中，用户可根据需求编辑相应的公式进行计算和判断。

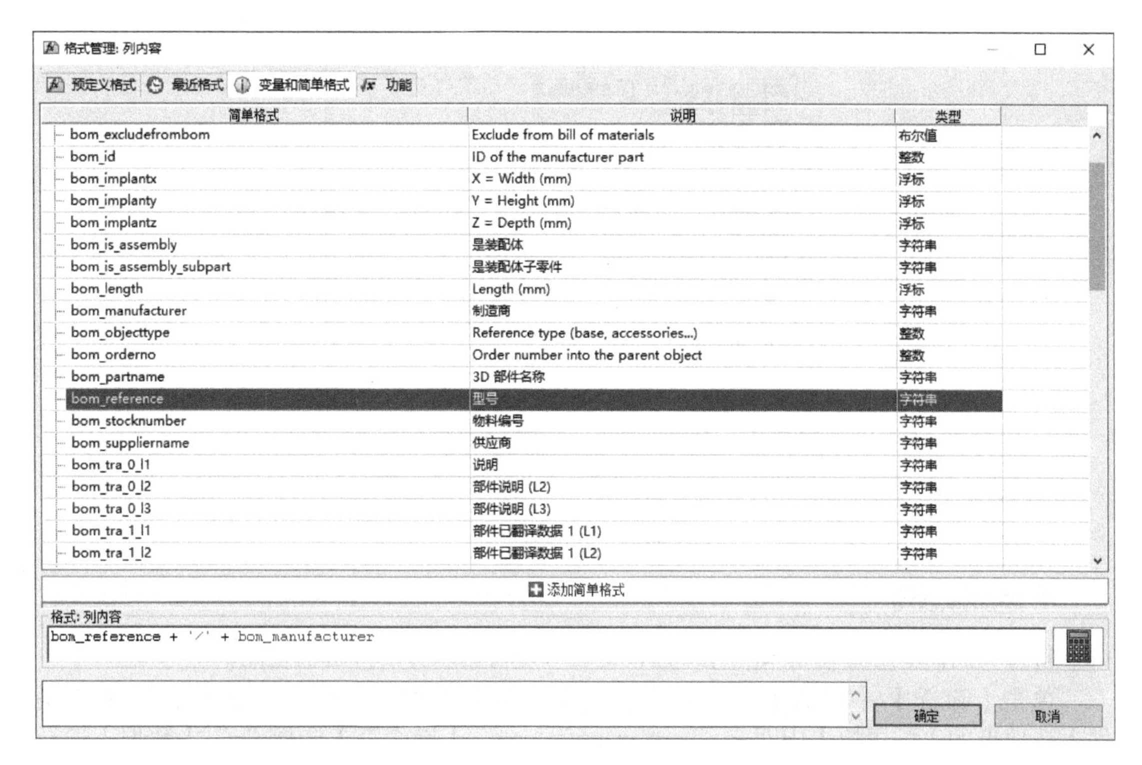

图 12-17　添加变量

这样在【列配置】中就新增了“型号 / 制造商”的列选项，同时默认勾选上此选项并添加至报表，如图 12-18 所示。

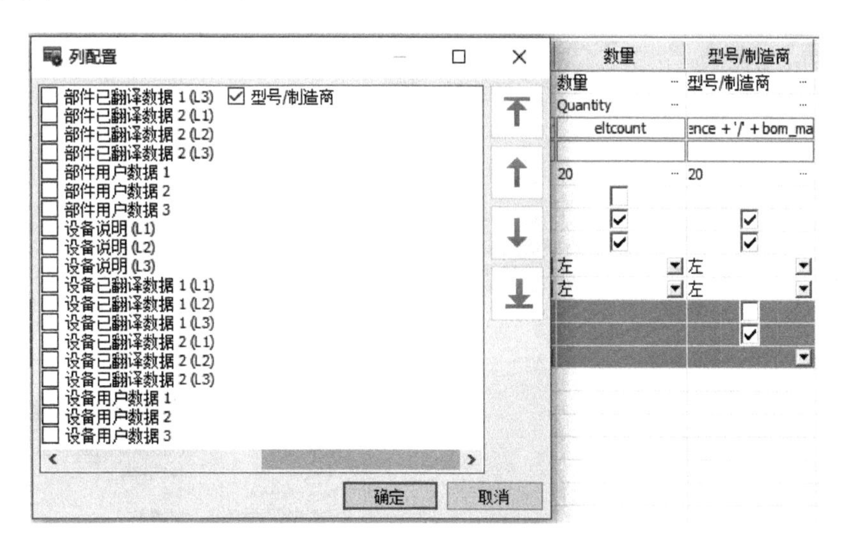

图 12-18　添加列后的【列配置】和报表

（3）删除列　【删除列】用于删除不需要在【列配置】中显示的列。删除后在【列配置】中将不会再出现此选项，无法再添加至报表，所以一般情况下慎用。

若要删除列，单击【删除列】，勾选所需删除的列，单击【确定】，如图 12-19 所示。

图 12-19　删除列

4. 添加筛选器

常常我们需要对查询结果进行筛选，这时可以使用软件的筛选器功能。

单击【筛选】/【添加】。在【属性】选项卡下填写名称为“施耐德”。在【条件】选项卡的【可用域】中双击“bom_manufacturer”,【操作符】选择“=”,【数据】选择“Schneider Electric”，即完成条件编辑，如图 12-20 所示。一个报表可以包含多个筛选器，一个筛选器可以包含多个子条件。我们通过条件（bom_manufacturer = ' Schneider Electric '）来筛选出制造商为施耐德的型号。

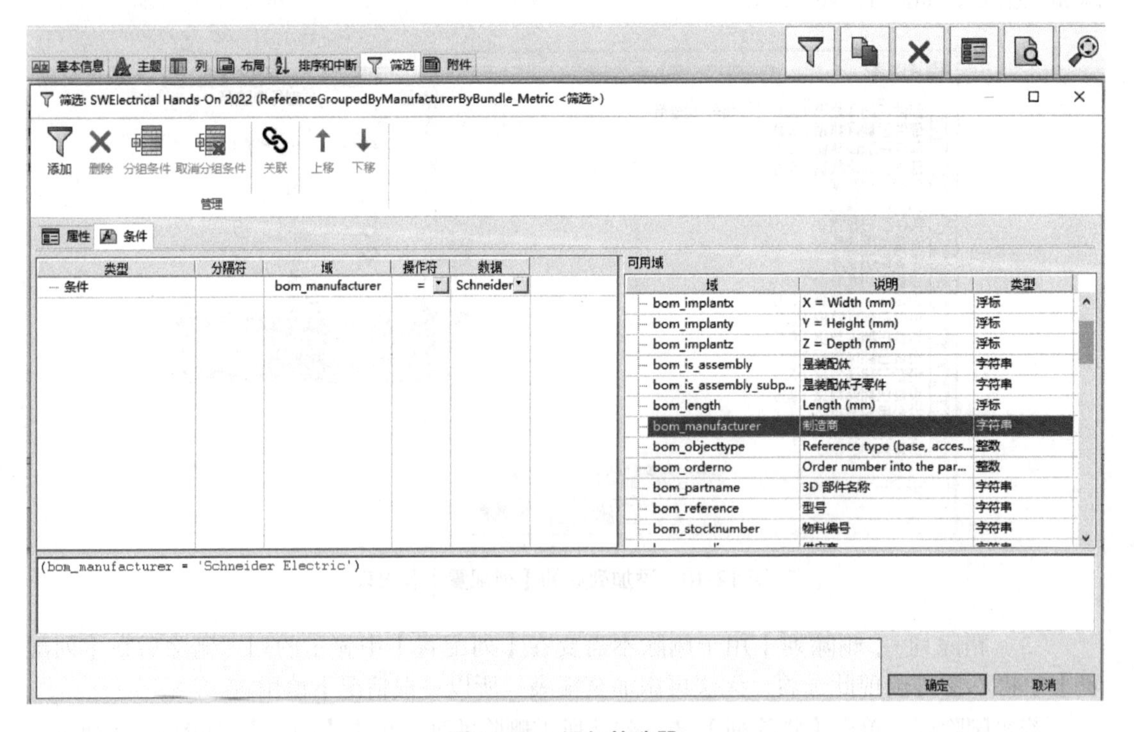

图 12-20　添加筛选器

添加完筛选器后，在使用报表时就可以选择名称为施耐德的筛选器，并可以在右侧预览应用此筛选器的报表，此时报表中仅有制造商为 Schneider Electric 的型号，如图 12-21 所示。

顺...	说明	筛选器说明
1	电缆清单	<无筛选器>
2	按制造商和包的物料清单	<无筛选器>
3	按线类型的电线清单	<无筛选器>
4	图纸清单	<无筛选器>
5	**按制造商和包的物料清单**	**施耐德**

▲	→	型号	制造商	标注	说明	数量
1	1	BMXAMI0410	Schneider Electric	-N1-N2	ANA 4 U/I IN 隔离高 SP	2
2	2	BMXDAI1602	Schneider Electric	-N1-N1	DIG 16 IN 24VAC/24VDC 电源	2
3	3	BMXDAO1605	Schneider Electric	-N1-N3	DIG 16 OUT TRIACS	2
4	4	BMXP341000	Schneider Electric	-N1-N4	CPU340-10 MODBUS	1

图 12-21　筛选器报表预览

5. 排序和中断

如果要对输出结果进行排序，则需要在【排序和中断】选项卡下进行设置，如图 12-22 所示。中间的箭头 → 和 ← 用来添加和移除排序列，右边的箭头 ↑ 和 ↓ 用来设置排序优先级。允许将参与排序的列设置为中断条件。中断是指该字段值发生变化时表格自动断开。取消勾选【自动中断格式】复选框后可以指定标题格式，但应该注意中断条件与标题格式的匹配。图 12-22 使用了制造商“bom_manufacturer”作为中断条件和标题格式。

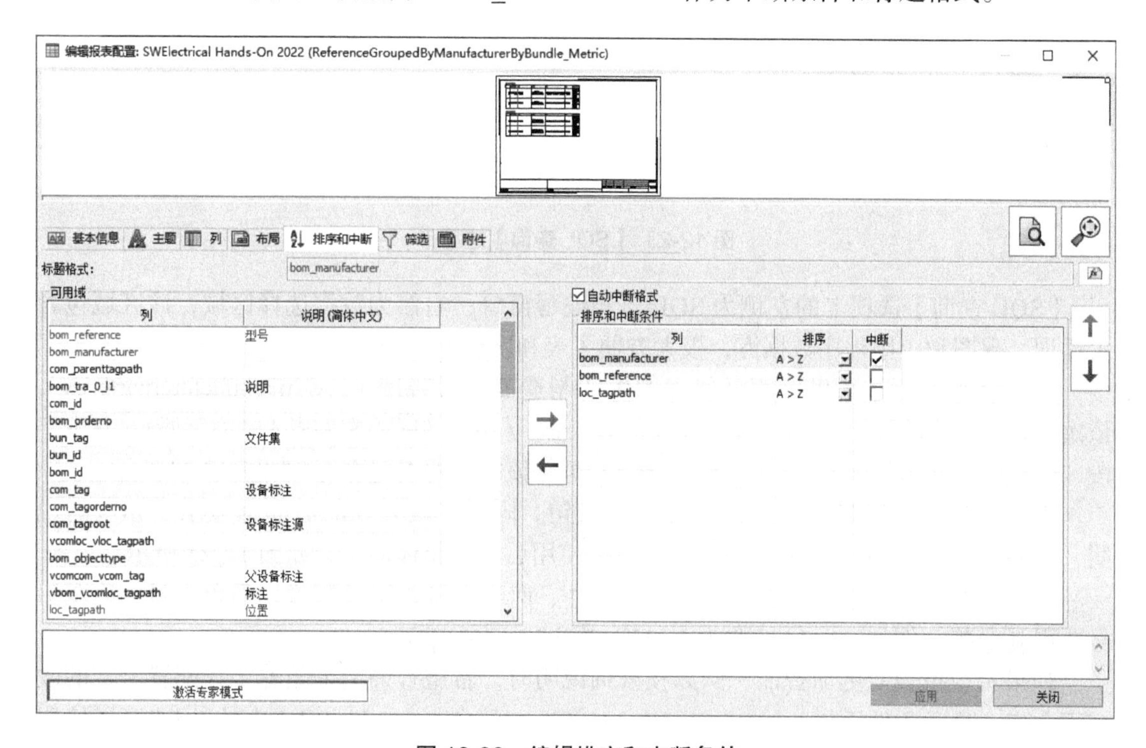

图 12-22　编辑排序和中断条件

6. 编辑 SQL

接下来对报表的查询语句进行编辑。一般情况下，是在相近的报表配置模板的基础上进行修改。

（1）激活专家模式　单击【激活专家模式】/【是】，专家模式激活后软件会自动跳转至【SQL 查询】选项卡，如图 12-23 所示。此时还不可以编辑 SQL 查询语句，需要单击【编辑】进入 SQL 编辑状态。

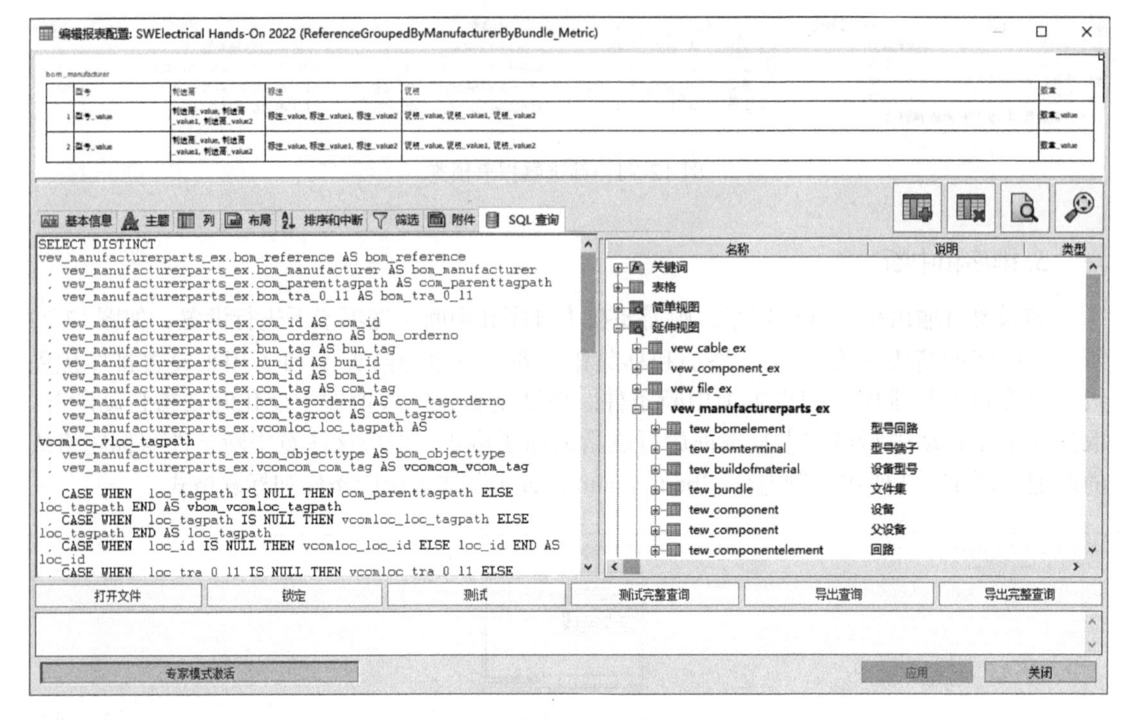

图 12-23 【SQL 查询】选项卡

【SQL 查询】选项卡的左侧为 SQL 语句编写窗口；右侧为数据选择区域，该区域包含关键词、视图和应用程序数据库，极大方便了表和字段的访问。

（2）添加字段　这里使用延伸视图中的制造商型号视图（vew_manufacturerparts_ex），依次展开"延伸视图"/"vew_manufacturerparts_ex"/"tew_file"（文件表）/"主字段"。双击字段"vew_manufacturerparts_ex.fil_title"将自动添加该字段的查询语句，如图 12-24 所示。

在该窗口可以通过双击字段添加查询语句。同时字段和表的后面都显示了相应的说明，例如字段 fil_title 为图纸标注。当字段被使用后将以粗体显示，如图 12-25 所示。

（3）查询语句的特殊要求　所有前单引号、前双引号要用]] 替换，后单引号、后双引号要用 [[替换。例如，'-1' 应改为]]-1[[，"fil" 应改为]]fil[[。

如果希望报表能更加智能，例如在查询说明时，希望查询结果随着工程配置语言的改变而改变，这时条件语句 tew_translatedtext_filfrom.tra_lan_strid = 'zh' 中的 'zh' 可以使用软件提供的关键词来代替，关键词]]%PROJECT_LNG_CODE%[[代表工程当前语言代码。图 12-26 所示为软件报表支持的关键词。

（4）测试查询语句　在编辑过程中可以单击【测试】来查看 SQL 语句是否能正常运行以及结果是否正确，从而及时发现错误并修改。在编辑完所有语句之后单击【应用】，软件会提示做最终的测试，单击【测试查询】，查看测试结果无误后关闭测试结果，锁定编辑状态，完成 SQL 查询的编写，如图 12-27 所示。

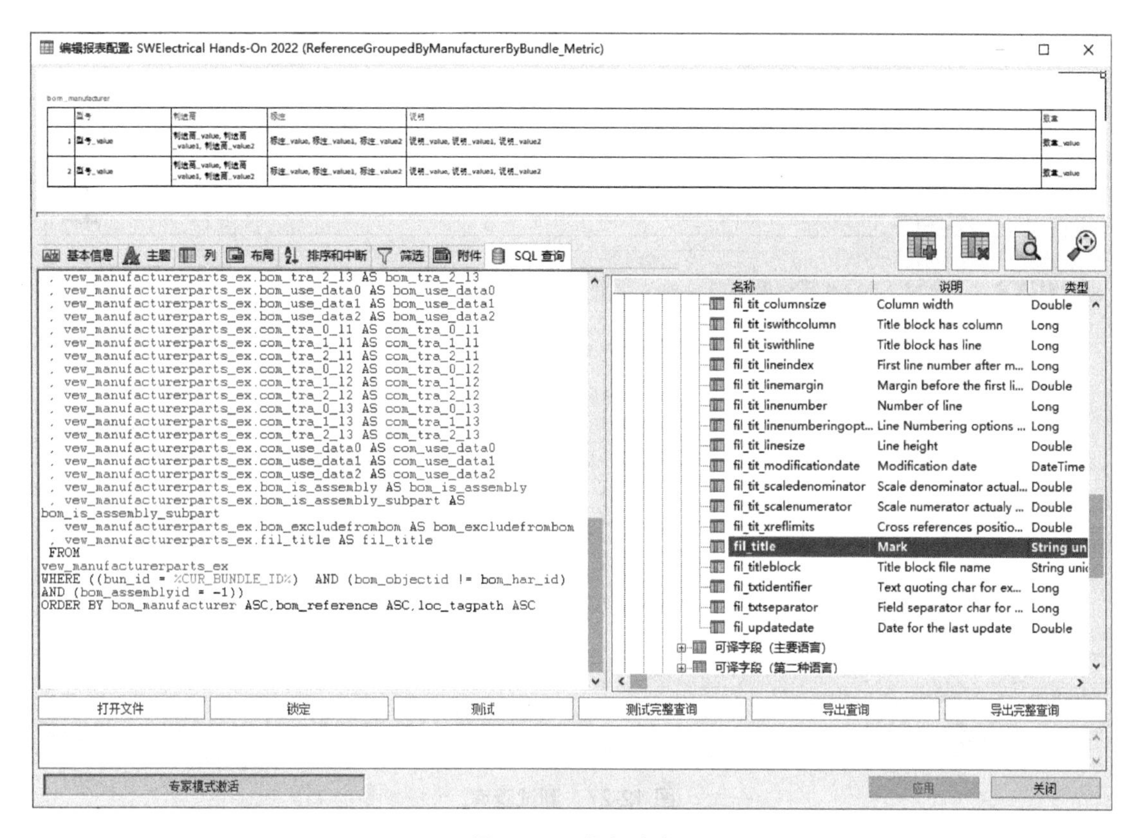

图 12-24　添加字段

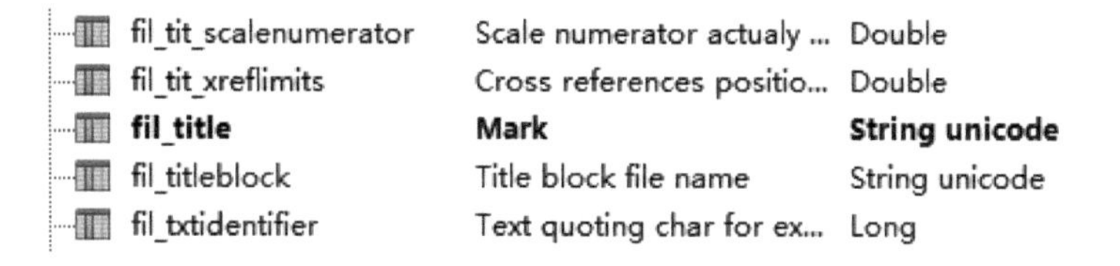

图 12-25　查看说明

关键词

--%MAIN_QUERY%	标记主查询的开始
]]%PROJECT_LNG_CODE%[[	工程当前语言代码。
]]%PROJECT_LNG_CODE_2%[[	工程第二语言代码。
]]%PROJECT_LNG_CODE_3%[[	工程第三语言代码。
%CUR_BUNDLE_ID%	当前文件集标识符。
%APP_CLASSIFICATION%	分类数据库
%APP_PROJECT%	工程数据库
%APP_MACRO%	宏数据库
%APP_CATALOG%	设备型号数据库
%APP_CABLE%	电缆参考数据库
%APP_DATA%	应用数据库
%PROJECT_ID%	当前工程标识符。

图 12-26　报表支持的关键词

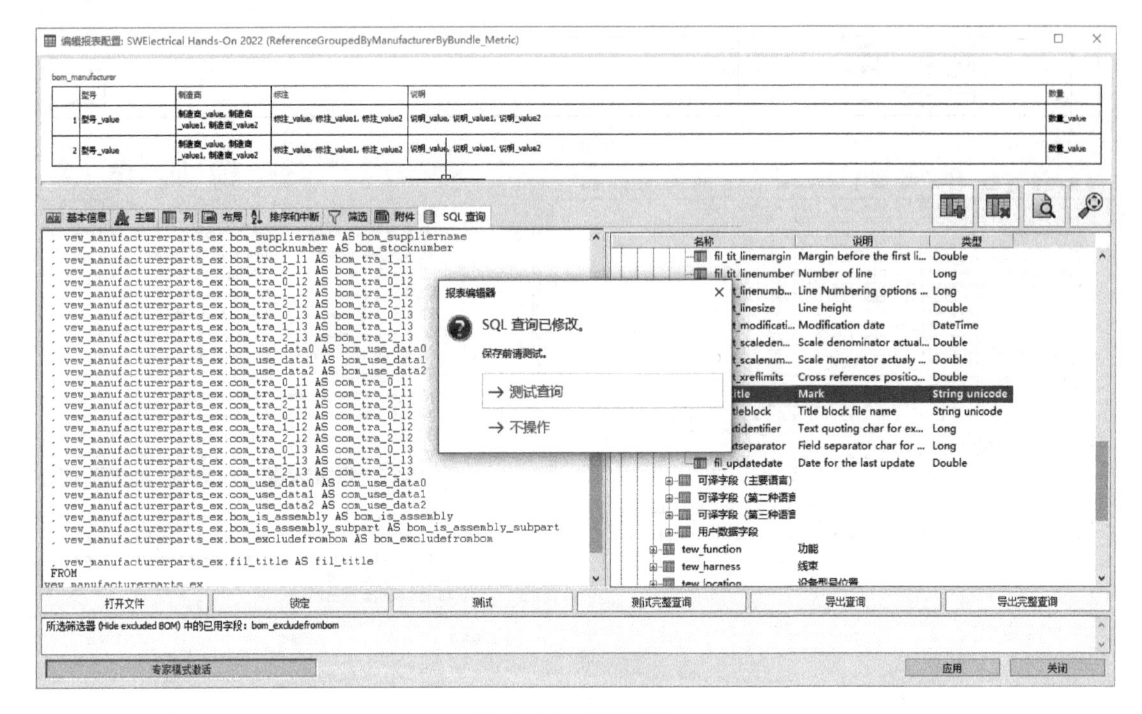

图 12-27　测试查询

测试通过后可以将报表从【工程配置】添加至【应用程序配置】，供其他项目使用，也可以压缩后分享给他人使用。

12.3　图形化端子报表

12.3.1　生成端子排图纸

在生成端子排图纸前，需要为端子排图纸选择相应的默认配置。单击【电气工程】/【配置】，在【基本信息】选项卡下的【默认配置】选项中，设置端子排图纸配置，如图 12-28 所示。该设置将应用于所有端子排。

另外，端子排也可单独设置。单击【电气工程】/【端子排】，在【配置】下拉菜单中，可为端子排选择相应的配置，如图 12-29 所示。

设置好端子排图纸配置后，单击【电气工程】/【端子排】/【生成图纸】，软件将自动生成所有端子排的图纸，如图 12-30 所示。

端子排图纸也可以直接在页面树中生成。右击“3- 报表”文件夹，在快捷菜单中选择【在此绘制端子排】/【所有工程的端子排】，如图 12-31 所示。

若端子排图纸生成后修改了端子排，需要更新端子排图纸。可直接在页面树中右击该端子排图纸，在快捷菜单中选择【更新端子排图纸】，如图 12-32 所示。

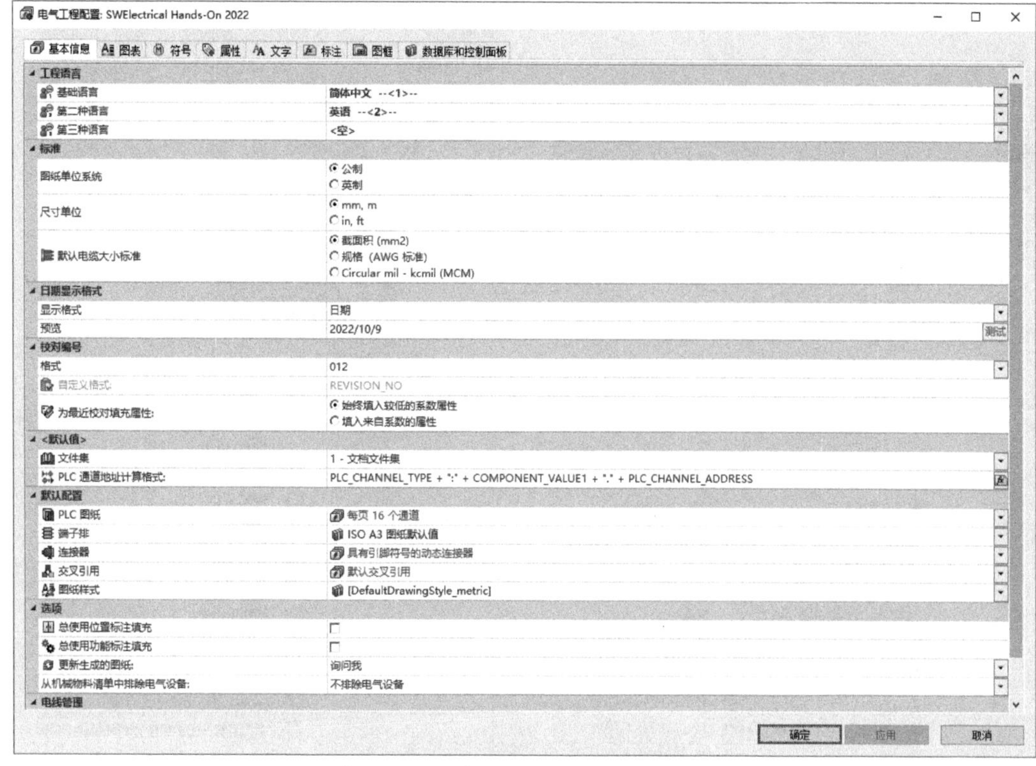

图 12-28　端子排图纸默认配置设置

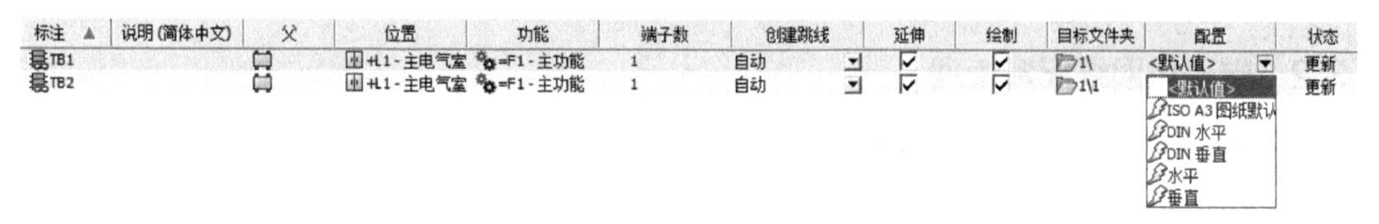

图 12-29　单个端子排图纸配置设置

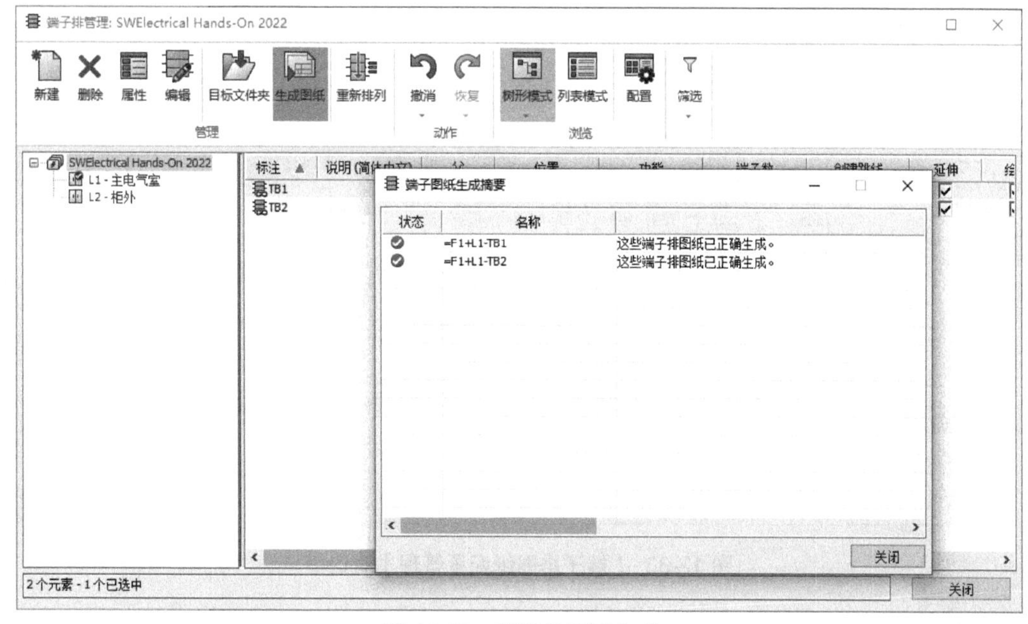

图 12-30　端子排图纸生成

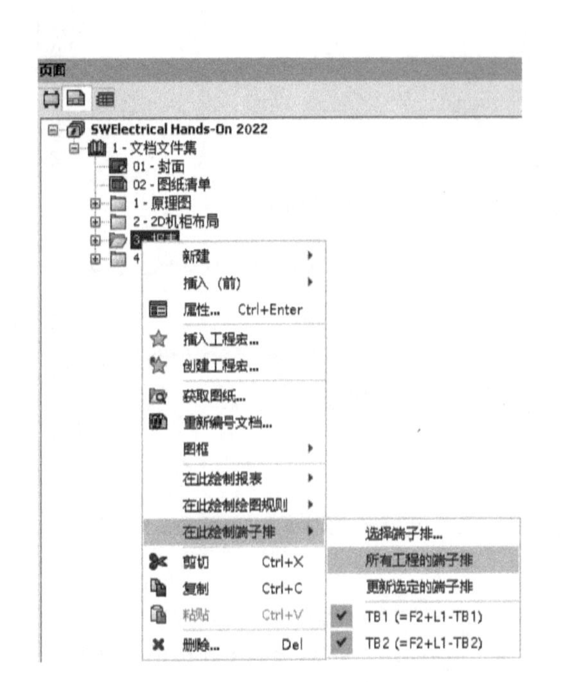

图 12-31　通过右键快捷菜单生成端子排图纸

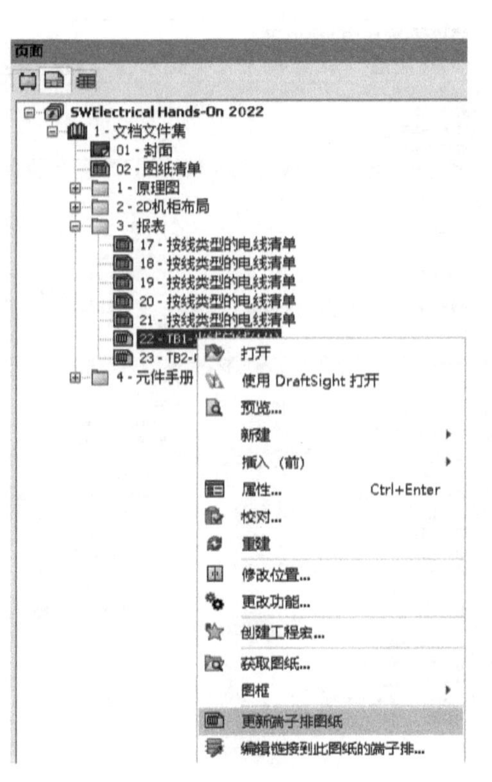

图 12-32　更新端子排图纸

12.3.2　端子排图纸配置管理

单击【电气工程】/【配置】/【端子排图纸】，打开【端子排图纸配置管理】对话框，如图 12-33 所示。

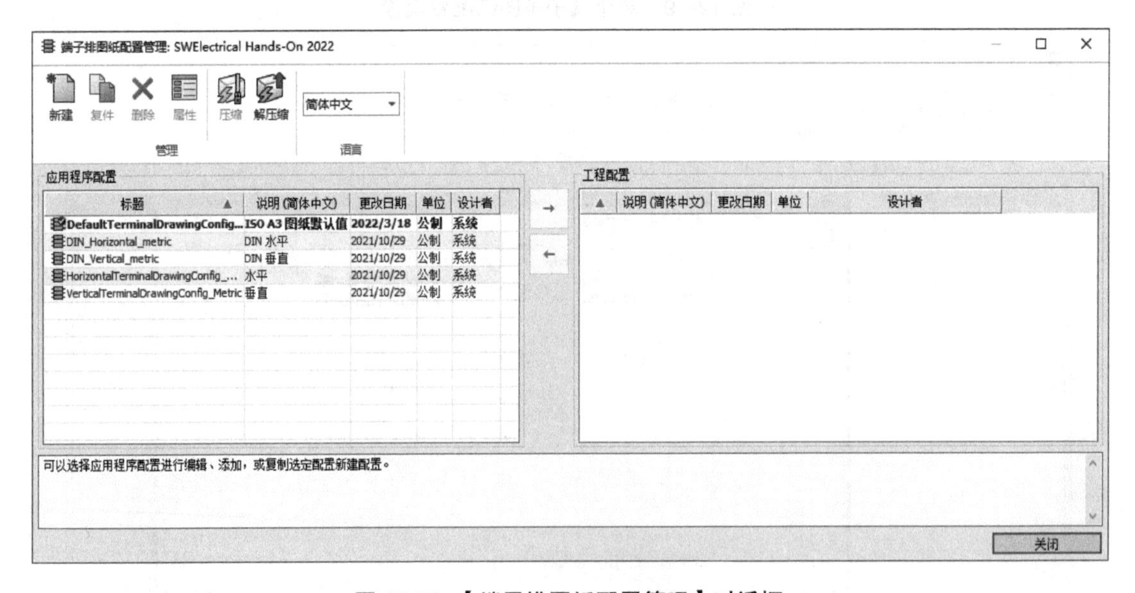

图 12-33 【端子排图纸配置管理】对话框

端子排配置文件包含了端子排布局所需的参数信息。在【端子排图纸配置管理】对话框中可以新建、删除、编辑和备份这些配置文件。与其他配置文件一样，端子排图纸配置模板也分为应用程序和工程两种级别。如要修改软件自带的模板，建议先将其添加至工程下，或通过【复制】命令创建副本后再修改。【压缩】与【解压缩】命令可以实现对选定模板的备份和还原。

端子排图纸主要用于端子布局和指导现场外设接线，因此端子排图纸不仅要体现端子的排布，还要体现端子两端电缆的详细布线情况。为了很好地展示这些信息，软件支持两种主流的端子排图纸标准。

IEC 标准：由大量符号拼接形成，可以形象直观地展示端子排接线。

DIN 标准：以表格为基础，通过标注整齐、严谨地展示端子排所需信息。

下面简要介绍两种标准的常用配置。

1. IEC 标准端子排图纸配置

在【端子排图纸配置管理】对话框下选择垂直端子排图纸模板（VerticalTerminalDrawingConfig-Metric），单击【属性】；或右击模板，选择【属性】。在打开的 IEC 标准的【端子排图纸配置】对话框下可以看到很多选项卡。

（1）【基本信息】选项卡　如图 12-34 所示，在【基本信息】选项卡中可以对此端子排图纸配置的名称和说明进行定义。说明支持多种语言。

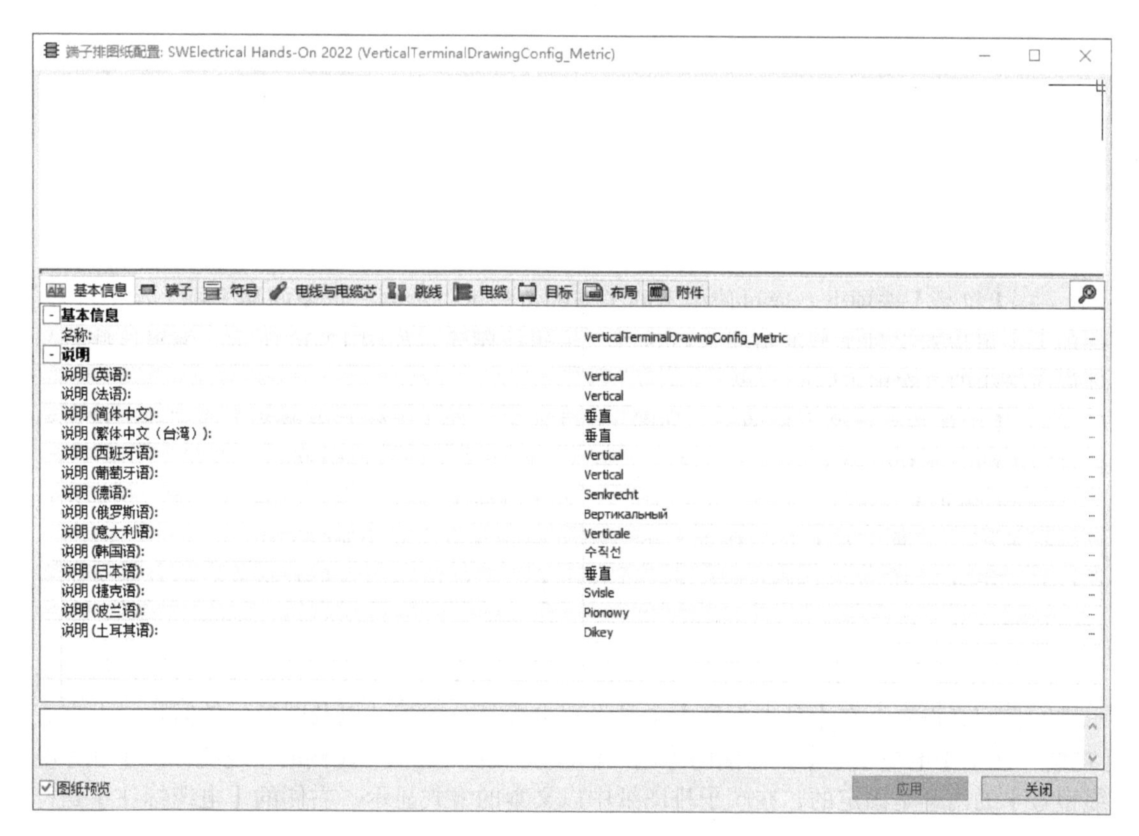

图 12-34 【基本信息】选项卡

（2）【端子】选项卡　如图 12-35 所示，在【端子】选项卡中可以自定义端子、附件端子和多层端子的尺寸，以及是否要插入附件端子和集地极。在此设置的尺寸为端子的外形矩形尺寸，不包含任何标注信息。

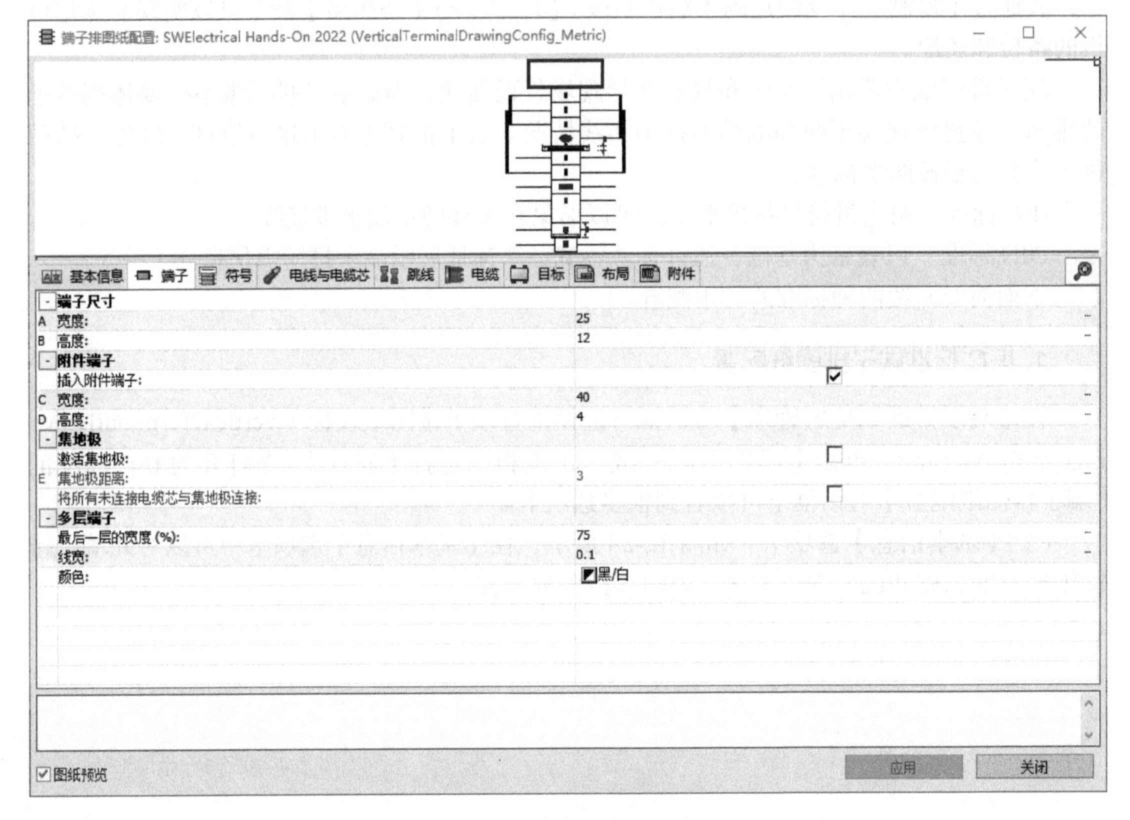

图 12-35 【端子】选项卡

（3）【符号】选项卡　通过使用不同类型的符号可以绘制出形象的端子排。在【符号】选项卡中可以对多种类型的符号进行选择、编辑或删除，如图 12-36 所示。编辑这些符号外形或标注即可实现不同的效果。

（4）【电线与电缆芯】选项卡　如图 12-37 所示，在【电线与电缆芯】选项卡中可以对端子图中的电线和电缆芯的样式（尺寸、颜色、标注等）进行自定义。

（5）【跳线】选项卡　如图 12-38 所示，在【跳线】选项卡中可以对端子排中的跳线显示进行自定义设置。在【基本信息】中可以设置跳线圆点以及圆点间连线的尺寸和颜色。软件分为手动和自动两种跳线，在【自动跳线】中可设置相应的颜色以及跳线的每个端子是否都要显示电线。

（6）【电缆】选项卡　如图 12-39 所示，在【电缆】选项卡中可以对端子排中的电缆显示进行自定义设置。在【基本信息】中可设置电缆部分的尺寸以及图形间的间距。下方有【电缆标注】、【电缆型号】及右侧的【电缆标注】三个设置项。左侧的【电缆标注】和【电缆型号】的内容是固定的，在端子排图纸中以文本的方式显示；右侧的【电缆标注】是符号，可以在符号管理器中自定义标注和图形。

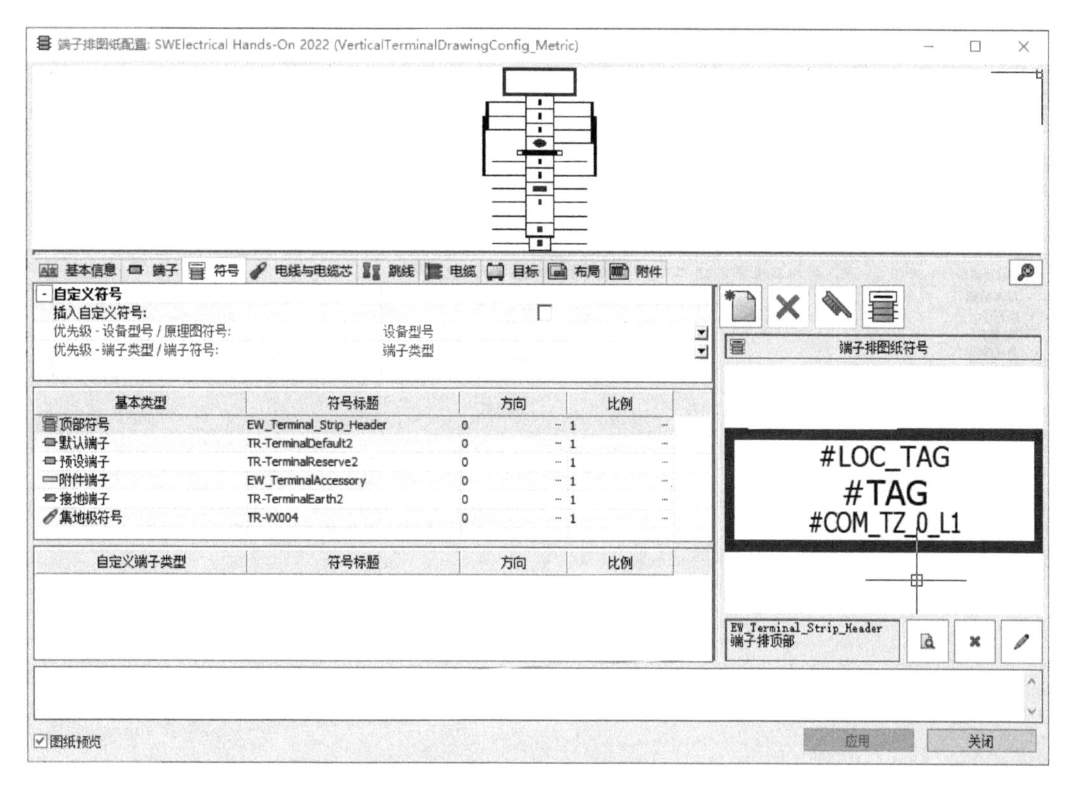

图 12-36 【符号】选项卡

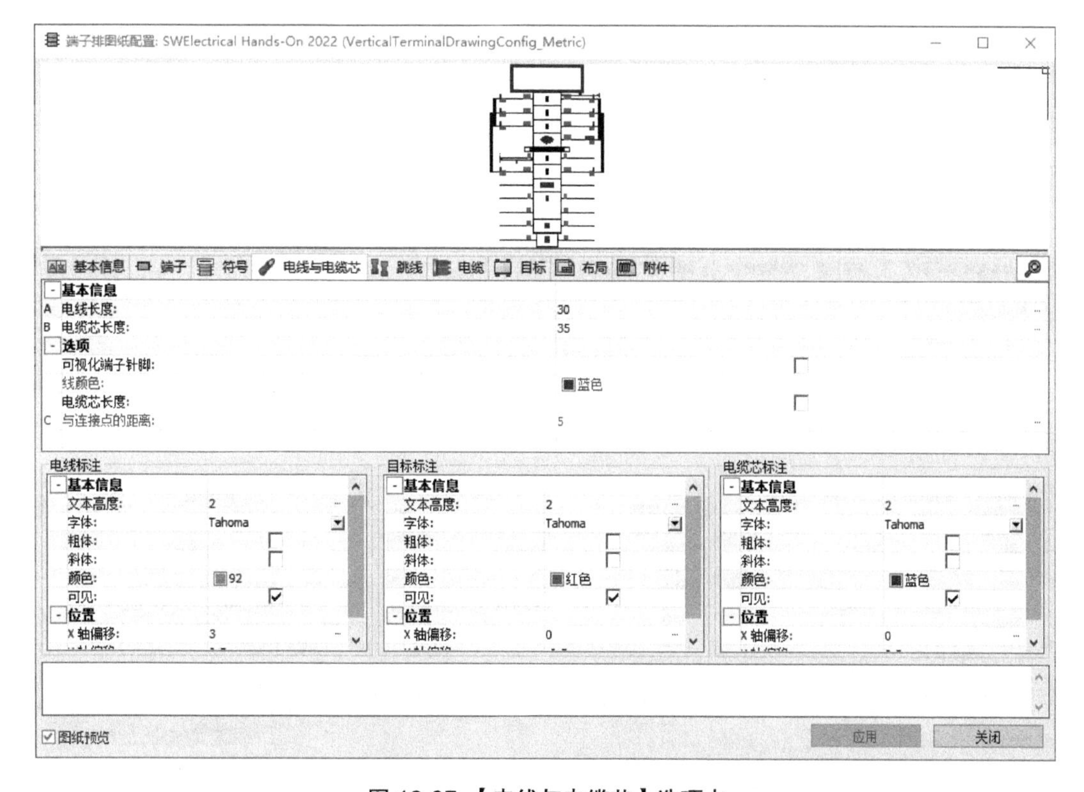

图 12-37 【电线与电缆芯】选项卡

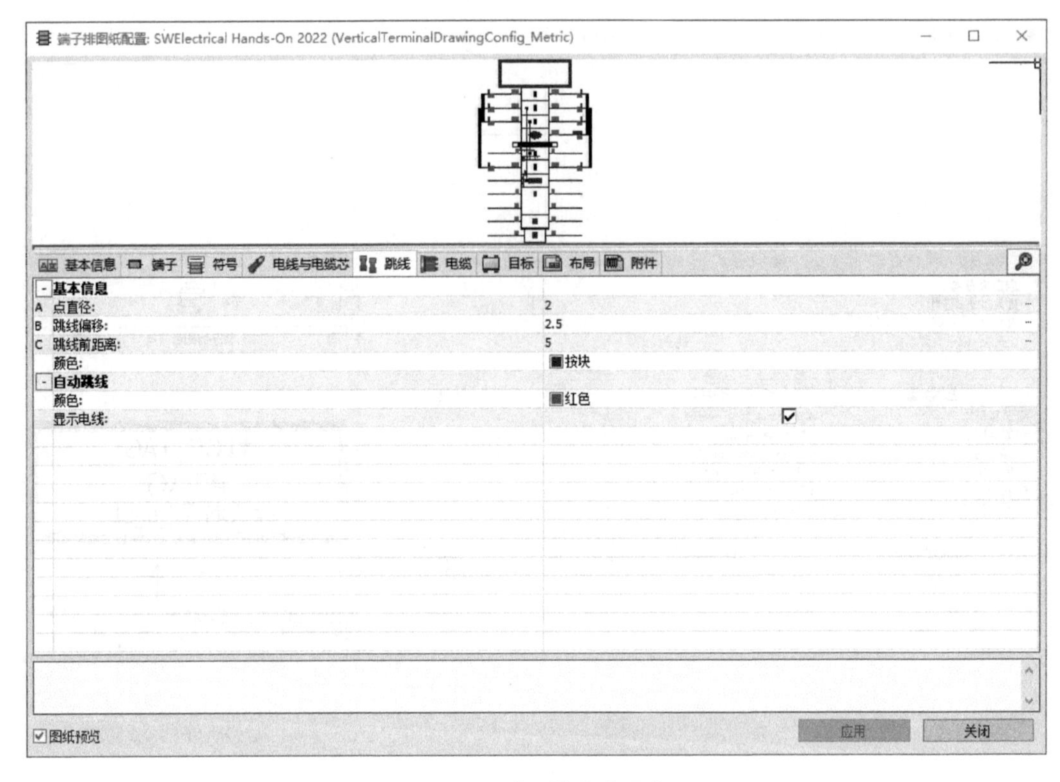

图 12-38 【跳线】选项卡

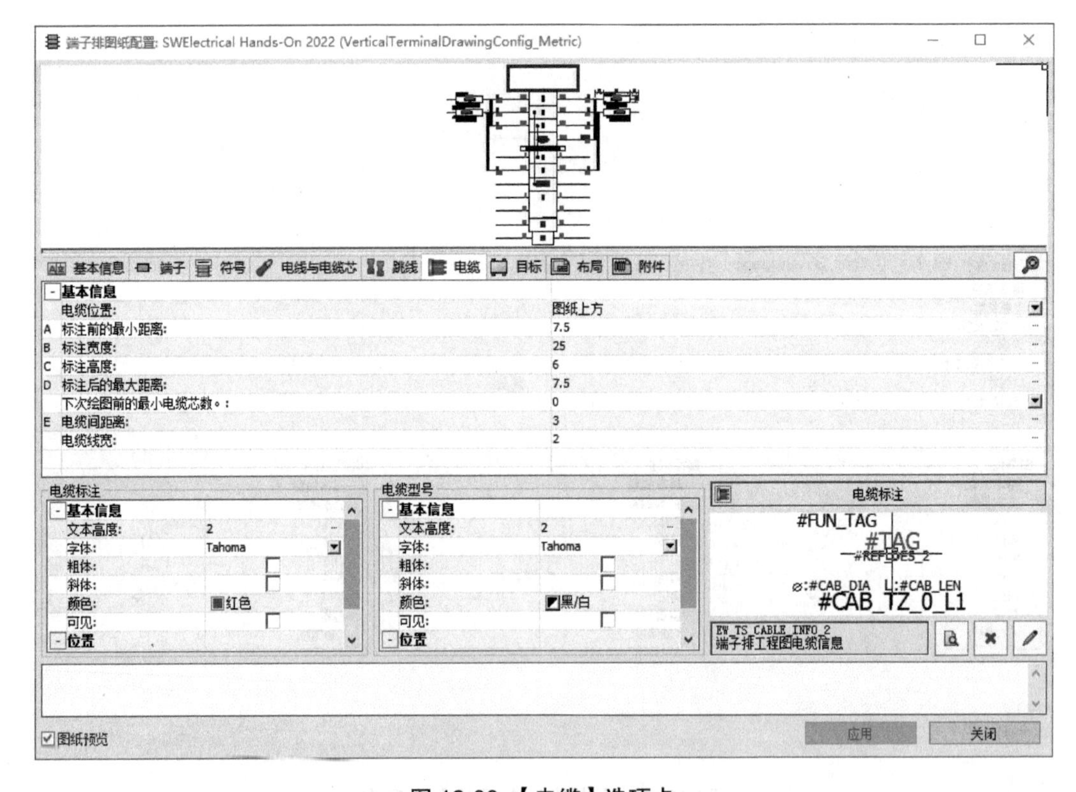

图 12-39 【电缆】选项卡

（7）【目标】选项卡　凡通过电缆与端子排连接的设备，都可以在【目标】选项卡下指定符号外观。既可以使用特定的接线图符号，也可以引用原理图或布线方框图中的符号。勾选【展开目标电缆】复选框将引用图纸中使用过的符号，否则使用左侧指定的接线图符号，如图 12-40 所示。

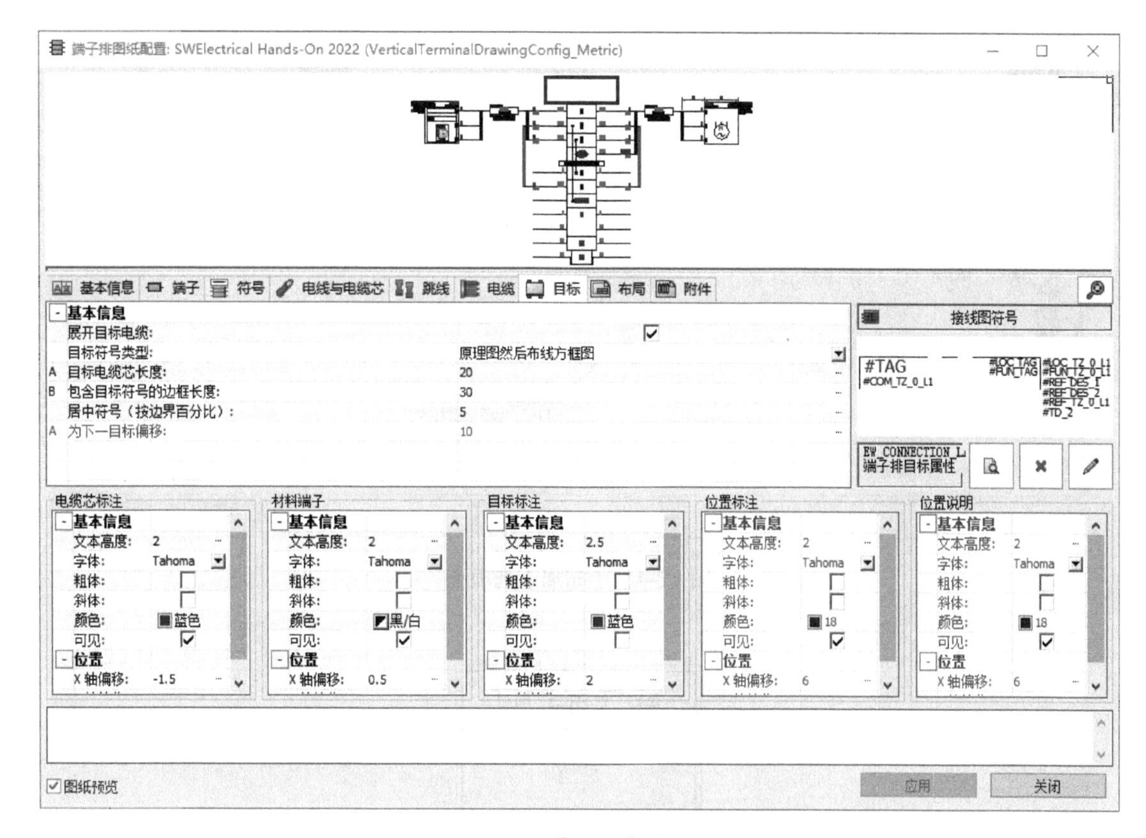

图 12-40 【目标】选项卡

（8）【布局】选项卡　如图 12-41 所示，【布局】选项卡用来指定端子排在图纸中的分布。【端子排方向】可以指定【水平】或【垂直】。【水平图示】和【垂直图示】用来指示绘制的起始位置和终止位置，此信息与图框尺寸密切相关，因此在右下方可以单独指定该模板自动绘图时所使用的图框。【多个】用来指定一张图纸是否允许绘制多个端子排，如果允许则勾选【激活】复选框。

（9）【附件】选项卡　如图 12-42 所示，在【附件】选项卡中可以对生成的端子排图纸说明进行自定义设置。在【说明】中可以编辑相应的说明公式。在生成端子排图纸时，将根据说明公式自动生成相应的图纸说明。在【用户数据】和【可译数据】中同样可以根据需要编辑相应的公式。

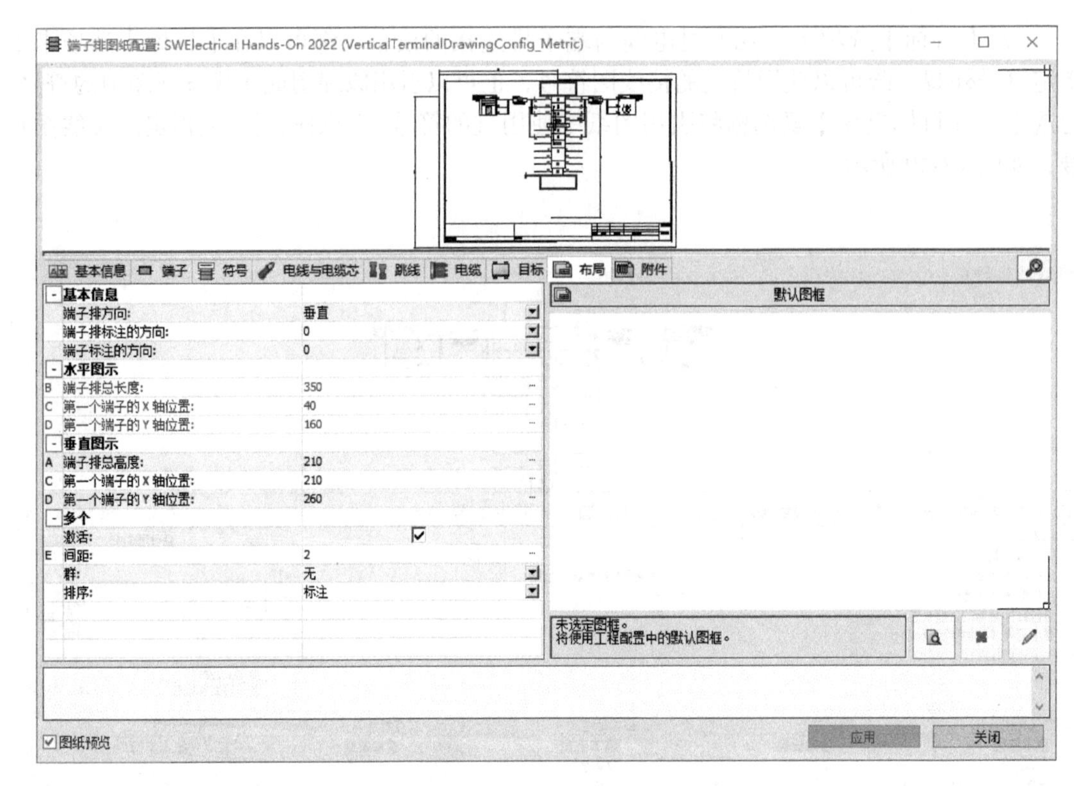

图 12-41 【布局】选项卡

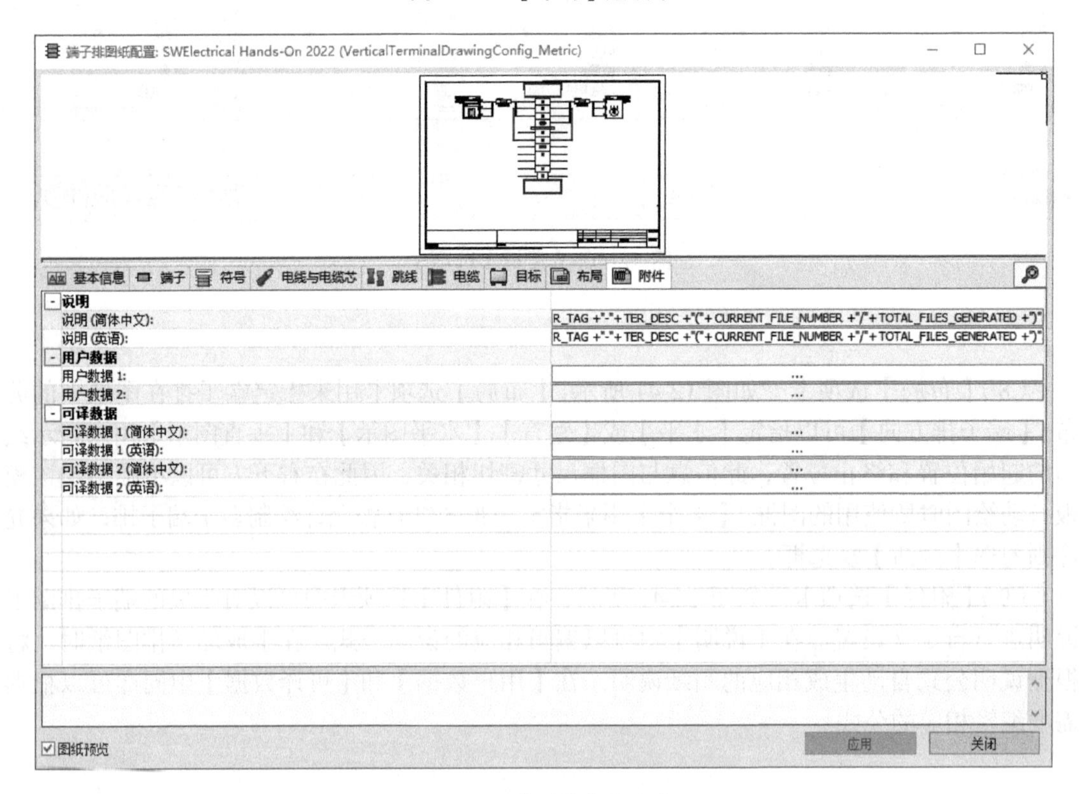

图 12-42 【附件】选项卡

2. DIN 标准端子排图纸配置

在编辑模板之前先查看 DIN 标准端子排图纸，以对其有直观的认识。为工程中的端子排 TB1 选择 DIN 水平模板，重新生成端子排图纸，如图 12-43 所示。

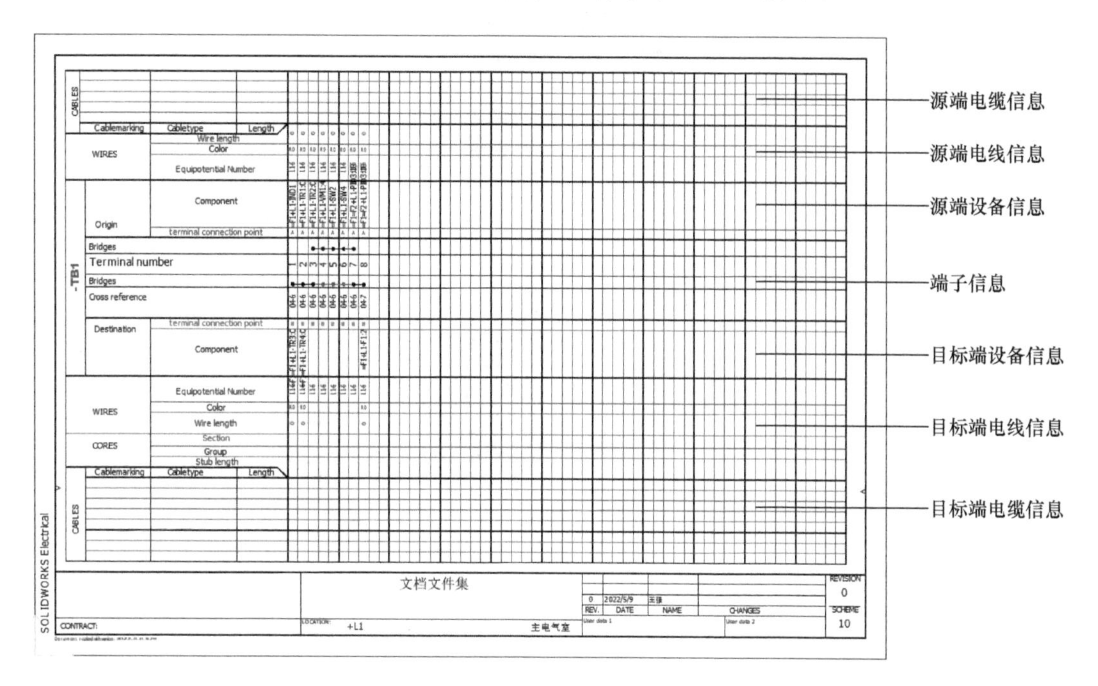

图 12-43　DIN 标准端子排图纸

由图可以看出端子排所有信息以表格形式呈现，中间为端子信息，上方和下方分别为源端与目标端的布线信息。

（1）打开 DIN 标准端子排图纸模板　在【端子排图纸配置管理】对话框下选择 DIN 水平端子排图纸模板（DIN_Horizontal_metric），单击【属性】。相比 IEC 标准的端子排图纸模板，DIN 标准的端子排图纸模板的选项卡少了很多，因为 DIN 标准是通过表格和标注来体现端子排布线信息的，没有太多图形化信息，因此配置也比较简单。下面主要介绍一下【栅格】选项卡。

（2）【栅格】选项卡　如图 12-44 所示，在【栅格】选项卡中可以指定要使用的表格符号，是必选项。该符号既包含了表格布局，也包含了必要的标注。按照需要可以指定图框。【基本信息】中的【X 轴坐标】和【Y 轴坐标】用来指定栅格符号与图框的相对位置。

这里需要用到的栅格符号有个最大的特点，即所有需要的标注只需放置一个，软件会根据实际情况阵列显示其他标注内容。以下四个参数用于指定阵列属性：

1）端子排方向。用来指定端子排绘制方向，即指定与端子相关的标注的阵列方向。可以选择水平或垂直两个方向。

2）绘制的缆芯数目。定义一张图纸内可能包含的最大缆芯数量（水平端子排上的列数）。

3）源端的电缆数目。定义可以在源部分中管理的电缆数量，即源端电缆标注阵列的最大数量。

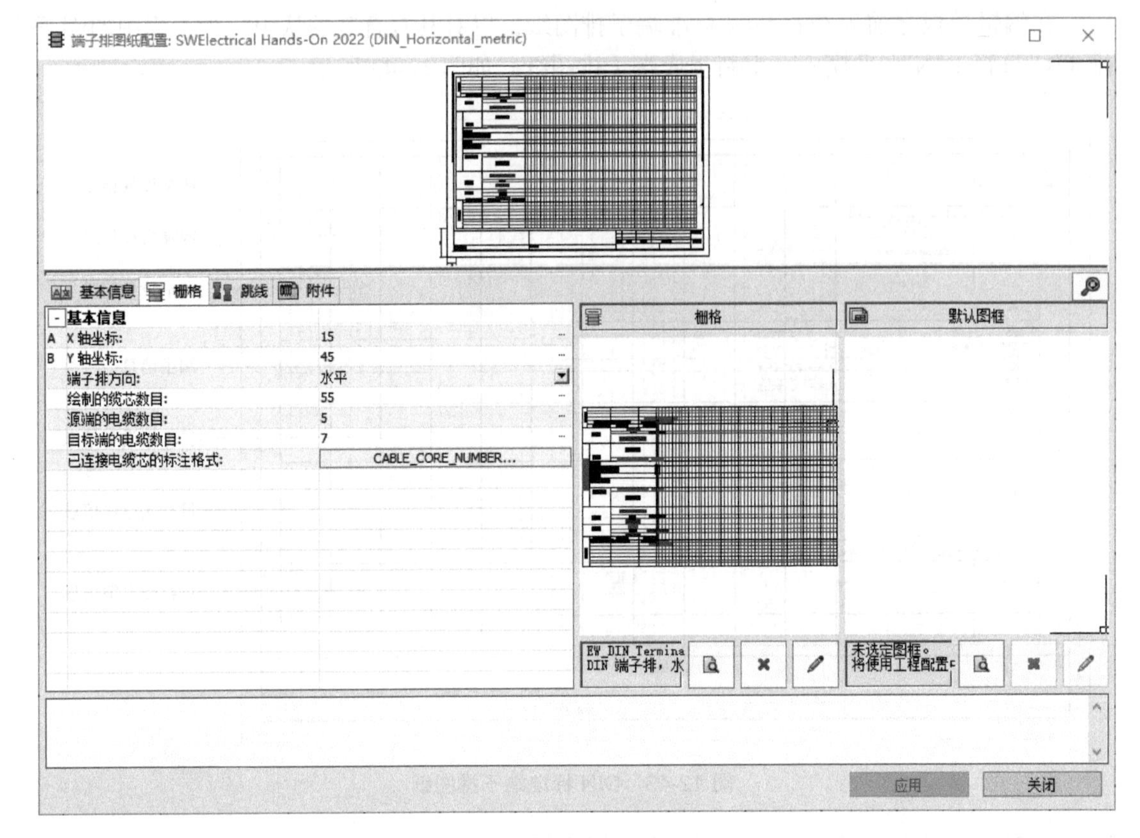

图 12-44 【栅格】选项卡

4）目标端的电缆数目。定义可以在目标部分中管理的电缆数量，即目标端电缆标注阵列的最大数量。

当绘制的缆芯数目、源端的电缆数目和目标端的电缆数目三个参数需要与栅格符号布局匹配时，只要其中有一个参数达到配置中定义的上限值，就将在新图纸内生成端子。

（3）栅格符号　选择 DIN 水平端子排图纸模板，单击【属性】/【栅格】，单击栅格选择框下的【编辑】命令。

如图 12-45 所示，从符号编辑界面可以看出，该栅格符号由三部分组成：线条构成的表格、普通文本构成的说明、# 开头的文本构成的标注。因此想要创建自己的符号也是从这三方面着手，当然最好是修改已有的符号。表格与普通文本按照需要设置即可，下面重点讲解一下标注。

从上图可以看出，除了“CABLES”与“terminal connection point”标注以外，其余标注都只有一个。

#P_CAB_CORE_USE_0_0_0：“第一根源端电缆”与“第一个端子的电缆芯”标识。

#P_CAB_CORE_USE_0_1_1：“第二根源端电缆”与“第二个端子的电缆芯”标识。

#P_CAB_CORE_USE_1_0_0：“第一根目标端电缆”与“第一个端子的电缆芯”标识。

#P_CAB_CORE_USE_1_1_1：“第二根目标端电缆”与“第二个端子的电缆芯”标识。

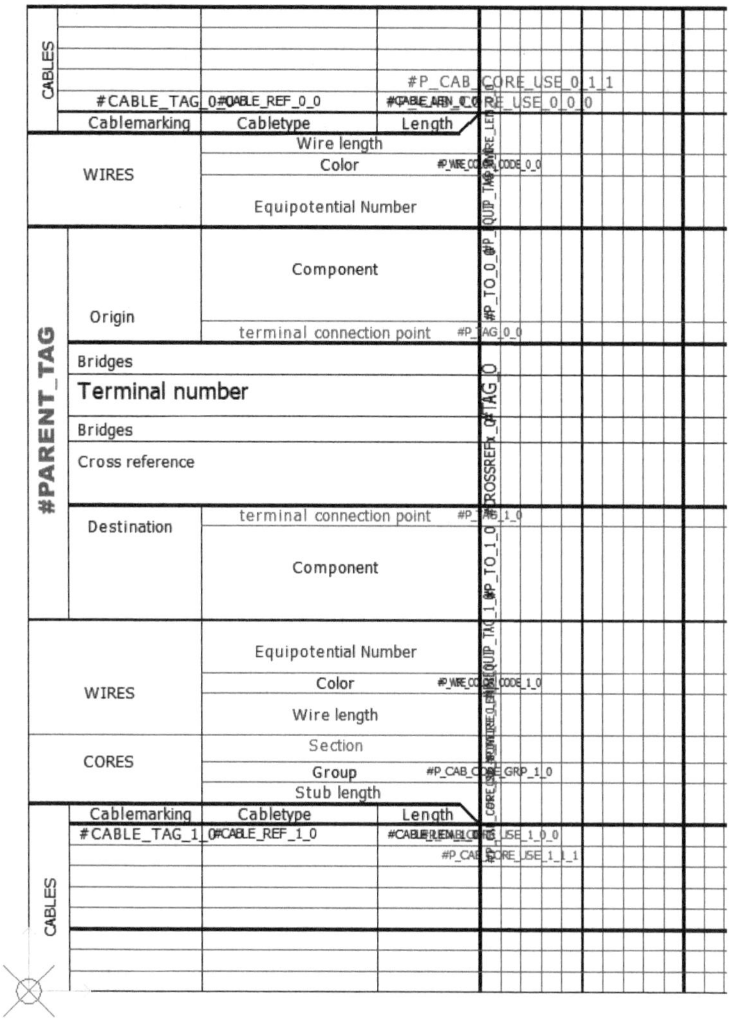

图 12-45　编辑栅格符号

一般将这些标注的插入点设置为居中对齐。#P_CAB_CORE_USE_1_0_0 与 #P_CAB_CORE_USE_1_1_1 的插入点偏移量决定了目标端电缆标注和端子标注的偏移量。如果是水平端子排，那么两个标注的水平偏移量为端子标注的偏移量，垂直偏移量为目标端电缆标注的偏移量。#P_CAB_CORE_USE_0_0_0 与 #P_CAB_CORE_USE_0_1_1 的插入点偏移量决定了目标端电缆偏移量。因此这两组标注都对角放置，使得水平和垂直方向都有偏移分量，并且偏移量应与绘制的栅格保持一致，如图 12-46 所示。

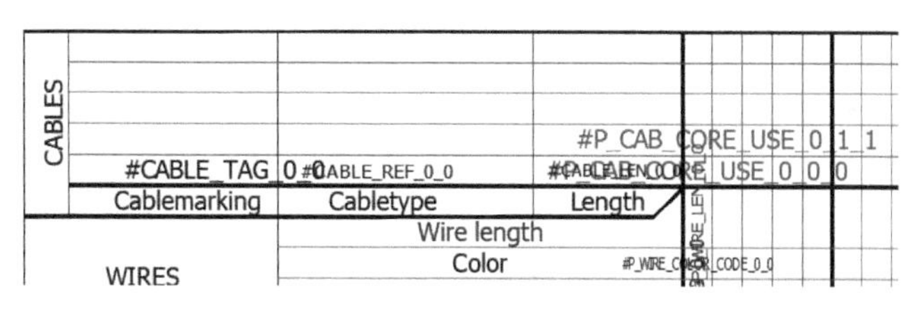

图 12-46　电缆与端子缆芯标注

除了标注 #P_CAB_CORE_USE_1_0_0 外，标注 #P_CAB_CORE_NB_1_0_0 也可以实现相同效果。它们同位于“标注” / “DIN 端子排” / “目标端” / “电缆芯” 目录下，如图 12-47 所示。但是一般建议使用默认的标注 #P_CAB_CORE_USE_1_0_0，因为它的格式化结果是可以由配置文件的【栅格】选项卡中的【已连接电缆芯的标注格式】属性设置的，使用起来更加灵活。

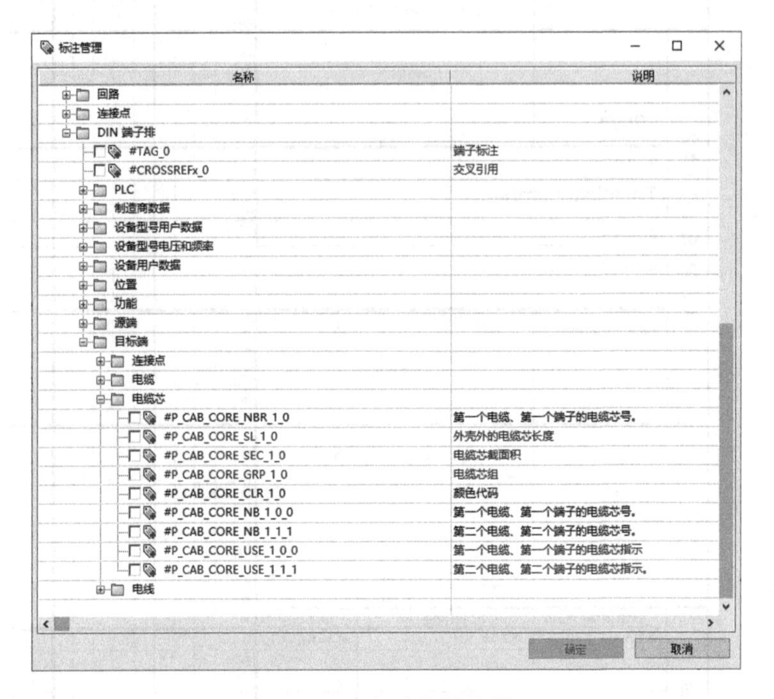

图 12-47　标注目录位置

报表功能体现了专业电气设计工具带来的数字化优势，完成项目设计后可一键生成报表，使用报表可以减少生产错误，提高效率。软件内置了多种报表模板，可以针对不同应用场景按需添加。当默认报表无法满足需求时，可通过修改 SQL 语句定制报表。

练习

一、简答题

1. 报表图纸的生成方式有哪两种？
2. 报表支持生成的文件格式有哪些？
3. 筛选器的作用是什么？
4. 报表 SQL 语句有何特殊要求？
5. 两种标准的端子排图纸有什么区别？

二、操作题

1. 将【按制造商和包的物料清单】导出到一张 Excel 工作表。
2. 使用筛选器将元件手册从图纸清单中排除。

第 13 章 SOLIDWORKS Electrical 3D 布局

| 学习目标 |

1. 熟悉插件模块的启用。
2. 熟练从 SOLIDWORKS 打开工程。
3. 掌握从装配体中插入或关联设备。
4. 熟悉智能零部件向导设置。
5. 掌握 2D 工程图的创建。

13.1 启用插件

在开始本章的学习之前，需在 SOLIDWORKS 软件中加载 SOLIDWORKS Electrical 插件。启动 SOLIDWORKS，单击【工具】/【插件】，如图 13-1 所示，勾选【SOLIDWORKS Routing】和【SOLIDWORKS Electrical】插件，单击【确定】。

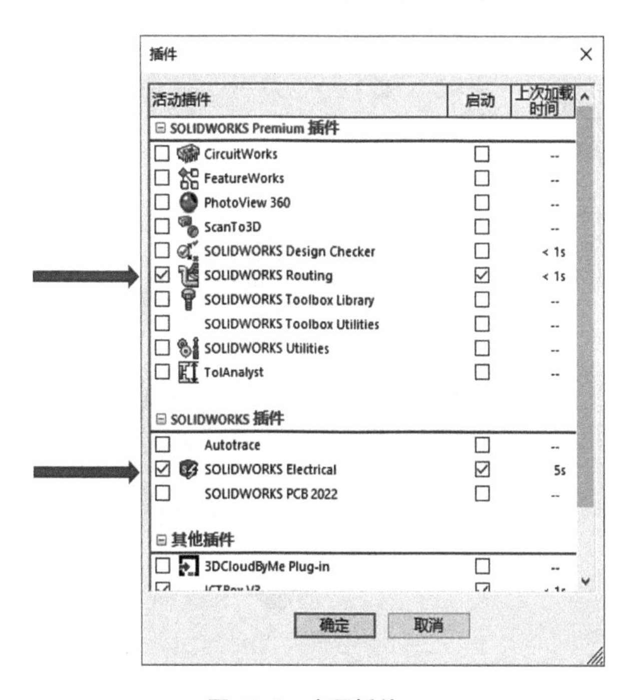

图 13-1 启用插件

启用 SOLIDWORKS Electrical 插件后，界面如图 13-2 所示。

图 13-2　SOLIDWORKS Electrical 3D 界面

13.2　装配体的定义

SOLIDWORKS Electrical 3D 中的装配体也是 SOLIDWORKS 装配体，如图 13-3 所示。

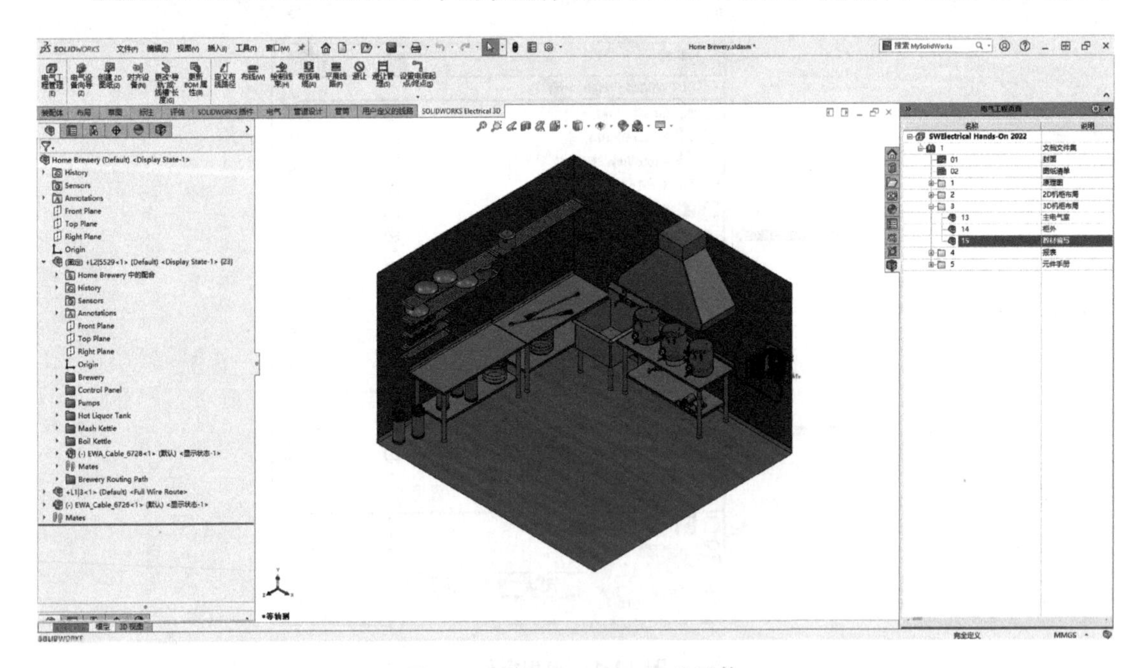

图 13-3　SOLIDWORKS 装配体

SOLIDWORKS Electrical 会根据原理图中使用的位置信息自动创建一个空的装配体文件，或者使用已有装配体文件，再将 3D 零部件装配至装配体中，并赋予电气属性。同时，SOLIDWORKS 项目中的大部分信息来自于 SOLIDWORKS Electrical 中创建的 2D 项目。

13.3 设计流程

SOLIDWORKS Electrical 3D 布局主要设计流程如下：

1）创建 SOLIDWORKS 装配体文件。可以根据 SOLIDWORKS Electrical 项目中的位置创建对应的 SOLIDWORKS 装配体文件。

2）SOLIDWORKS 机柜布局。机柜布局工程包括在 SOLIDWORKS 文件中添加机柜、线槽、导轨以及相关电气模型。

3）设置智能零部件向导。通过电气设备向导，把标准件转换为带有电气属性的零件。

4）生成 2D 工程图。将装配体文件生成 2D 工程图文件，并添加到 SOLIDWORKS Electrical 项目中。

13.4 创建 SOLIDWORKS 装配体

SOLIDWORKS 装配体用于向项目中添加 SOLIDWORKS 文件，生成的图纸将自动添加至项目图纸列表中。SOLIDWORKS 装配体文件的创建，是根据项目中设置的位置属性决定的。一个位置属性对应创建一个装配体文件，这与 SOLIDWORKS Electrical 中的 2D 机柜布局图纸的创建是同样的道理。

创建装配体的方法有两种：

1）直接创建对应位置的装配体文件。

2）关联已有的装配体文件，并以快捷方式添加文件。

13.4.1 解压缩工程

启动 SOLIDWORKS Electrical 软件，在【电气工程管理】界面，单击【解压缩】，从文件夹 Lesson 13\Case Study 中打开文件 Lesson 13.proj。

将 Lesson 13\Case Study\components 中的零部件复制到 C:\ProgramData\SOLIDWORKS Electrical\SOLIDWORKS\sldPrt 路径下。

13.4.2 创建 3D 装配体文件

单击【处理】/【SOLIDWORKS 装配体】，打开图 13-4 所示对话框，勾选需要创建的装配体文件。单击【目标】列的单元格，选择装配体文件存放文件夹为“3-3D 机柜布局”，单击【确定】，如图 13-5 所示。设置好后，单击【确定】，创建的装配体文件将自动添加至项目图纸列表中，如图 13-6 所示。

注意： SOLIDWORKS Electrical 装配体文件的名称是对应位置的属性说明，即图 13-4 中的【图纸说明】，软件将自动创建对应名称的装配体文件。

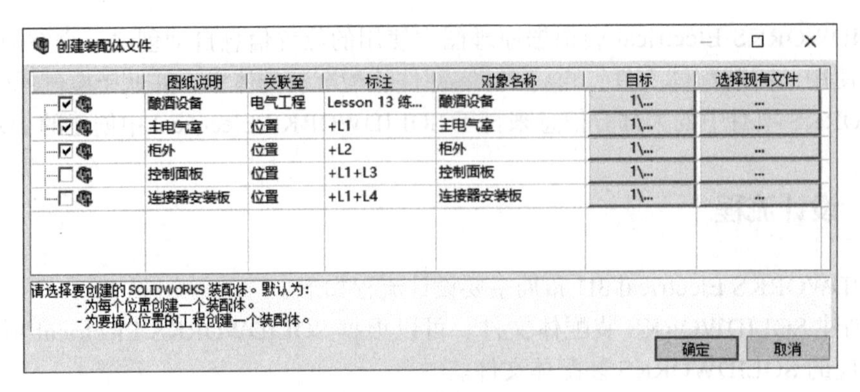

图 13-4 【创建装配体文件】对话框

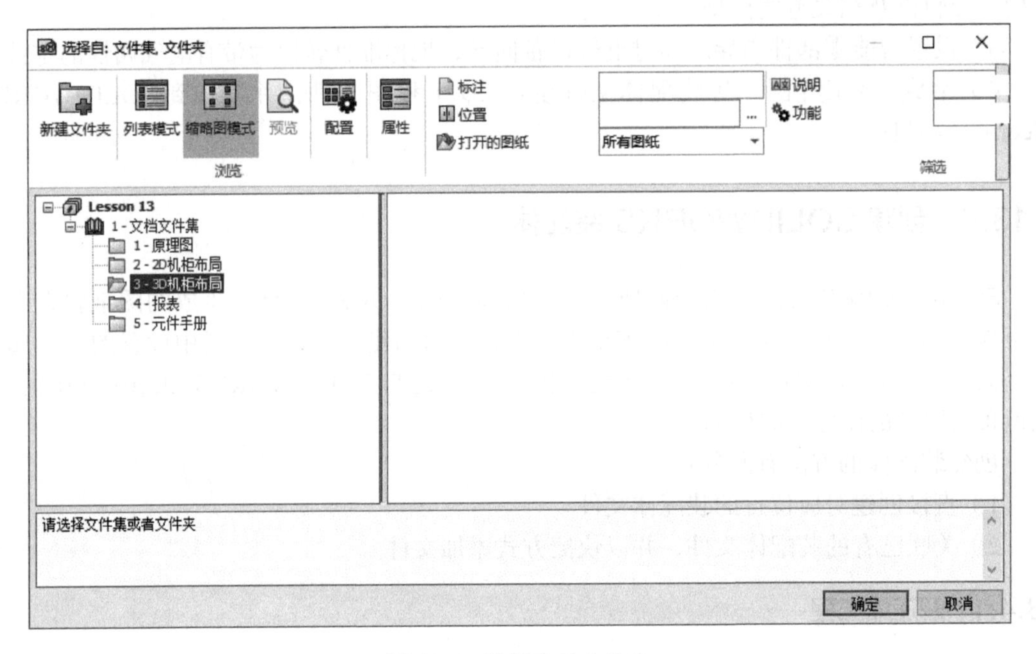

图 13-5 选择存放文件夹

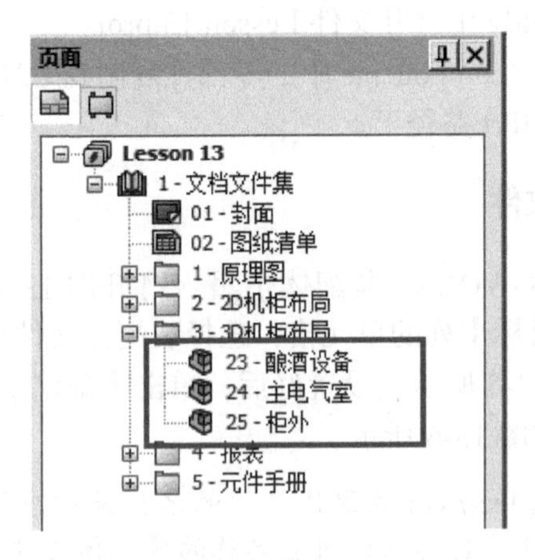

图 13-6 项目中的装配体文件

13.4.3　关联已有装配体文件

单击【处理】/【SOLIDWORKS 装配体】，勾选需要创建的装配体文件，单击【选择现有文件】列的单元格，浏览到 SOLIDWORKS Electrical\Project\工程 ID 号文件夹\SOLIDWORKS 文件夹，选择“Brewery.SLDASM”，单击【确定】，如图 13-7 所示。单击【目标】列的单元格，选择装配体文件存放文件夹为“3-3D 机柜布局”，单击【确定】。设置好后，单击【确定】，创建的装配体文件将自动添加至项目图纸列表中，如图 13-8 所示。

创建装配体文件

	图纸说明	关联至	标注	对象名称	目标	选择现有文件
☑	酿酒设备	电气工程	Lesson 13	酿酒设备	1\3\	...
☑	主电气室	位置	+L1	主电气室	1\3\	...
☑	柜外	位置	+L2	柜外	1\3\	Brewery
☐	控制面板	位置	+L1+L3	控制面板	1\...	...
☐	连接器安装板	位置	+L1+L4	连接器安装板	1\...	...

请选择要创建的 SOLIDWORKS 装配体。默认为:
- 为每个位置创建一个装配体。
- 为要插入位置的工程创建一个装配体。

确定　取消

图 13-7　选择现有文件创建装配体

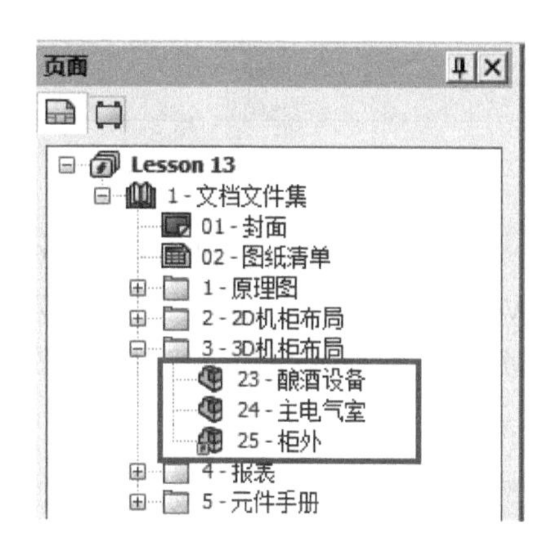

图 13-8　以快捷方式显示的装配体文件

注意：选择现有文件创建的是 SOLIDWORKS 文件快捷方式，对现有文件存储位置没有固定的约束。删除项目图纸列表中的文件时，不会删除源文件。

13.5　电气工程页面

单击任务窗格上的【电气工程页面】，在界面空白位置右击并选择【电气工程管理】，在工程列表中找到“Lesson 13”。此时工程名称为红色，代表已在其他软件或者计算机中打开，如图 13-9 所示。

双击工程“Lesson 13”，弹出如图 13-10 所示对话框，单击【确定】。

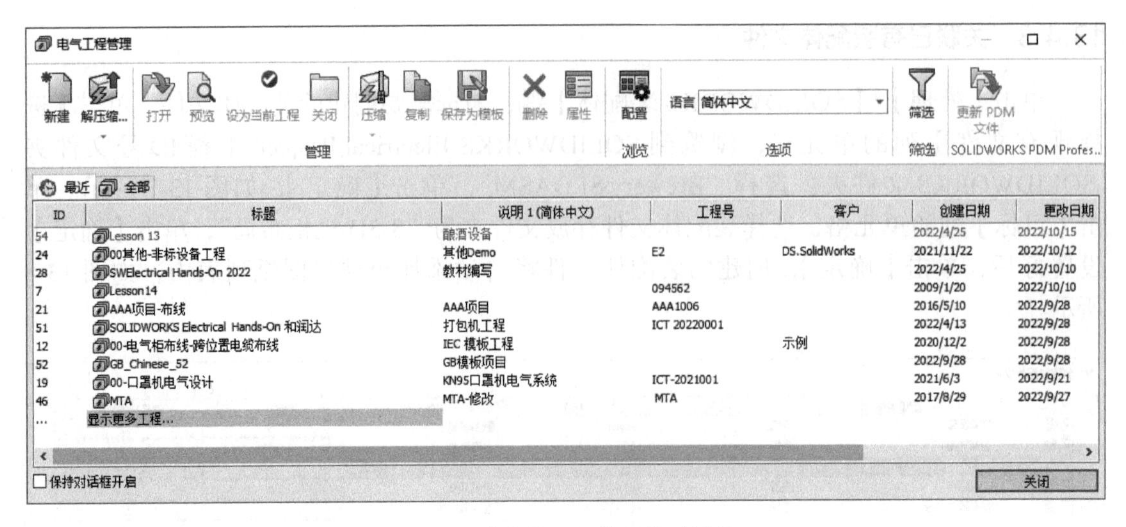

图 13-9 【电气工程管理】对话框

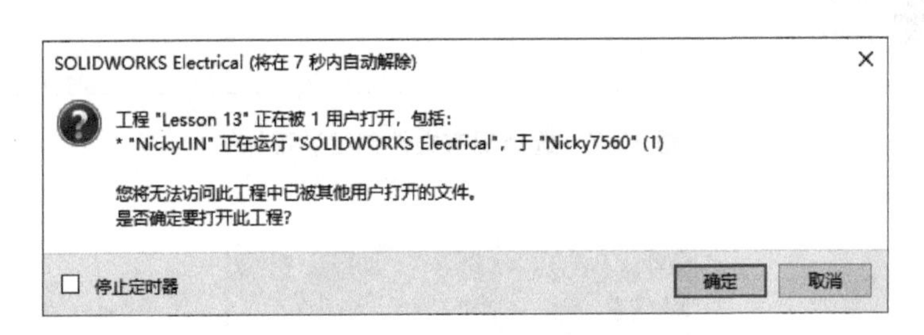

图 13-10 工程使用提示

打开工程后展开文件集，在浏览器中可以看到 SOLIDWORKS Electrical 中创建的工程信息、图纸清单以及 SOLIDWORKS 文件等，如图 13-11 所示，并可通过右键快捷菜单选择【预览】或者双击打开，对每个文件预览查看，其内容与图 13-12 所示的 2D 中的页面内容是一一对应的。

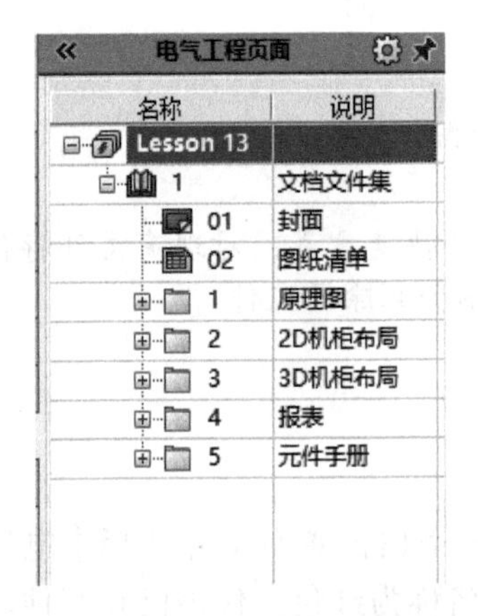

图 13-11 SOLIDWORKS 中的【电气工程页面】

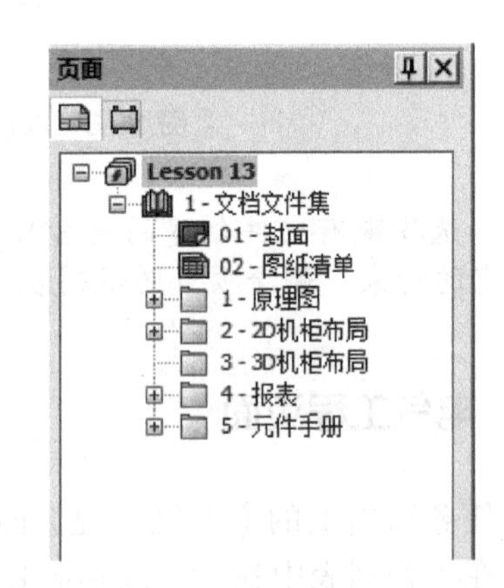

图 13-12 SOLIDWORKS Electrical 中的图纸列表页面

13.6　3D 模型配装

13.6.1　插入机柜、导轨和线槽

在【电气工程页面】展开“3D 机柜布局”文件夹，找到“24- 主电气室”装配体文件，双击打开，或者右击选择【打开】。文件打开后，在左边的设计树显示 Electrical 设备浏览器，如图 13-13 所示。

1. 插入机柜

在 Electrical 设备浏览器中，展开“L1”并找到设备“Z1”，展开后右击“18×16×8”并选择【插入机柜】，如图 13-14 所示。

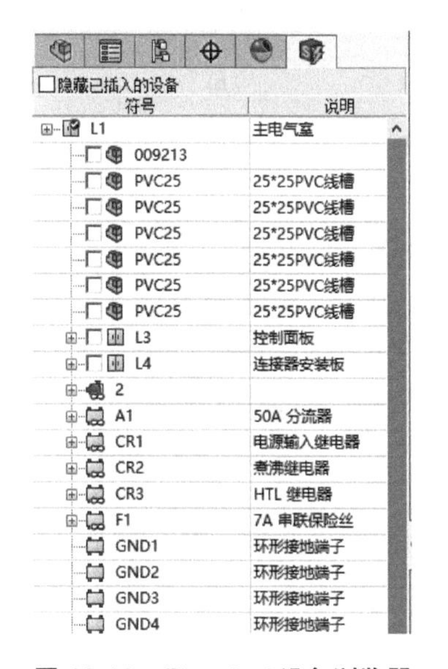

图 13-13　Electrical 设备浏览器

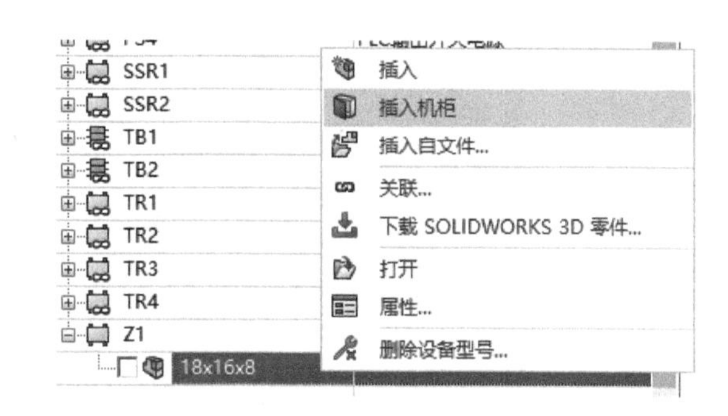

图 13-14　插入机柜

弹出【插入零部件】窗口，如图 13-15a 所示，单击【确定】✓。同时设备名称左边的复选框被勾选，说明设备已经插入，如图 13-15b 所示。

注意：【插入】选项用于将机柜、线槽和导轨的设备从【Electrical Management】插入装配体中。

2. 插入导轨

【导轨】设备可以使用【水平导轨】或者【垂直导轨】的方式添加，插入方式决定了导轨放置到机柜中的方向。

右击设备“009213”，选择【插入水平导轨】，鼠标指针放置到机柜底板上，此时导轨会与底板自动配合，选择【重合】配合，单击【确定】✓，如图 13-16 所示。

在【长度】中输入“172.00mm”，单击【确定】✓，如图 13-17 所示。同时设备前的复选框被勾选，如图 13-18 所示。

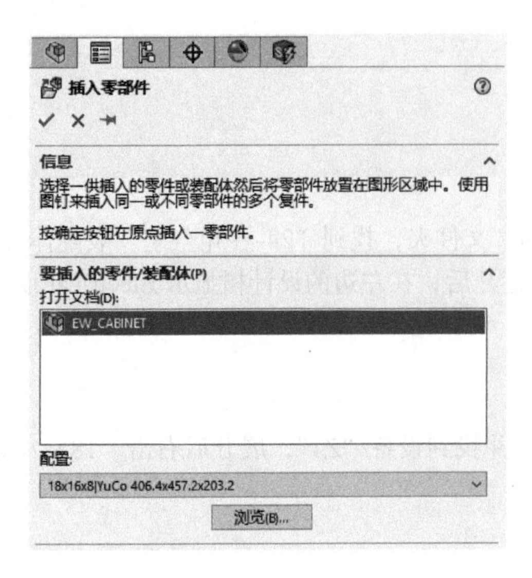

a)

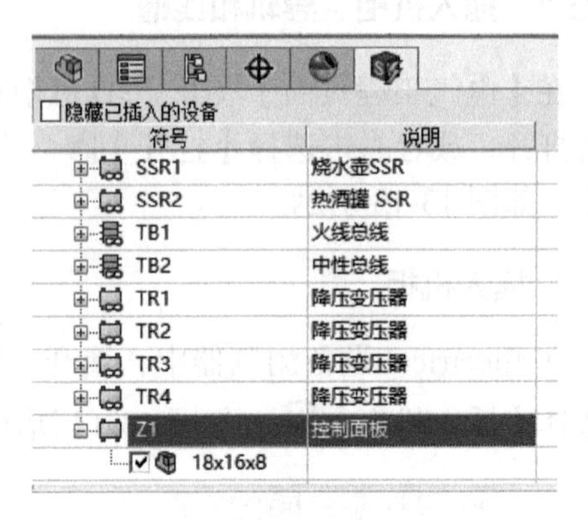

b)

图 13-15　插入零部件

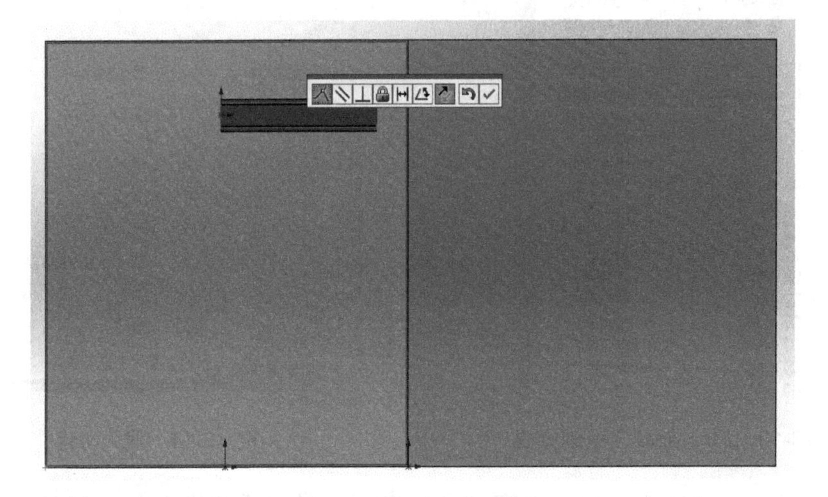

图 13-16　插入导轨并进行配合

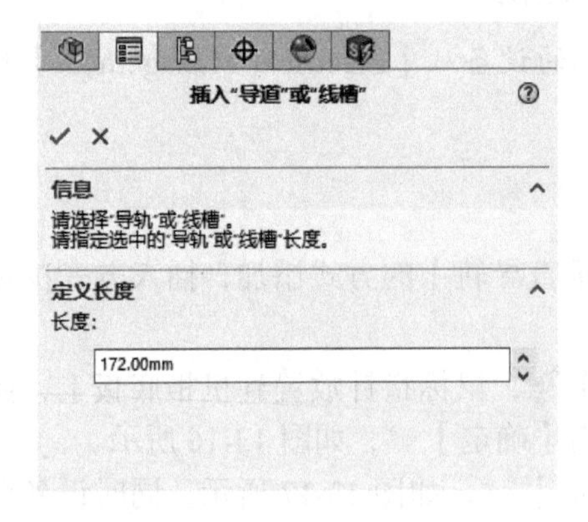

图 13-17　输入导轨长度

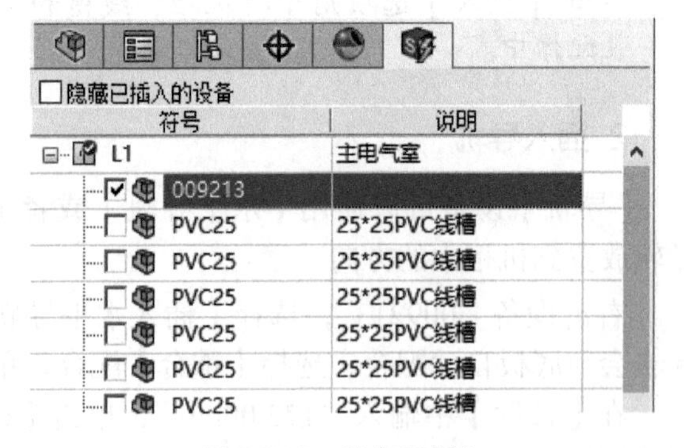

图 13-18　设备已插入

3. 插入线槽

【线槽】设备可以使用【水平线槽】或者【垂直线槽】的方式添加，插入方式决定了线槽放置到机柜中的方向。

（1）插入水平线槽　右击设备“PVC25”，选择【插入水平线槽】，鼠标指针放置到机柜底板上，此时线槽会与底板自动配合，选择【重合】配合，单击【确定】✓，如图 13-19 所示。

在【长度】中输入“390.00mm”，单击【确定】✓，如图 13-20 所示。同时设备“PVC25”前的复选框被勾选。

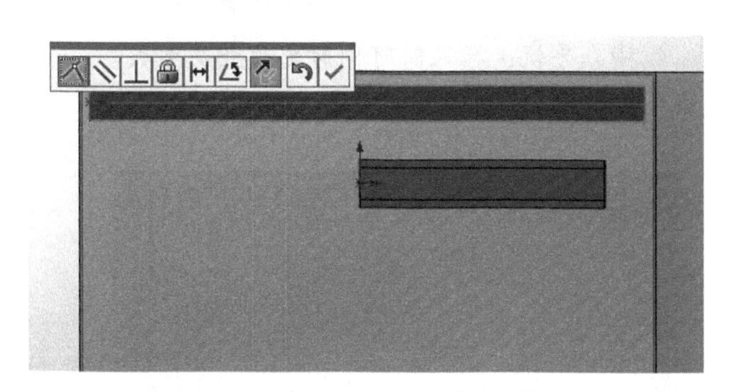

图 13-19　插入水平线槽并进行配合

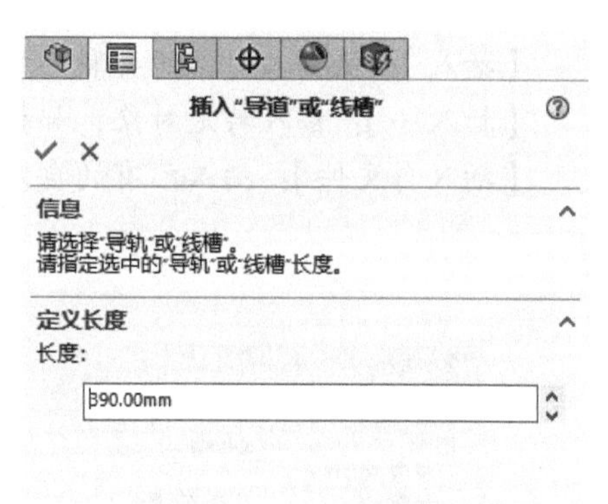

图 13-20　输入水平线槽长度

（2）插入垂直线槽　右击设备“PVC25”，选择【插入垂直线槽】，鼠标指针放置到机柜底板上，此时线槽会与底板自动配合，选择【重合】配合，单击【确定】✓，如图 13-21 所示。

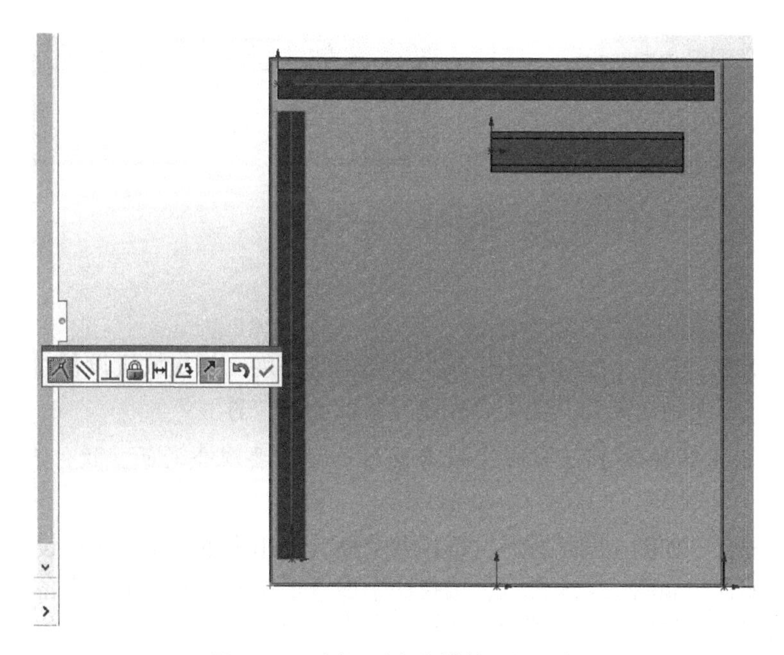

图 13-21　插入垂直线槽并进行配合

在【长度】中输入“387.00mm”，单击【确定】✓，如图 13-22 所示。同时设备“PVC25”前的复选框被勾选。

（3）添加余下的线槽　使用相同的方式添加其他线槽，垂直线槽长度设置为 387mm，其余三条水平线槽分别设置为 340mm、340mm 和 300mm，并放置到图 13-23 所示位置。

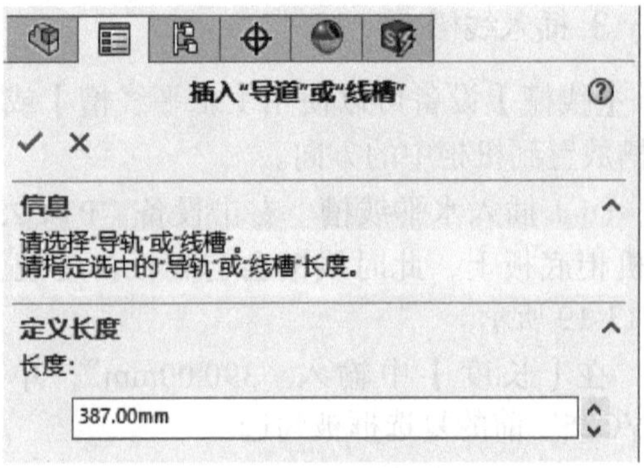

图 13-22　输入垂直线槽长度

提示：

【插入】：仅插入对象所关联的模型。

【插入…】：插入特定对象，如机柜、线槽、导轨，插入时可同时更改相关参数。

【插入自文件】：插入已有的自定义模型。

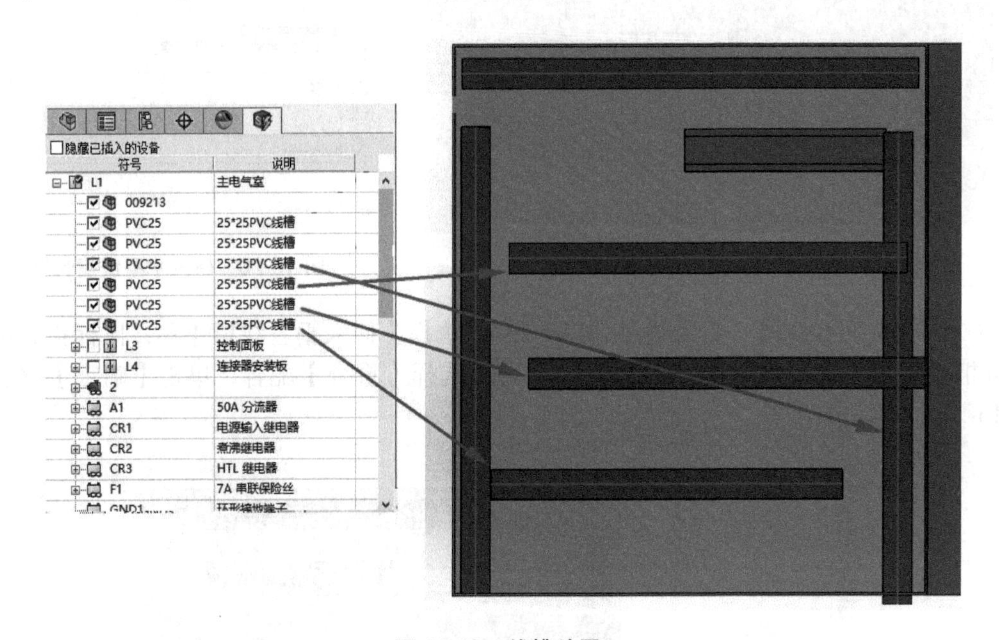

图 13-23　线槽放置

4. 配合

SOLIDWORKS 中的【配合】用于减少设备的自由度。初次放置设备时，【配合】通过配合参考来添加，但是还需要其他配合控制设备的相对位置。

提示：单击【装配体】/【配合】或者直接选择需要配合的面，软件自动显示相关配合命令。

（1）重合配合　如图 13-24 所示，选择两个面，使用【重合】来约束设备位置。

（2）宽度配合　如图 13-25 所示，选择四个面，根据面宽度来定位设备。

（3）距离配合　如图 13-26 所示，选择两个面，使用尺寸来约束设备位置。

如图 13-27 所示，使用重合、宽度和距离配合将导轨和线槽设备进行定位。

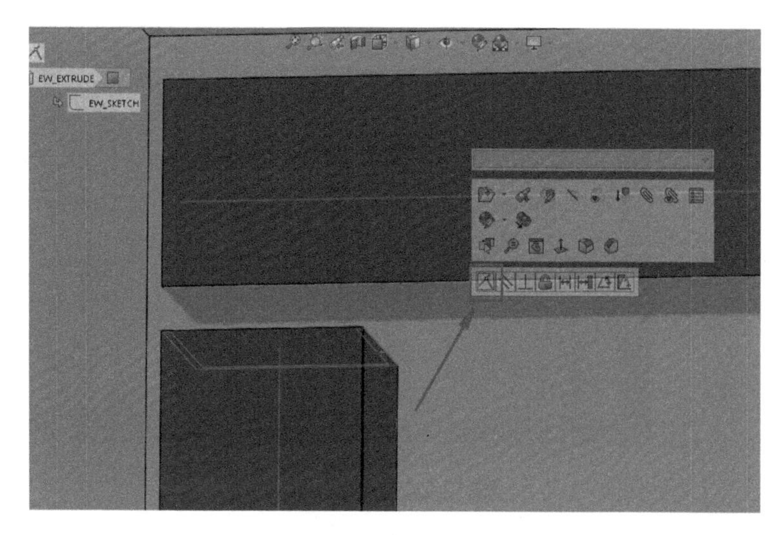

图 13-24　重合配合

图 13-25　宽度配合

图 13-26　距离配合

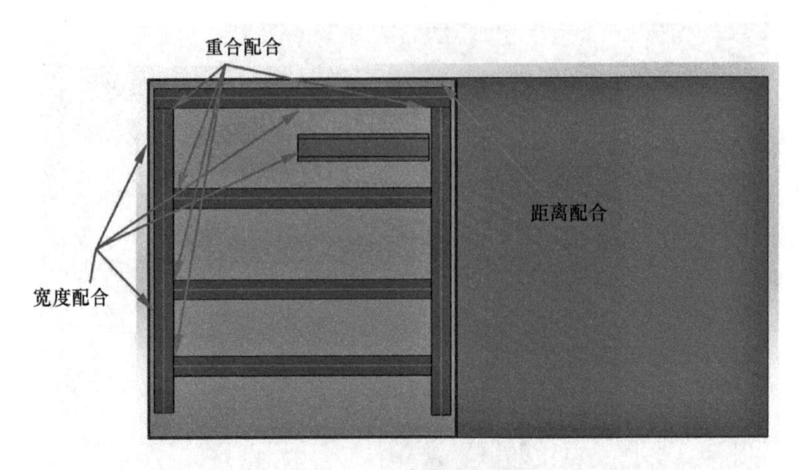

图 13-27　配合参考

5. 更新导轨或者线槽

对于已插入的导轨或者线槽，不需要删除也可以更改长度。

在【SOLIDWORKS Electrical 3D】选项卡中，单击【更改“导轨”或“线槽”长度】，如图 13-28 所示。

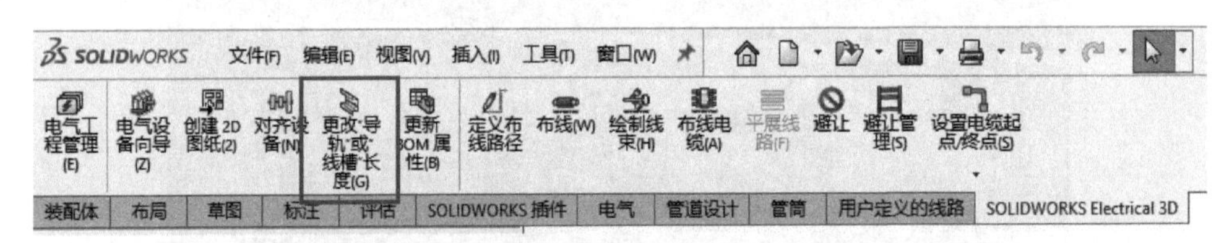

图 13-28　更改“导轨”或“线槽”长度

选择第三条水平线槽，设置新的长度为“340.00mm”，单击【确定】✓，线槽将自动更新到最新的长度，如图 13-29 所示。

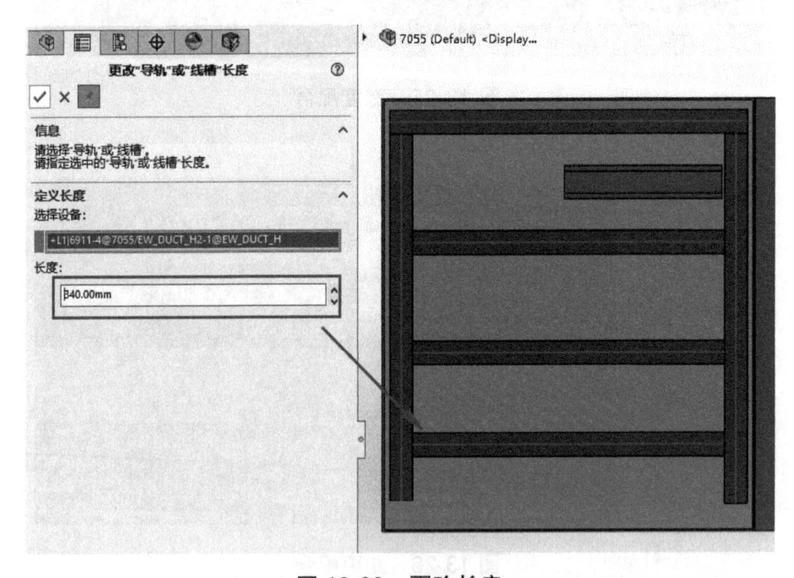

图 13-29　更改长度

6. 保存文件

单击【保存】，并保持工程打开状态。

13.6.2 插入设备

插入设备可分为单个设备插入和多个设备批量插入。单个设备插入可选择【插入】、【插入自文件】或者【关联】，如图 13-30 所示；多个设备批量插入要求设备已经关联了正确的零件模型，如图 13-31 所示。

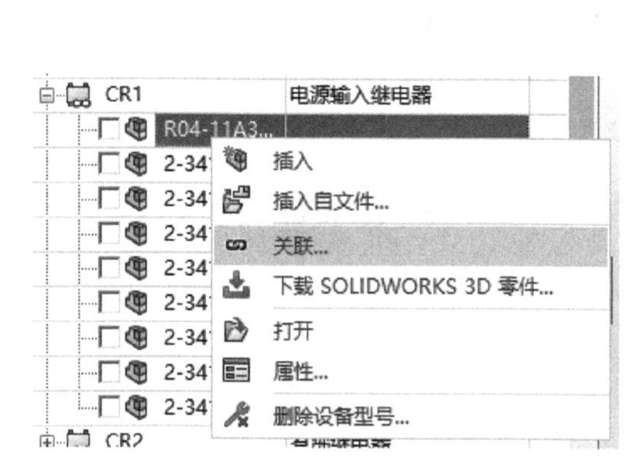

图 13-30 单个设备插入

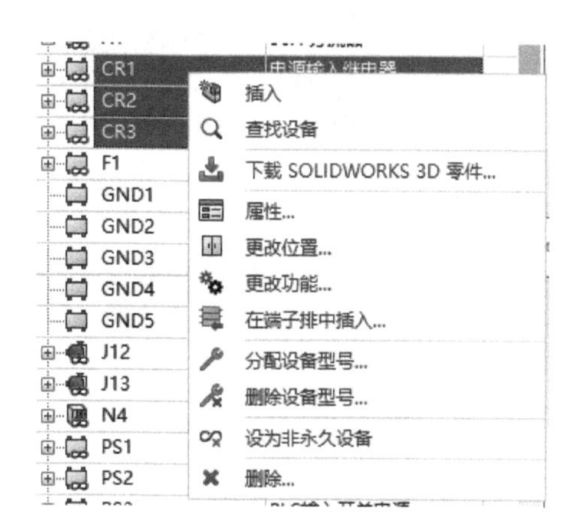

图 13-31 多个设备批量插入

提示：

【插入】：设备型号已关联对应模型，可自动添加或者添加默认模型。

【插入自文件】：插入自定义的模型。

【关联】：关联现有装配体的零件或者子装配体。

1. 选择设备

展开“L1”文件夹和“TR1”设备，右击“RCA900N1008/N”，选择【插入】，如图 13-32 所示。

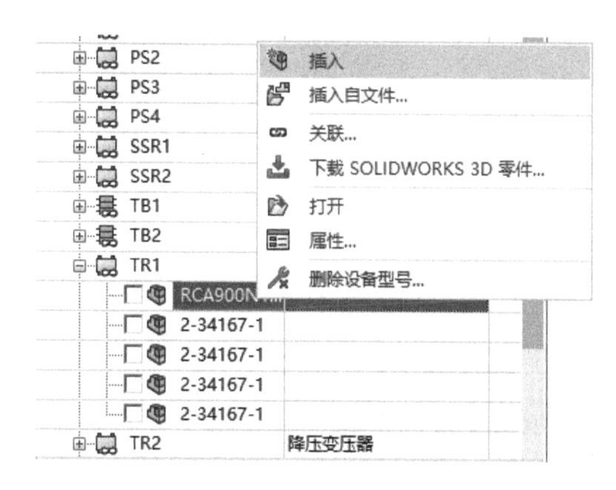

图 13-32 插入设备

2. 放置设备

待设备显示在图形区域后，移动鼠标将设备放置在合适的位置并单击确认放置。此时设备与底板自动配合，如图 13-33 所示。

3. 手动添加配合

并非所有设备都可以通过自动配合参考实现位置的完全定义，有时需要手动添加配合。选择线槽内侧面与设备侧面，配合类型选择距离配合，将尺寸设置为“25.00mm”，单击【确定】✓，如图 13-34 所示。

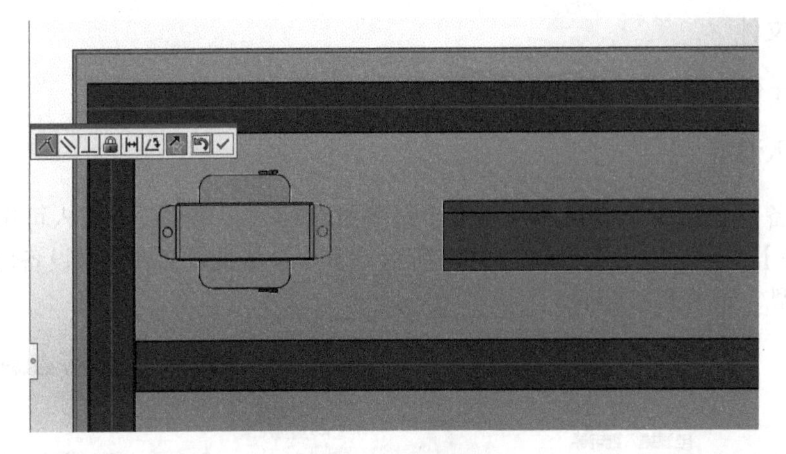

图 13-33　放置设备

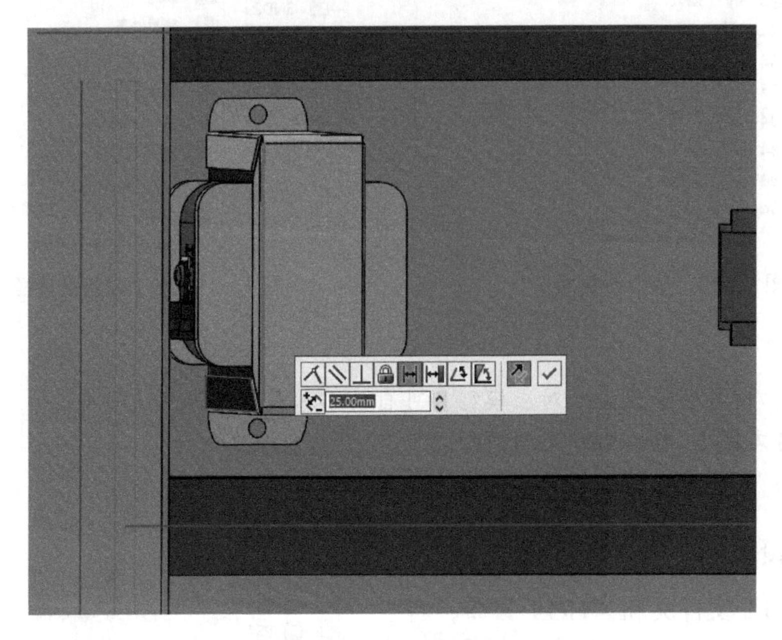

图 13-34　手动添加配合

4. 添加其他设备

按图 13-35 和图 13-36 所示，将其他设备添加到机柜中。

5. 保存文件

单击【保存】，并保持工程打开状态。

13.6.3　对齐设备

在【SOLIDWORKS Electrical 3D】选项卡中，选择【对齐设备】。在【对齐 SOLIDWORKS 设备】对话框中，选择需要对齐的设备和对齐选项，单击【确定】✓后即可对齐设备，如图 13-37 所示。

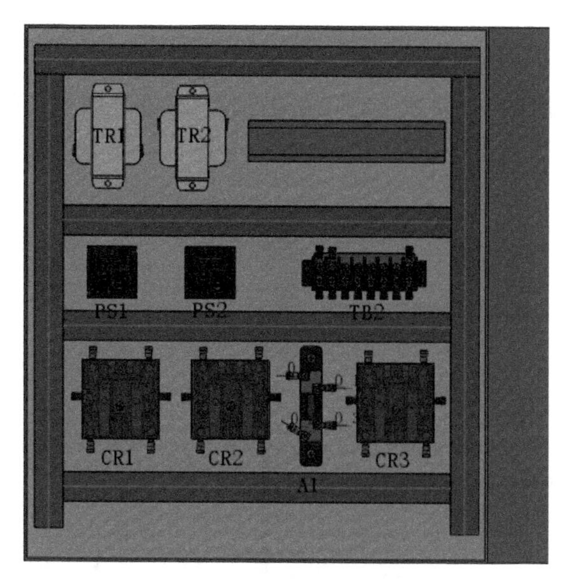

图 13-35　机柜正面设备

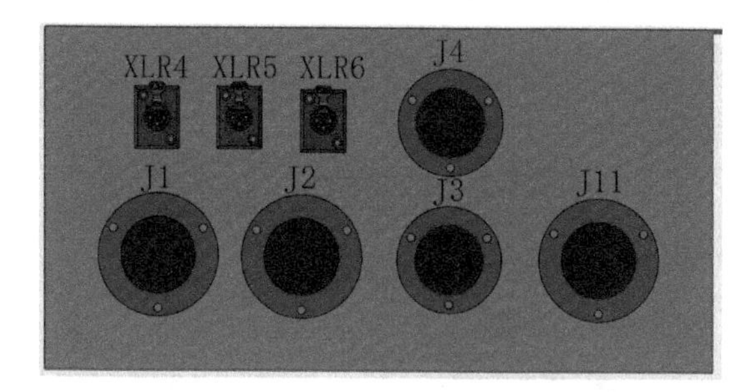

图 13-36　机柜底面设备

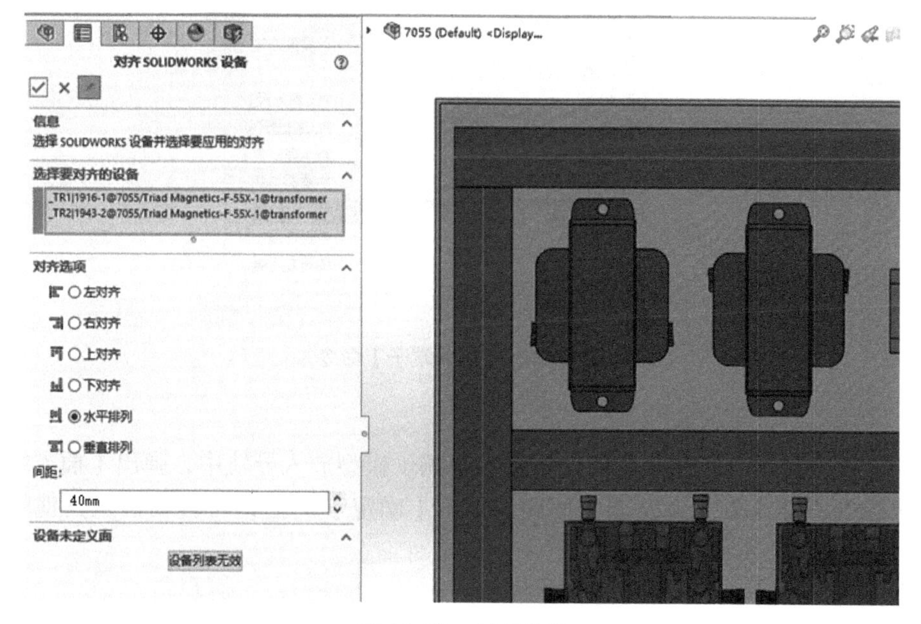

图 13-37　对齐设备

13.6.4 插入端子

插入端子的方式有两种：一种方式是与普通设备一样逐个插入或者多个插入，如图 13-38 所示；另一种方式是直接右击端子排，选择【插入端子】，如图 13-39 所示。

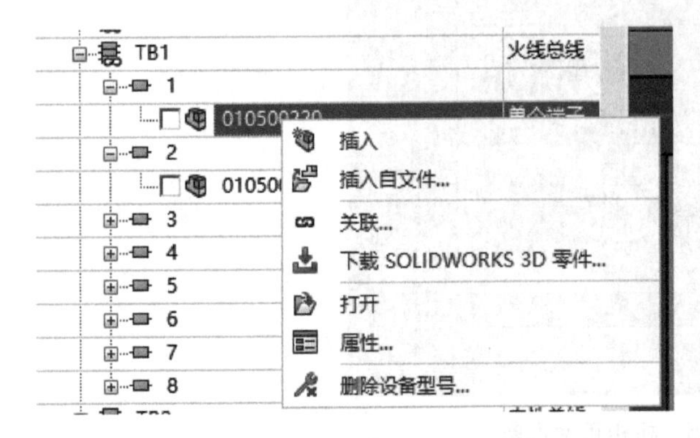

图 13-38 单个或多个插入端子

图 13-39 插入端子排

右击需要插入的端子排，选择【插入端子】，如图 13-40 所示。

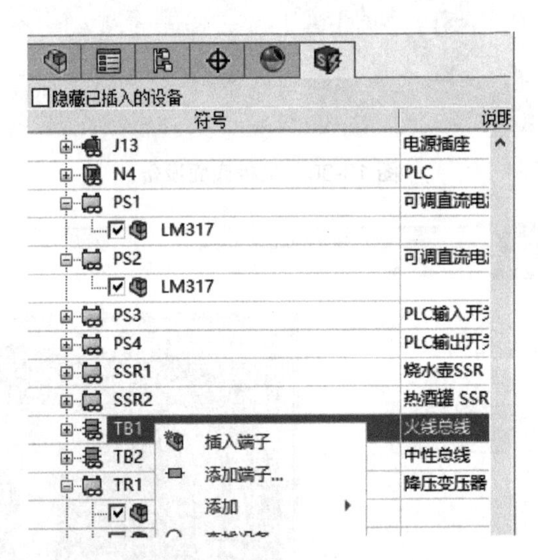

图 13-40 【插入端子】命令

待端子模型显示后，在合适的位置将首个端子模型放入导轨中，弹出【插入端子】对话框，选择端子插入方向以及端子间距，单击【确定】✓后即可自动插入其他端子，如图 13-41 ~ 图 13-43 所示。

单击【保存】，并保持工程打开状态。

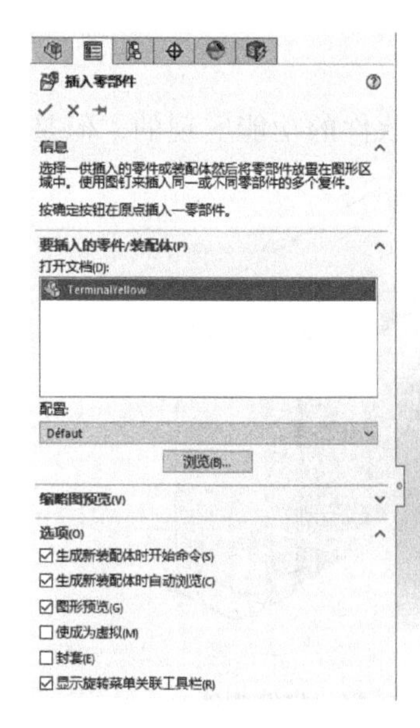

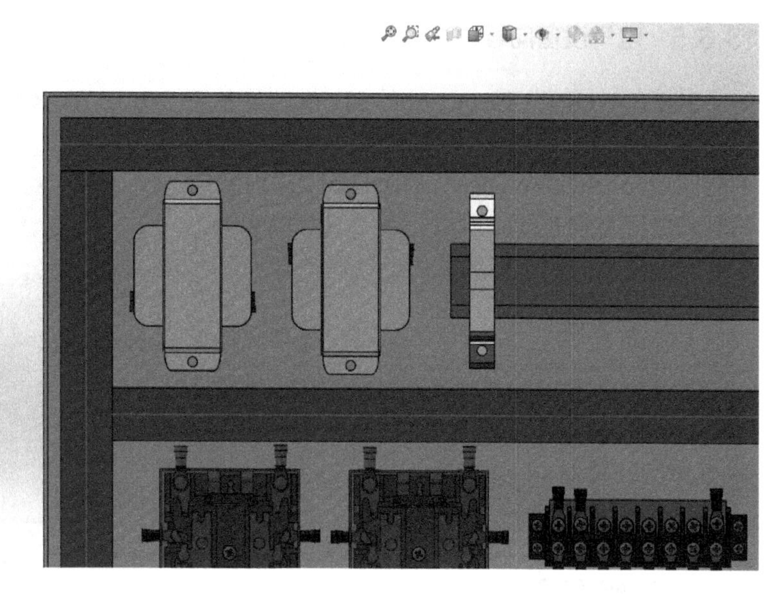

图 13-41　端子模型显示

插入端子

信息

选择"左侧"或"右侧"并输入要插入 3D 部件的间距

多个插入。

○左侧(L)

◉右侧(R)

间距:

0.00mm

☐仅插入基本设备型号

☐形成子装配体

图 13-42　端子插入方向和间距

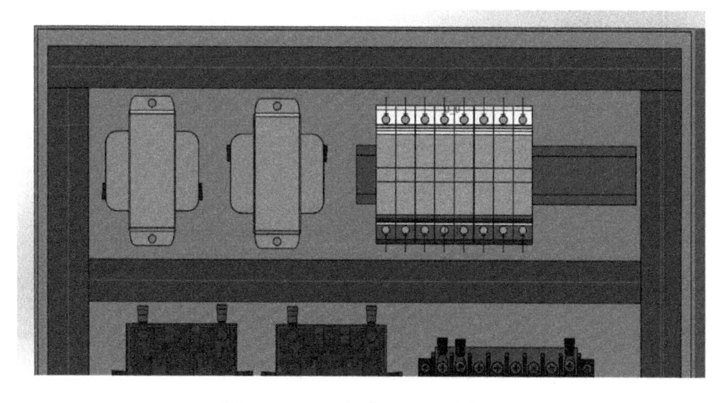

图 13-43　完成端子排模型

13.6.5 电气设备向导

SOLIDWORKS Electrical 的 3D 布局是基于 SOLIDWORKS 软件的功能实现的，但是每个元器件模型都带有电气属性，有这些属性才能完成与 SOLIDWORKS Electrical 2D 设备的关联和电气自动布线。所以，在 SOLIDWORKS 中建好的模型需要添加相关的电气属性。

1. 打开零件

从文件夹 Lesson 13/Case Study 中打开零件“RCA900N1008 N”，如图 13-44 所示。

提示：当弹出消息“您想进行特征识别？”时，单击【否】。

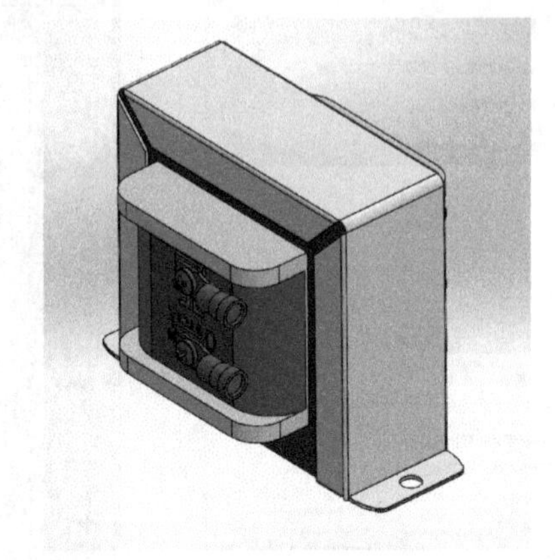

图 13-44 打开零件

2. 启动电气设备向导

单击【工具】/【SOLIDWORKS Electrical】/【电气设备向导】，打开【Routing 零部件向导】界面，如图 13-45 所示。

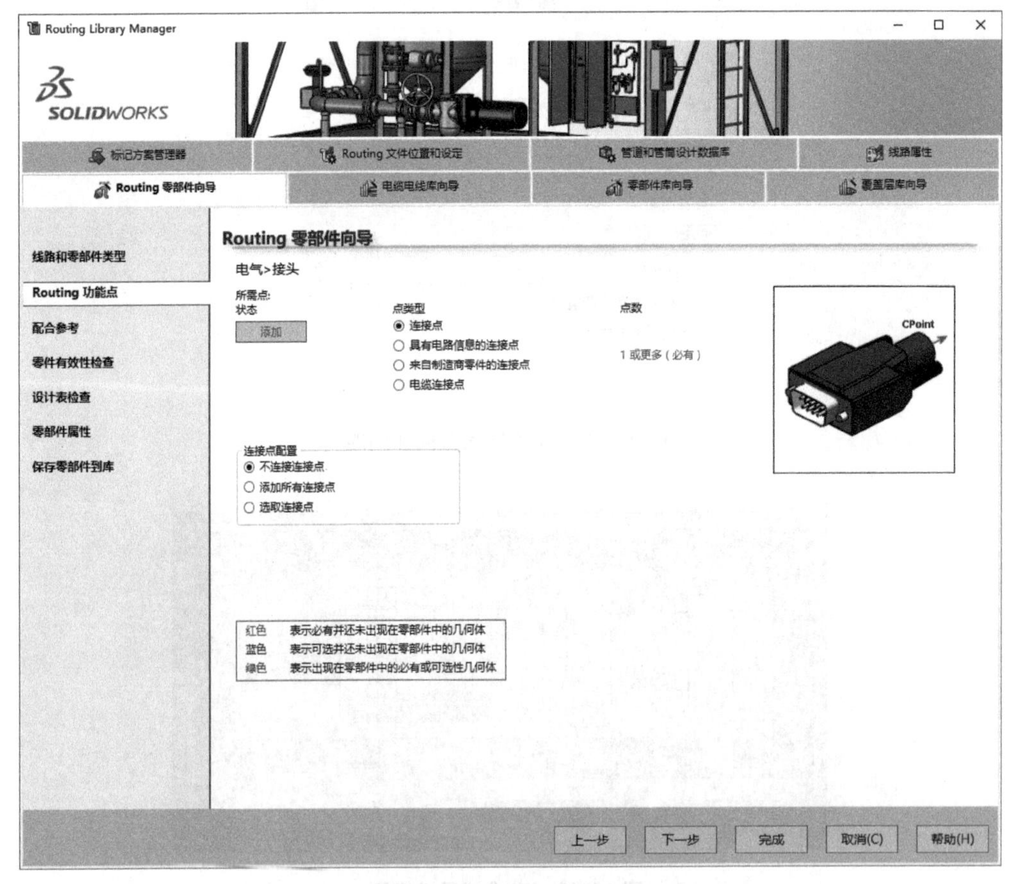

图 13-45 【Routing 零部件向导】界面

提示：电气设备必须包含名为“CPoint”的标准连接点。这些点用于区分普通设备和电气设备，并提供电线连接的位置。连接点类型如下：

1）【连接点】：创建默认线路连接点。此选项不可用于 SOLIDWORKS Electrical 3D 布线。

2）【具有电路信息的连接点】：通过自定义电路和连接点数量来创建连接点。

3）【来自制造商零件的连接点】：根据选定的制造商零件创建连接点。

4）【电缆连接点】：创建电缆连接点，以将电缆分割为核心（EW_Cable 点）。

3. 选择制造商设备

选择【来自制造商零件的连接点】，单击【添加】，进入创建连接点界面。如果之前进行过电气设备向导设置，软件会记录之前的设备型号信息，如图 13-46 所示。

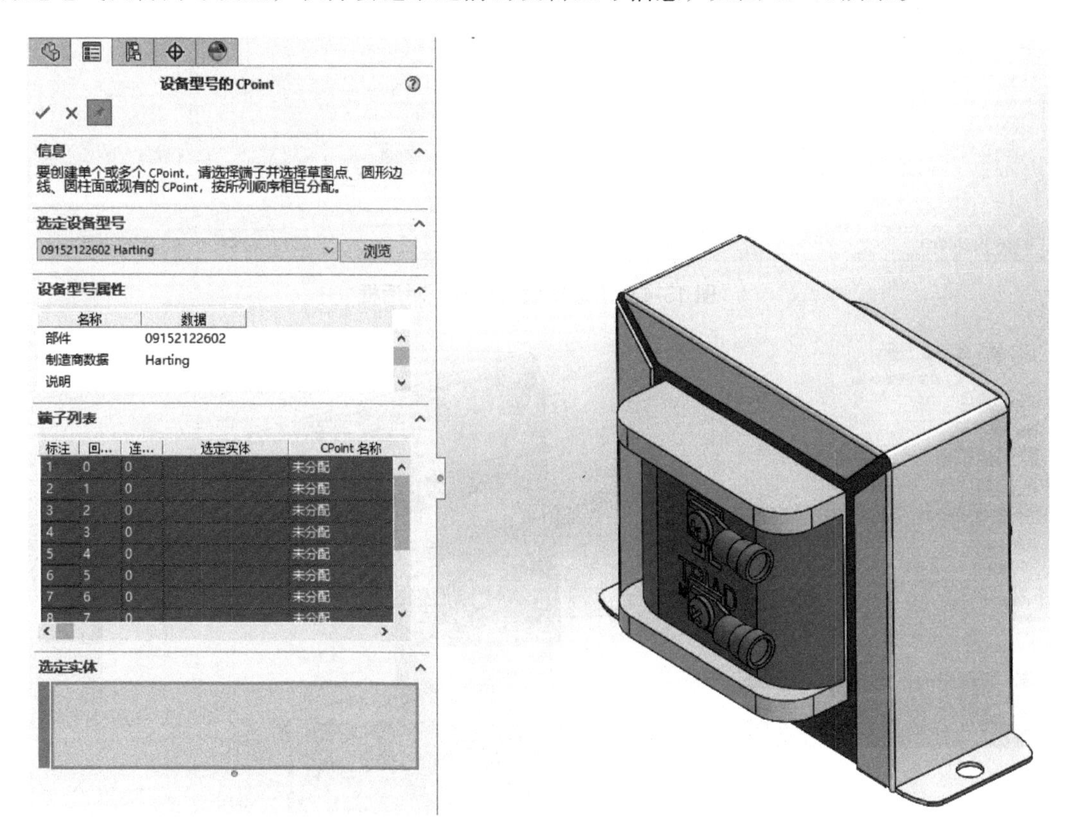

图 13-46　选择制造商设备

单击【浏览】，打开【选择设备型号】对话框，根据以下条件进行筛选，如图 13-47 所示。

【在分类中】选择【任何类】；【制造商数据】选择“Honeywell”；【部件】选择“RCA900N1008/N”。

双击选择设备，进入连接点创建界面。

4. 创建连接点

选择【端子列表】中的回路，并在模型的接线点位置单击，弹出“是否新建草图点？”提示，单击【是】，如图 13-48 所示。使用相同的操作创建其他连接点草图点，如

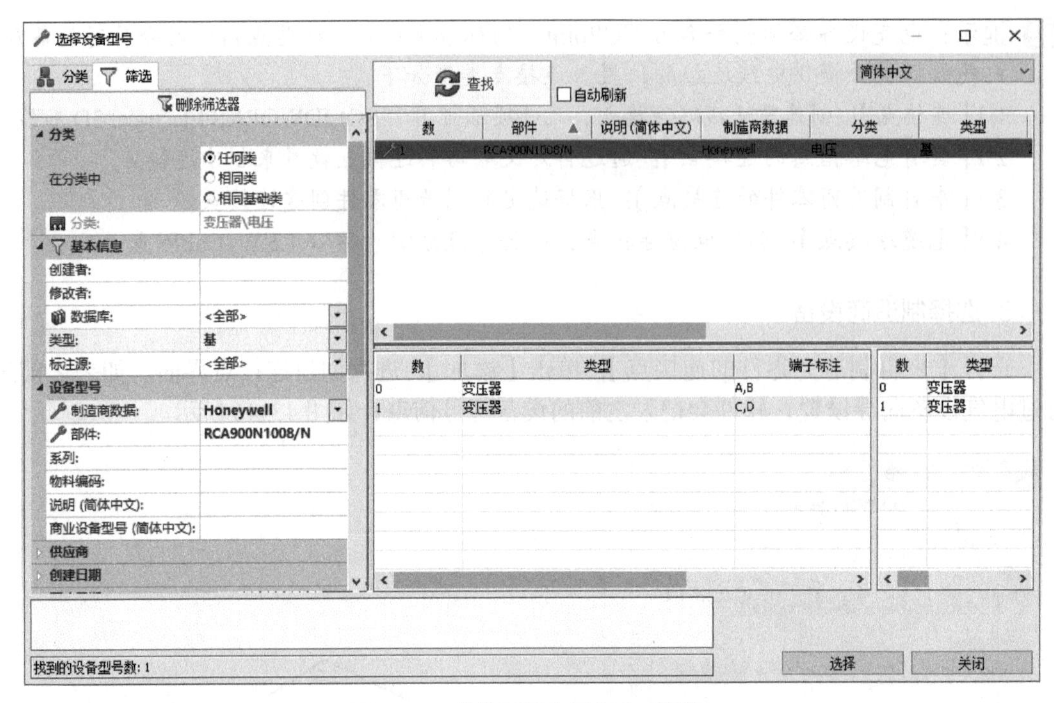

图 13-47 【选择设备型号】对话框

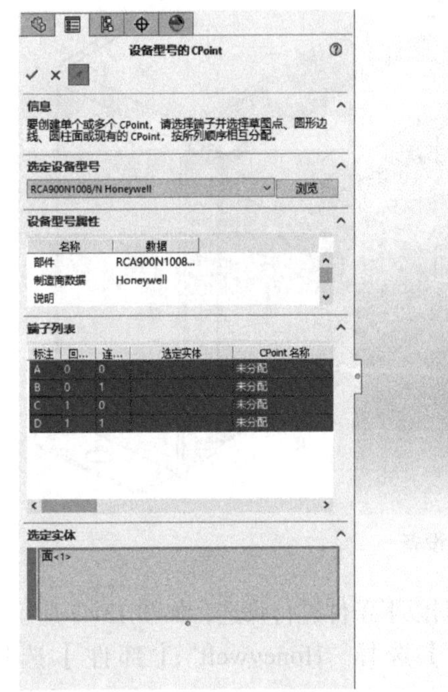

图 13-48 选择草图位置

图 13-49 所示。草图点创建完成后，单击【确定】✓，完成连接点的创建，如图 13-50 所示。单击【取消】×，退出创建连接点界面，返回【Routing Library Manager】界面，结果如图 13-51 所示。

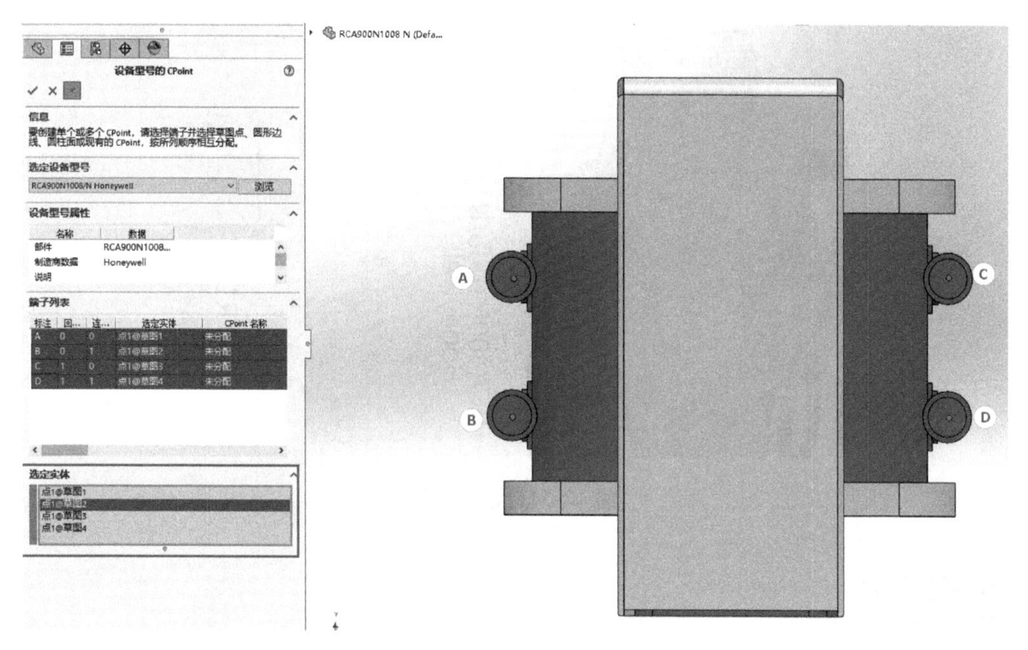

图 13-49　创建其他连接点草图点

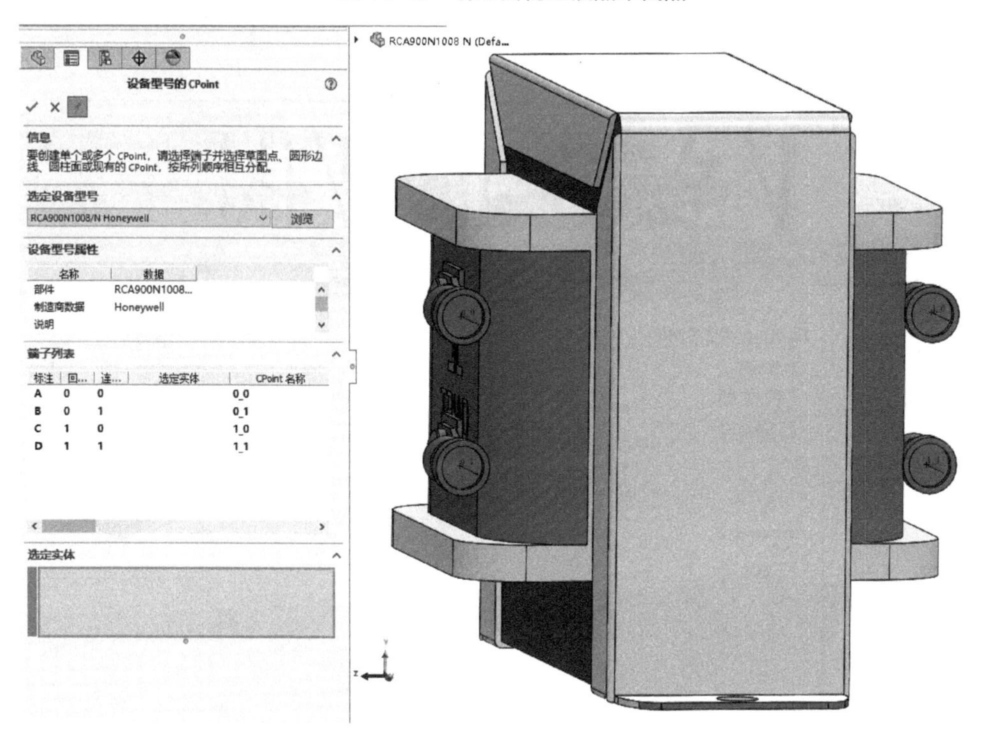

图 13-50　完成连接点的创建

提示： CPoint 在 SOLIDWORKS Electrical 中有指定的命名方式，如图 13-50 所示的【端子列表】，用于定义 CPoint 表示的回路和端子。例如，0_0 表示关联设备的第一个回路、第一个端子，3_2 表示第四个回路、第三个端子。

如果没有正确地命名，则无法在 SOLIDWORKS Electrical 3D 中自动布线。

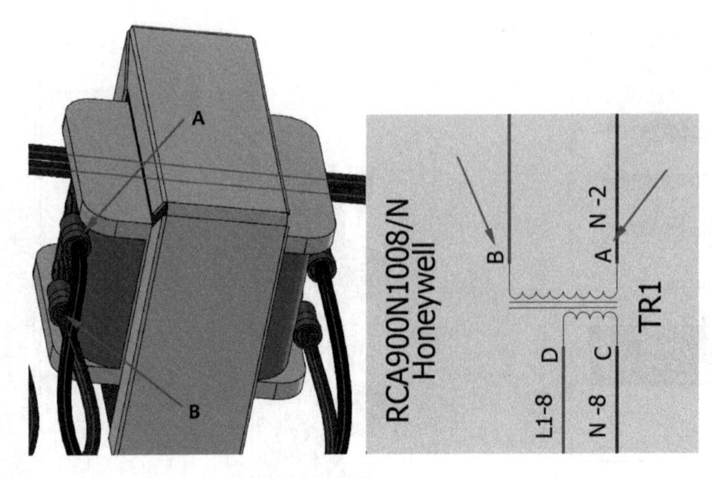

图 13-51　创建结果

5. 添加配合

在【Routing 零部件向导】界面单击【下一步】，进入【配合参考】。选择【对于机柜】，单击【添加】，如图 13-52 所示。弹出【创建配合参考】窗口，选择设备的安装面，单击【确定】✓，如图 13-53 所示。

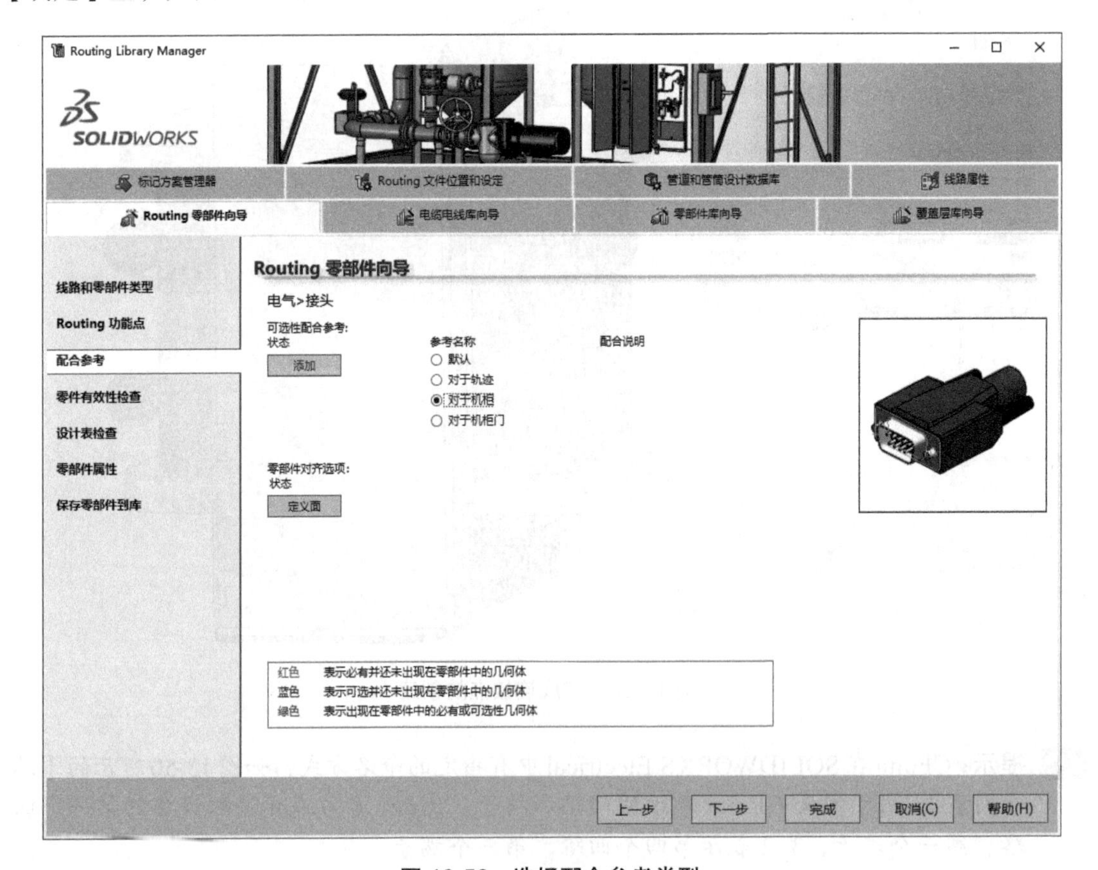

图 13-52　选择配合参考类型

提示：

【默认】：将默认配合参考插入零部件。此选项不可用于 SOLIDWORKS Electrical 3D 布线。

【对于轨迹】：创建在导轨上安装的配合参考（TREWRAIL35）。需要 2 个配合面。

【对于机柜】：创建在平面（机柜底板或者机柜内部面）上安装的配合参考（TREWBACK）。必须选择设备的背面。

【对于机柜门】：创建在机柜门上安装（开孔安装）的配合参考（TREWDOOR）。必须选择参照机柜门安装的设备面。

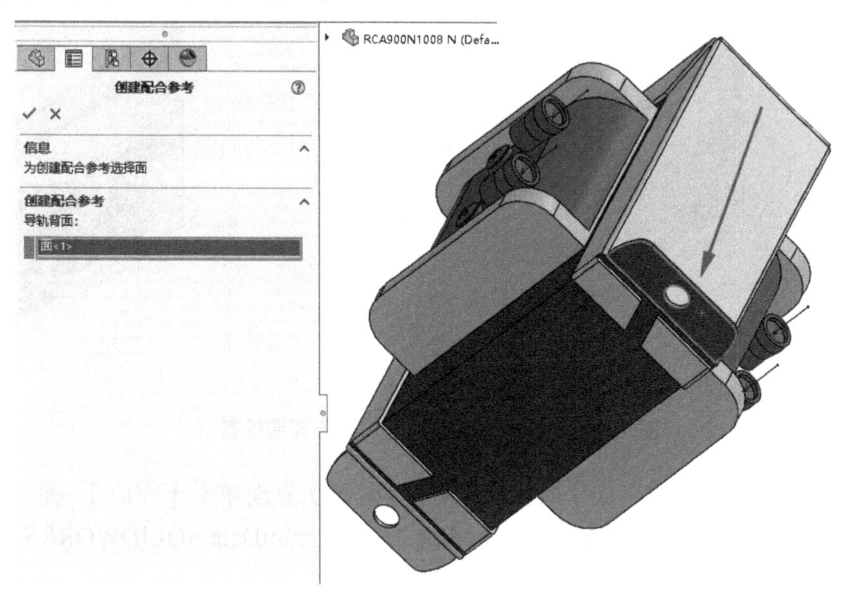

图 13-53　定义配合面

6. 定义面

在【配合参考】界面单击【定义面】，在弹出的窗口中定义设备的所有面，单击【确定】✓，完成定义面，如图 13-54 所示。

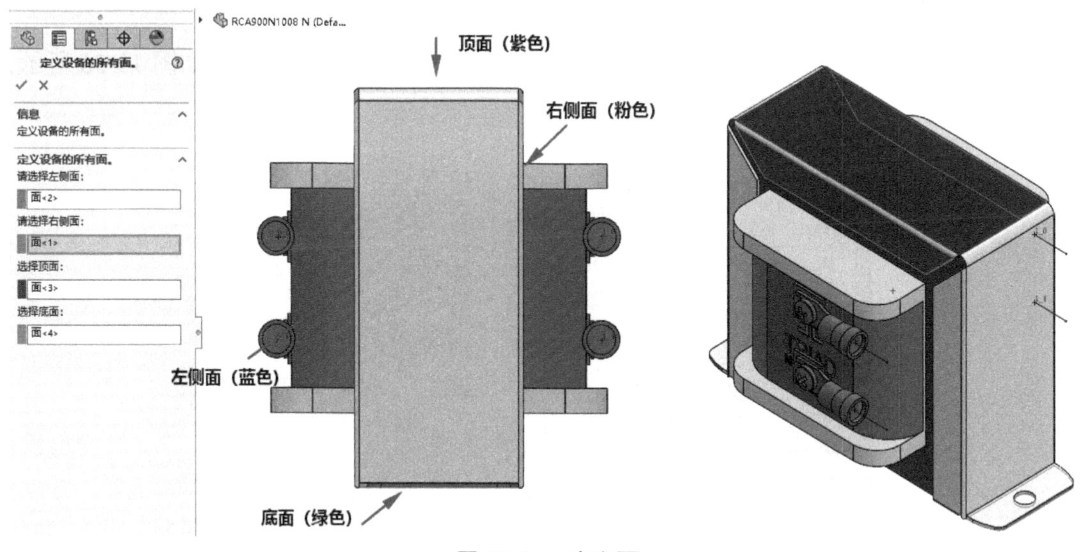

图 13-54　定义面

7. 保存设备

完成以上步骤，电气设备向导设置完成，如图 13-55a 所示。图 13-55b 所示为普通模型，可从设计树及模型看出其区别。

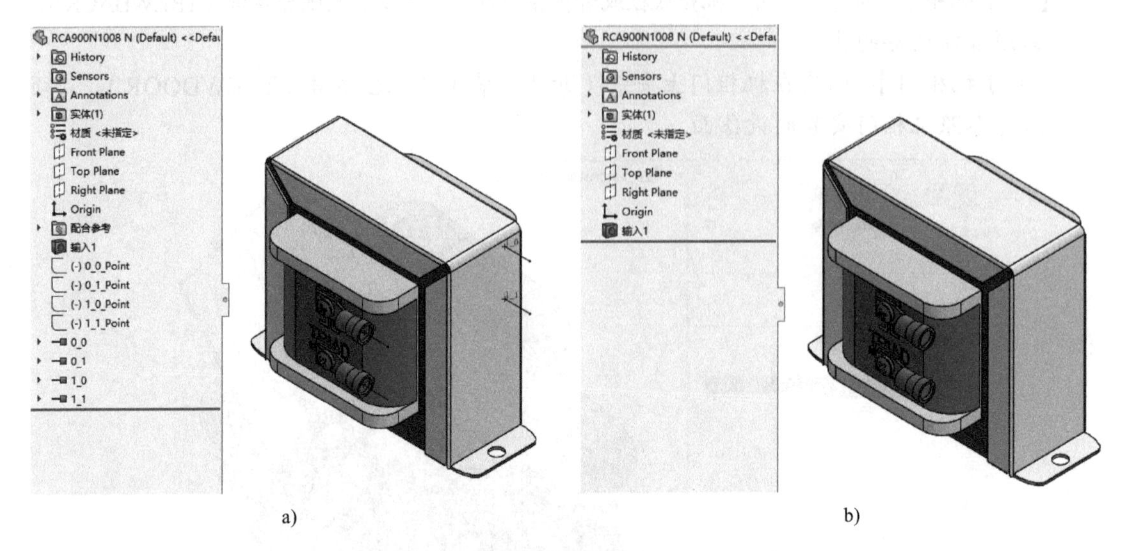

图 13-55　带有电气属性的设备与普通设备

结束电气设备向导设置，在【Routing 零部件向导】界面单击【完成】，弹出“您想保存吗？”提示，单击【另存为】，保存到路径“C:\ProgramData\SOLIDWORKS Electrical\SOLIDWORKS\sldPrt”中。另存文件并不修改原始零件。

注意：电气设备向导可以随时结束设置，创建的连接点、配合参考、面定义等所有设置都会保存在零件中。

13.7　智能零部件

在电气柜门上添加的电气设备和添加到机柜上的设备是有所区别的，如图 13-56 所示，它们为一些可以穿过门的智能零部件。

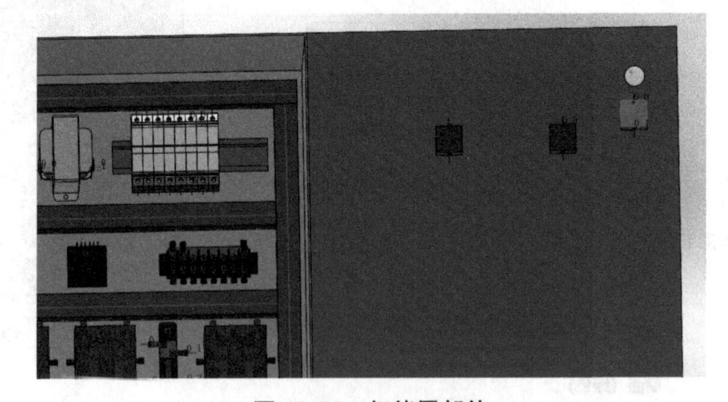

图 13-56　智能零部件

13.7.1　插入智能零部件

1. 插入设备

展开 L3 控制面板，右击设备“L22-B-120”，选择【插入】，如图 13-57 所示，放置设备并确认配合。

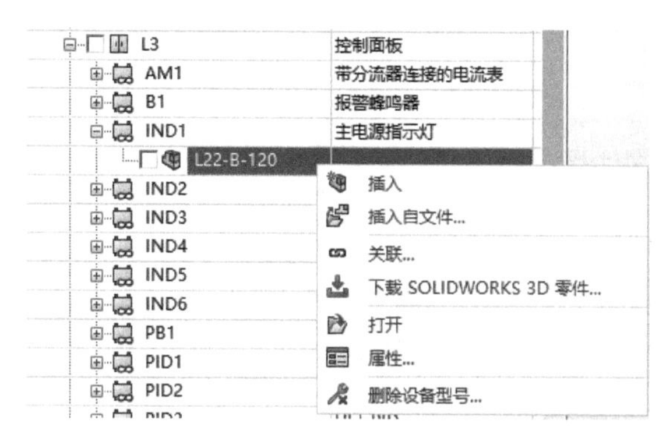

图 13-57　插入设备

2. 插入智能特征

这些穿过门的设备放置到面板上后，它们会有一个带闪电的图标，这个图标代表智能零部件的存在，但是未在装配体中插入对应的智能特征，如图 13-58 所示。智能特征用于为智能零部件创建孔。

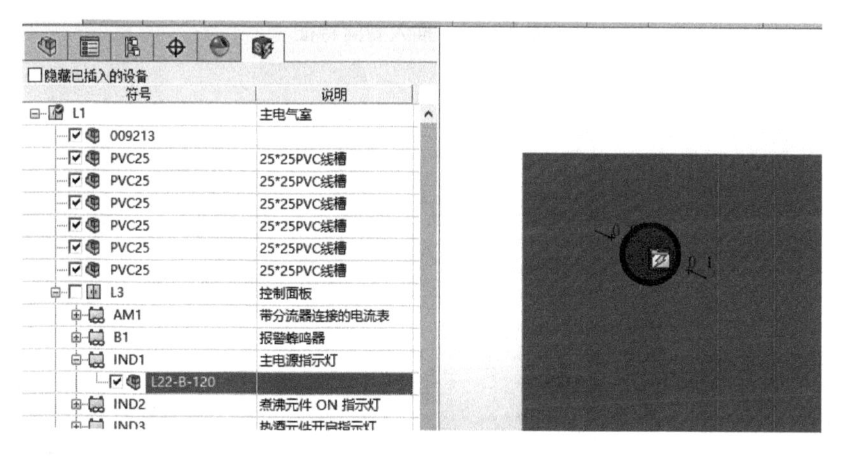

图 13-58　带闪电图标的设备

切换至【设计树】选项卡。右击零件“IND1|2534”，如图 13-59 所示，选择【插入智能特征】，结果如图 13-60 所示。在添加智能特征过程中，有部分零件会弹出如图 13-61 所示的提示框，此时选择需要开孔的特征和参考面，然后单击【确定】✔即可。

提示：还可以在零件上右击，选择【插入智能特征】，或者单击图 13-58 所示模型上的智能图标添加智能特征。

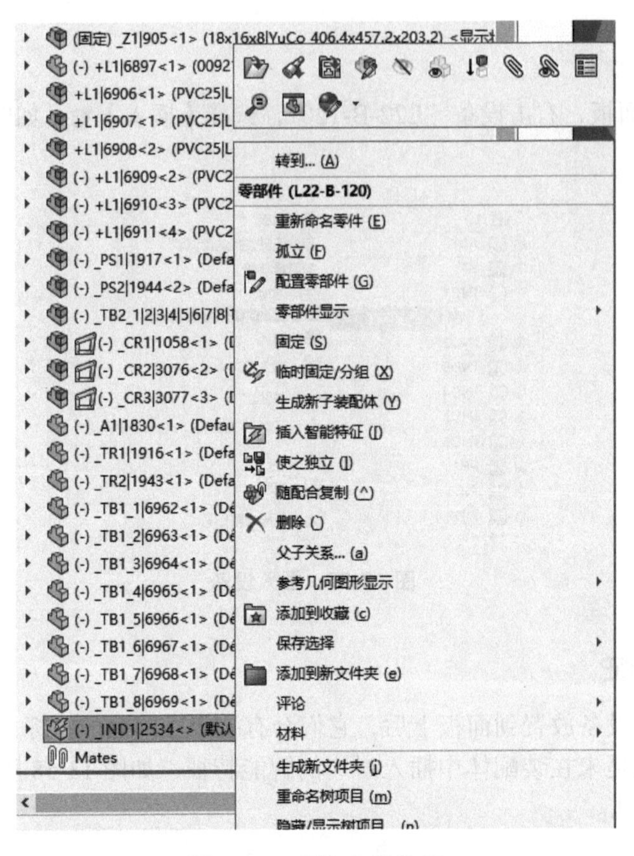

图 13-59　插入智能特征

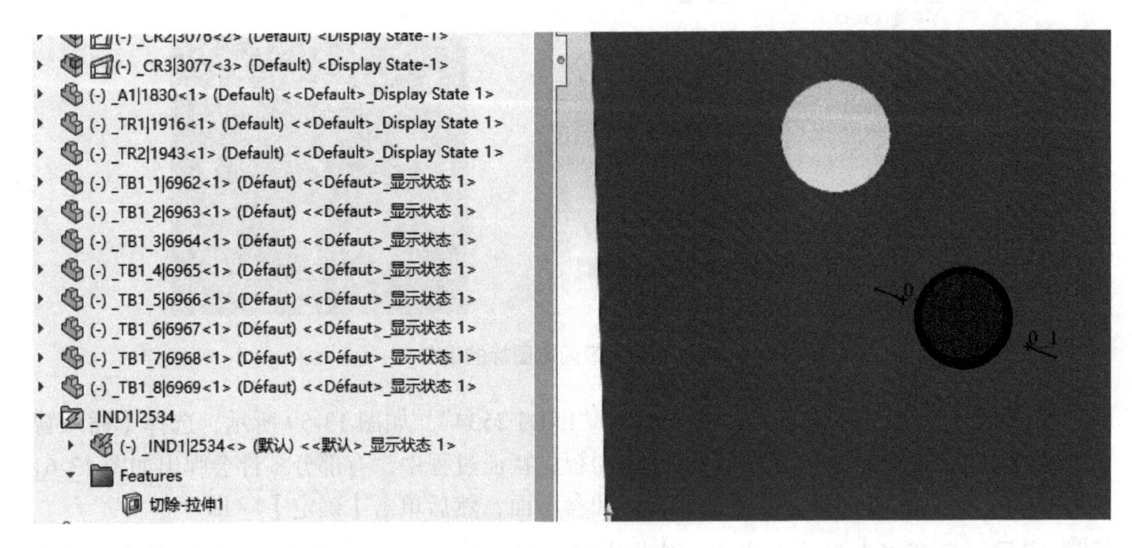

图 13-60　自动开孔

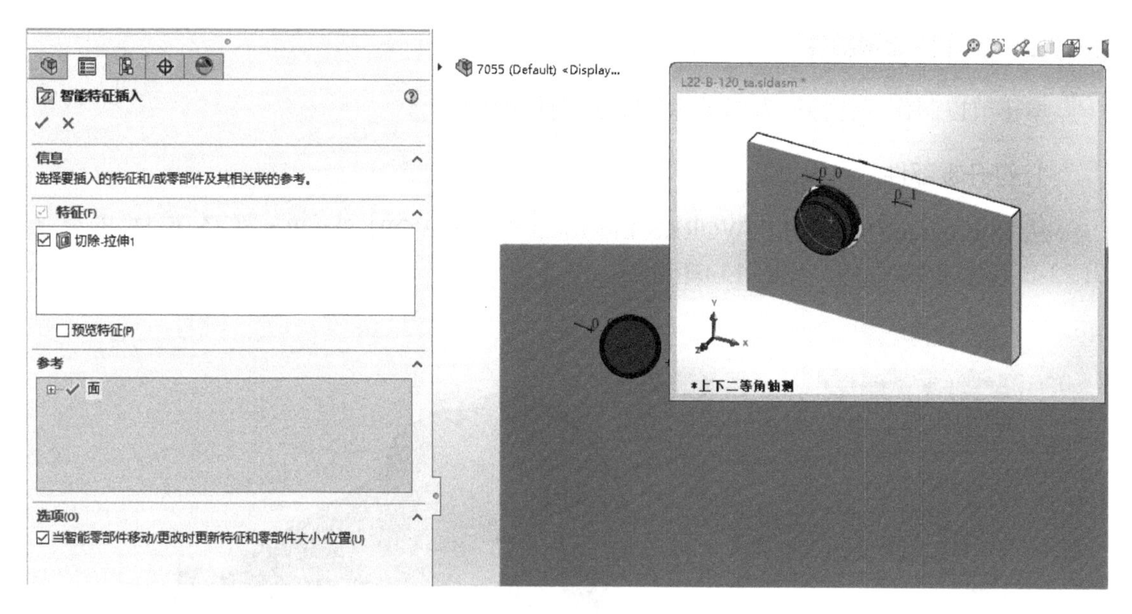

图 13-61　选择参考面

3. 添加其他设备

参考图 13-62，完成面板设备的插入并添加智能特征。

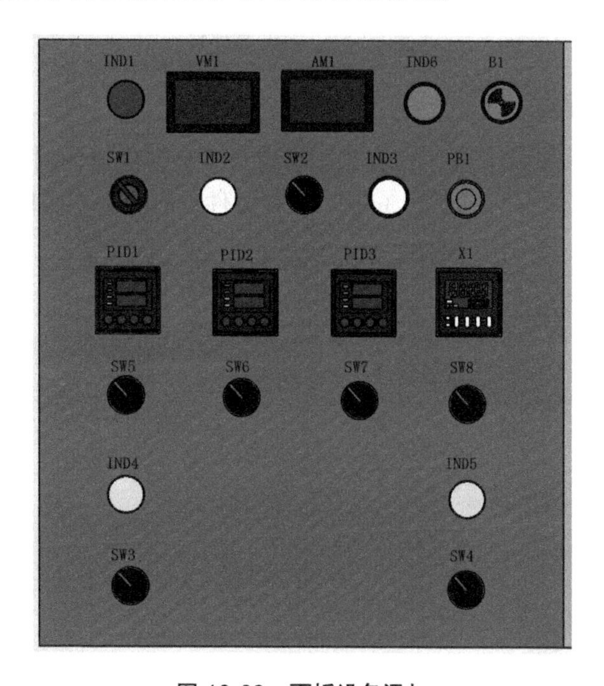

图 13-62　面板设备添加

4. 保存文件

单击【保存】，并保持工程打开状态。

13.7.2 制作智能零部件

本小节以制作开孔特征为例讲解智能零部件的制作。

1. 打开零部件

从 C:\ProgramData\SOLIDWORKS Electrical\SOLIDWORKS\sldPrt 路径下打开名为“L22-B-120”的零部件，如图 13-63 所示。

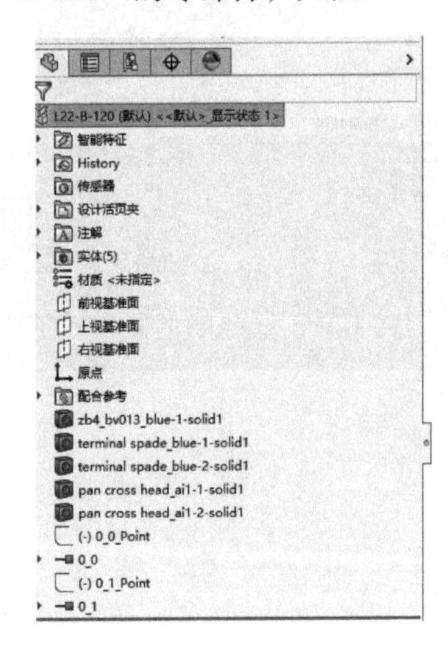

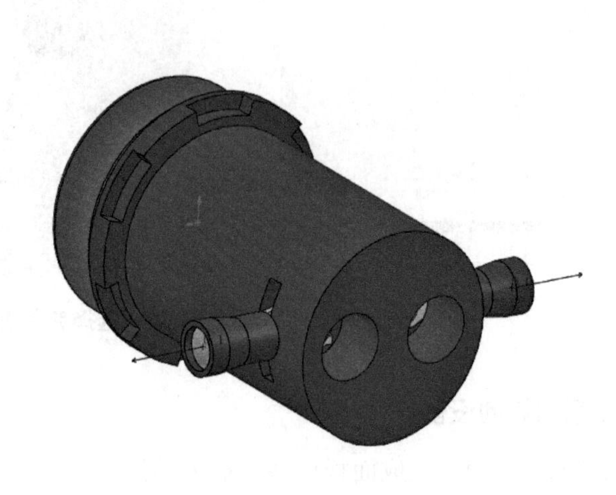

图 13-63　打开零部件

2. 新建“底板”零件

在工具栏中单击【新建】，选择【新建零件】，创建如图 13-64 所示零件。零件尺寸可以是任意的，拉伸特征厚度为 3mm，保存文件，命名为“底板”。

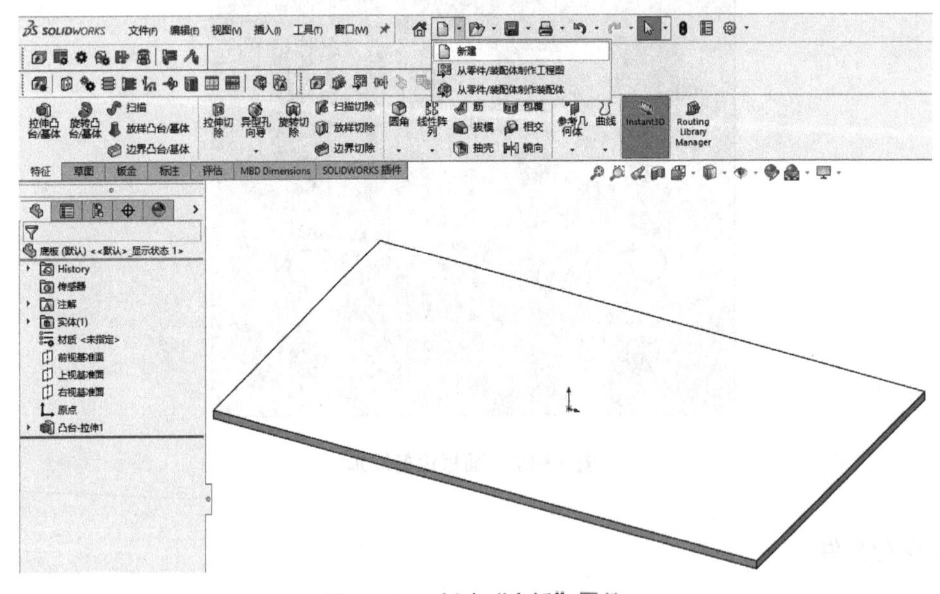

图 13-64　新建“底板”零件

3. 创建装配体

在工具栏中单击【新建】，选择【新建装配体】，把零部件“L22-B-120”和“底板”插入该装配体中，并把两个零部件进行【平行】配合，如图 13-65 所示。

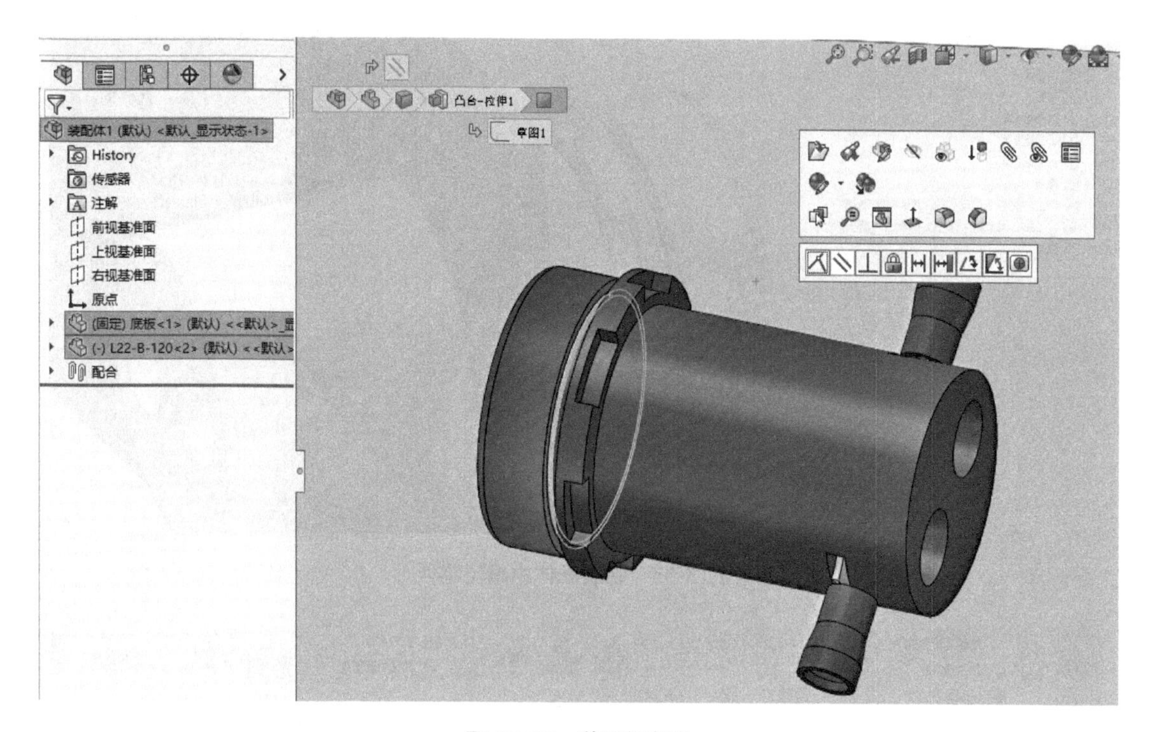

图 13-65　装配零部件

4. 为“底板”零件添加切除特征

在设计树中右击“底板”，选择【编辑零件】，以“L22-B-120”安装面为基准面，单击【拉伸切除】，如图 13-66 所示。再选择“L22-B-120”的安装面与零部件主体的相交线，单击【转换实体引用】，创建切除特征的草图，如图 13-67 所示。创建后，单击【退出草图】，创建切除特征，切除深度贯穿底板即可，如图 13-68 所示。特征创建完成后，单击【编辑零部件】退出编辑界面。

5. 插入智能特征

单击【工具】/【制作智能零部件】，弹出【智能零部件】窗口，在【智能零部件】中选择“L22-B-120-1”，在【特征】中选择底板的“切除 - 拉伸 1”特征，如图 13-69 所示。单击【确定】✓，智能零部件制作完成，如图 13-70 所示。

6. 保存文件

单击【保存】，并关闭装配体文件。

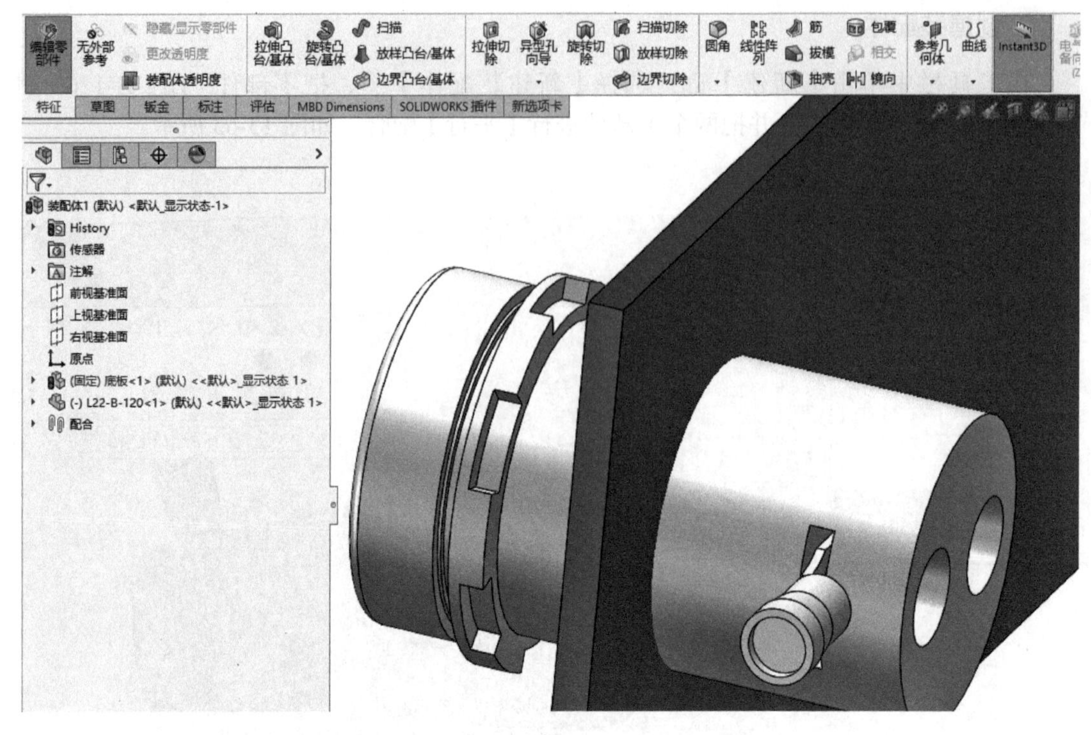

图 13-66　在装配体中编辑零件

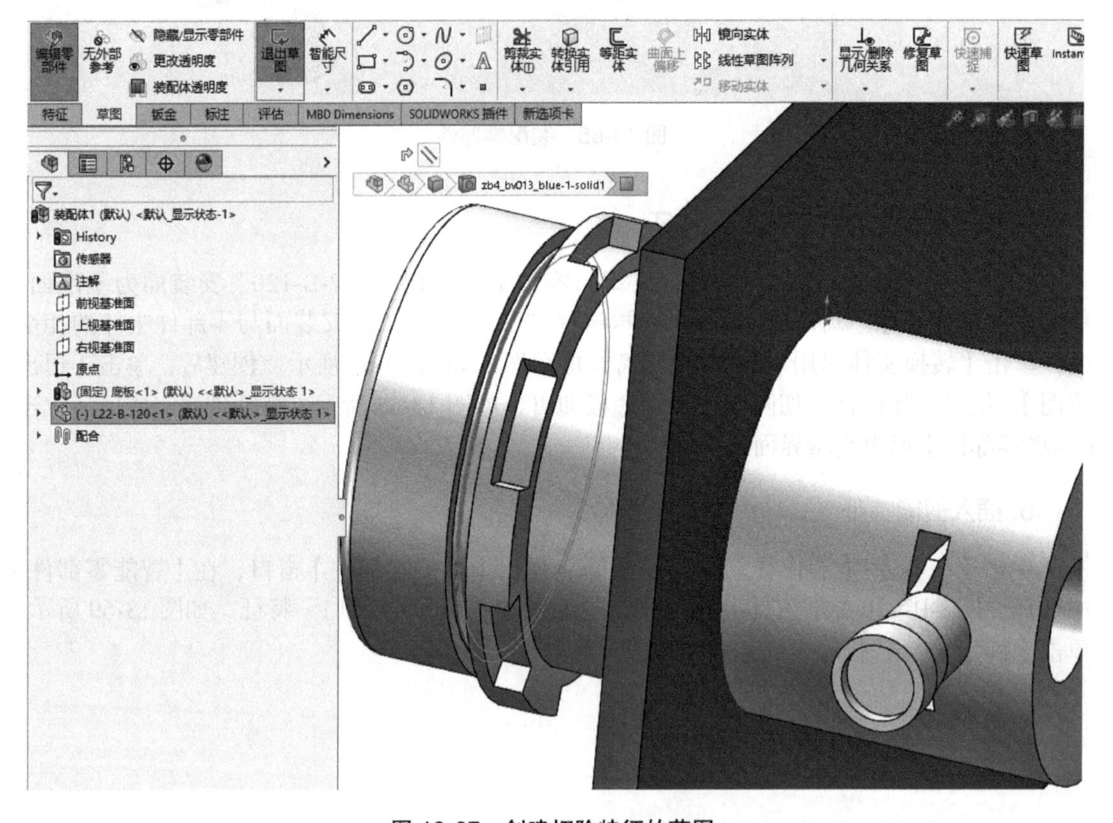

图 13-67　创建切除特征的草图

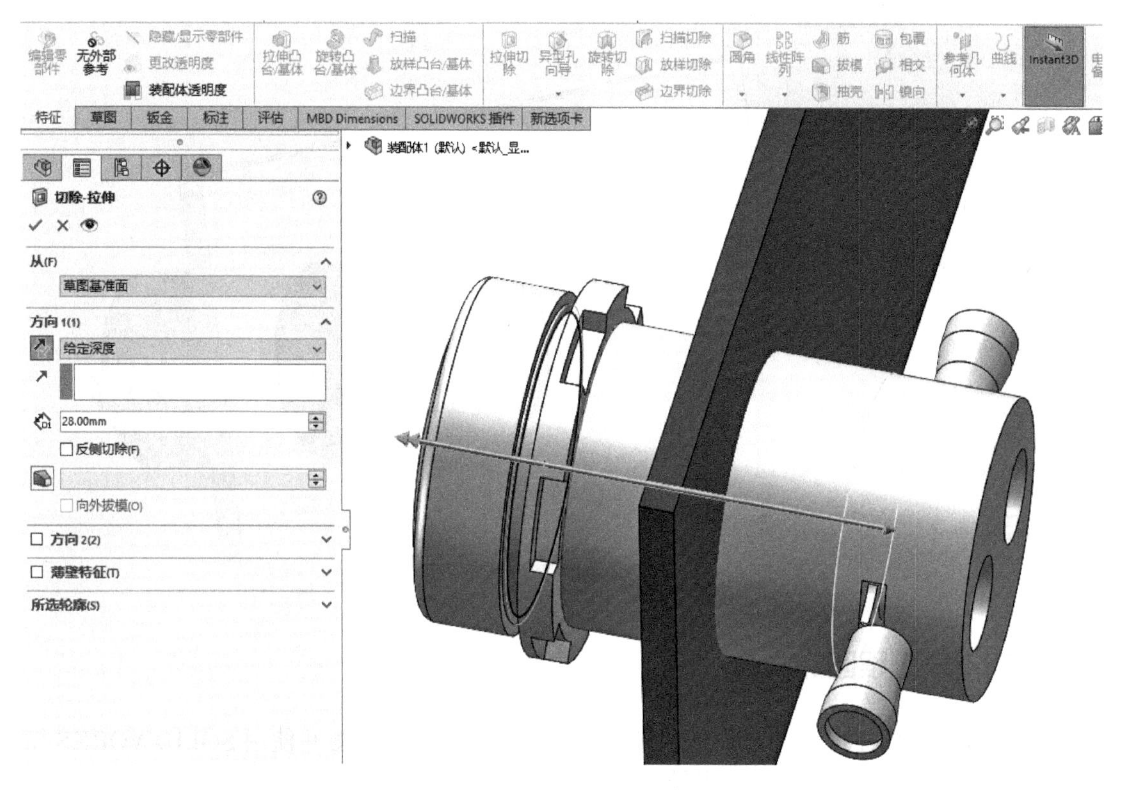

图 13-68　创建切除特征

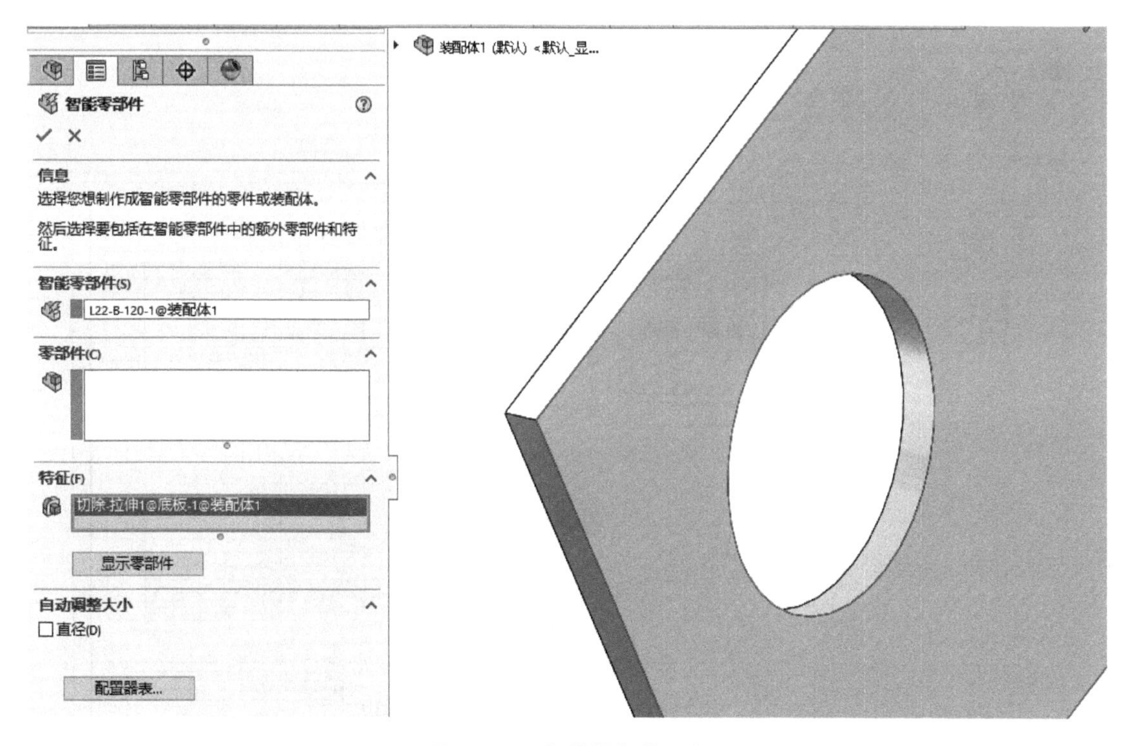

图 13-69　智能零部件设置

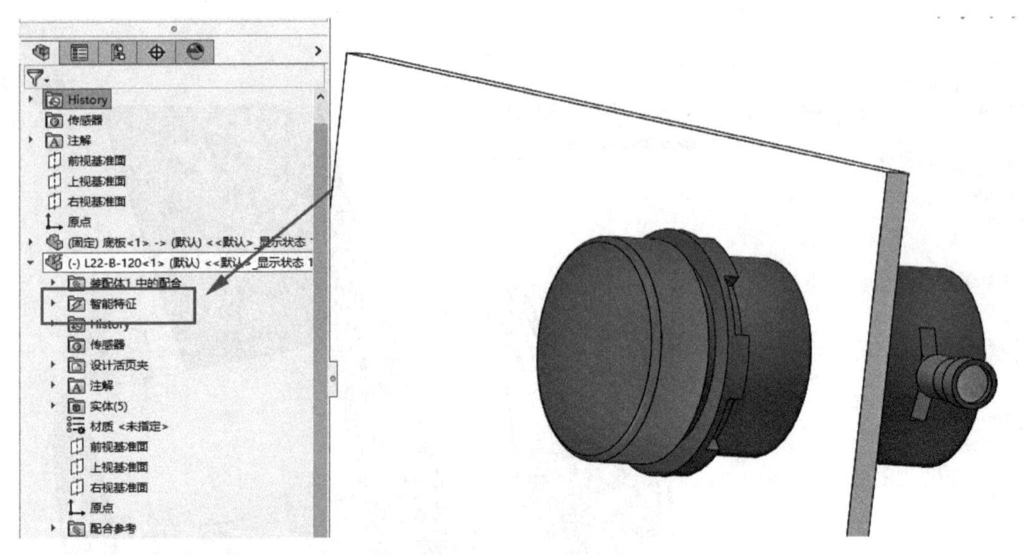

图 13-70　智能特征

13.8　2D 工程图的生成

设备装配布局完成后，可以通过装配体文件生成 2D 工程图并使用 SOLIDWORKS 工程图的所有功能，例如添加自动序号，插入材料明细表等。此图纸可以自动添加到 SOLIDWORKS Electrical 工程中，如图 13-71 所示。

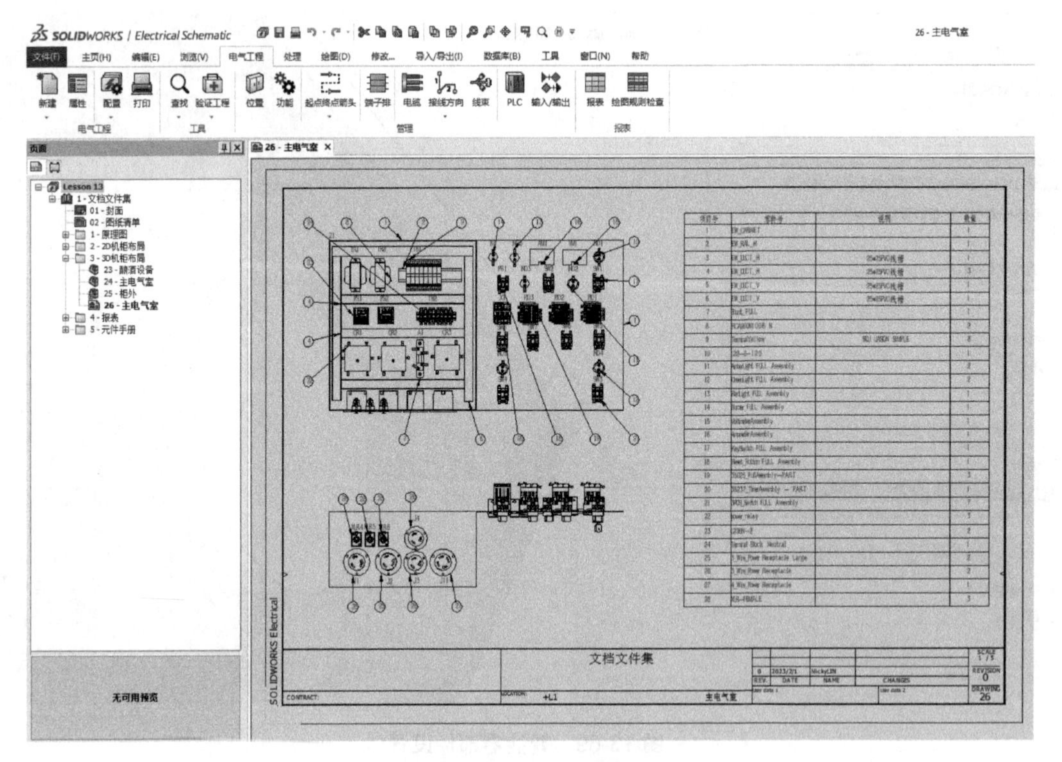

图 13-71　2D 工程图

1. 创建 2D 图纸

在【SOLIDWORKS Electrical 3D】选项卡中，单击【创建 2D 图纸】。通过 SOLIDWORKS Electrical 3D 模块创建的工程图如图 13-72 所示。

图 13-72　创建 2D 图纸

2. 插入工程图视图

单击右侧任务窗格中的【视图调色板】，将“前视”和“下视”拖拽至工程图中，并单击【确定】✓，如图 13-73 所示。

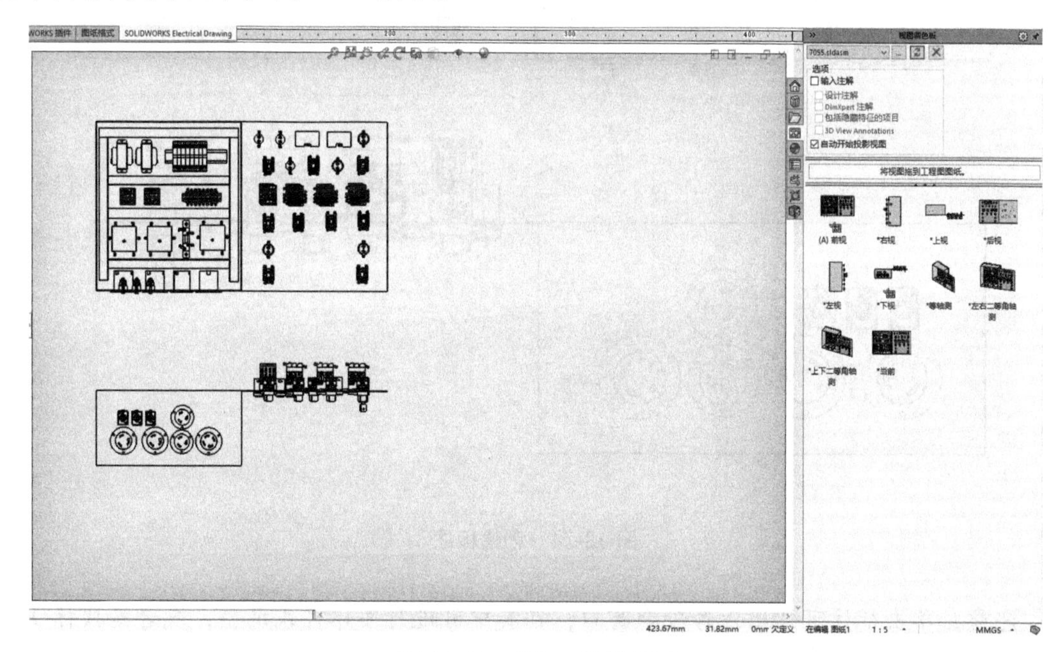

图 13-73　添加工程图视图

同时，在【SOLIDWORKS Electrical Drawing】选项卡中提供了两个 Electrical 专用的功能：

1)【创建标注】：给工程图纸中的零件添加 SOLIDWORKS Electrical 的设备标注。

2)【创建工程图纸】：将工程图生成到 SOLIDWORKS Electrical 工程中，图纸会自动添加到工程图纸列表中，同时自动关联设计图框。

3. 创建标注

选择工程图中需要添加标注的视图，单击【SOLIDWORKS Electrical Drawing】/【创建标注】，软件自动创建视图中的设备标注。创建完成后弹出提示“已成功为所选视图中的可视设备添加标注”，单击【确定】，结果如图 13-74 所示。

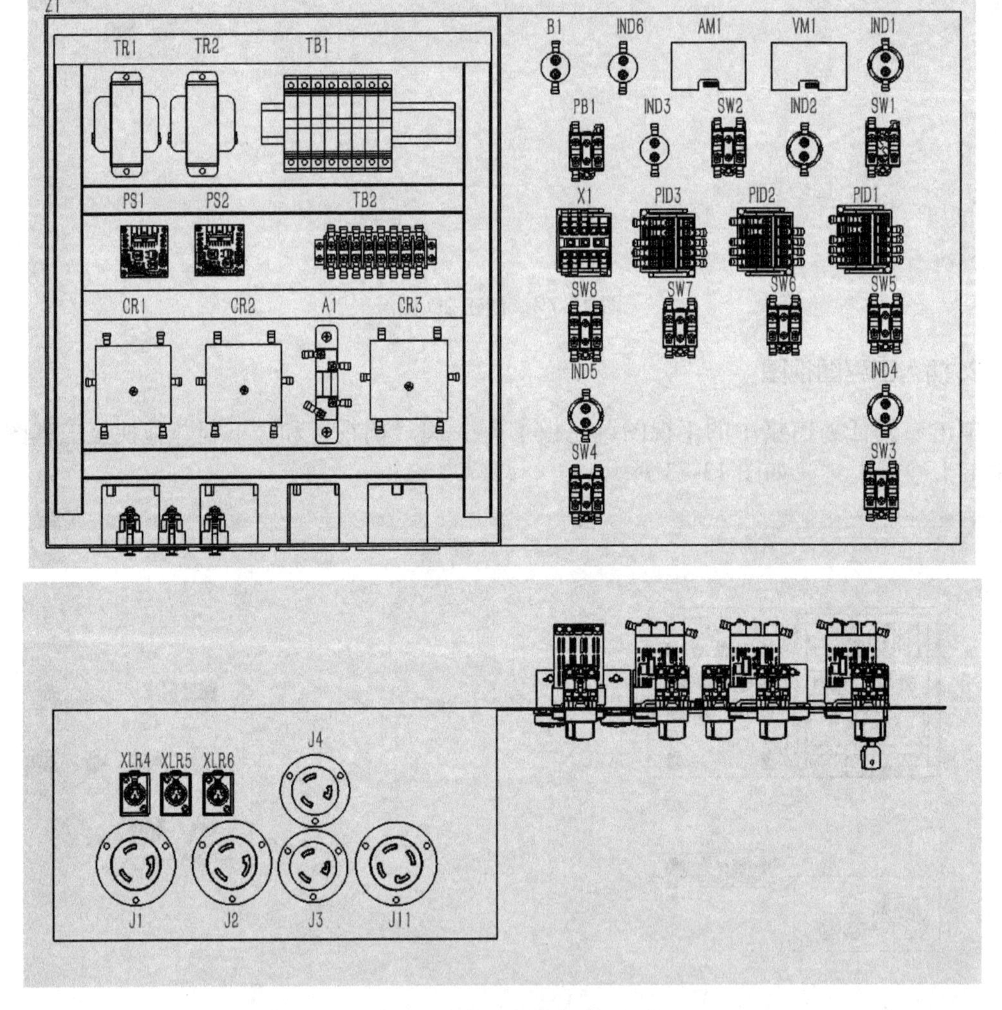

图 13-74　创建标注

注意：单击标注可弹出注释命令窗口，在其中可进行字体样式调整，或者拖拽标注调整位置，根据图纸设备标注显示情况进行标注的删除和移动。

4. 添加自动零件序号

选择工程图中要添加零件序号的视图，单击【注解】/【自动零件序号】，选择布局和样式，单击【确定】✓，如图 13-75 所示。

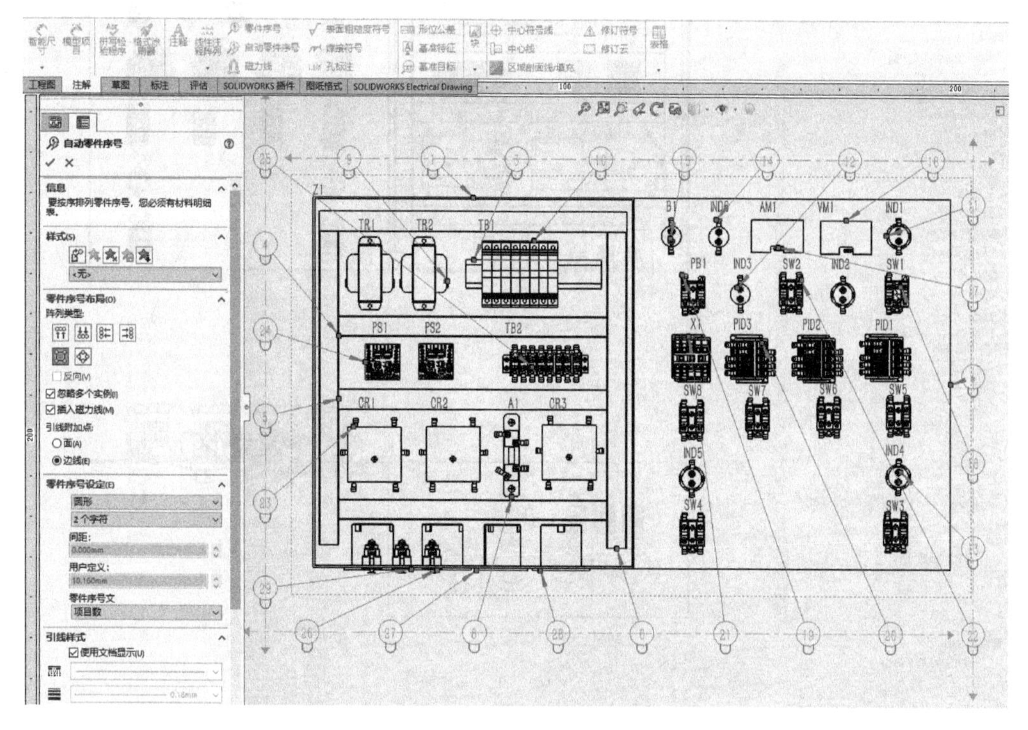

图 13-75　添加自动零件序号

对于底面安装的设备，由于在前视图中无法查看完整的安装位置，可删除该设备的零件序号，在下视图中重新执行【自动零件序号】命令，如图 13-76 所示。

5. 添加材料明细表

选择工程图中任意视图，单击【注解】/【表格】/【材料明细表】，单击【确定】，如图 13-77 所示。

6. 创建工程图纸

单击【SOLIDWORKS Electrical Drawing】/【创建工程图纸】，弹出提示“图纸已成功创建并添加至工程”，单击【确定】，完成创建。软件将工程图纸添加到 SOLIDWORKS Electrical 工程中，同时自动关联设计图框，如图 13-78 所示。

提示：当工程图内容有更新时，重新单击【创建工程图纸】命令即可快速更新工程的图纸。

7. 保存文件

单击【保存】，将文件保存到工程数据的路径中。

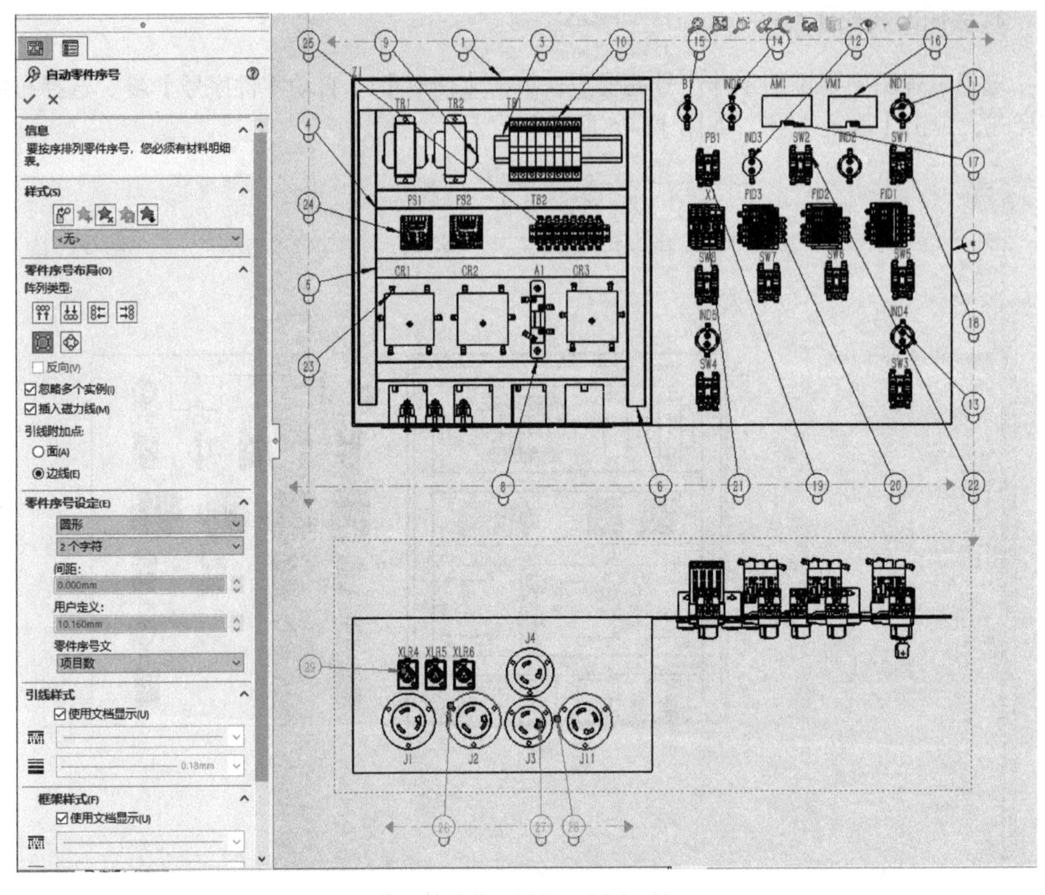

图 13-76　下视图自动零件序号

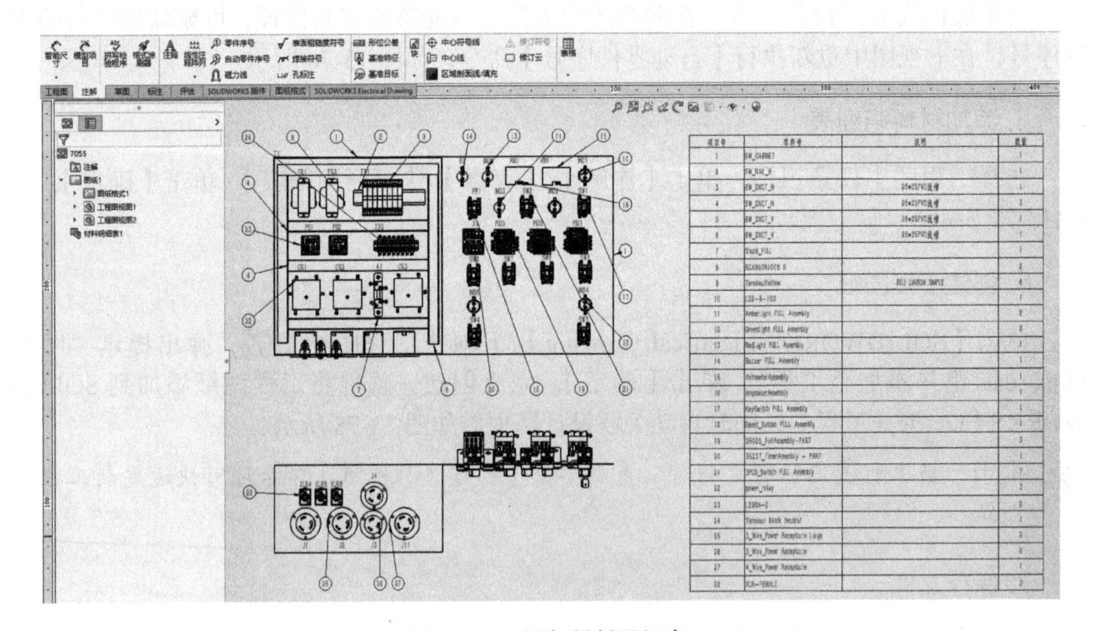

图 13-77　添加材料明细表

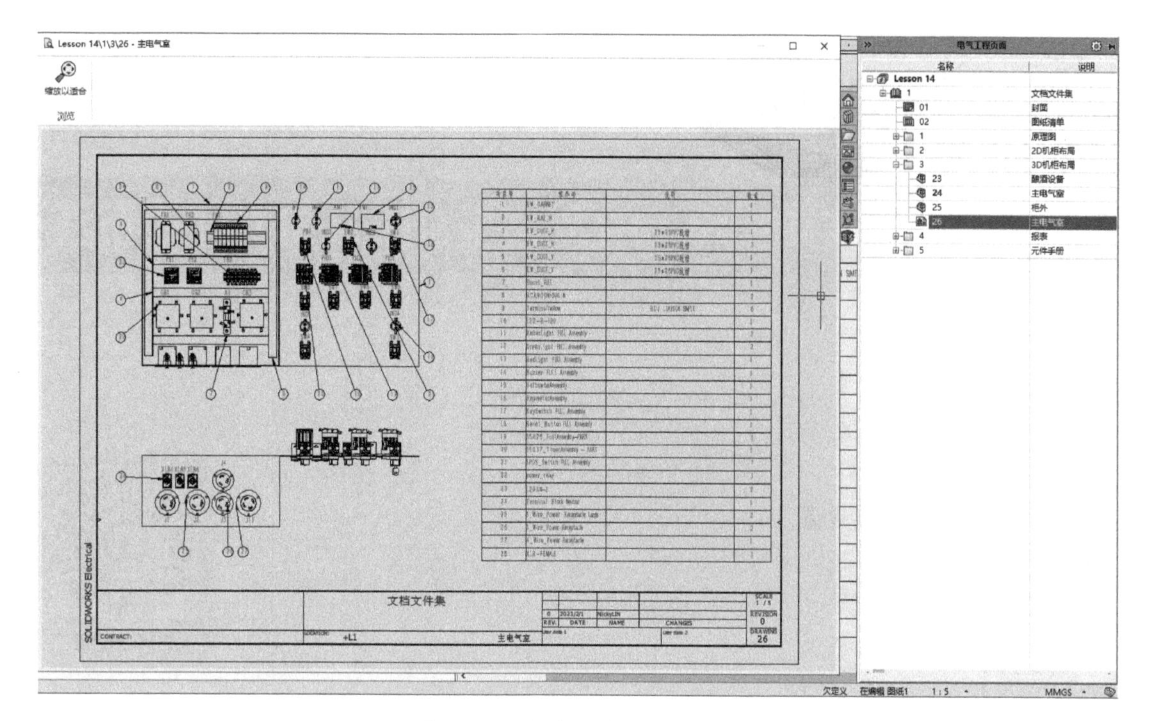

图 13-78　添加工程图纸到工程

练习

一、简答题

1. 如何将多个位置的装配体装配到工程装配体中？
2. 如何对设备进行对齐操作？
3. 如何修改线槽和导轨的长度？修改后哪个图纸对应的设备也随之更新？

二、操作题

1. 创建 SOLIDWORKS 装配体文件。
2. 插入设备。
3. 创建 2D 工程图。

第 14 章 SOLIDWORKS Electrical 3D 自动布线

| 学习目标 |

1. 创建布线路径。
2. 电缆起点 / 终点设置。
3. 布线参数设置。
4. 线束应用。
5. 避让电线。

14.1 自动布线概述

实现自动布线功能的前提是在 SOLIDWORKS Electrical 的原理图设计中完成了电气连接。系统将从新建 3D 草图路径开始，对电线、电缆进行布线预览或者作为线路零部件进行布线，如图 14-1 所示。

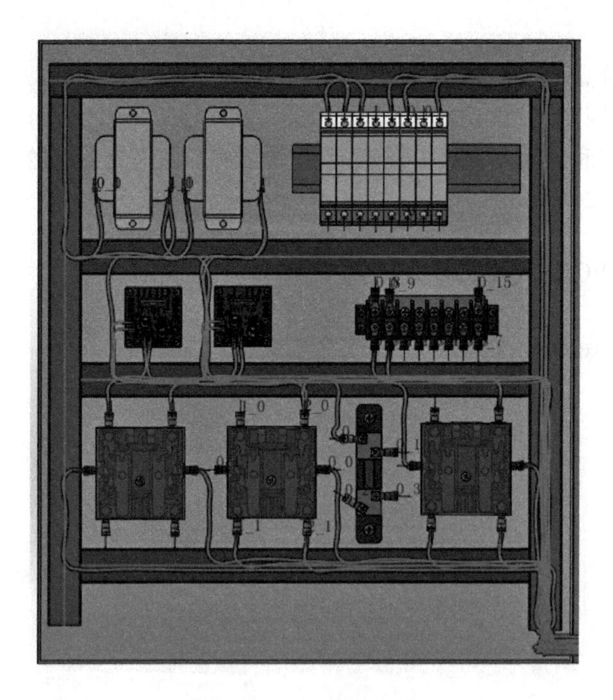

图 14-1 自动布线

14.2　设计流程

SOLIDWORKS Electrical 3D 自动布线的主要设计流程如下：

1）设置布线路径。布线路径是用于定义布线线路走向的 3D 草图。

2）电线自动布线。自动布线可选择 SOLIDWORKS Route 实体布线或者 3D 草图线路布线。

3）设置电缆起点 / 终点。电缆的起点 / 终点并非设备的连接点，需要手动指定连接的零件。

4）电缆自动布线。在设备间根据 3D 草图路径绘制电缆。

5）避让管理。在指定位置上电线或者电缆通过或者避开指定路径。

使用【电气工程管理】/【解压缩】从文件夹“Lesson 14”中解压缩文件“Lesson 14 Start.proj.tewzip”。

14.3　布线路径

布线路径是在 SOLIDWORKS Electrical 3D 中自定义线路如何走线的设置，引导机柜中或者机柜外部设备的布线。如图 14-2 所示，在设备“线槽”中是存在着布线路径 EW_PATH 的。

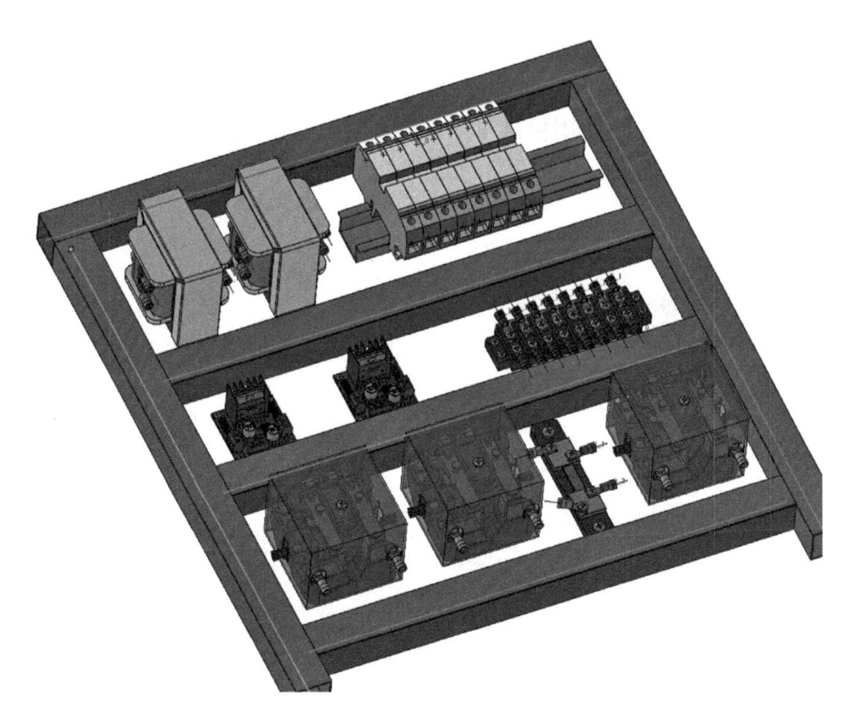

图 14-2　“线槽”中的布线路径

草图名必须包含“EW_PATH”，以作为布线路径的标志，例如 EW_PATH1 和 EW_PATH2，如图 14-3 所示。

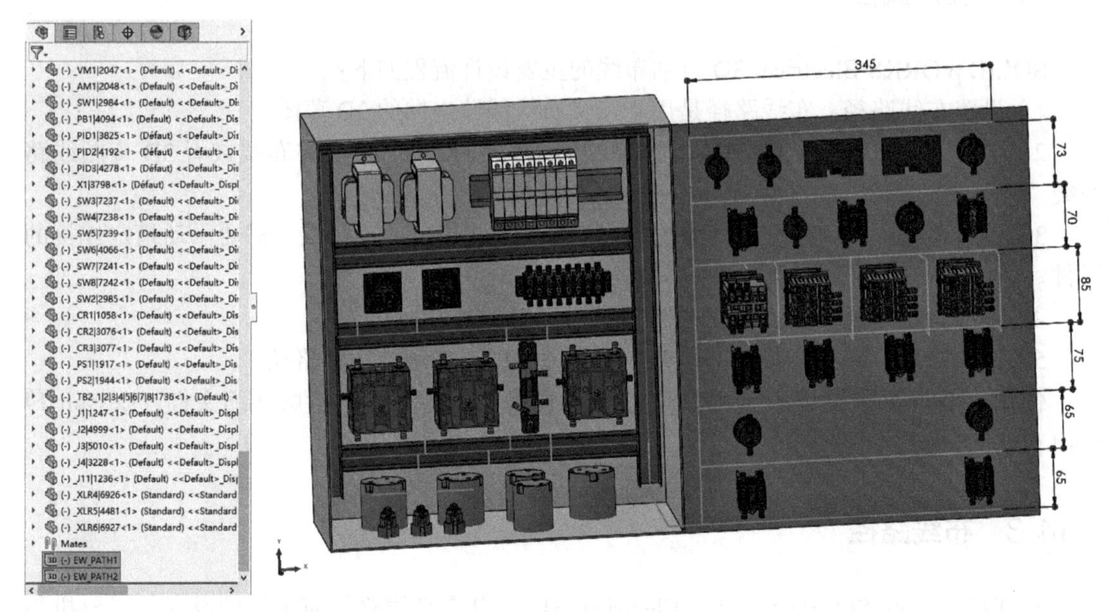

图 14-3　布线路径名称

1. 定义布线路径

单击【SOLIDWORKS Electrical 3D】/【定义布线路径】，选择【创建草图】，草图颜色可以在【选择颜色】中修改，单击【确定】✓。弹出消息“新 3D 草图已创建且当前已打开：‘EW_PATH2’。可以使用标准 SOLIDWORKS 命令创建布线路径”，单击【确定】，如图 14-4 所示。

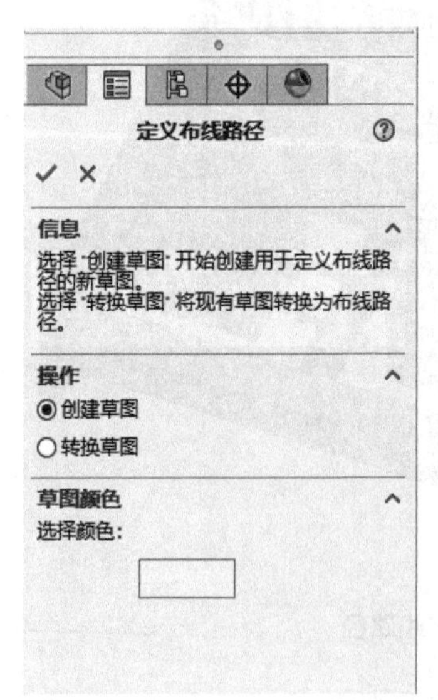

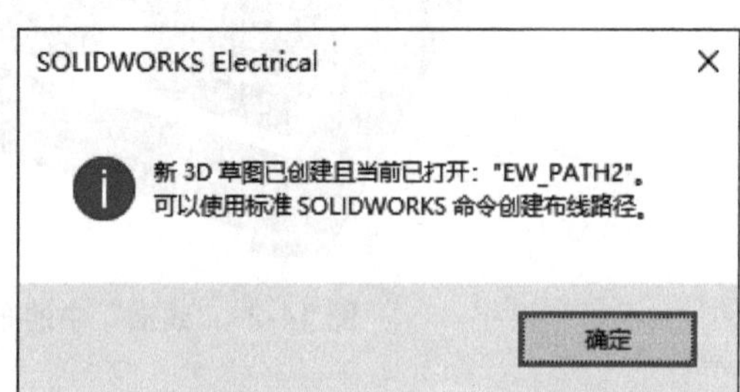

图 14-4　定义布线路径

2. 绘制直线

在【草图】选项卡中单击【直线】，选择已有线槽的路径作为参考起点进行路径绘制，如图 14-5 所示。

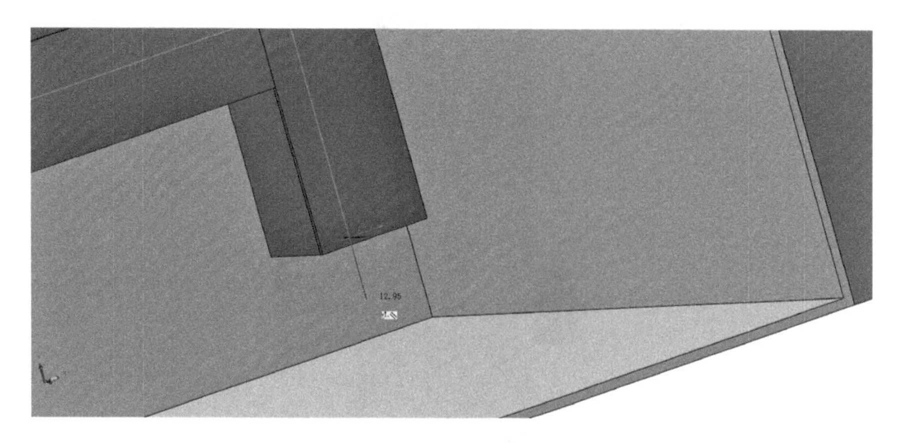

图 14-5　绘制直线

提示：使用快捷键 <Ctrl+ 数字（1 ~ 6）> 可快速切换视图方向。

3. 绘制草图

调整视图，根据图 14-6 所示绘制草图。

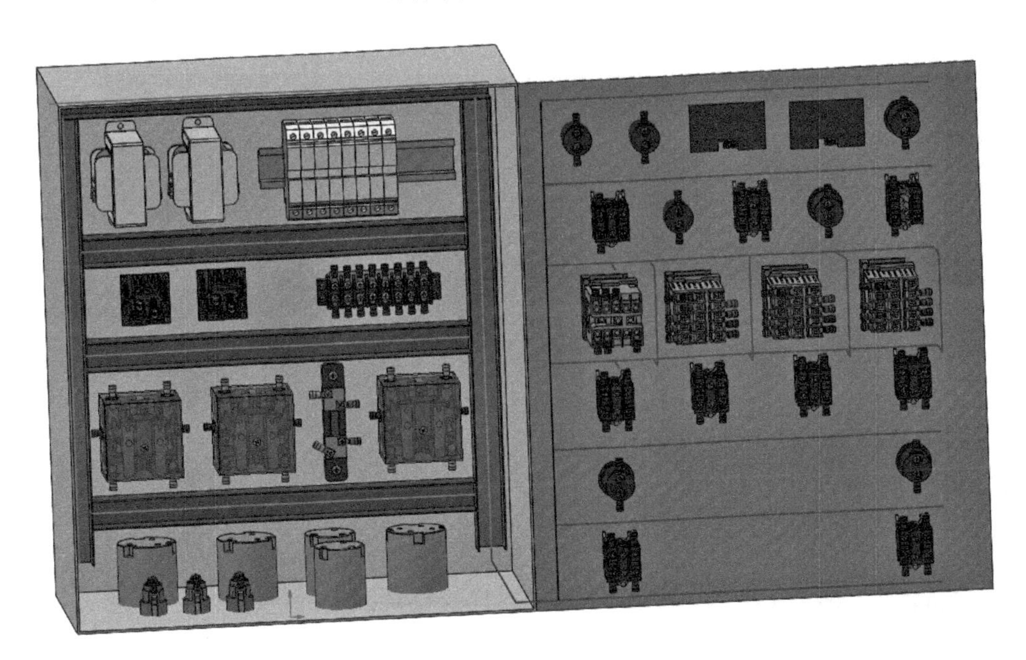

图 14-6　绘制草图

注意：机柜门的路径需要与柜门有一定的间距，符合实际走线，如图 14-7 所示。

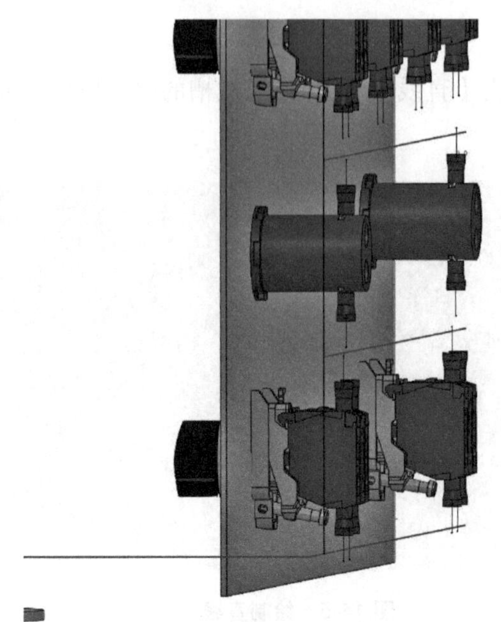

图 14-7　布线路径与机柜门的间距

4. 完成草图

完成草图绘制后，添加尺寸定义草图间距，避免路径被移动，如图 14-8 所示。

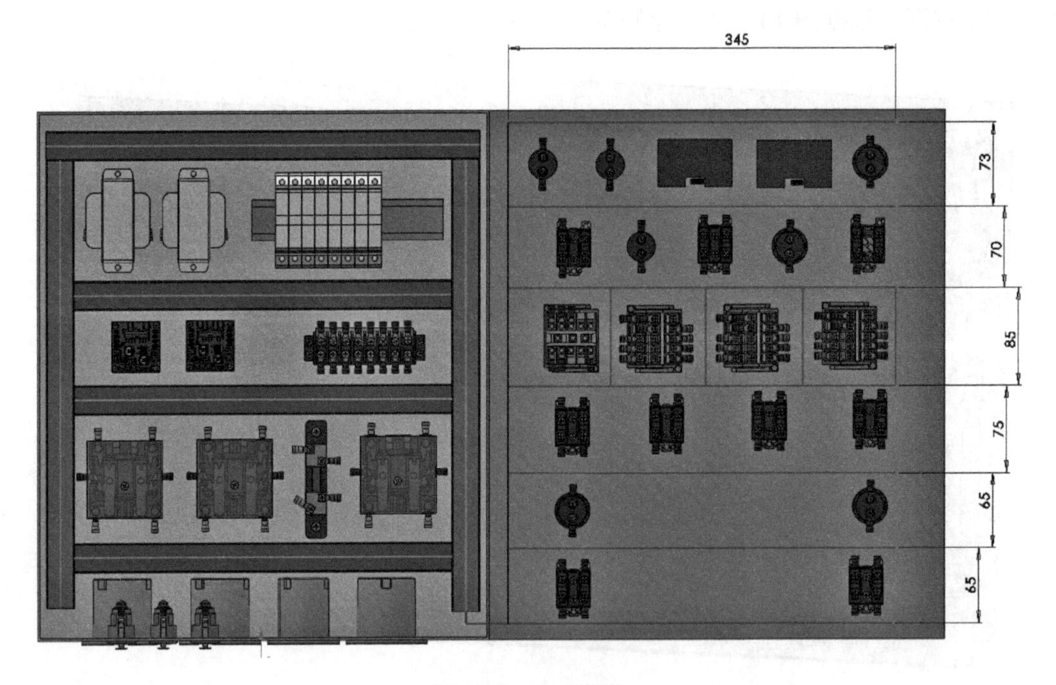

图 14-8　完成草图

注意：PID1 ~ PID3 和 X1 所在路径是有额外补充路径的，以减少出现飞线的情况，如图 14-9 所示。

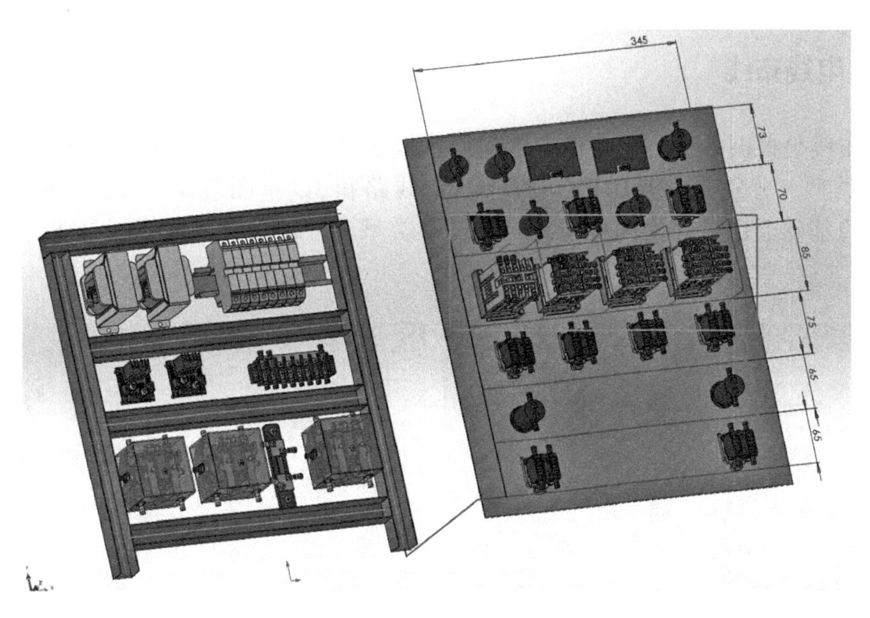

图 14-9　补充路径

5. 保存草图

单击【退出草图】，并单击【保存】，保存文件。

提示：非编辑状态下的草图路径颜色为黄色。

6. 其他布线路径

根据设备的实际走线和路径的相关性，可以创建多个布线路径，以满足布线需求，如图 14-10 所示。

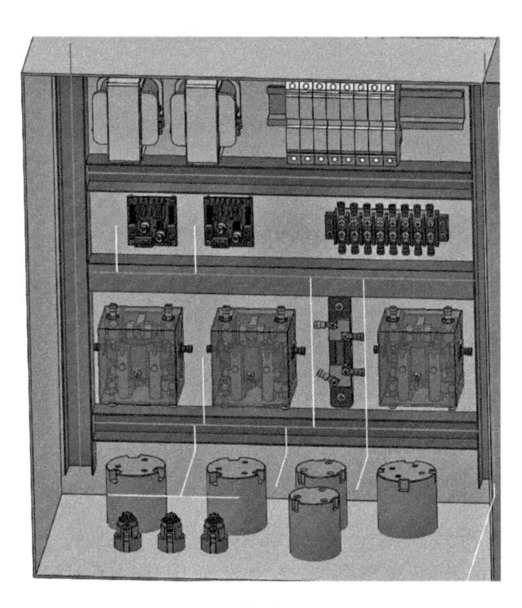

图 14-10　其他布线路径

14.4 电线布线

电线布线是根据布线路径在设备之间创建电线并布线，适用于单线布线。电线布线有两种线路类型，分别是 SOLIDWORKS Route 线路和 3D 草图线路，如图 14-11 所示。在线路类型的基础上也可分为两种线路几何图形类型，分别是样条曲线和直线，如图 14-12 所示。

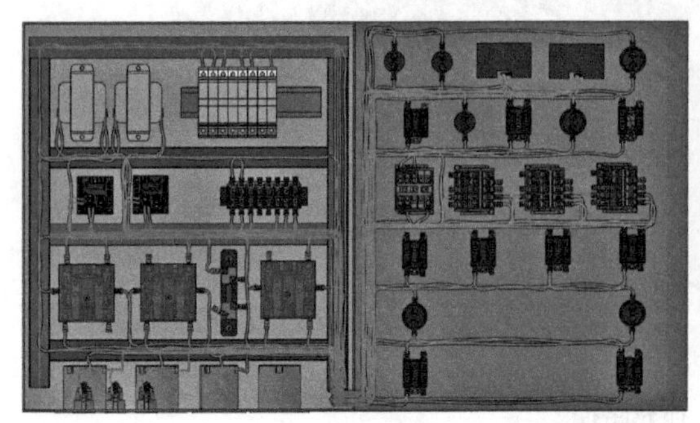
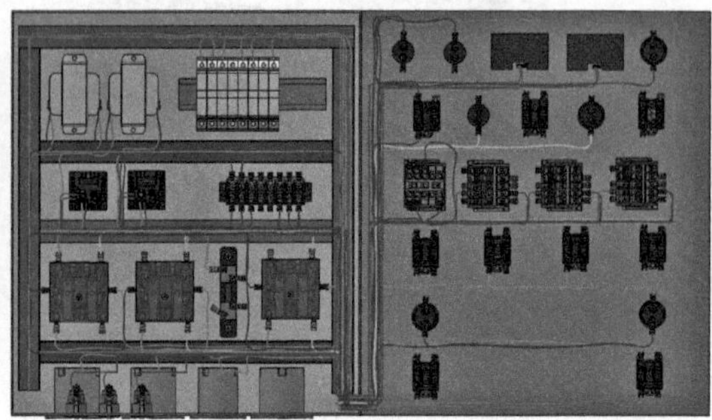

图 14-11　SOLIDWORKS Route 线路和 3D 草图线路

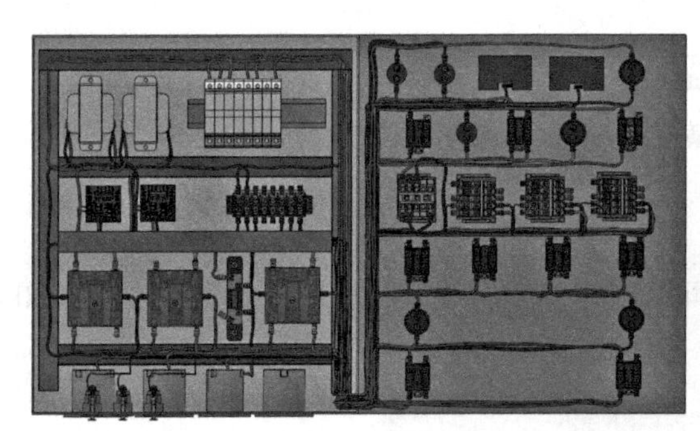
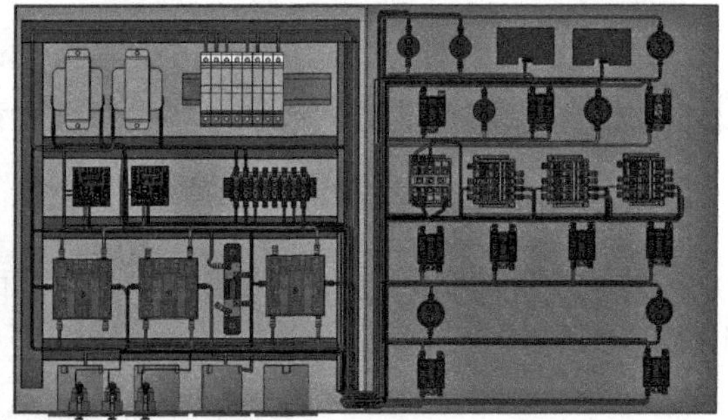

图 14-12　SOLIDWORKS Route 的样条曲线布线和直线布线

14.4.1　SOLIDWORKS Route 线路

【SOLIDWORKS Route】对 SOLIDWORKS 管理的电线进行布线，同时需要考虑电线直径，用于生成包括布线子装配体和实际电线零部件的完整布线，如图 14-13 所示。

1. 使用样条曲线布线

单击【布线】，分别选择【SOLIDWORKS Route】、【使用样条曲线】和【所有设备】，【布线参数】分别设置为 60mm、120mm、0.5mm。单击【确定】，得到如图 14-14 所示布线线路。

注意：如果没有定义布线路径，布线就不会有序地排列，而是直接用最短路径连接。在本例中，如果没有定义布线路径就会出现如图 14-15 所示的结果。

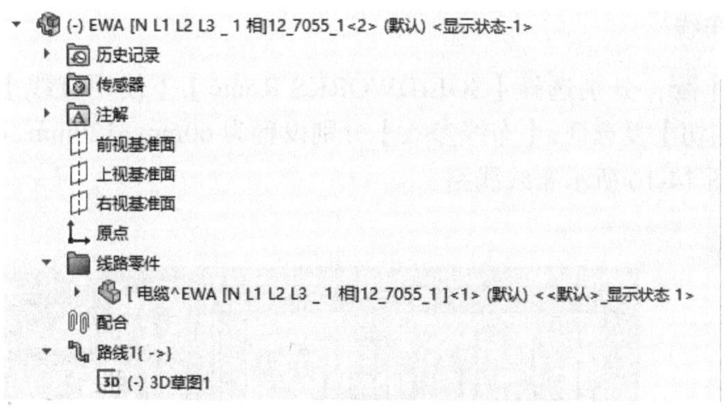

图 14-13　SOLIDWORKS Route 线路

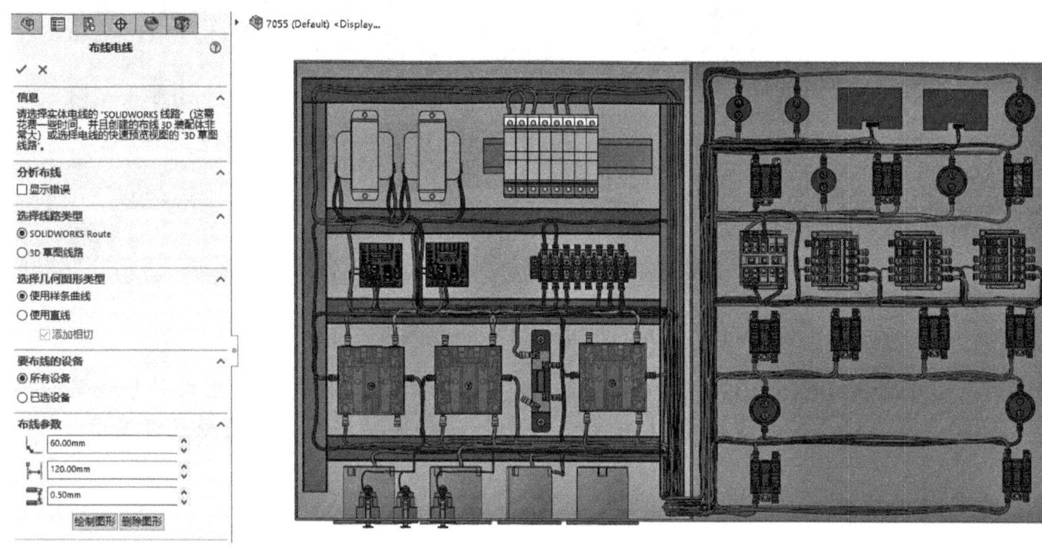

图 14-14　SOLIDWORKS Route 使用样条曲线布线

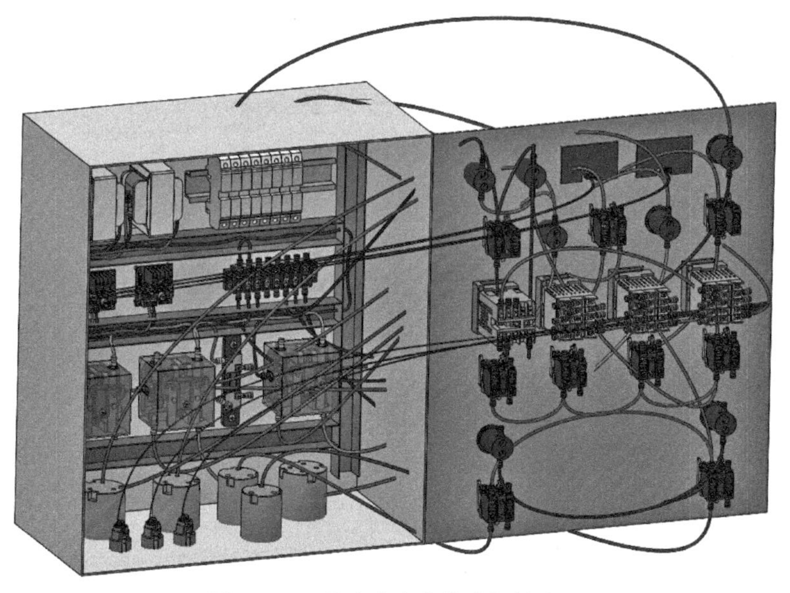

图 14-15　没有定义布线路径的结果

2. 使用直线布线

单击【布线】，分别选择【SOLIDWORKS Route】、【使用直线】和【所有设备】，同时勾选【添加相切】复选框，【布线参数】分别设置为 60mm、120mm、0.5mm。单击【确定】✓，得到如图 14-16 所示布线线路。

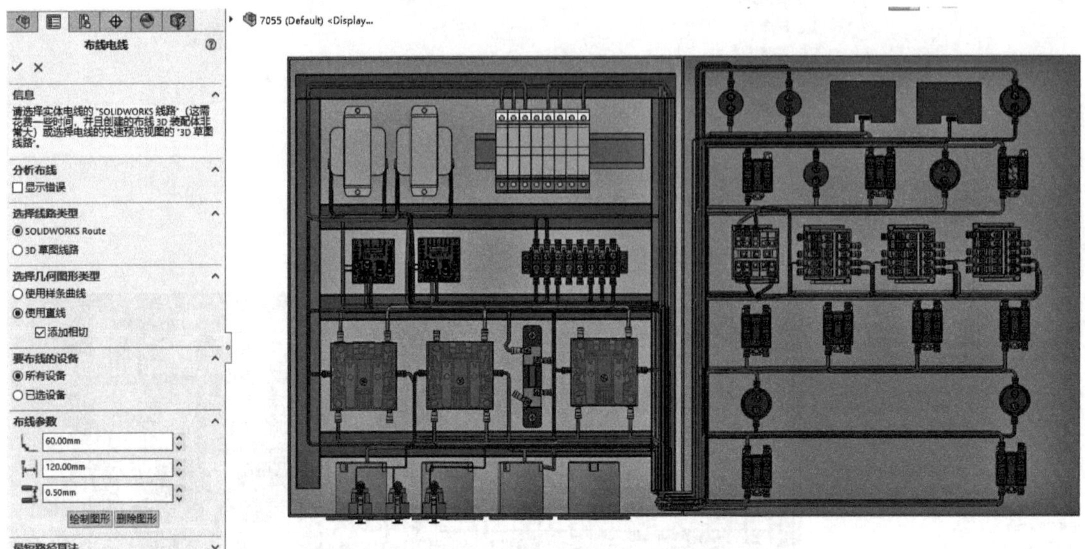

图 14-16　SOLIDWORKS Route 使用直线布线

提示：SOLIDWORKS Route 布线除了会生成实体线路外，同时也会生成引导线路的草图线路，可通过【前导视图】/【关闭可见性】/【观阅草图】进行隐藏或者显示。

3. 清单管理

单击【工具】/【SOLIDWORKS Electrical】/【电气工程】/【报表】，选择【按线类型的电线清单】，并按照长度进行排序，如图 14-17 所示。

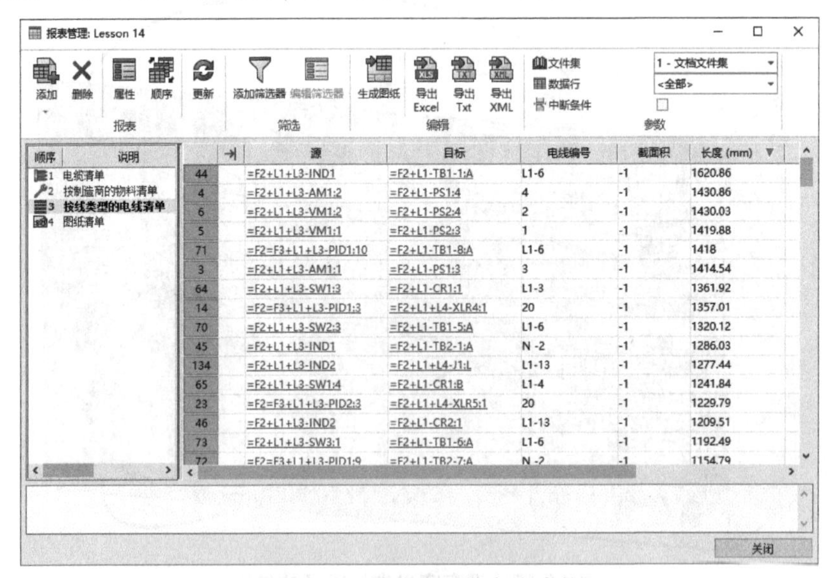

图 14-17　按线类型的电线清单

4. 保存工程

单击【保存】，并保持工程打开状态。

14.4.2　3D 草图线路

【3D 草图线路】以 3D 草图的形式对电线进行布线，并使用不同颜色在草图中展示每条线，可以通过隐藏 / 显示草图来观察单个电线。该命令所创建的 3D 草图线路位于设计树的末端，如图 14-18 所示。

提示：如果不是永久性布线，3D 草图线路布线模式更快、更可取，便于检查线路路径和走线状态。

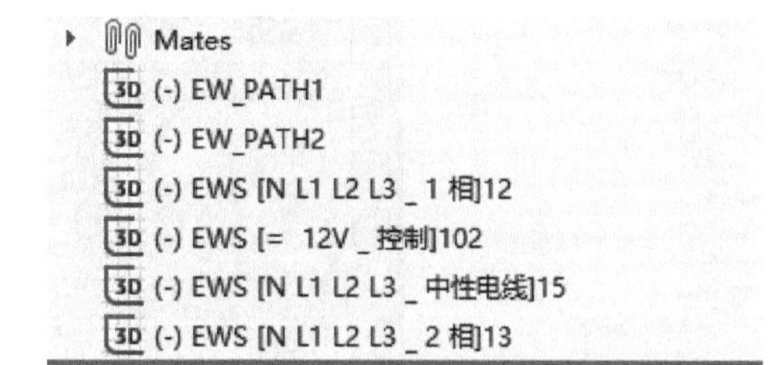

图 14-18　3D 草图线路

1. 使用样条曲线布线

单击【布线】，分别选择【3D 草图线路】、【使用样条曲线】和【所有设备】，【布线参数】分别设置为 60mm、120mm、0.5mm。单击【确定】✓，得到如图 14-19 所示布线线路。

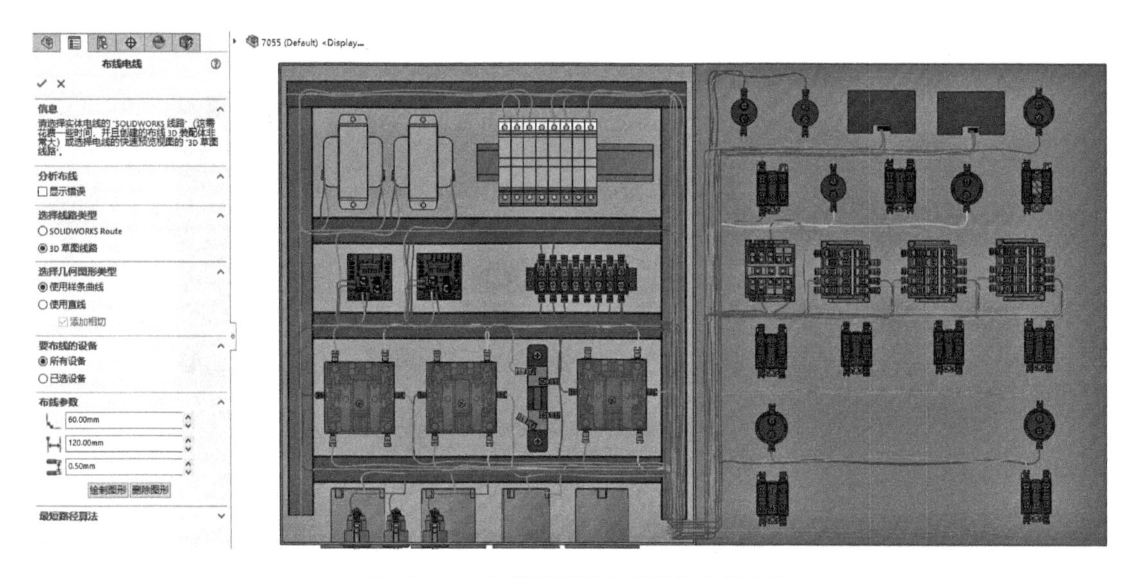

图 14-19　3D 草图线路使用样条曲线布线

2. 使用直线布线

单击【布线】，分别选择【3D 草图线路】、【使用直线】和【所有设备】，同时勾选【添加相切】复选框，【布线参数】分别设置为 60mm、120mm、0.5mm。单击【确定】✓，得到如图 14-20 所示布线线路。

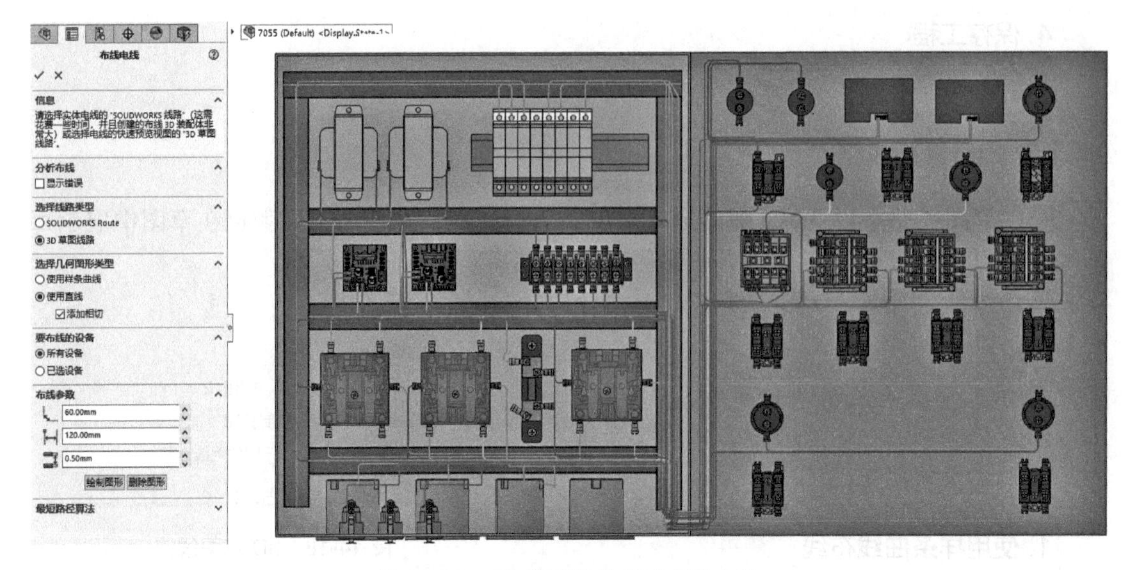

图 14-20　3D 草图线路使用直线布线

14.5　电缆布线

电缆与电线不同，电缆是由多根电缆芯组成的，主要用于连接工程外部设备，如图 14-21 所示。

图 14-21　电缆连接

1. 插入零部件

在工程设计中，设备、零部件和装配体都可以添加到装配体中。如果是工程使用的一个零部件，可以通过双击添加；如果设备来自于工程外，需要通过【插入零部件】添加。

在【电气工程页面】双击“25- 柜外”，打开后是一个空的装配体文件。在【装配体】选项卡中单击【插入零部件】，浏览到 SOLIDWORKS Electrical\Project\ 工程 ID 号文件夹

\SOLIDWORKS 文件夹，选择装配体“Brewery.sldasm”，单击【确定】，如图 14-22 所示。

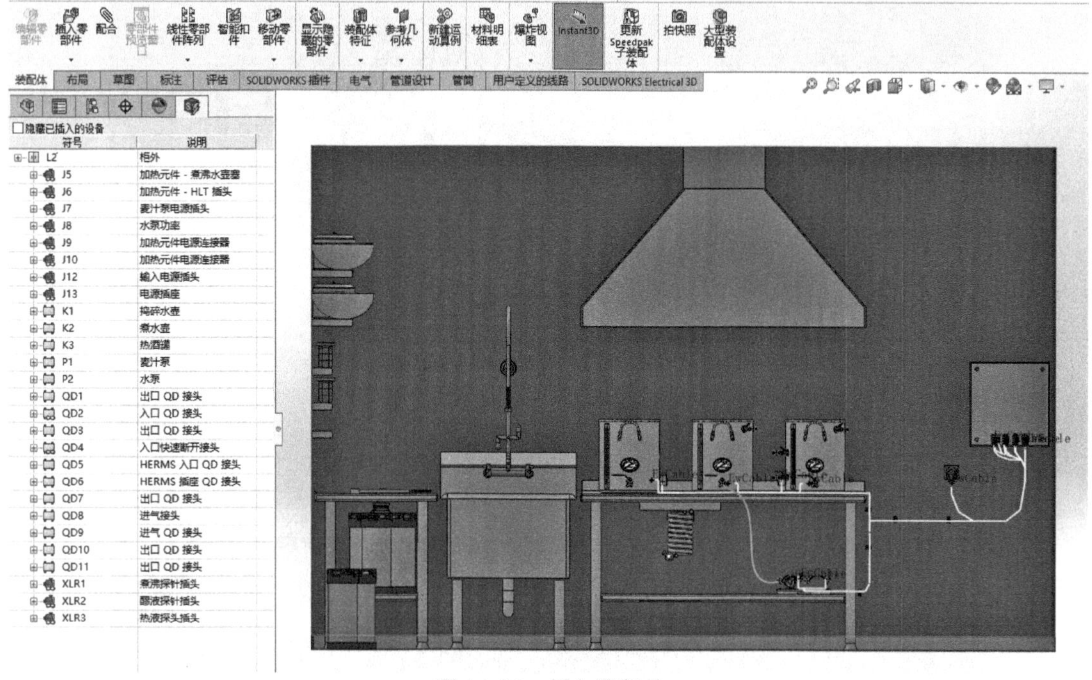

图 14-22　插入零部件

2. 关联设备

对于柜外设备或者是非电气设计的设备，可以通过手动选择设备来进行关联。

展开 J5 设备，右击“70630”并选择【关联】，单击【确定】，弹出【关联】窗口，选择【关联 3D 部件】，如图 14-23 所示。

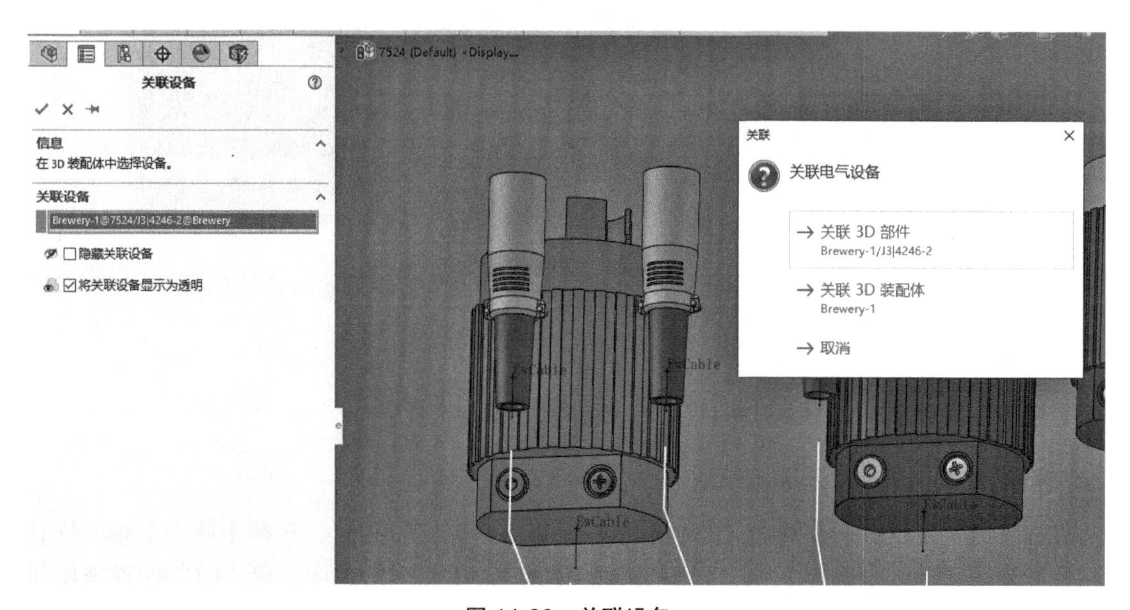

图 14-23　关联设备

使用相同的方式关联图 14-24 所示的其他设备。

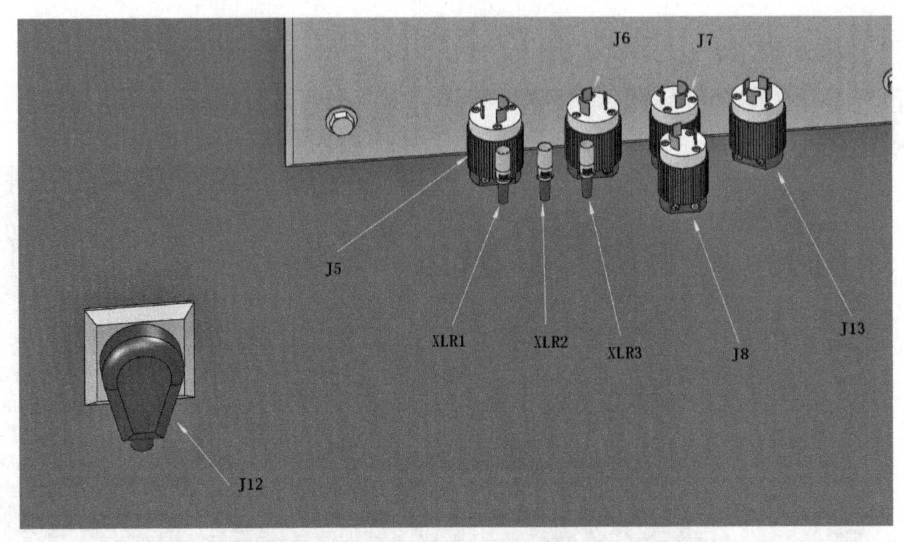

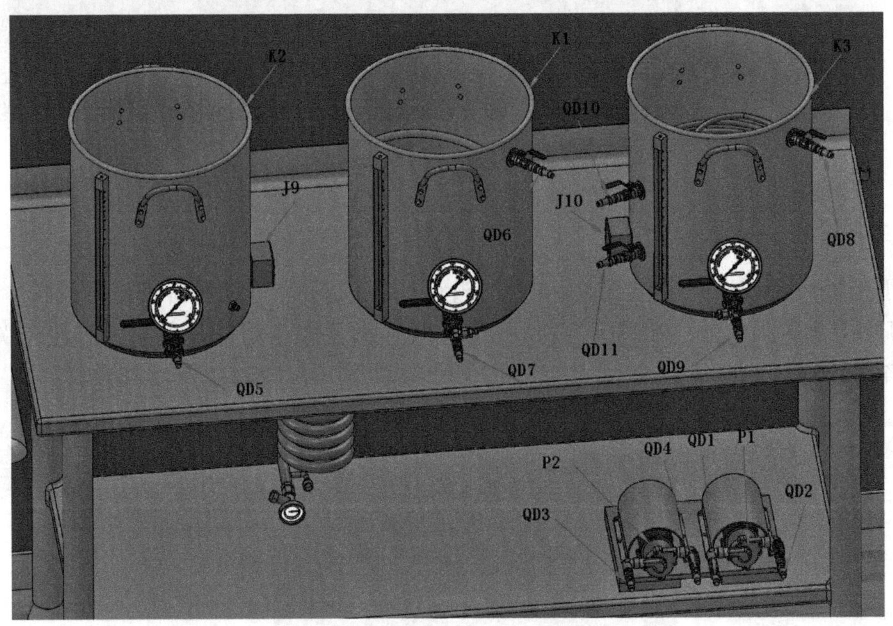

图 14-24　关联其他设备

3. 保存文件

单击【保存】，保存并关闭“25- 柜外”装配体文件。

4. 打开工程装配体并插入位置

在【电气工程页面】双击“23- 酿酒设备”，右击“L2”位置，选择【插入】，待显示装配体后，单击【确定】，如图 14-25 所示。使用相同的操作，把“L1”位置添加到装配体中，如图 14-26 所示。

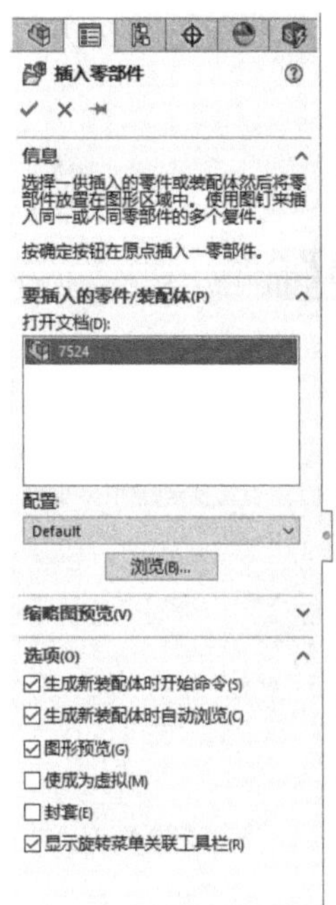

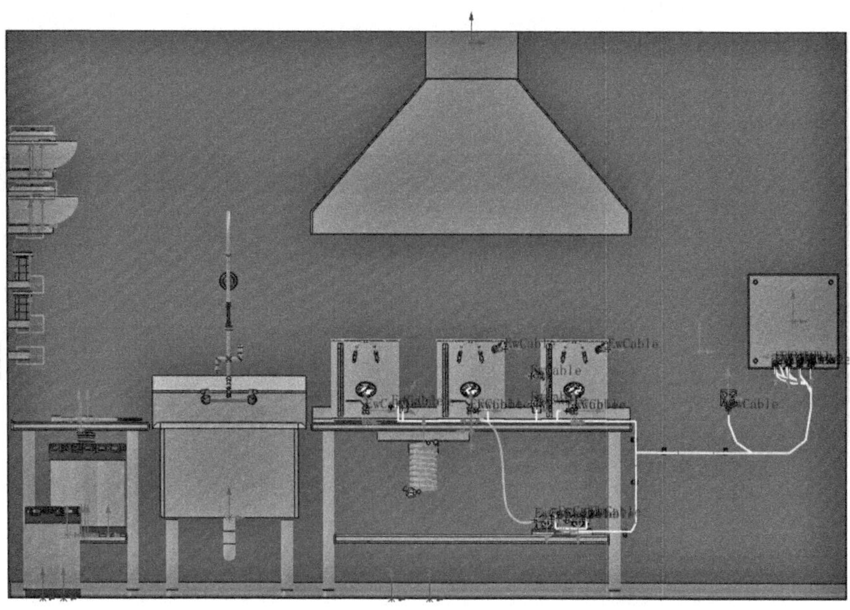

图 14-25　插入“L2”位置

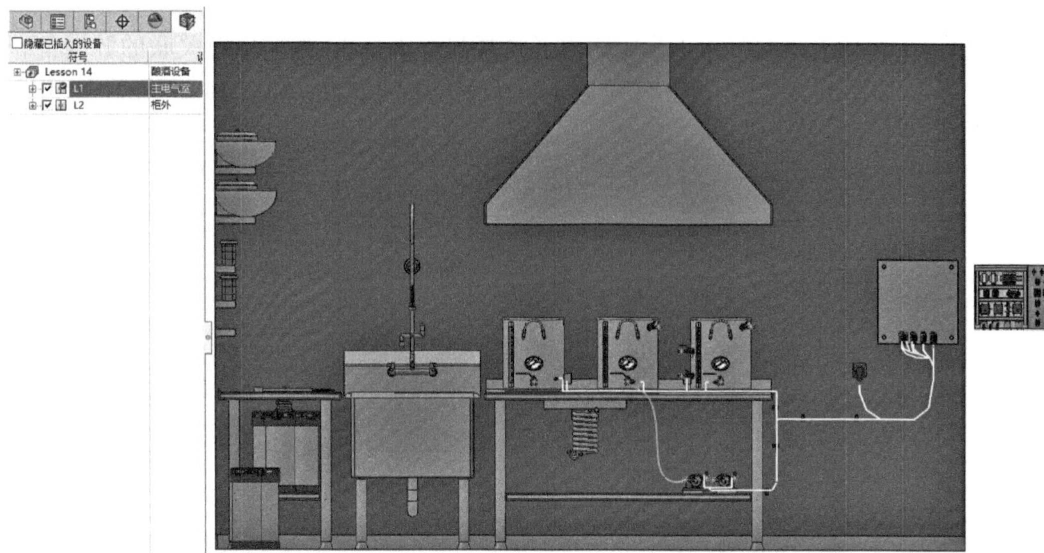

图 14-26　插入“L1”位置

5. 保存工程

单击【保存】，并保持工程打开状态。

6. 设置电缆起点 / 终点

在【SOLIDWORKS Electrical 3D】选项卡中，单击【设置电缆起点 / 终点】。单击

【选择要绘制的电缆】，在【选择电缆】对话框中选择电缆“W1- 煮沸水壶温度探头”，单击【选择】，如图 14-27 所示。

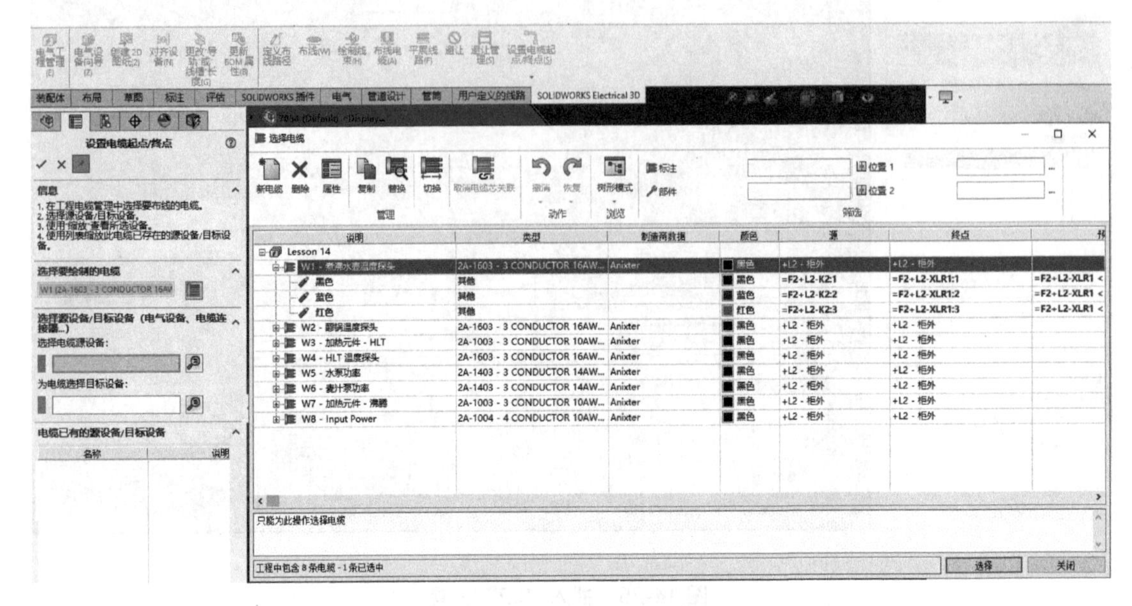

图 14-27　选择要绘制的电缆

分别单击【选择电缆源设备】和【为电缆选择目标设备】，按照电缆关联的源设备和目标设备名称，选择接头设备，单击【确定】，完成电缆设置，如图 14-28 所示。

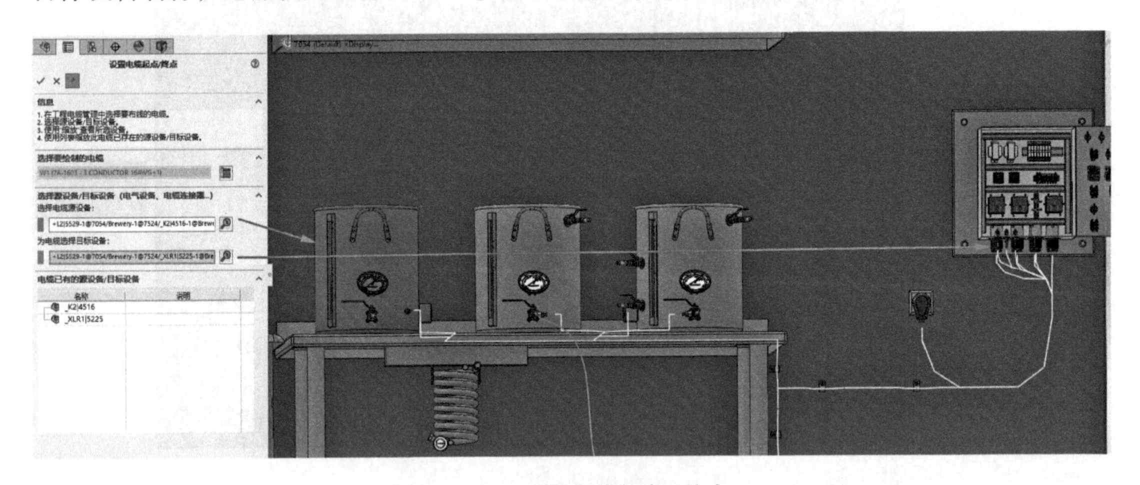

图 14-28　设置电缆起点 / 终点

按照以上操作，完成其他电缆起点 / 终点的设置。

7. 绘制电缆

在【SOLIDWORKS Electrical 3D】选项卡中，单击【绘制电缆】。在【连接电缆】窗口中选择【SOLIDWORKS Route】并勾选【更新起点 / 终点】和【电缆芯遵循布线路径】复选框，选择【使用样条曲线】和【所有电缆】，【布线参数】分别设置为 60mm、120mm、

0.5mm，如图 14-29 所示。绘制完成的电缆如图 14-30 所示。

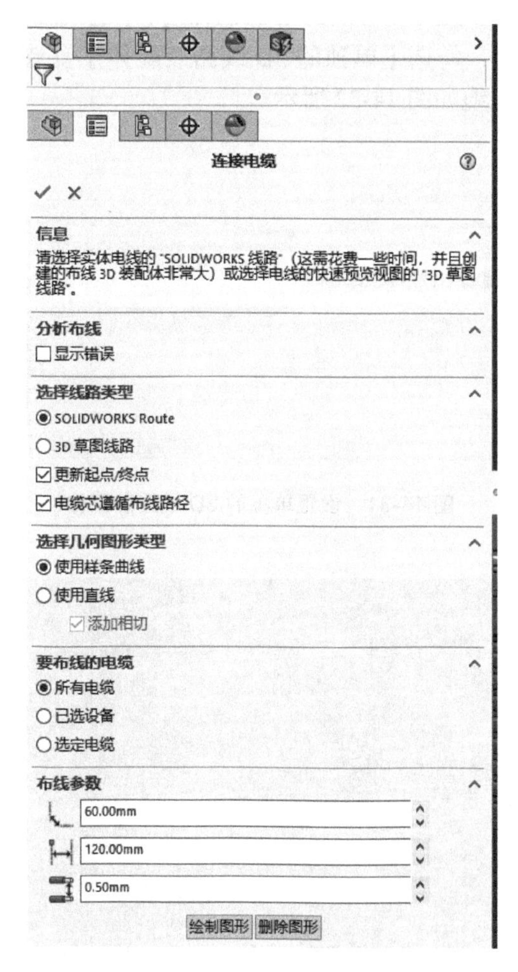

图 14-29　电缆布线设置

图 14-30　电缆布线

电缆布线除了可以把所有电缆创建在一个电缆线路零件里面外，还可以创建独立电缆的线路。单击【工具】/【SOLIDWORKS Electrical】/【电气工程】/【电缆】，选择所有电缆，单击【属性】，勾选【单独的 3D 线路装配体】复选框，如图 14-31 所示，单击【确定】。重新绘制的电缆如图 14-32 所示。

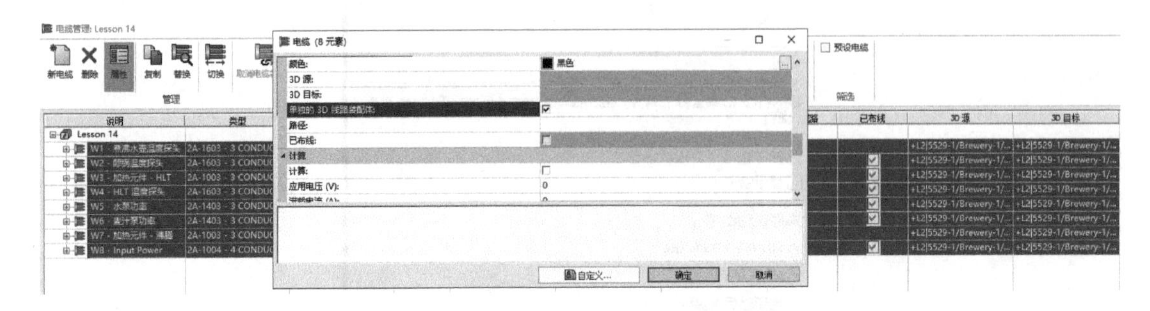

图 14-31　设置单独的 3D 线路装配体

图 14-32　重新绘制的电缆

14.6　线束布线

对于设备来说，线束设计是在 SOLIDWORKS Electrical 2D 原理图中进行的，在 SOLIDWORKS Electrical 3D 中仅仅用来执行布线以及制作线束工程图。

1. 选择制作线束的元素

启动 SOLIDWORKS Electrical 2D ，打开工程“Lesson 14”，打开图纸“03- 啤酒酿造 / 布局”。选择设备 J5、XLR1、J9、K2 和设备间的连接线，如图 14-33 所示。

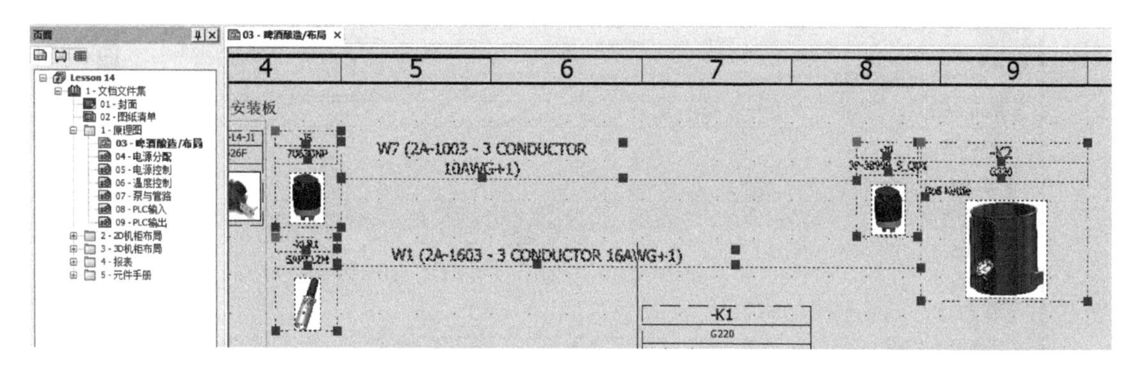

图 14-33　选择制作线束的元素

2. 添加到线束

在所选元素上右击，选择【从线束添加 / 删除】。选择【添加到线束】，单击【确定】✓，弹出【线束选择器】，如图 14-34 所示。单击【新建线束】，单击【确定】，创建 H1 线束，如图 14-35 所示。选择 H1，单击【选择】完成线束添加。

图 14-34　线束选择器

3. 绘制线束

返回到 SOLIDWORKS Electrical 3D 界面，打开“23- 酿酒设备”装配体文件。在【SOLIDWORKS Electrical 3D】选项卡中，单击【绘制线束】，选择【使用样条曲线】、【所有线束】，【布线参数】分别设置为 60mm、120mm，如图 14-36 所示。单击【确定】✓，进行布线。

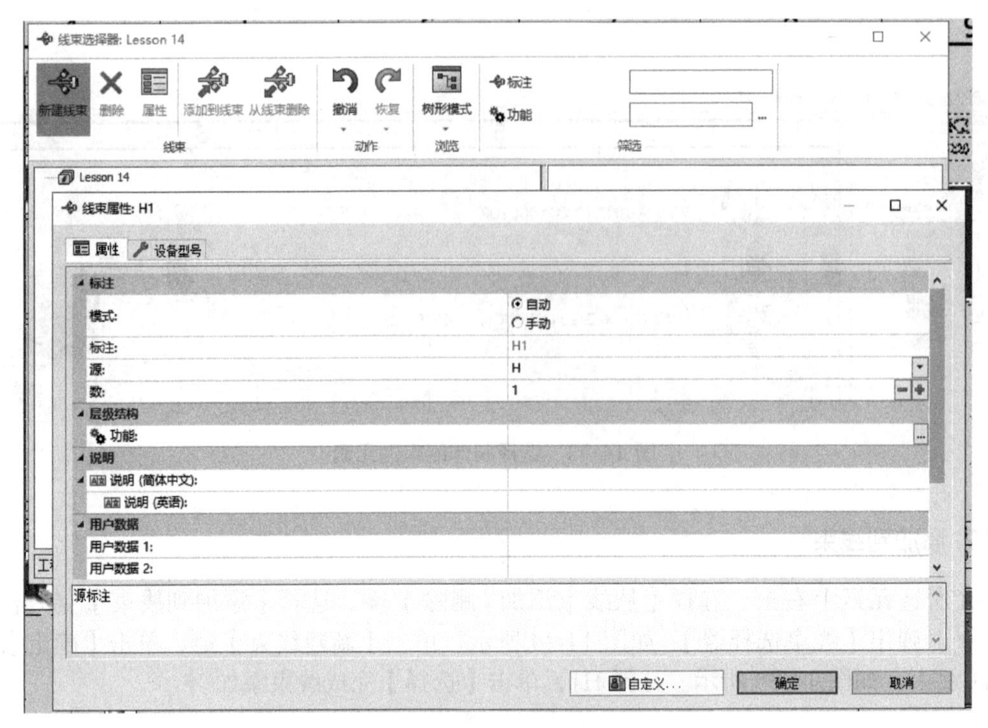

图 14-35　新建线束

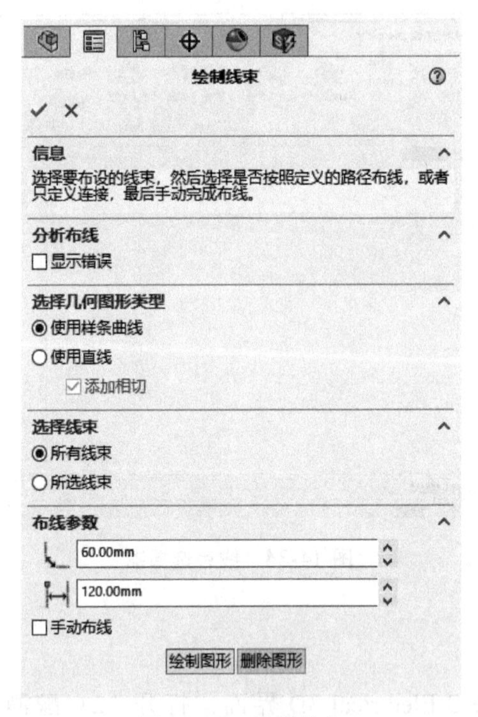

图 14-36　绘制线束

注意：线束布线与电线、电缆布线有所区别，线束布线会把参与布线的设备零件添加到线束线路中，因此在线束线路中会多一个“零部件”文件夹，如图 14-37 所示。

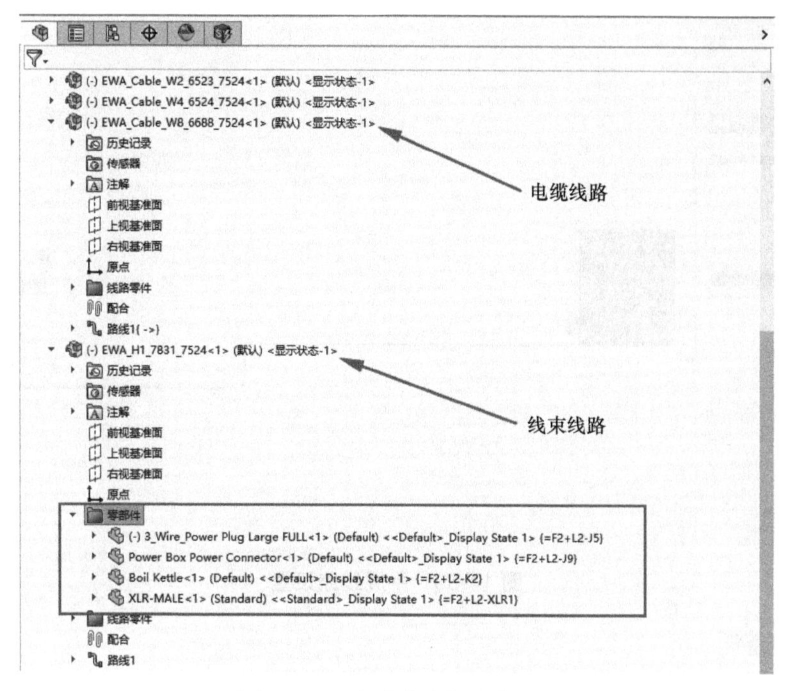

图 14-37　电缆线路与线束线路

4. 平展线路

展开 L2 装配体设计树，右击设计树中的 EWA_H1 线束线路，选择【平展线路】，如图 14-38 所示。选择【注解】，选择线束线路，勾选【平展线夹】和【长度注解】复选框，如图 14-39 所示。单击【确定】✓，获得如图 14-40 所示平展线路。

图 14-38 【平展线路】命令

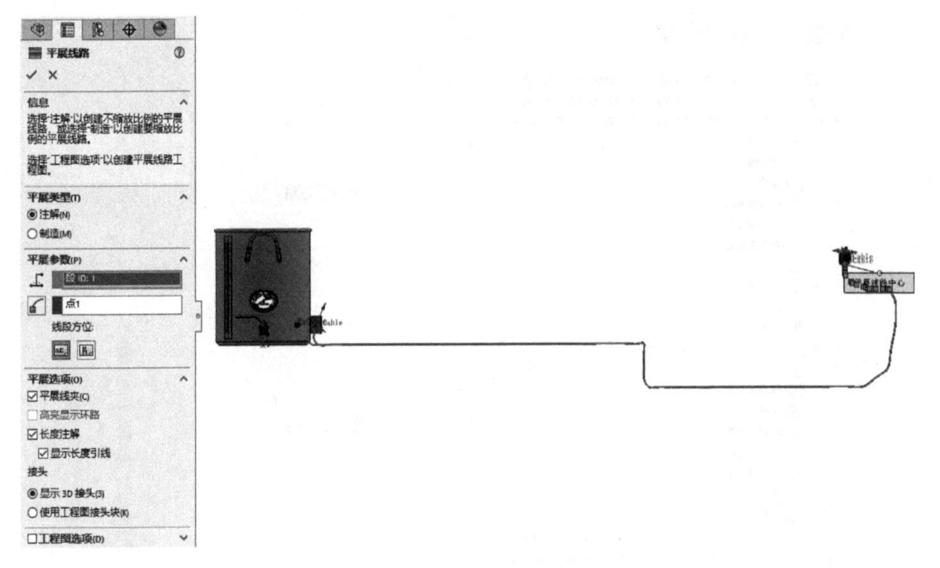

图 14-39　平展线路设置

图 14-40　平展线路

注意：如需调整线束显示间距，可在平展线路的设计树中右击 EWA_H1，选择【编辑展开的线路】。调整后的线路如图 14-41 所示。

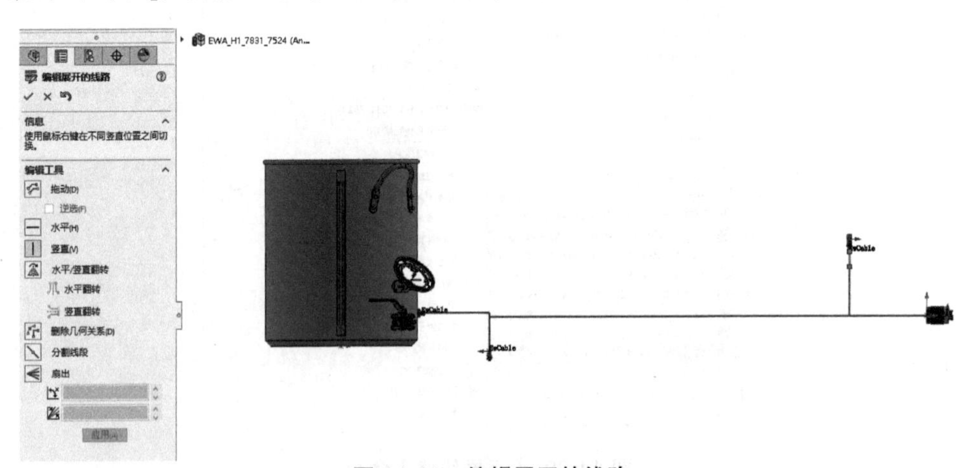

图 14-41　编辑展开的线路

5. 创建线束工程图

图 14-42　创建线束工程图

在【电气】选项卡中单击【创建工程图】，勾选【电气材料明细表】、【切割清单】和【接头表格】复选框，如图 14-42 所示，单击【确定】✓，创建线束工程图。弹出消息“物料清单模板没有电线 / 电缆的长度栏区，是否要立即添加？”单击【是】，完成线束工程图创建，如图 14-43 所示。

6. 调整表格位置

根据线束位置以及项目需求，拖动线束视图和表格，调整后如图 14-44 所示。

7. 保存文件

单击【保存】，并保持工程打开状态。

8. 添加线束工程图到工程

单击【SOLIDWORKS Electrical Drawing】/【创建工程图纸】，软件将工程图生成到 SOLIDWORKS Electrical 工程中，图纸会自动添加到工程图纸列表中，同时自动关联设计图框，如图 14-45 所示。

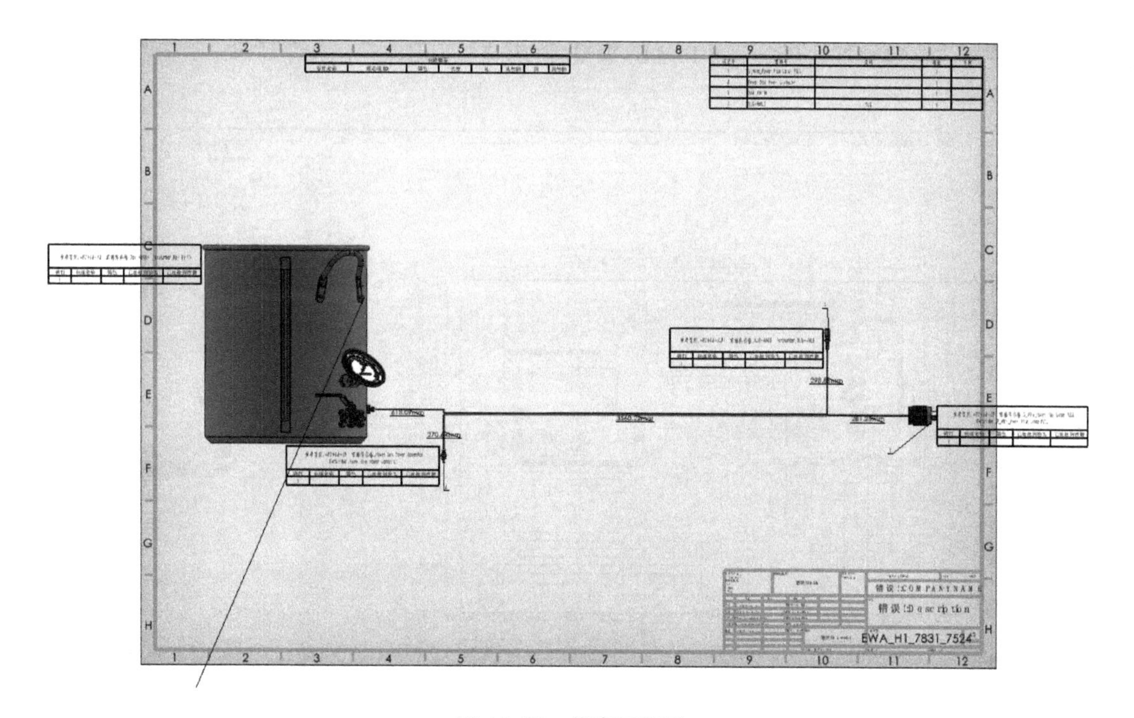

图 14-43　线束工程图

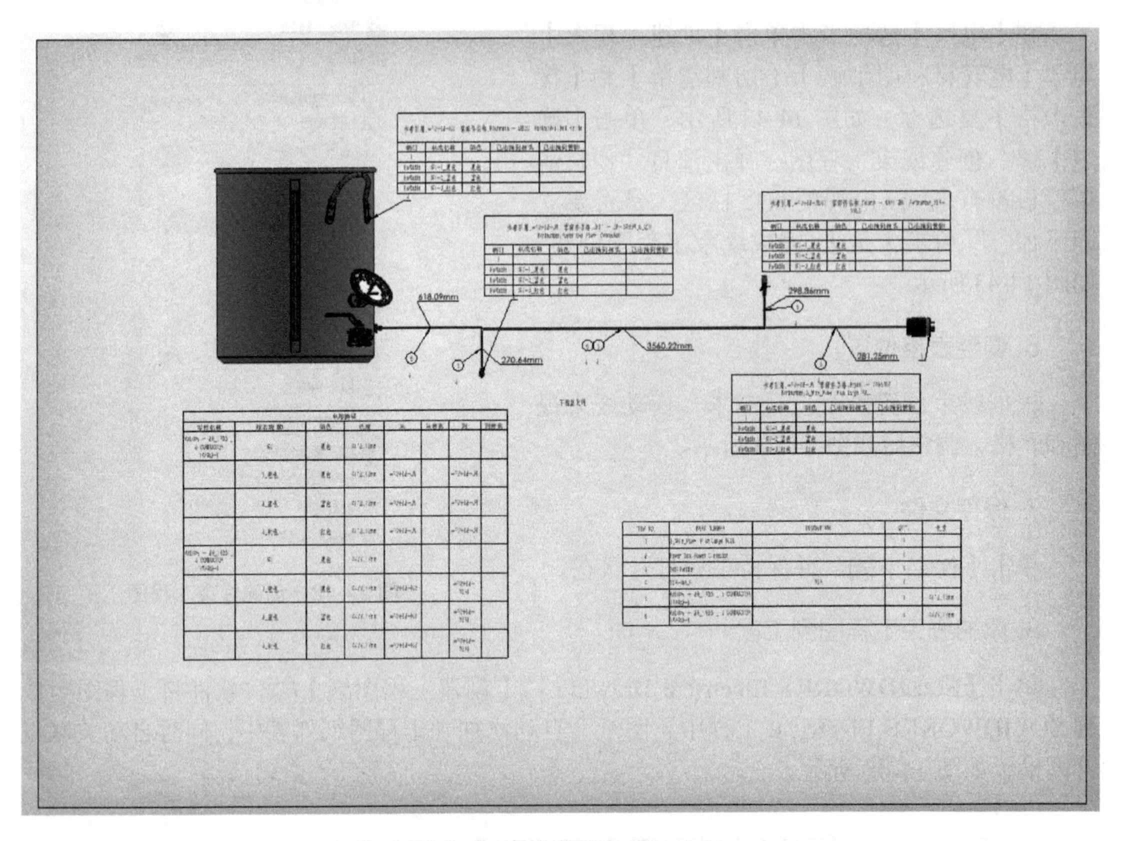

图 14-44　调整后的线束工程图

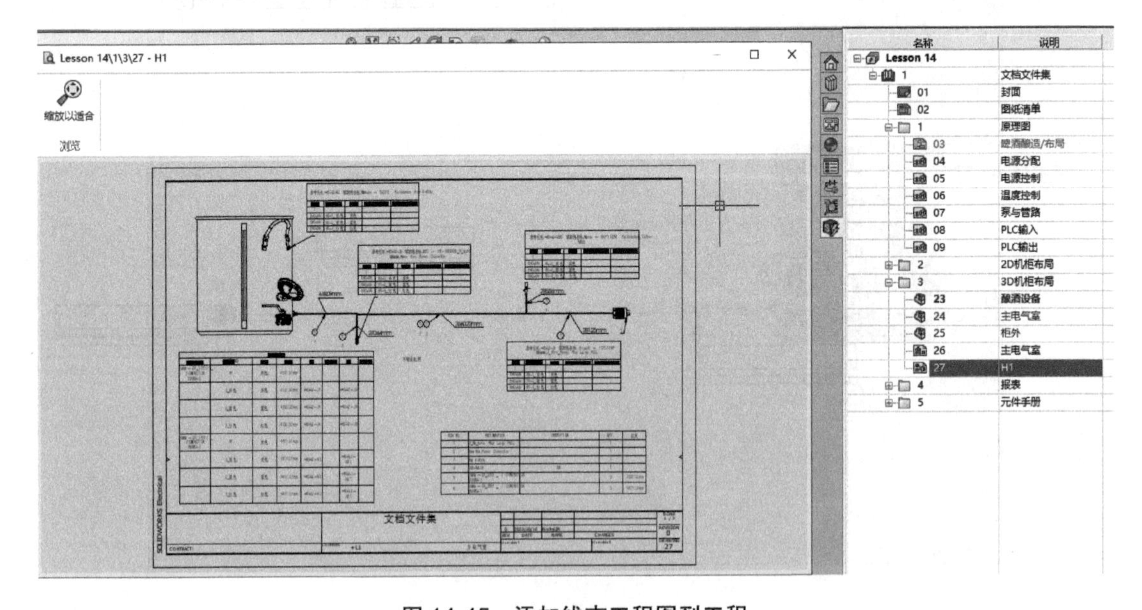

图 14-45　添加线束工程图到工程

14.7　避让管理

【避让】用于定义在安装过程中指定位置上的电线或者电缆通过或者避开的指定路径。例如，设置信号线与电源线不在同一个路径走线，避免出现信号干扰等。

1. 选择避让的电线样式或者电缆

在【SOLIDWORKS Electrical 3D】选项卡中，单击【避让】。在【避让】窗口中选择【电线样式】，勾选“= 12V”复选框，如图 14-46 所示。

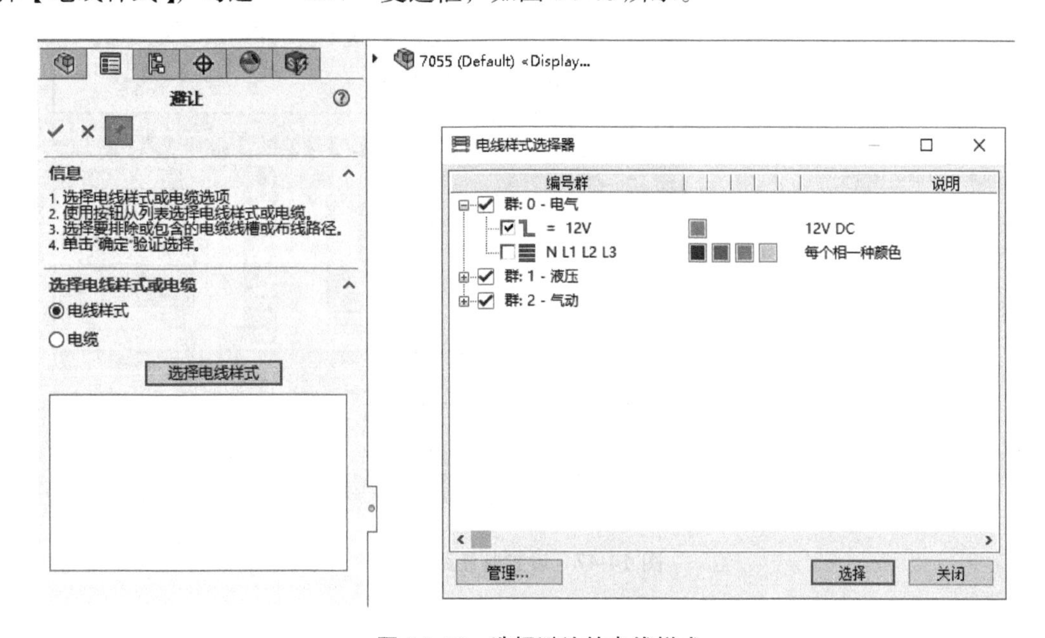

图 14-46　选择避让的电线样式

2. 设置避让路径

在【包含】选项框中选择如图 14-47 所示路径，单击【确定】✓。

3. 重新布线

重新进行【布线】，设置避让前后的布线结果对比如图 14-48 和图 14-49 所示。

4. 查看避让线路设置

在【SOLIDWORKS Electrical 3D】选项卡中，单击【避让管理】。在【避让管理】窗口中，可以在【筛选】中勾选需要查看的电线样式或者电缆的避让路径状态，如图 14-50 所示。

SOLIDWORKS Electrical 3D 自动布线根据原理图中的设备接线规则，自动进行 3D 点对点的布线；根据路径避让规则，有效地控制电线电缆的自动布线方向，充分利用柜内 / 设备空间，可大幅度缩短现场布线环节的时间并降低成本。

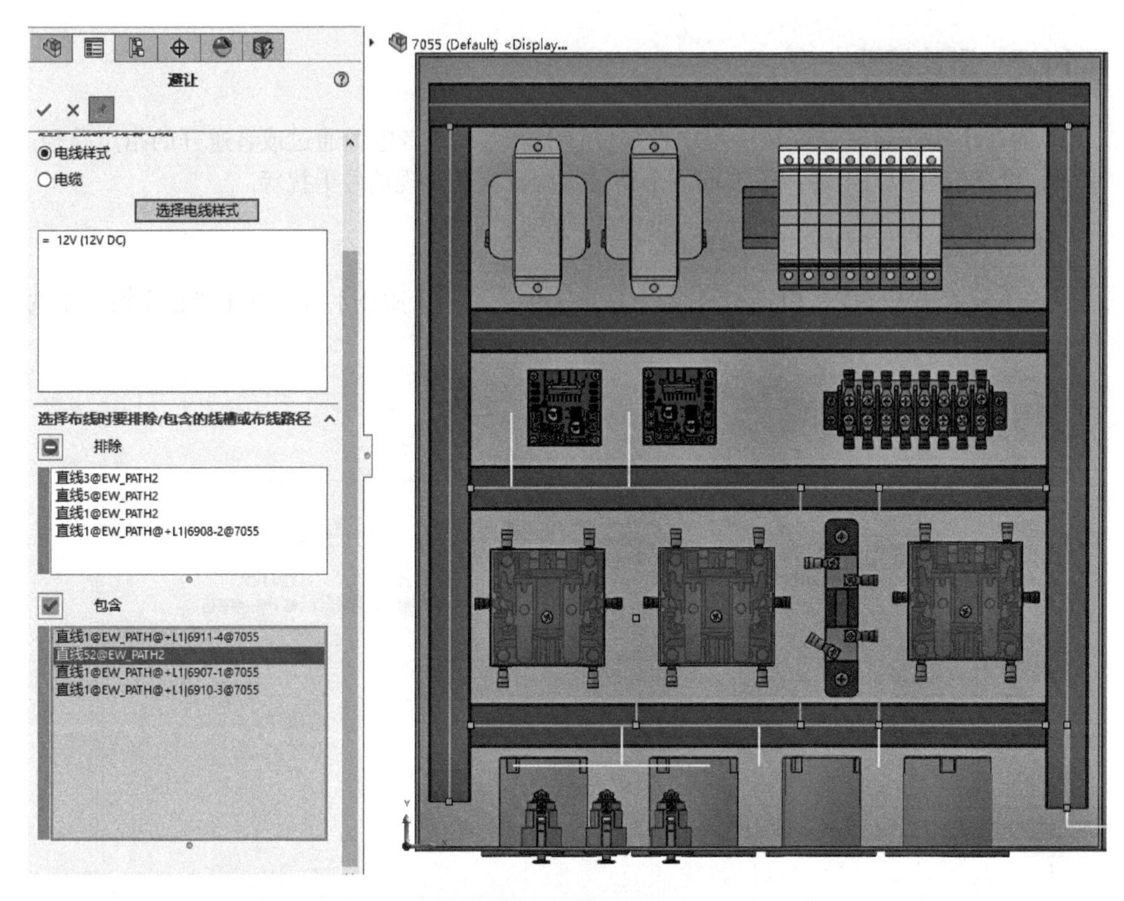

图 14-47　设置避让路径

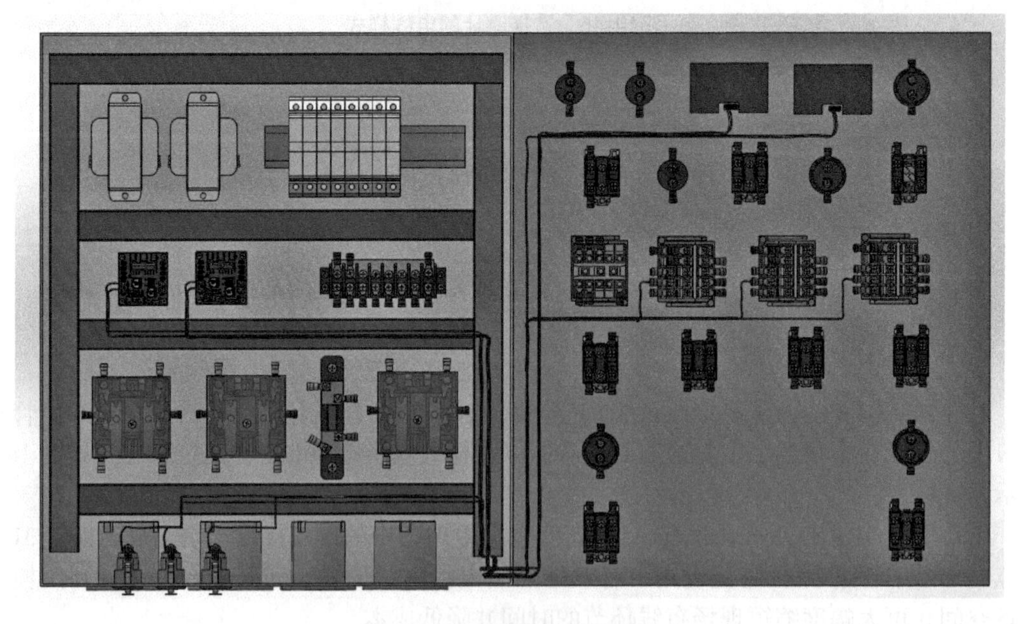

图 14-48　设置避让前的布线

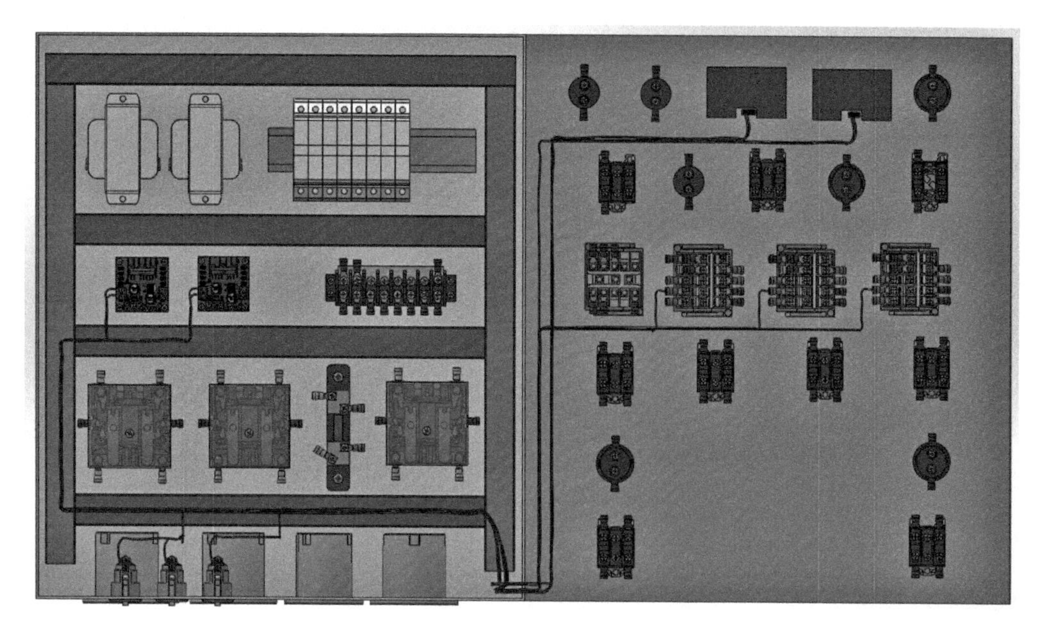

图 14-49　设置避让后的布线

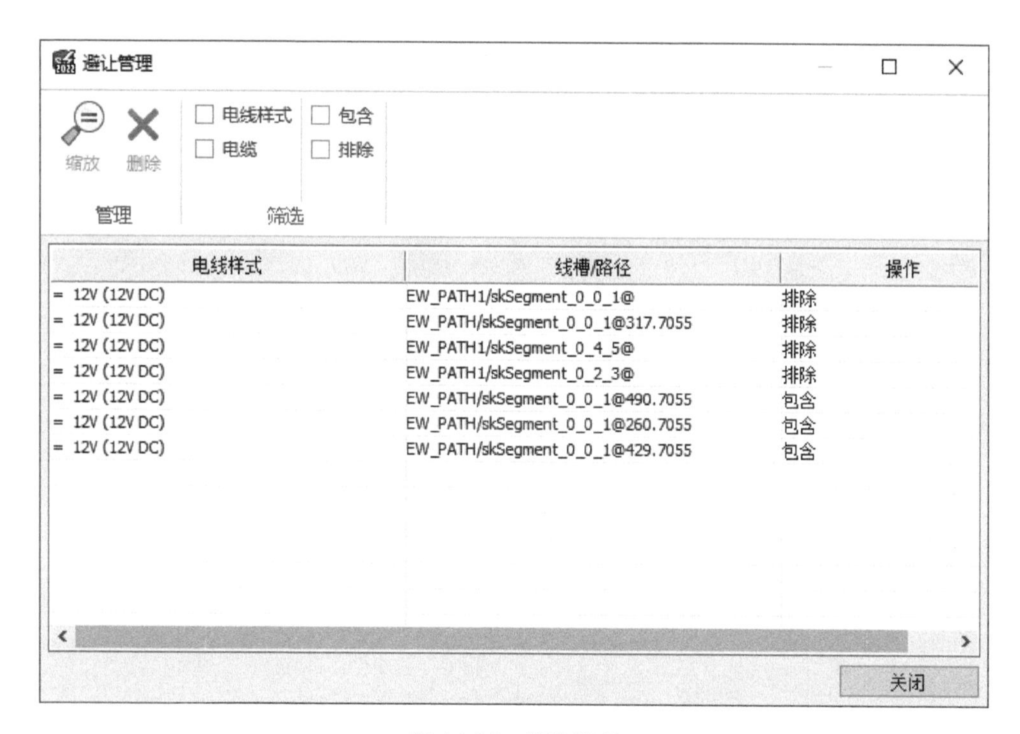

图 14-50　避让管理

练习

一、简答题

1. 如何对电线设置避让?
2. 如何设置电缆起点 / 终点?
3. 电缆布线如何设置?

二、操作题

1. 设置布线路径。
2. 执行自动布线。
3. 绘制线束原理图并执行自动布线。

参考文献

［1］DS SOLIDWORKS 公司 . SOLIDWORKS 电气基础教程：2020 版 [M]. 杭州新迪数字工程系统有限公司，编译 . 北京：机械工业出版社，2020.

［2］罗蓉，王彩凤，严海军 . SOLIDWORKS 参数化建模教程 [M]. 北京：机械工业出版社，2021.

［3］金杰，李荣华，严海军 . SOLIDWORKS 数字化智能设计 [M]. 北京：机械工业出版社，2023.